职业技术教育课程改革规划教材
光机电专业国家级教学资源库系列教材

# 激光加工设备电气控制技术

JI GUANG JIAGONG SHEBEI DIANQI KONGZHI JISHU

主　编　杨　晟
副主编　周　琦　王　伟　王绍理
　　　　石金发　王　炜　祝　勋
主　审　唐霞辉

华中科技大学出版社
http://www.hustp.com
中国·武汉

## 内 容 简 介

本书主要讲述激光加工设备电气控制技术的原理与控制过程，激光加工设备电气控制技术是一门综合技术，涉及低压电气控制、激光电源技术、PLC控制、数控系统、机器人应用等激光智能制造装备电气控制技术与应用。

本书注重实用性和针对性，选择激光加工设备常用的电气控制单元：三菱PLC、松下伺服系统、灯泵激光电源、半导体激光电源、超快激光电源、HAN'S PA数控系统、脉冲数控板卡、总线数控板卡、三菱PLC定位器、ABB机器人，实际案例来自于国内先进的主流激光加工设备。

本书可作为职业院校特种（激光）加工技术、光电技术应用、光机电应用技术、光电制造与应用技术等专业的教材，也可以作为激光应用领域工程技术人员的参考书。

**图书在版编目(CIP)数据**

激光加工设备电气控制技术/杨晟主编. —武汉：华中科技大学出版社，2019.9(2025.1重印)
职业技术教育课程改革规划教材. 光机电专业国家级教学资源库系列教材
ISBN 978-7-5680-5703-5

Ⅰ.①激… Ⅱ.①杨… Ⅲ.①激光加工-工业生产设备-电气控制-职业教育-教材 Ⅳ.①TG665

中国版本图书馆CIP数据核字(2019)第219615号

**激光加工设备电气控制技术**
Jiguang Jiagong Shebei Dianqi Kongzhi Jishu

杨 晟 主编

策划编辑：王红梅
责任编辑：余 涛
封面设计：秦 茹
责任校对：曾 婷
责任监印：徐 露

出版发行：华中科技大学出版社(中国·武汉) 电话：(027)81321913
武汉市东湖新技术开发区华工科技园 邮编：430223

录 排：武汉市洪山区佳年华文印部
印 刷：武汉邮科印务有限公司
开 本：787mm×1092mm 1/16
印 张：17
字 数：421千字
版 次：2025年1月第1版第3次印刷
定 价：44.80元

# 前　言

激光加工技术作为一种新兴加工手段在工业领域得到大量应用，激光加工设备是一种集光、机、电、计算机一体化的高科技设备，电气控制系统是激光加工设备的重要组成部分，激光加工设备电气控制系统涉及低压电气控制、激光电源技术、PLC 控制、数控系统、机器人应用等激光智能制造装备综合控制技术及应用。

激光加工设备品种繁多，产品更新较快，本书主要通过目前国内先进的主流激光加工设备的常用电气控制单元，即三菱 PLC、松下伺服系统、灯泵激光电源、半导体激光电源、超快激光电源、HAN'S PA 数控系统、脉冲数控板卡、总线数控板卡、三菱 PLC 定位器、ABB 机器人等单元进行论述。

本书的重点在电气控制单元的技术原理、实际应用和系统集成上，通过电气控制单元技术原理的学习，掌握不同激光加工设备电气控制系统的工作原理及设计思路。

本书由武汉软件工程职业学院、武汉职业技术学院、武汉船舶职业技术学院、深圳技师学院及激光企业联合编写。在本书的编写过程中，得到中国光学学会激光加工专业委员会、武汉·中国光谷激光行业协会、湖北省激光行业协会、大族激光、华工科技、奔腾楚天激光、锐科激光、华日激光等国内激光行业学术团体、社会团体及相关企业的大力支持，在此深表感谢！

本书由杨晟主编，周琦、王伟、王绍理、石金发、王炜、祝勋担任副主编，唐霞辉担任主审。

由于编者水平有限，书中难免还存在遗漏之处，恳请广大读者批评指正。

编　者

**2019 年 6 月**

# 目　录

1

# 激光加工技术概述

**学习目标：**

1. 了解激光加工技术应用领域。
2. 了解激光加工技术发展趋势。
3. 了解激光加工设备系统结构。
4. 了解激光加工设备电气控制。

## 1.1 激光加工技术概况

激光加工技术概况

激光是通过人工方式，用光或放电等强能量激发特定的物质而产生的光，1960 年，人类成功地制造出世界上第一台激光器，产生了激光。由于激光具有完全不同于普通光的性质，很快被广泛应用于各个领域，并深刻地影响了科学、技术、经济和社会的发展及变革。激光与原子能、半导体、计算机共同被视为 20 世纪的现代四项重大发明，对人类社会进步和发展发挥着重要作用。

激光因具有单色性、相干性和平行性三大特点，特别适用于材料加工。目前，在工业生产中已经随处可见激光加工的影子，如汽车制造、材料加工、机械制造、钢铁冶金、石油、五金、机械重工、航空航天、制药、光通信、半导体、光伏、电子科技等，都已经开始大规模应用激光加工技术，制造业正式步入“光加工”时代。

激光加工技术与信息、计算机、机械模具、新材料、新能源等高新技术深度融合，是实现制造业大国、经济大国及军事大国的重要技术手段之一。

### 1.1.1 激光加工的优点

激光是一种强度高、方向性好、单色性好的相干光。由于激光的发散角小和单色性好，理论上可以聚焦到尺寸与光的波长相近的（微米）小斑点上，可以使焦点处的功率密度达到 $10^5 \sim 10^{13}$ W/cm$^2$，温度可达 $10^4$ ℃以上，在这样的高温下，任何材料都将瞬时急剧熔化和汽化，并爆炸性地高速喷射出来，同时产生方向性很强的冲击。因此，激光加工是工件在光热效应下产生高温熔融和受冲击波抛出的综合过程。与传统加工方式相比，激光加工有许多优点：

(1) 激光功率密度大。

几乎所有的金属和非金属材料都可以进行激光加工，即使熔点高、硬度大和质脆的材料(如陶瓷、金刚石等)。

(2) 激光束质量好。

激光束的发散角可小于 1 mrad，激光聚焦后光斑直径可小到微米量级，作用时间可以短到纳秒和皮秒，同时，大功率激光器的连续输出功率又可达千瓦至十千瓦量级，因而激光既适于精密微细加工，又适于大型材料加工。

(3) 激光束容易控制。

易于与精密机械、精密测量技术和计算机数控系统相结合，实现加工的高度自动化，并达到很高的加工精度。

(4) 非接触加工。

加工时不需要刀具，属于非接触加工，无机械加工变形。

(5) 宜用机器人进行激光加工。

在恶劣环境或其他人难以接近的地方，可用机器人进行激光加工。

### 1.1.2 激光加工应用领域

激光加工技术的应用覆盖了人们生产和生活的各个领域，从汽车制造、动力电池，到手机制造、航空航天、医疗器械乃至安防军事等，都活跃着激光技术的身影。激光正从广度和深度两方面日益拓展应用领域，逐步渗透到国民经济的多个领域。在装备制造领域，高功率激光设备在航空、航天、汽车、高铁、船舶等高端装备制造等领域的切割、焊接等环节发挥着越来越重要的作用；在现代汽车制造中，汽车、高铁车身焊接均已全部实现激光焊接；激光加工是飞机机头(驾驶舱)机身切割成型和焊接的最佳解决方案；中低功率激光智能化设备目前已被广泛用于 PCB 电路板、半导体、电子封装、触摸屏、玻璃、蓝宝石衬底、陶瓷材料以及其他微电子产品的加工处理；在精细微加工方面，超短脉冲激光在光伏、液晶显示、半导体、LED、OLED 等领域的钻孔、刻线、划槽、表面纹理化、表面改性、修整、清洗等环节发挥了不可替代的作用。

如图 1-1 所示，激光加工应用领域非常广泛，按加工工艺可主要分为 3 类。

**1. 激光切割**

激光切割包括激光切割金属、激光切割非金属、激光切割硬脆材料(如玻璃、陶瓷、蓝宝石等)、激光打孔等，如图 1-2～图 1-5 所示。

激光切割(Laser Cutting)以其切割范围广、切割速度高、切缝窄、切割质量好、热影响区小、加工柔性大等优点，在现代工业中得到了广泛应用。

激光切割的最大应用领域是钣金材料切割，目前多采用高功率光纤激光切割机(激光功率在 10000 W 以上，可切割 30 mm 厚度碳钢板)、$CO_2$ 激光切割机(激光功率在 2000 W 以上)、

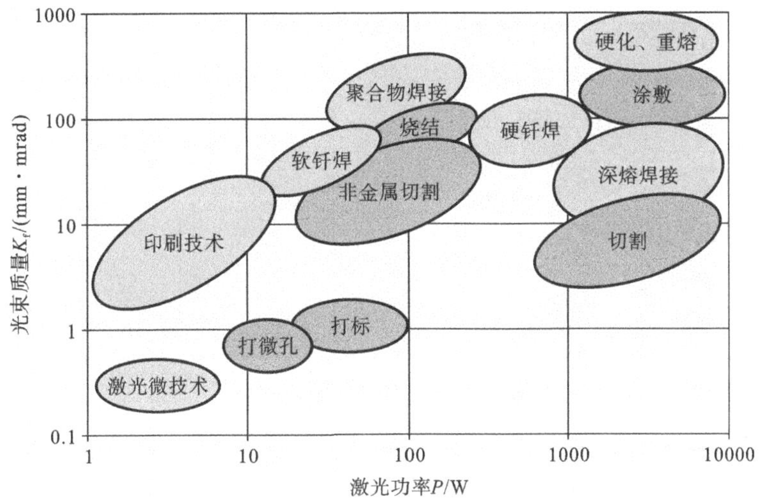


**图 1-1　激光加工应用领域**

**图 1-2　光纤激光切割金属**

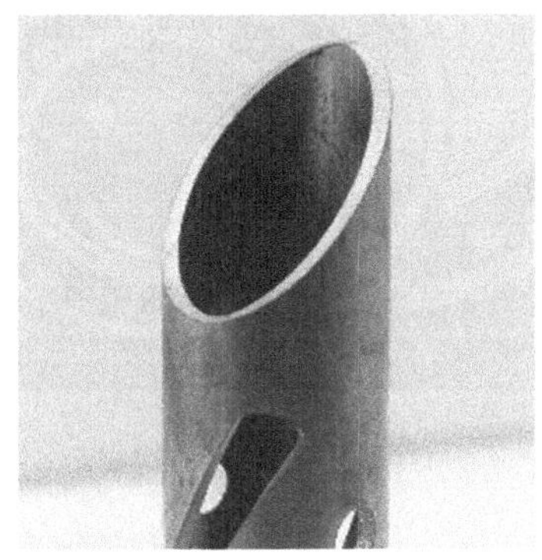

**图 1-3　光纤激光切割圆管**

**图 1-4　超快激光切割手机指纹识别模组**

中小功率(激光功率在 2000 W 以内,可切割 16 mm 厚度碳钢板),中国金属激光切割机行业 2017 年总装机量近 4000 台。

**2. 激光表面工程类**

激光表面工程类包括激光打标、激光雕刻、激光清洗、激光淬火、激光冲击硬化、激光毛化、激光合金化、太阳能薄膜电池激光刻膜机、激光划片、激光内雕、激光调阻、激光刻线、激

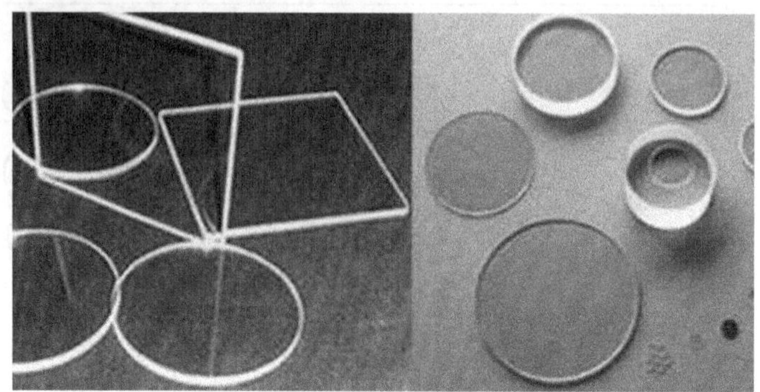

图 1-5 超快激光切割蓝宝石

光刻蚀等，如图 1-6～图 1-8 所示。

图 1-6 轴承激光打标

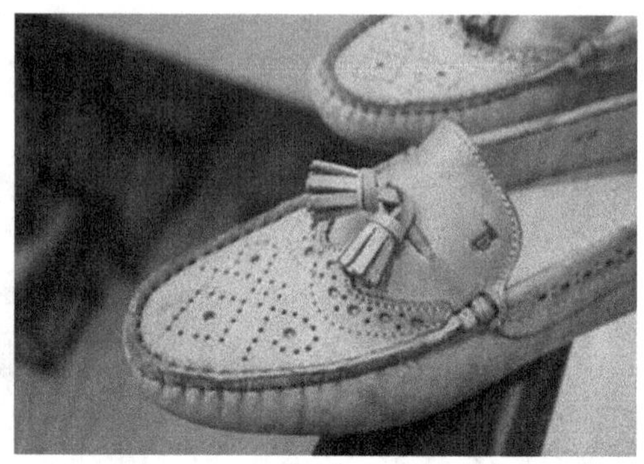

图 1-7 皮革激光雕刻

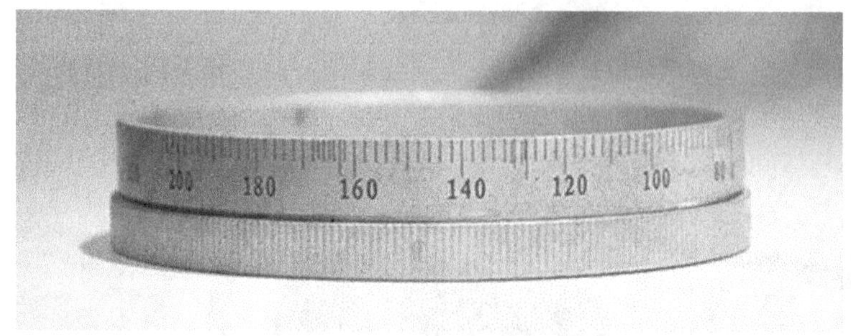


图 1-8 刻度盘激光打标

激光打标应用领域最广，激光打标（Laster Marking）是利用高能量密度的激光对工件进行局部照射，使表层材料汽化或发生颜色变化的化学反应，从而留下永久性标记的一种打标方法。激光打标可以打出各种文字、符号和图案等，字符大小可以从毫米到微米量级，广泛应用于电子工业、汽车工业、工具量具、航空航天、仪器仪表、包装工业、医疗产品、家用电器、键盘、广告标牌、证件卡片、日常用品、珠宝钻石等领域。

**3. 激光焊接类**

激光焊接类包括激光焊接金属、激光焊接塑料、3D 激光金属打印、激光锡焊、激光熔覆、激光再制造等，如图 1-9～图 1-15 所示。

图 1-9 车顶激光焊接

图 1-10 激光焊接船体

图 1-11 电池盖帽焊接

图 1-12 汽车传感器焊接

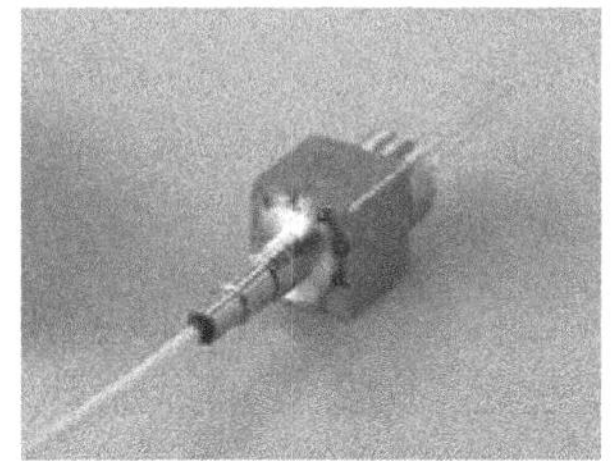

图 1-13 光通信器件激光焊接

图 1-14 手机摄像头模组激光焊接

图 1-15 汽车大灯半导体激光塑料焊接

激光焊接一般无需焊料和焊剂，只需工件加工区域"热熔"在一起即可。激光焊接速度快，热影响区小，焊接质量高，既可焊接同种材料，也可焊接异种材料，还可透过玻璃进行焊接。作为一种高质量、高精度、低变形、高效率和高速度的焊接新技术，激光焊接广泛应用于电子工业、汽车工业、动力电池、五金家电、航空航天、轮船、军工、海洋钻探、高铁等领域。

## 1.1.3 激光加工产业发展概况

为了促进激光加工技术的快速发展，主要发达国家有序组织和推进激光行业的发展，国家层面的推动促进了激光行业的发展，同时激光应用的发展提升了各国的先进制造业发展水平。目前，以德国、美国、日本为主的少数工业发达国家基本完成在大型制造产业中激光加工工艺对传统工艺的更新换代，同时也造就了德国通快（Trumpf）、美国相干（Coherent）、美国阿帕奇（IPG）等一批优秀的激光技术企业。如今与激光相关的产品和技术服务已经遍布全球，形成丰富和庞大的激光产业。2018 年全球激光设备的市场规模为 130 亿美元，对很多行业而言，激光技术已经成为一种不可或缺的支撑技术（enabling technology）。

随着中国由制造业大国向制造业强国转变，中国激光产业蓬勃发展，经过几十年的努力，已经建成了一个完整的产业链。产业链上游主要包括光学材料及元器件，中游主要为各种激光器及其配套装置与设备，下游则以激光应用产品、激光制造装备、消费产品、仪器设备为主。中国激光加工产业按区域，可划分为四个产业带：珠江三角洲（占 30%）、长江三角洲（占 20%）、华中地区（占 24%）和环渤海地区（占 13%）。珠江三角洲以中低功率激光加工设备为主，长江三角洲以高功率激光切割焊接设备为主，环渤海地区以高功率激光熔覆设备和全固态激光器件为主，以武汉为首的华中地区则覆盖了大多数的高、中、低功率激光加工设备。

国产激光加工设备在能源、交通运输、钢铁冶金、船舶与汽车制造、电子电气工业、航空航天、消费电子、半导体工业领域等国民经济支柱产业中逐步得到广泛推广和应用，助推我国制造业从粗放型、高能耗、低附加值模式向循环经济、高附加值、高精度转化。中国的激光产业正在为国家的产业升级和经济发展做出它应有的贡献。

目前，我国激光产业呈现出以少数上市公司为龙头（深圳大族激光、武汉华工科技、武汉锐科光纤激光等）、众多中小企业竞争的行业格局。2017 年我国激光设备的销售收入规模达 455 亿元，较 2016 年增长超过 25%，激光产业链产值规模已超过千亿元。其中深圳大族激光 2017 年销售收入 115.6 亿元，同比增长 66.12%，目前是亚洲最大、世界前三的企业。

产品市场方面，我国激光产品的质量与国际先进水平相比还有较大的差距，高端激光产品领域主要是由美国、日本、德国等的跨国企业占领，低端产品市场则主要以国内企业为主。例如，国内高功率激光设备市场中的国内产品占比仅在 20%左右，而在国内中小功率激光设备产品市场中的国内产品占比则达到 80%左右。

我国激光技术方面与国际先进水平存在的差距主要表现在安全性、稳定性、可靠性、使用寿命及自动化程度方面，毕竟我们的激光产业快速发展只有近十年的历程。国际一流的激光公司如德国通快（Trumpf）、美国相干（Coherent）等都是 20 世纪 60 年代成立的公司，它们有超过 40 年的历史，技术和经验积累十分深厚。美国阿帕奇（IPG）公司在光纤激光器方面风光无限，但是它们也已有 20 年的技术积累。

世界正处于新一轮技术创新浪潮引发的新一轮产业革命开端，中国激光产业已经步入新一轮的跨越发展阶段。随着国家传统产业的技术升级，产业结构调整，节能环保等政策的推出以及产品个性化需求趋势的发展，智能激光制造势必将在更多的领域扎根和普及。

国家的“十三五”计划和中国制造 2025 的发展战略是中国激光产业发展的最好机会。“十三五”计划中最重要的十大领域，都需要激光和光电技术的应用和支撑。中国制造 2025 的核心是智能制造，而智能制造的核心之一是光电和激光技术，相比于电子、半导体、汽车等行业，激光行业的规模较小，但它却是驱动智能制造业发展的一大核心力量，其重要性不言而喻。

激光技术作为工业制造领域的一股核心驱动力量，本身也在不断向前发展。总结来说，激光技术正在向着“更高、更好、更短、更快”这四大方向发展。

(1) 更高：激光器的功率越来越高，平均功率已经超过 30 万瓦。2013 年，第一台商用的 10 万瓦级光纤激光器在日本名古屋 NADEX 中心安装，用于焊接 300 mm 厚的钢板。激光切割应用也向着更高的功率发展，激光切割机的功率持续走高，已经达到 20 kW。

(2) 更好：激光器输出的光束质量越来越好，光纤激光器的光束质量已经达到 10 万瓦级单模。在过去的一年中，光纤激光器、碟片激光器、直接半导体激光器的亮度都有大幅度提升。

(3) 更短：激光器的输出波长覆盖更短的波段，短波长激光器已经得到广泛应用。很多先进的制造工艺都需要冷加工，如在智能手机制造中，很多时候需要用短波长、短脉冲的紫外激光来处理。短波长激光已经在表面标记、半导体晶圆加工、钻孔、切割等领域获得了大量应用。

(4) 更快：激光器的脉冲速度越来越快，超快激光器取得了快速发展，已经凭借着更简单的结构、更方便的操作、更低廉的成本和更稳定的性能，走出实验室进入工业应用中。

激光加工的自动化、集成化和智能化水平持续提高，在与工业机器人结合的基础上，实现三维的焊接、打标、切割等多维加工，激光技术的适用性和应用领域不断拓展。

# 1.2 激光加工设备结构及电气控制系统

## 1.2.1 激光加工设备结构

激光加工设备结构及电气控制系统

### 1. 激光加工设备分类

激光加工应用领域非常广泛，设备类型划分如下。

1) 按激光输出方式分类

(1) 连续激光加工设备：如连续光纤激光切割机和 $CO_2$ 激光切割机、半导体激光焊接机。

(2) 脉冲激光加工设备：如脉冲光纤激光切割机、激光打孔机、珠宝首饰点焊机、模具修复机、脉冲固体激光焊接机等。

2) 按激光器类型分类

(1) 固体激光加工设备：如光纤激光切割机、脉冲固体激光焊接机。

(2) 气体激光加工设备：如 $CO_2$ 激光切割机、$CO_2$ 激光雕刻机。

(3) 半导体激光加工设备：半导体激光焊接机。

3) 按激光输出波长范围分类

(1) 远红外激光器(25～1000 μm)：$NH_3$ 远红外激光器(波长 281 μm)。

(2) 中红外激光器(2.5～25 μm)：$CO_2$ 激光器(波长 10.6 μm)。

(3) 近红外激光器(0.75～2.5 μm)：掺钕固体激光器(波长 1.06 μm)、光纤激光器(波长 1.06 μm)。

(4) 可见光激光器(0.4～0.7 μm)：半导体绿激光器(波长 0.532 μm)。

(5) 近紫外激光器(0.2～0.4 μm)：氟化氙(XeF)准分子激光器(波长 0.3511 μm)。

(6) 真空紫外激光器(0.005～0.2 μm)：氙(Xe)准分子激光器(波长 0.173 μm)。

4) 按激光传输方式分类

(1) 硬光路激光加工设备：如脉冲固体激光焊接机、灯泵激光打标机。

(2) 软光路激光加工设备：如光纤传输脉冲固体激光焊接机、光纤激光切割机等。

**2. 激光加工设备结构**

激光加工设备是一个集光、电、机、计算机的整合体，一般由四大系统组成：

(1) 光学系统(包括激光器、光路传输、聚焦系统)；

(2) 机械系统(包括工作台、夹具、设备机柜、生产线机械)；

(3) 电气控制系统(包括激光电源、控制电机与伺服系统、计算机数控系统、机器人、照明、CCD 监视、传感与检测等辅助系统)；

(4) 辅助配套系统(包括真空箱、吹气、空气压缩机、储气罐、冷却干燥机、过滤器、抽风除尘机、排渣机、冷却系统等)。

如图 1-16 所示的 $CO_2$激光切割机，它主要由光学系统($CO_2$激光器、飞行光路传输、聚焦镜)、机械系统(实现 *X*、*Y*、*Z* 轴运动的机床主机，自动对焦激光切割头)、电气控制系统($CO_2$

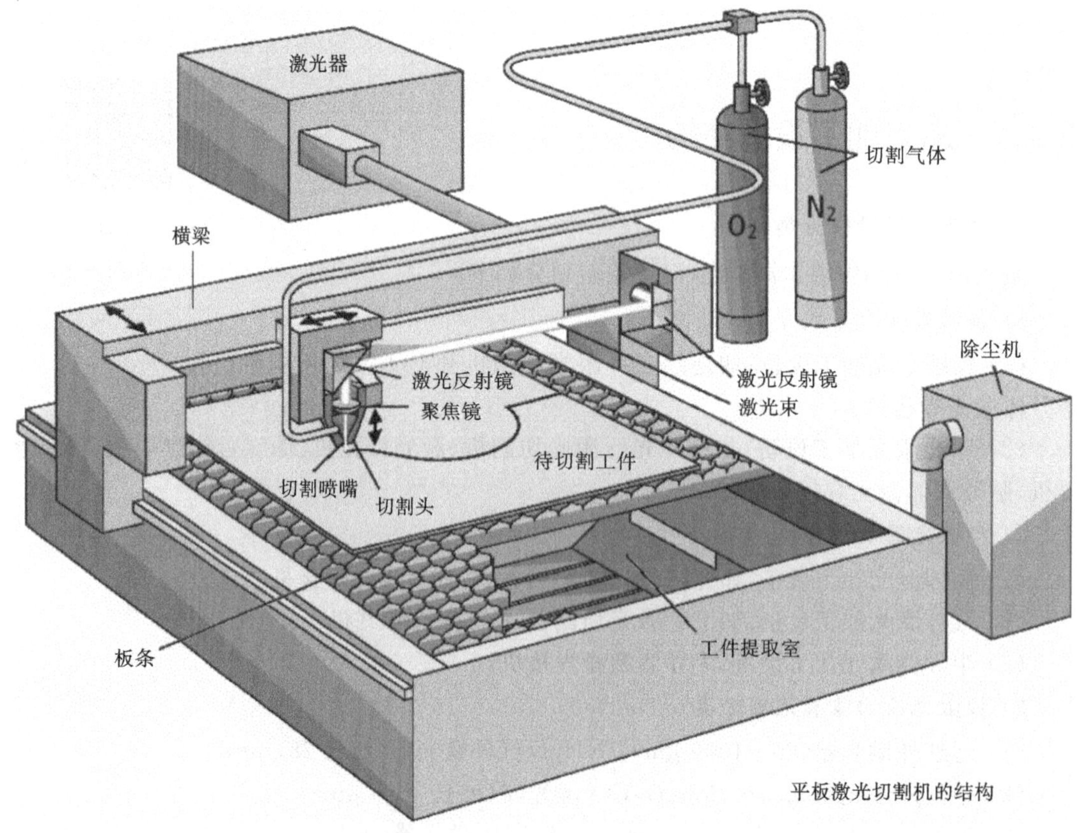


**图 1-16 $CO_2$ 激光切割机**

激光电源、稳压电源、计算机数控系统及操作台、伺服电动机)、辅助配套系统(气瓶、空气压缩机、储气罐、冷却干燥机、过滤器、抽风除尘机、冷水机组、排渣机)等组成。

不同类型激光加工设备结构类似,系统配置不同,本书主要分析激光切割机、激光打标机、激光焊接机等典型激光加工设备电气控制系统。

## 1.2.2 激光加工设备电气安全

### 1. 国家标准

根据中国国家标准 GB/T 7247.13—2018(IEC 60825—1—2014)对于激光产品的分类,大部分工业激光加工设备属于四类激光产品(即辐射功率超过 0.5 W 的连续波或重复频率脉冲激光产品,或辐照量超过 10 J/$m^2$ 的脉冲激光产品),能产生危险的漫反射,可能引起人身伤害,也可能引起火灾,在使用时应特别小心!

### 2. 安全警告标识

激光加工生产过程中需要掌握的安全警告标识如图 1-17 所示。图 1-17(a)所示的为警示注意防止高压触电;图 1-17(b)所示的为警示严格按照操作规程操作设备,且必须特别小心谨慎;图 1-17(c)所示的为警示不要暴露在可见或不可见激光中,以免直接或间接伤及皮肤、眼睛。

(a) 警示注意防止高压触电

(b) 警示严格按照操作规程操作设备

(c) 警示不要暴露在可见或不可见激光中

图 1-17 安全生产警示标识

### 3. 激光安全通告

激光直接或间接照射眼睛将会对眼睛造成永久性的伤害。所有操作设备的人员必须戴上可防护激光的防护眼镜。不要接触别的物体反射的激光,在机器工作时,操作者必须佩戴激光防护眼镜及手套。如果激光辐射进入眼睛,即使是经过反射的激光,也可能伤害到眼睛,并造成永久性损伤。伤害的程度取决于光束的集中或分散程度,及辐射的时间长短。直接接触高能量辐射的激光束会烧伤皮肤。所以,任何在同一个房间操作激光装置或可以接触到激光束的人应获悉激光的运作,以及任何工作人员都必须佩戴激光防护眼镜或眼罩,以免受激光辐射。

### 4. 电气安全注意事项

大多数激光加工设备使用高电压或大电流,尤其是脉冲激光所用的高压电容器储存能量,若不加以注意,则很容易造成电击危害。

(1) 设备在不工作时,请勿给其接通电源。

（2）不要将激光器电源输出端引线短路或接地。

（3）电源的保护地线要有良好的外部接地。

（4）尽可能只用一只手操作电气设备，以防止电流在人体上构成回路。

（5）为防止危险情况的发生，必须拔掉电源线或切断主电源，然后再做系统维护等。

（6）不要用湿手接触任何开关以免触电。机床贴有闪电标牌的部位，表示这些部位有高电压用电器或电气元件，操作者在接近这些部位或打开维修时应格外小心，以免触电，如伺服电机位置的防护罩、立柱背后接线盒、机床变压器柜、电气柜门等。

（7）在通电状态下不要触摸电气柜内带电的元器件，如数控装置、伺服装置、变压器、风扇等。

（8）断电后，必须等待 5 min 以上再触及电气端子，因断电后在一段时间内动力线端子间留有高电压。

**5．激光危害的电气防控**

（1）防护罩：各种类型的激光器都要安装具有联锁的防护罩和防止人员受激光照射的防护围屏。

（2）安全联锁装置：安全联锁装置是为了在移开防护罩某部分时能够避免人员激光产品辐射而设置的与该防护罩相连的自动装置。国家标准要求使用失效保护安全联锁，即当激光加工系统发生故障时联锁作用不失效的装置。当安全联锁装置的元件发生故障时不增加危害；当激光加工系统发生故障时，安全联锁装置应能使其停机或不产生危害。

（3）开关：激光加工系统的总控制台必须装有一个钥匙（或磁卡、暗码等其他控制装置）开关。取下钥匙时，激光器不能运转。

（4）急停开关：当激光系统出现意外时，应当立即切断电源，所以任何激光系统都必须装有应急断电开关，该开关应装在操作人员能快速接近的位置，其把手或按钮的颜色必须是醒目的红色，便于查找。

（5）电气设计余量：高功率、大能量激光器常常在高电压、大电流状态下工作，激光电源和加工机电路中元件、引线等的选取必须留有余地。

**图 1-18　华工激光 LSF 系列光纤激光打标机**

## 1.2.3　激光打标机

从早期灯泵激光打标机到现在的光纤激光打标机、$CO_2$激光打标机、侧泵激光打标机、端泵激光打标机、绿光激光打标机、紫外激光打标机、飞行打标系统、3D 激光打标机、激光打码机、在线激光打标机等。

**1．武汉华工激光 LSF 系列光纤激光打标机**

图 1-18 所示的为武汉华工激光 LSF 系列光纤激光打标机，适用于包括铜、铝及不锈钢等金属材料，计算机

键盘、手机按键等绝大部分非金属材料的激光打标，其优异的光束质量还适用于精密电子和微加工。

1）系统组成

（1）光学系统（光纤激光器、光纤激光器内部自带扩束镜、振镜扫描系统、$F$-$\theta$ 透镜聚焦系统、红色半导体指示光）。

（2）机械系统（手动升降工作台、夹具、设备机柜）。

（3）电气控制系统（激光电源、振镜扫描电机、激光打标板卡、打标软件、控制计算机、低压控制）。

（4）辅助配套系统（除尘机）。

2）技术参数

华工激光 LSF 系列光纤激光打标机技术参数如表 1-1 所示。

**表 1-1　华工激光 LSF 系列光纤激光打标机技术参数**

| 型　　号 | LSF10/20/30/40/50 |
|---|---|
| 激光器 | 光纤激光器 |
| 激光波长 | 1.064 μm |
| 平均输出功率 | 10 W/20 W/30 W/50 W |
| 功率调节范围 | 0～100% |
| 打标范围 | 110 mm×110 mm（标准） |
| 最大打标线速 | 7000 mm/s |
| 最小线宽 | 0.01 mm |
| 最小字符高度 | 0.2 mm |
| 标刻重复精度 | ±0.003 mm |
| 标刻深度 | 0.01～0.2 mm（视材料） |
| 整机供电 | 1000 W/AC 220 V/50 Hz |
| 冷却方式 | 风冷 |

3）电气控制系统配置

（1）激光电源：提供光纤激光器直流电源。

（2）振镜扫描电机：主要由高精度伺服电机、电机驱动板组成，使激光按照预定轨迹运行的执行机构。

（3）激光打标板卡：金橙子激光打标板卡。

（4）专用打标软件：金橙子激光打标软件 EzCAD。

（5）控制计算机：工业计算机。

（6）低压控制：钥匙、急停、开关机控制、提供振镜扫描系统所需±24 V 直流电源。

**2. 深圳大族激光 UV-3C 紫外激光打标机**

图 1-19 所示的为深圳大族激光 UV-3C 紫外激光打标机，采用半导体端面泵浦，紫外光称为冷光源，热影响区微乎其微，适用于高精度超精细打标，主要用于各种玻璃、液晶屏、等离子屏、纺织品、薄片陶瓷、单晶硅片、IC 晶粒、蓝宝石、聚合物薄膜等材料的打标和表面处理。

1）系统组成

（1）光学系统（紫外激光器、扩束镜、45°反射镜硬光路传输、振镜扫描系统、$F$-$\theta$ 透镜聚焦系统、红色半导体指示光）如图 1-20～图 1-21 所示。

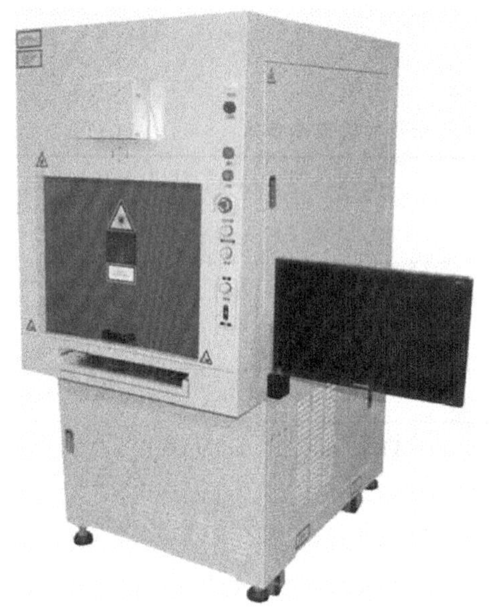

图 1-19　大族激光 UV-3C 紫外激光打标机

图 1-20　紫外激光器

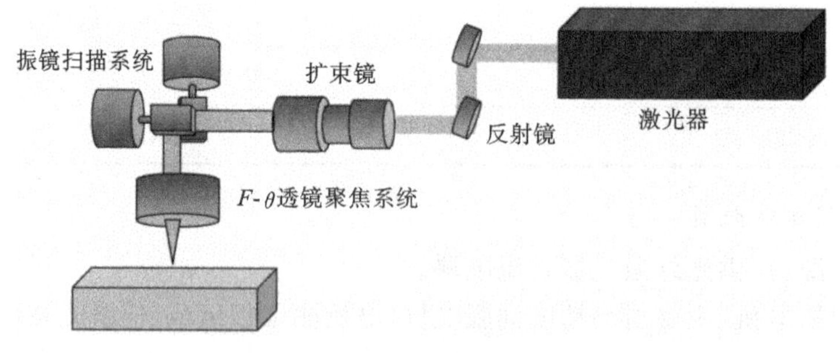


图 1-21　大族激光 UV-3C 紫外激光打标机光路结构

（2）机械系统（夹具、设备机柜、电动主梁升降体、安全门气动组件）。

整机采用封闭式结构，气动控制安全门，能避免激光泄漏对人眼造成危害。

（3）电气控制系统（激光器控制箱、打标控制箱、激光打标板卡、专用打标软件、控制计算机、电机控制箱）。

（4）辅助配套系统（除尘机、安全门气动组件、冷却系统）。

2）技术参数

大族激光 UV-3C 紫外激光打标机技术参数如表 1-2 所示。

表 1-2 大族激光 UV-3C 紫外激光打标机技术参数

| 型　　号 | UV-3C |
|---|---|
| 激光器 | 紫外激光器 |
| 激光波长 | 355 nm |
| 平均输出功率 | 3 W |
| 打标范围 | 110 mm×110 mm(标准)/聚焦镜焦距 160 mm |
| 最大打标线速 | 7000 mm/s |
| 最小线宽 | 18 μm(标记钢板) |
| 最小字符高度 | 0.1 mm |
| 标刻重复精度 | ±0.003 mm |
| 整机供电 | AC 220 V/16 A |
| 冷却方式 | 水冷 |
| 脉冲重复频率 | 10 kHz～200 kHz |

3）电气控制系统配置

(1) 激光器控制箱：提供半导体泵浦激光器直流电源，通过激光器控制箱操作，如图 1-22 所示。

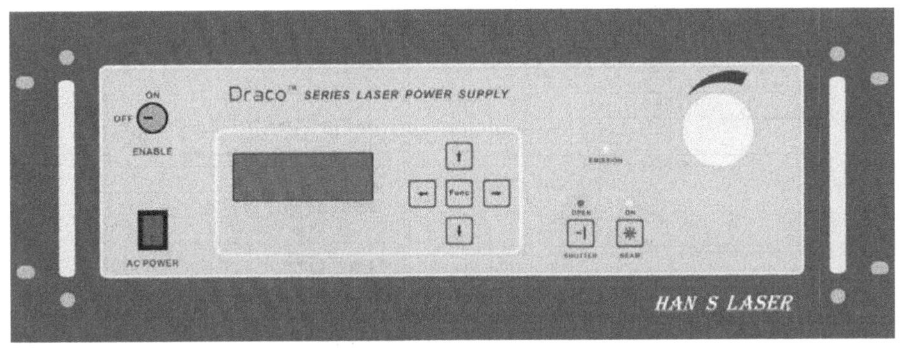


图 1-22 激光器控制箱

(2) 打标控制箱：由钥匙、急停、开关机控制、照明、警示灯、气动控制安全门控制等组成，如图 1-23 所示。

(3) 激光打标板卡：大族激光专用打标板卡。

(4) 专用打标软件：大族激光专用标记软件。

(5) 控制计算机：工业计算机。

(6) 电机控制箱：$X$、$Y$ 扫描振镜及驱动器组成的系统用于激光的高精度扫描和精密定位。系统采用高稳定度振镜系统，抗干扰性强，且无零漂。振镜采用高稳定性精密位置检测传感技术及动磁式和动圈式偏转工作方式设计，驱动器采用全新拓扑电路设计，在计算机控

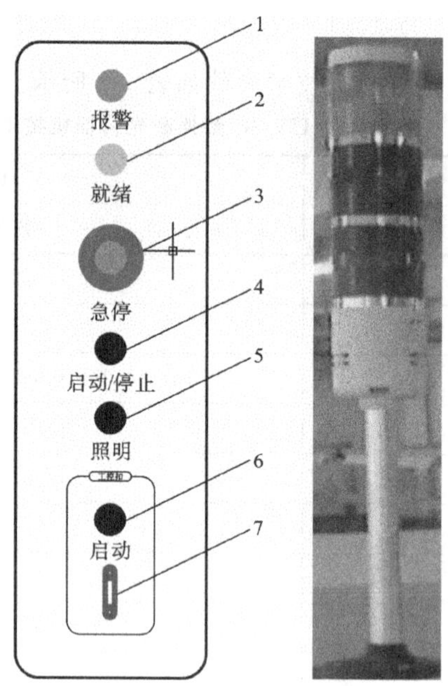


图 1-23 开关机控制、警示灯

制下输出一个伺服信号控制振镜偏转，从而精确地打出图形。

大族激光 UV-3C 紫外激光打标机电气控制系统如图 1-24 所示。

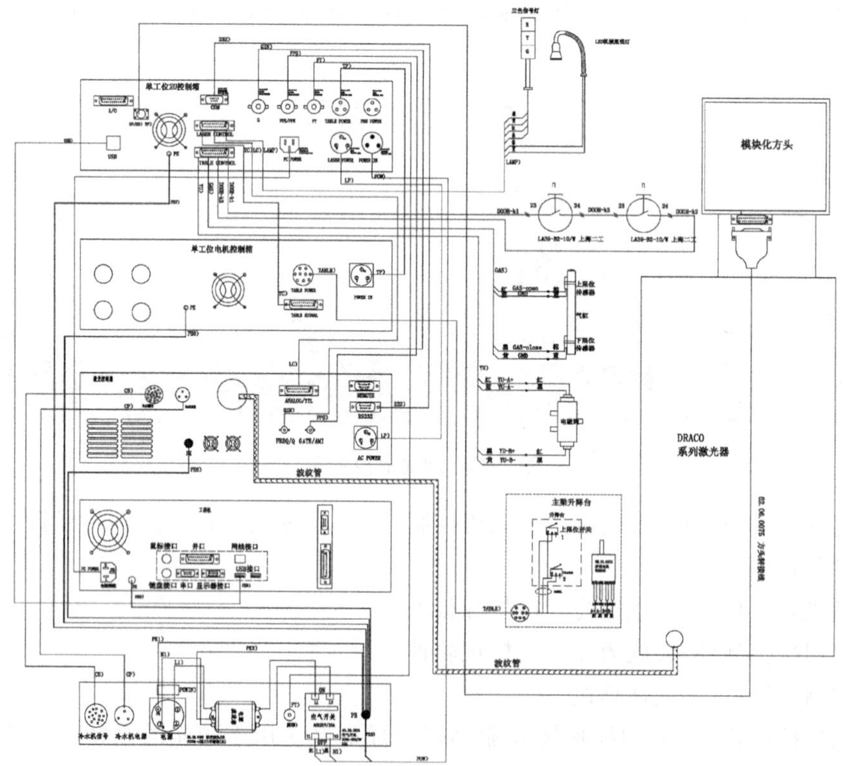


图 1-24 大族激光 UV-3C 紫外激光打标机电气控制系统

## 1.2.4 激光焊接机

激光焊接机包括光纤传输脉冲固体激光焊接机、连续光纤激光焊接机、脉冲光纤激光焊接机、半导体激光焊接机、MOPA光纤激光焊接机、光纤激光振镜焊接机、高速分光激光焊接机、白车身顶盖激光焊接机、白车身侧门激光焊接机、汽车齿轮、新能源锂电行业激光焊接机等激光焊接成套设备。

图1-25所示的为深圳联赢激光的UW-600AP光纤传输灯泵YAG激光焊接机，具备能量负反馈技术，使激光能量稳定度≤±3%，排除因水温波动、电压波动、泵浦氙灯老化等因素引起的不稳定现象，提升焊接产品的一致性，保证焊接良率。该机型是一种标准设备，通过光纤传输，可分光成4路。该机型配备焊接平台，广泛应用于五金件、家电、珠宝首饰、医疗器械、仪表、电子、电机配件、汽车配件、电池、太阳能、光通信器件等行业。

**图1-25** UW-600AP **光纤传输灯泵** YAG **激光焊接机**

1）系统组成

（1）光学系统（灯泵YAG激光器、光纤藕和聚焦镜、红色半导体指示光、光纤输出聚焦镜）如图1-26、图1-27所示。

（2）机械系统（设备机柜、可选配各种焊接平台、夹具、焊接出射头），如配备二维工作台、旋转夹具、普通焊接出射头，也可配备振镜扫描焊接头。

（3）电气控制系统（能量负反馈激光电源、低压电气控制）。

（4）辅助配套系统（冷却系统）。

2）技术参数

深圳联赢激光的UW-600AP光纤传输灯泵YAG激光焊接机技术参数如表1-3所示。

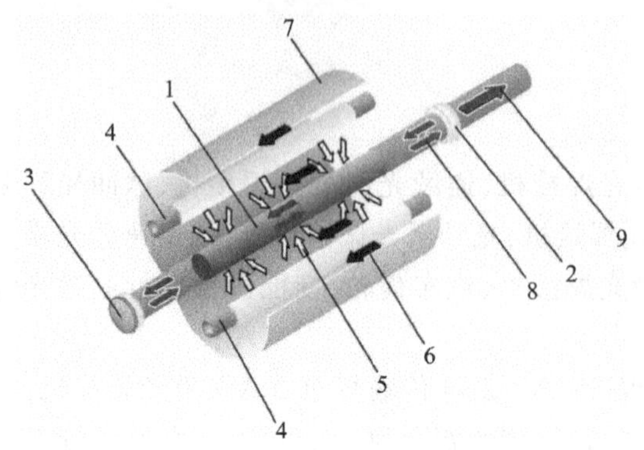


图 1-26 灯泵 YAG 激光器

1—激光棒；2—腔镜输出镜；3—腔镜全反镜；4—泵浦灯；5—泵浦光；6—冷却水；7—聚光腔反射体；8—受激发射；9—激光输出

图 1-27 光纤输出聚焦镜（配置于普通焊接出射头）

表 1-3 深圳联赢激光的 UW-600AP 光纤传输灯泵 YAG 激光焊接机技术参数

| 激光波长 | 1.06 μm |
|---|---|
| 工作物质 | Nd:YAG |
| 最大单脉冲能量 | 100 J |
| 最大输出功率 | 600 W |
| 最大峰值功率 | 9.9 kW |
| 激光脉冲频率 | 1～300 Hz |
| 激光脉冲宽度 | 0.5～30 ms |
| 连续脉冲宽度(1 s) | 200 ms |
| 瞄准定位 | 红光指示(焊接头 CCD 定位) |
| 能量不稳定度 | ≤±3% |
| 激光日连续工作时间 | 16 h |
| 整机供电 | AC 380 V±10%,50 Hz/60 Hz/3 相 |
| 冷却方式 | 水冷 |
| 光纤芯径直径 | 600 μm |
| 分光方式 | 能量分光/时间分光 |
| 工作方式 | 脉冲 |
| 整机功耗 | <18 kW |

3）电气控制系统配置

（1）能量负反馈激光电源。

实时能量负反馈脉冲氙灯激光电源，输出波形任意控制，精确控制每一个脉冲能量形成的焊点，如图 1-28 所示。

（2）低压电气控制：由钥匙、急停、开关机控制等组成。

图 1-28 激光脉冲

## 1.2.5 激光切割机

激光切割机包括高功率光纤激光切割机、中小功率光纤激光切割机、碟片激光切割机、管材激光切割机、机器人激光切割机、陶瓷激光切割机、蓝宝石激光切割机等。

图 1-29 所示的为奔腾楚天激光“飞腾” Fiber-plus 3015 光纤激光切割机，Fiber-plus 激光切割机是一款高速高配的高功率光纤激光切割设备，可以切割 0.5～30 mm 碳钢、不锈钢、黄铜、紫铜、铝材等板材，适合切割各类金属材料及高反材料，应用广泛。

1）系统组成

(1) 光学系统(IPG 光纤激光器、聚焦系统、意大利 El. En 智能激光切割头)。

智能激光切割头如图 1-30 所示，采用非接触式电容传感器，具有自动检测板材实际位置和自动聚焦功能；使用变焦打孔，使厚板穿孔时间大幅减少，如 8 mm 碳钢穿孔时间为 0.4 s，而传统时间为 4～6 s，提升设备工作效率 30%以上；穿孔检测功能，穿透后主动进行切割，无需额外等待时间。

图 1-29 奔腾楚天激光“飞腾” Fiber-plus 3015 光纤激光切割机

图 1-30 智能激光切割头

(2) 机械系统(龙门结构机床主机、封闭式机柜、交换工作台)。

龙门结构机床主机,其中,$X$ 轴采用双伺服电机驱动 $X$ 坐标方向运动,$Y$ 轴伺服电机驱动 $Y$ 坐标方向运动,$Z$ 轴伺服电机驱动切割头升降,如图 1-31 所示。

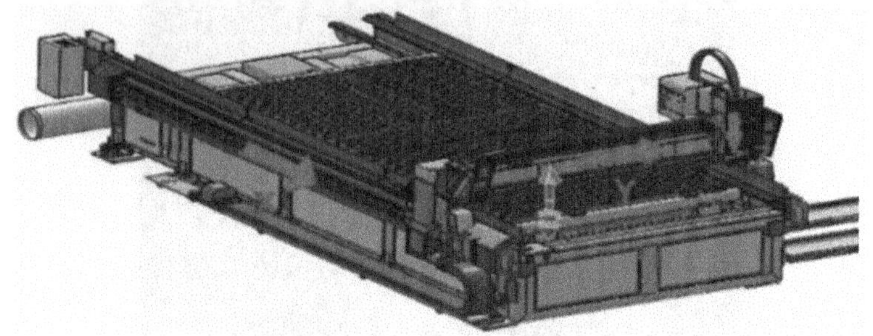

图 1-31 龙门结构机床主机

无独立升降机构的交换工作台,实现 18 s 工作台交换时间,如图 1-32 所示。

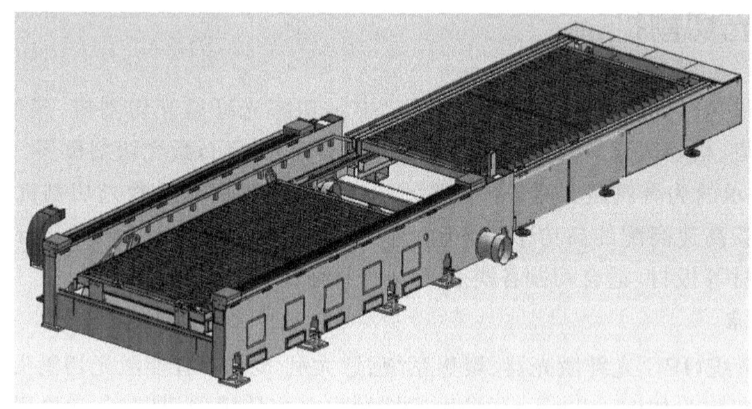

图 1-32 交换工作台

(3) 电气控制系统(光纤激光器电源、意大利 Z32 数控系统、双重伺服电机驱动系统、意大利 Smart Manager 切割软件、兰特钣金套料软件)。

(4) 辅助配套系统(空气压缩机、储气罐、冷却干燥机、过滤器、输气管道、抽风除尘机、冷水机组、排渣机、稳压电源)。

2) 技术参数

奔腾楚天激光"飞腾" Fiber-plus 3015 光纤激光切割机技术参数如表 1-4 所示。

表 1-4 奔腾楚天激光"飞腾"Fiber-plus 3015 光纤激光切割机技术参数

| 型　　号 | Fiber-plus 3015 |
|---|---|
| 激光器 | IPG 光纤激光器 |
| 激光波长 | 1070±10 nm |
| 激光器功率 | 2000 W/2400 W/3000 W/4000 W/6000 W/8000 W |
| 切割范围 | 3000 mm×1500 mm |

续表

| 型　　号 | Fiber-plus 3015 |
|---|---|
| $Z$ 轴行程 | 190 mm |
| 最大定位速度 | 120 m/min |
| 机械定位精度 | ±0.03 mm/m |
| 机械重复定位精度 | ±0.01 mm |
| 冷却方式 | 水冷 |

3）电气控制系统配置

（1）光纤激光器激光电源：提供高功率光纤激光器电源。

（2）双重伺服电机驱动系统：高精度机床配备全球领先的 MechatroLink 双驱同步技术，控制时间达到微秒级，同步性比普通机床的提高 1000 倍。与传统的接口控制相比，此种控制方式速度响应快，抗干扰能力强，保证了机床的同步性和在高速运行时的稳定性，大大提高了机床和伺服电机的工作寿命。

（3）意大利 Z32 数控系统。

① 意大利进口激光切割专用 CNC；

② 带动态及几何冲击保护的 Z32 实时控制系统；

③ CNC 系统和机床驱动系统数据交换采用光纤通信，响应速度快、信号稳定；

④ 激光能量自适应实时控制，保证尖角切割质量；

⑤ $Z$ 轴随动控制，消除板材不平整的影响。

（4）意大利 Smart Manager 切割软件。

Smart Manager 是基于 Windows 平台的原装欧洲进口控制软件，该软件与意大利进口 Z32 数控系统实现全面对接。因此，机床和激光器的实时控制和软件升级更加方便、快捷；界面友好，易于学习，操作便捷。其使用的数控 NC 程序易于编辑，可读性强；配备切割工艺数据库确保切割效率和实现碳钢亮面切割效果，同时切割参数可以在切割过程中进行实时调整，以达到最佳切割质量；优化多种打孔方式，如连续打孔、脉冲打孔、爆破穿孔等；优化多种快移方式，具备“蛙跳”功能及空移时辅助气体自动关闭功能；自动巡边功能更快捷。

# 习　　题

1-1　简述激光加工设备的应用领域。

1-2　简述激光焊接机的系统构成。

1-3　光纤激光打标机电气控制系统由哪几部分构成？

1-4　激光切割的工作原理是什么？

1-5　激光彩色打标的工作原理是什么？

1-6　激光加工设备通常由哪几部分组成？

1-7　超快激光器有哪些优点？应用领域有哪些？

1-8　光纤激光器有哪些优点？应用领域有哪些？

1-9　光纤激光器和光纤传输固体激光器有什么区别？

1-10　光纤激光器、半导体激光器、$CO_2$激光器、灯泵激光器的转换效率各是多少？

1-11　20 W 光纤激光打标机整机电功率为 1000 W，单相供电，电源线直径最小为多少？

1-12　激光加工设备断电后，能立即进行设备检修吗？为什么？

# 2

# 低压电气控制基础

**学习目标：**

1. 了解常用低压电器的结构、工作原理。
2. 了解低压电气控制系统的读图、识图。
3. 掌握低压电气控制系统的基本线路。
4. 了解电气安装工艺。
5. 了解激光加工设备制冷系统的电气控制原理。

激光加工设备电气控制系统广泛使用低压电器实现对电路的切换、控制、保护、检测或调节。本章主要介绍常用低压电器元件的结构、工作原理、基本电气控制线路、电气安装工艺。

## 2.1 低压电器概述

### 2.1.1 分类

我国现行标准将工作电压交流 1000 V、直流电压 1200 V 以下的电气线路中的电气设备称为低压电器。低压电器的种类繁多，按其结构用途及所控制的对象不同，可以有不同的分类方式。

**1. 按用途和控制对象分类**

按用途和控制对象的不同，低压电器分为配电电器和控制电器。

(1) 用于低压电力网的配电电器：包括刀开关、转换开关、断路器和熔断器等。

(2) 用于电力拖动及自动控制系统的控制电器：包括接触器、启动器和各种控制继电器等。

**2. 按操作方式分类**

按操作方式的不同，低压电器分为自动电器和手动电器。

(1) 自动电器：通过电磁做功来完成接通、分断、启动、反向和停止等动作的电器称为自动电器。常用的自动电器有继电器、接触器等。

(2) 手动电器:通过人力做功来完成接通、分断、启动、反向和停止等动作的电器称为手动电器。常用的手动电器有刀开关、转换开关和主令电器等。

**3. 按工作原理分类**

按工作原理的不同,低压电器分为电磁式电器和非电量控制电器。

### 2.1.2 应用

低压电器在电路中的用途是根据外界信号或要求,自动或手动接通、分断电路,连续或断续地改变电路状态,对电路进行切换、控制、保护、检测或调节。

在电力拖动控制系统中,低压电器主要用于对电动机进行控制、调节和保护。在低压配电线路或动力装置中,低压电器主要用于对线路或设备进行保护以及通断、转换电源或负载。

## 2.2 常用低压电器元件

常用低压电器元件

### 2.2.1 接触器

接触器是最常用的一种低压控制电器,用来接通和分断主回路和大容量控制电路,主要控制对象是电机、激光电源主电路、控制电路、数控系统等。

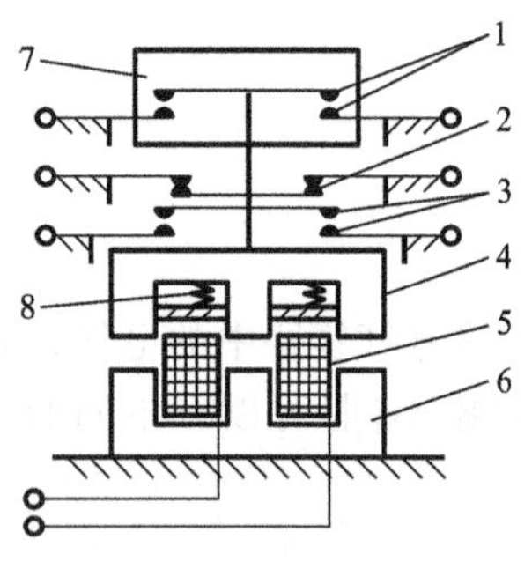


**图 2-1 接触器结构简图**

1—主触头;2—常闭辅助触头;3—常开辅助触头;4—动铁芯;5—电磁线圈;6—静铁芯;7—灭弧罩;8—弹簧

**1. 接触器结构**

接触器主要由电磁系统、触头系统和灭弧装置组成,结构简图如图 2-1 所示。

1) 电磁系统

电磁系统包括动铁芯(衔铁)、静铁芯和电磁线圈三部分,其作用是将电磁能转换成机械能,产生电磁吸力带动触头动作。

2) 触头系统

触头又称为触点,是接触器的执行元件,用来接通或断开被控制电路。触头的结构形式很多,按其所控制的电路可分为主触头和辅助触头。主触头用于接通或断开主电路,允许通过较大的电流;辅助触头用于接通或断开控制电路,只能通过较小的电流。触头按其原始状态可分为常开触头(动合触头)和常闭触头(动断触头)。原始状态(线圈未通电)时断开,线圈通电后闭合的触头称为常开触头;原始状态时闭合,线圈通电后断开的触头称为常闭触头。线圈断电后所有触头复位,即恢复到原始状态。

3）灭弧装置

触头在分断电流的瞬间，在触头间的气隙中会产生电弧，电弧的高温能将触头烧损，并可能造成其他事故。因此，应采用适当措施迅速熄灭电弧，常采用灭弧罩、灭弧栅和磁吹灭弧装置，一般容量较大的接触器都设有灭弧装置。

**2. 工作原理**

接触器根据电磁原理工作：当电磁线圈通电后，线圈电流产生磁场，使静铁芯产生电磁吸力吸引衔铁，并带动触头动作，使常闭触头断开，常开触头闭合，两者是联动的。当线圈断电时，电磁力消失，衔铁在释放弹簧的作用下释放，使触头复原，即常开触头断开，常闭触头闭合。

接触器的图形符号、文字符号如图 2-2 所示。

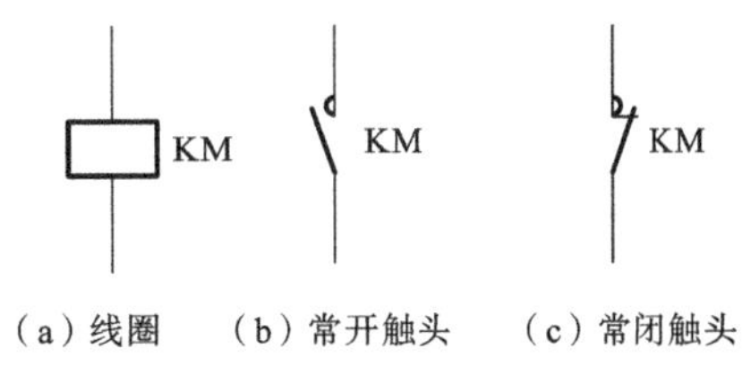


（a）线圈 （b）常开触头 （c）常闭触头

**图 2-2 接触器的图形符号、文字符号**

## 2.2.2 继电器

继电器主要用于控制与保护电路中的信号转换。它具有输入电路（又称感应元件）和输出电路（又称执行元件），当感应元件中的输入量（如电流、电压、温度、压力等）变化到某一定值时继电器动作，执行元件便接通和断开控制回路。

控制继电器种类繁多，常用的有电流继电器、电压继电器、中间继电器、时间继电器、热继电器及固态继电器等。

电流继电器、电压继电器和中间继电器属于电磁式继电器，是由控制电流通过线圈所产生的电磁吸力驱动磁路中的可动部分而实现触头开、闭或转换功能的继电器。其结构、工作原理与接触器的相似，由电磁系统、触头系统和释放弹簧等组成。由于继电器用于控制电路，流过触头的电流小，故不需要灭弧装置。

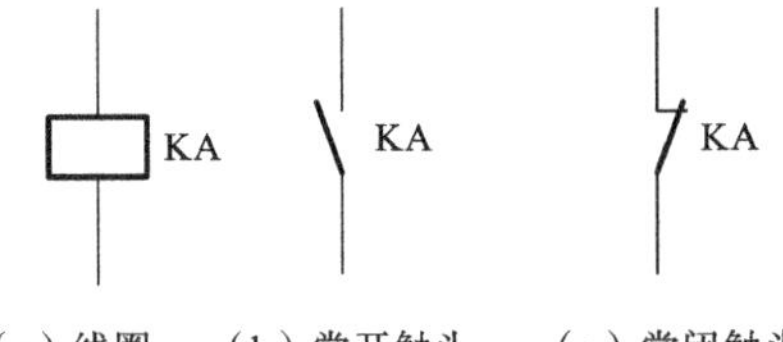


（a）线圈 （b）常开触头 （c）常闭触头

**图 2-3 电磁式继电器的图形符号、文字符号**

电磁式继电器的图形符号、文字符号如图 2-3 所示。

**1. 电流继电器**

电流继电器是根据输入（线圈）电流大小而动作的继电器。

**2. 电压继电器**

电压继电器是根据输入电压大小而动作的继电器。电压继电器线圈并联接入主电路，用来感测主电路的线路电压，触头接于控制电路，为执行元件。

**3. 中间继电器**

中间继电器实质上是电压继电器的一种，它的触头数多，触头电流容量大，动作灵敏。其主要用途是当其他继电器的触头数或触头容量不够时，可借助中间继电器扩大它们的触头数或触头容量，从而起到中间转换的作用。

**4. 时间继电器**

时间继电器是一种用来实现触头延时接通或断开的控制电器，种类很多，常用的有空气阻尼式、电子式等多种类型。时间继电器按工作方式可分为通电延时时间继电器和断电延时时间继电器。

1）空气阻尼式时间继电器

空气阻尼式时间继电器由电磁机构、工作触头及气室三部分组成，它的延时是靠空气的阻尼作用来实现的。图 2-4 所示的为 JS7-A 型空气阻尼式时间继电器的工作原理图。电磁铁线圈通电后，将衔铁吸下，于是顶杆与衔铁间出现一个气隙，当与顶杆相连的活塞在弹簧作用下由上向下移动时，在橡皮膜上面形成空气稀薄的空间（气室），空气由进气孔逐渐进入气室，活塞因受到空气的阻力不能迅速下降，在降到一定位置时，杠杆使延时触头动作（常开触头闭合，常闭触头断开）。线圈断电时，弹簧使衔铁和活塞等复位，空气经橡皮膜与顶杆之间推开的气隙迅速排出，触头瞬时复位。

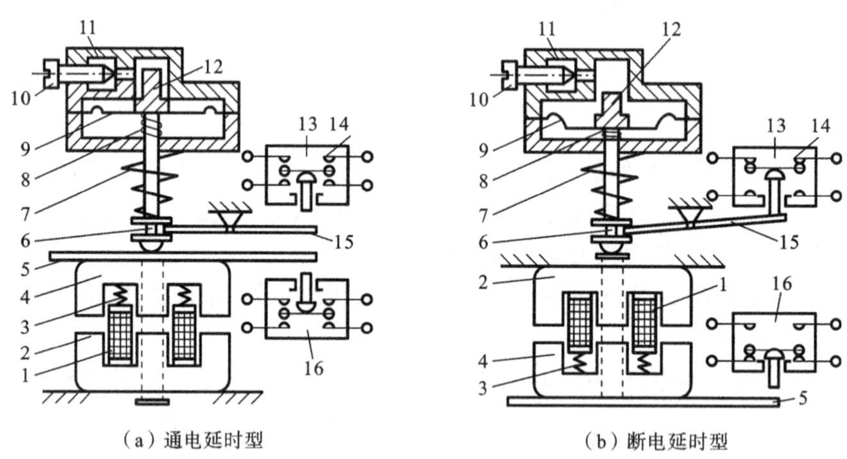

（a）通电延时型　　（b）断电延时型

**图 2-4　JS7-A 型空气阻尼式时间继电器的工作原理图**

1—线圈；2—静铁芯；3、7、8—弹簧；4—衔铁；5—推板；6—顶杆；9—橡皮膜；10—螺钉；11—进气孔；12—活塞；13、16—自动开关；14—延时触头；15—杠杆

空气阻尼式时间继电器延时时间有 0.4～180 s 和 0.4～90 s 两种规格，具有延时范围较宽、结构简单、工作可靠、价格低廉、寿命长等优点，是机床交流控制线路中常用的时间继电器。

2）电子式时间继电器

早期产品多是阻容式，近期开发的产品多为数字式（又称计数式），其结构由脉冲发生器、计数器、数字显示器、放大器及执行机构组成，具有延时时间长、调节方便、精度高等优点，有的还带有数字显示装置，应用很广，可取代空气阻尼式和电动式等时间继电器。

时间继电器的图形符号、文字符号如图 2-5 所示。

KT　或 KT　或 KT　或 KT　或 KT

（a）线圈　（b）延时闭合常开触头　（c）延时断开常闭触头　（d）延时闭合常闭触头　（e）延时断开常开触头

**图 2-5　时间继电器的图形符号、文字符号**

### 5. 热继电器

热继电器是专门用来对连续运行的电机进行过载及断相保护，以防止电机过热而烧毁的保护电器。

由图 2-6 所示的 JR19 系列热继电器结构原理图可知，它主要由双金属片、加热元件、动作机构、触头系统、整定调整装置及手动复位装置等组成。双金属片作为温度检测元件，由两种膨胀系数不同的金属片压焊而成，它被加热元件加热后，因两层金属片伸长率不同而弯曲。加热元件串接在电机定子绕组中，在电机正常运行时，热元件产生的热量不会使触头系统动作；当电机过载时，流过热元件的电流加大，经过一定的时间，热元件产生的热量使双金属片的弯曲程度超过一定值，通过导板推动热继电器的触头动作（常开触头闭合、常闭触头断开）。通常用其串接在接触器线圈电路的常闭触头来切断线圈电流，使电机主电路失电。故障排除后，按手动复位按钮，热继电器触头复位，可以重新接通控制电路。

热继电器的图形符号、文字符号如图 2-7 所示。

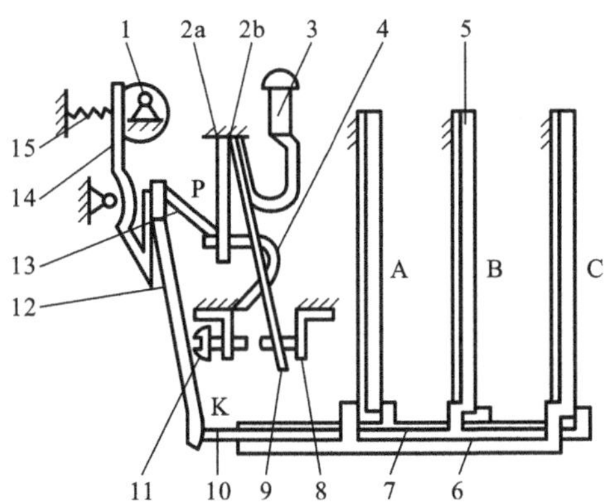


图 2-6 JR19 系列热继电器结构原理图

1—电流调节凸轮；2a、2b—簧片；3—手动复位按钮；4—弓簧；5—主双金属片；6—外导板；7—内导板；8—常闭静触头；9—动触头；10—杠杆；11—复位调节螺钉；12—补偿双金属片；13—推杆；14—连杆；15—压簧

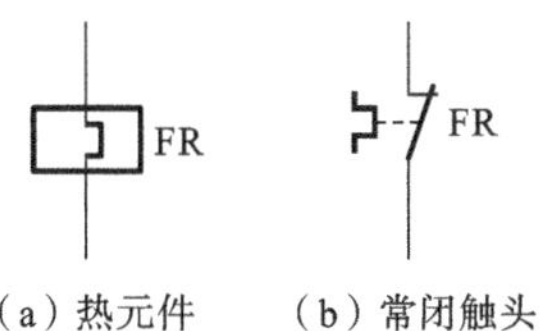


图 2-7 热继电器的图形符号、文字符号

### 6. 固态继电器

固态继电器简写为 SSR(solid state relay)，是一种全部由分离的固态电子元件（如光电耦合器、晶体管、可控硅、电阻、电容、集成电路等）组成的无触头电子开关，外形如图 2-8 所示。

图 2-8 固态继电器外形图

与普通继电器一样，它的输入侧与输出侧之间是电绝缘的；但与普通电磁继电器相比，SSR体积小，开关速度快，无机械触头，因而没有机械磨损，不怕有害气体腐蚀，没有机械噪声，耐震动、冲击，使用寿命长。它在通、断时没有火花和电弧，有利于防爆，干扰小（特别对微弱信号回路）。另外，SSR的驱动电压低，电流小，易于与计算机接口相接。因此，SSR作为自动控制的执行部件，已得到越来越广泛的应用。

SSR有直流SSR（简写为DCSSR）和交流SSR（简写为ACSSR）两种。DCSSR用于接通或断开直流电源供电的电路，ACSSR用于接通或断开交流电源供电电路。图2-9为DCSSR的结构和工作原理图。

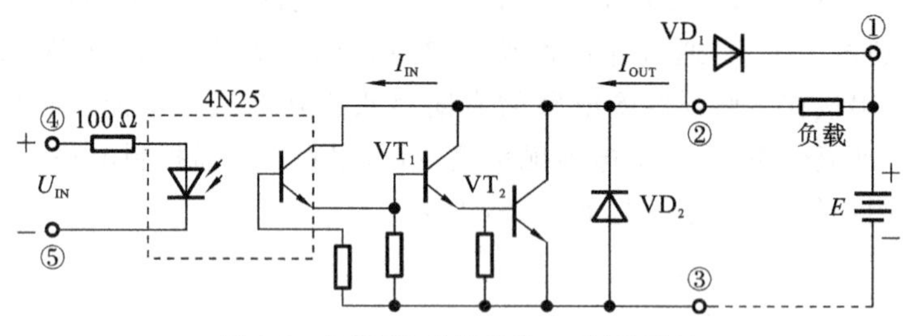


图2-9 DCSSR的结构和工作原理图

## 2.2.3 熔断器

### 1. 熔断器的工作原理

熔断器是一种结构简单、使用方便、价格低廉的保护电器，广泛用于供电线路和电气设备的短路保护。熔断器由熔体和安装熔体的外壳两部分组成。熔体是熔断器的核心，通常用低熔点的铅锡合金、锌、铜、银的丝状或片状材料制成。当通过熔断器的电流超过一定数值并经过一定的时间后，电流在熔体上产生的热量因使熔体某处熔化而分断电路，从而保护了电路和设备。

### 2. 常用熔断器的种类

熔断器有快速、插入式、螺旋式、有填料密封管式、无填料密封管式等多种规格，图2-10为有填料式熔断器和快速熔断器外形图。

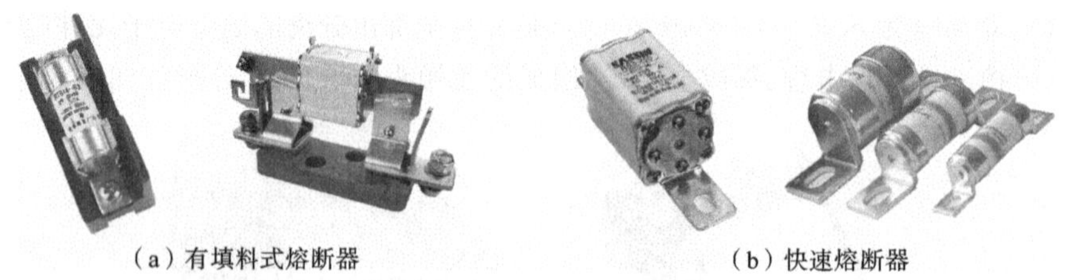

（a）有填料式熔断器　　（b）快速熔断器

图2-10 熔断器外形图

## 2.2.4 低压隔离器

低压隔离器（low voltage insulator）也称刀开关。低压隔离器是低压电器中结构比较简单、应用十分广泛的一类手动操作电器，主要有低压刀开关、熔断器式刀开关和组合开关三种。

隔离器主要是在电源切除后，将线路与电源明显地隔开，以保障检修人员的安全。熔断器式刀开关由刀开关和熔断器组合而成，故兼有两者的功能，即电源隔离和电路保护功能，可分断一定的负载电流。

**1. 低压刀开关**

低压刀开关(knife switch)由操纵手柄、触刀、触刀插座、支座和绝缘底板等组成，其结构简图如图 2-11 所示。

选用刀开关时，刀的极数要与电源进线相数相等，刀开关的额定电压应大于所控制线路的额定电压，刀开关的额定电流应大于负载的额定电流。刀开关的图形符号、文字符号如图 2-12 所示。

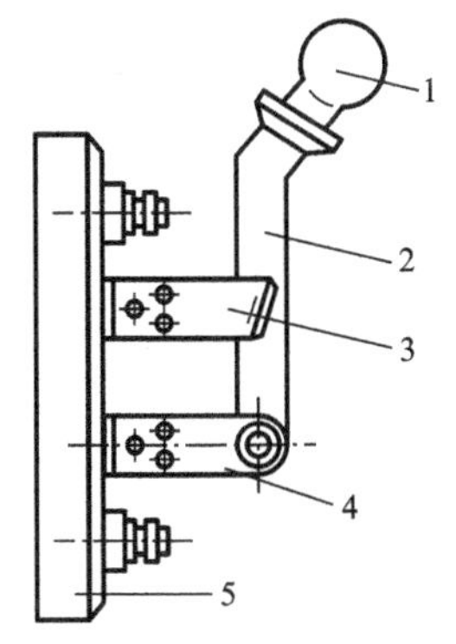


**图 2-11 低压刀开关结构简图**

1—操纵手柄；2—触刀；3—触刀插座；4—支座；5—绝缘底板

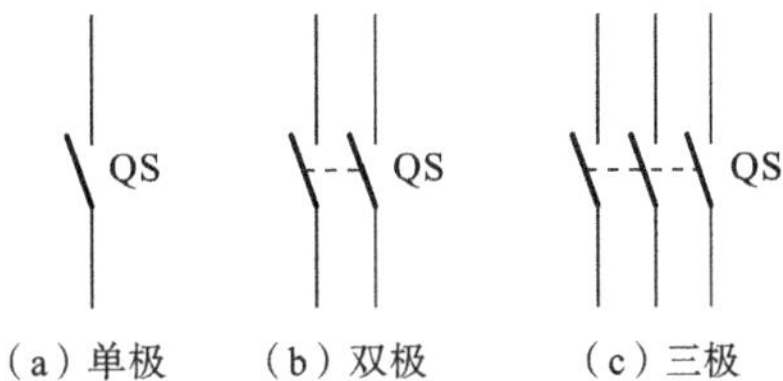


**图 2-12 刀开关的图形符号、文字符号**

**2. 低压断路器**

低压断路器过去称为自动开关，为了和 IEC(国际电气技术委员会)标准一致，故改用此名。

低压断路器可用来分配电能，不频繁地启动感应电机，对电源线路及电机等实行保护。当它们发生严重的过载或短路及欠电压等故障时能自动切断电路，其功能相当于熔断器式断路器与过流、欠压、热继电器等的组合，而且在分断故障电流后一般不需要更换零部件，因而获得了广泛的应用。

断路器的结构有框架式(又称万能式)和塑料外壳式(又称装置式)两大类。框架式断路器为敞开式结构，适用于大容量配电装置；塑料外壳式断路器的特点是外壳用绝缘材料制作，具有良好的安全性，广泛应用于电气控制设备及建筑物内进行电源线路保护，以及对电机进行过载和短路保护。

低压断路器主要由触头和灭弧装置、各种可供选择的脱扣器与操作机构、自由脱扣机构三部分组成。脱扣器包括过流、欠压(失压)脱扣器和热脱扣器等，其工作原理如图 2-13 所示。图 2-13 中选用了过流和欠压两种脱扣器。开关的主触头靠操作机构手动或电动合闸，在正常工作状态下能接通和分断工作电流，当电路发生短路或过流故障时，过流脱扣器的衔铁被吸合，使自由脱扣机构的钩子脱开，自动开关触头分离，及时有效地切除高达数十倍额定电流的故障电流。当电网电压过低或为零时，欠压脱扣器的衔铁被释放，自由脱扣机构动作，使断路器触头分离，从而在过流与零压、欠压时保证了电路及电路中设备的安全。

塑料外壳断路器的主要参数有额定工作电压、壳架额定电流等级、极数、脱扣器类型及额定电流、短路分断能力等。

塑料外壳低压断路器外形如图 2-14 所示。

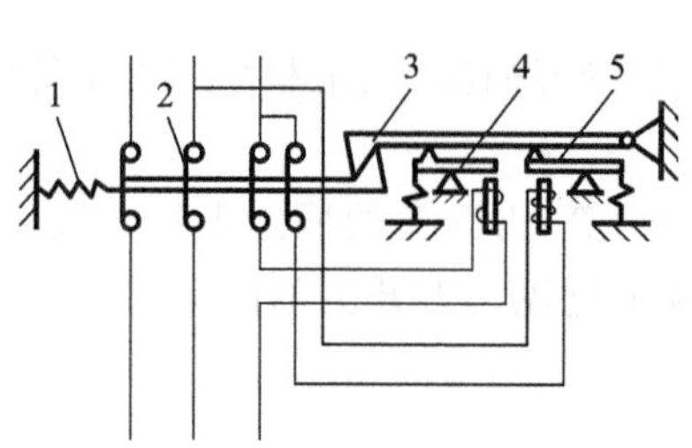


**图 2-13　低压断路器工作原理图**

1—释放弹簧；2—主触头；3—钩子；4—过流脱扣器；5—欠压脱扣器

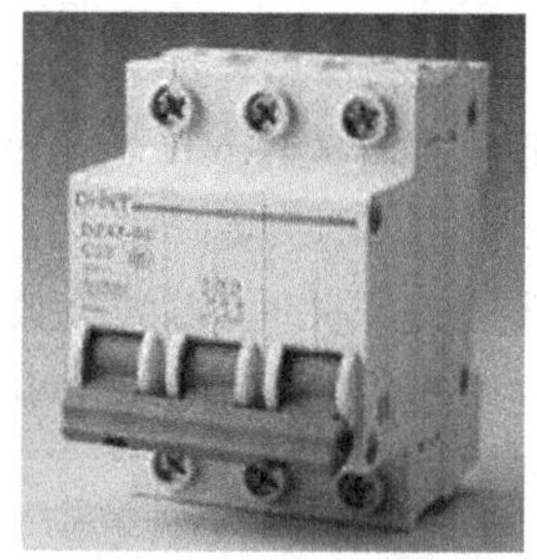

**图 2-14　塑料外壳低压断路器外形图**

**3. 组合开关**

组合开关也是一种刀开关，但它的刀片是转动式的，操作比较轻巧，它的动触头（刀片）和静触头装在封闭的绝缘件内，采用叠装式结构，其层数由动触头的数量决定。动触头装在操作手柄的转轴上，随转轴旋转而改变各对触头的通断状态。组合开关的外形如图 2-15 所示。

## 2.2.5　主令电器

主令电器是用来发布命令、改变控制系统工作状态的电器，它可以直接作用于控制电路，也可以通过电磁式电器的转换对电路实现控制，其主要类型有按钮、脚踏开关等。

**1. 按钮**

按钮是最常用的主令电器，其典型结构如图 2-16 所示。它既有常开触头，也有常闭触头。常态时在复位弹簧的作用下，桥式动触头将静触头 1、2 闭合，静触头 3、4 断开；当按下按钮时，桥式动触头将 1、2 断开，3、4 闭合。触头 1、2 称为常闭触头或动断触头，触头 3、4 被称为常开触头或动合触头。

**图 2-15　组合开关**

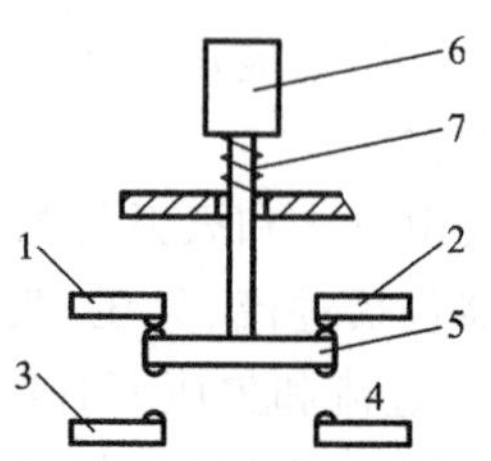


**图 2-16　按钮结构图**

1、2—常闭触头；3、4—常开触头；5—桥式动触头；6—按钮帽；7—复位弹簧

为标明按钮的作用，避免误操作，通常将按钮帽做成红、绿、黑、黄、蓝、白、灰等颜色。

(1)“停止”和“急停”按钮的颜色必须是红色。当按下红色按钮时，必须使设备停止工作或断电。

(2)“启动”按钮的颜色是绿色。

按钮的外形、图形符号、文字符号如图 2-17 所示。

**2. 脚踏开关**

脚踏开关其实就是内置一个行程开关，当脚踏给予信号的时候，开关执行。脚踏开关在激光加工设备中应用广泛，其外形如图 2-18 所示。

(a)外形

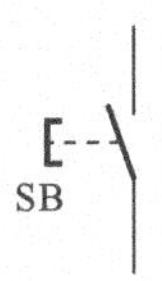

(b)常开按钮

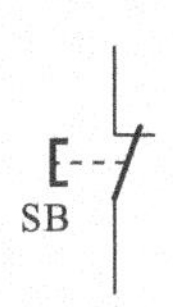

(c)常闭按钮

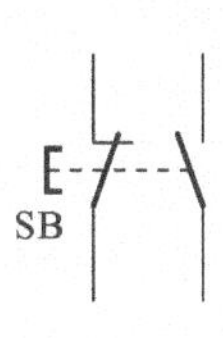

(d)复位按钮

图 2-17 按钮的外形、图形符号、文字符号

图 2-18 脚踏开关的外形图

## 2.2.6 位置开关

**1. 行程开关**

行程开关主要用于检测工作机械的位置，发出命令以控制其运动方向或行程长短。行程开关也称位置开关。

行程开关按结构分为机械结构的接触式有触头行程开关和电气机构的非接触式接近开关。接触式行程开关靠移动物体碰撞行程开关的操动头而使行程开关的常开触头接通和常闭触头分断，从而实现对电路的控制作用，其结构如图 2-19 所示。

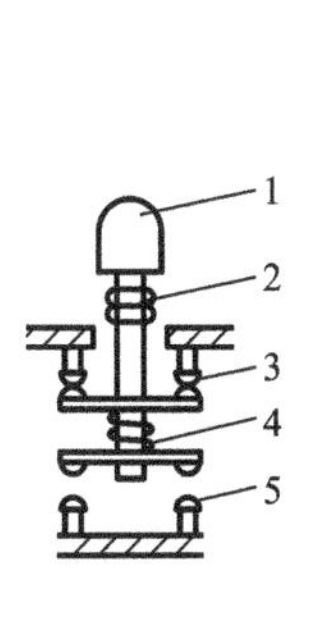

(a)直动式

1—顶杆；2—弹簧；
3—常闭触头；4—触头弹簧；
5—常开触头

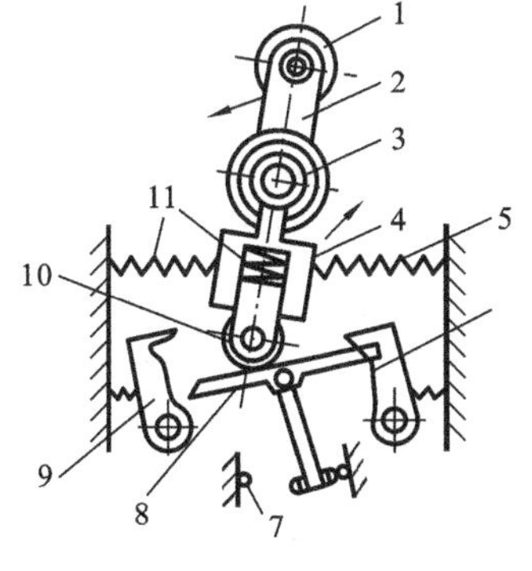

(b)滚动式

1—滚轮；2—上转臂；3、5、11—弹簧；
4—套架；6、9—压板；7—触头；
8—触头推杆；10—小滑轮

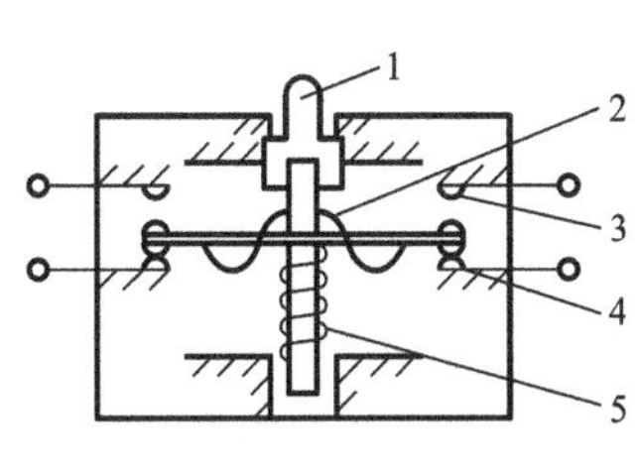

(c)微动式

1—推杆；2—弯形片状弹簧；
3—常开触头；4—常闭触头；
5—恢复弹簧

图 2-19 行程开关的结构图

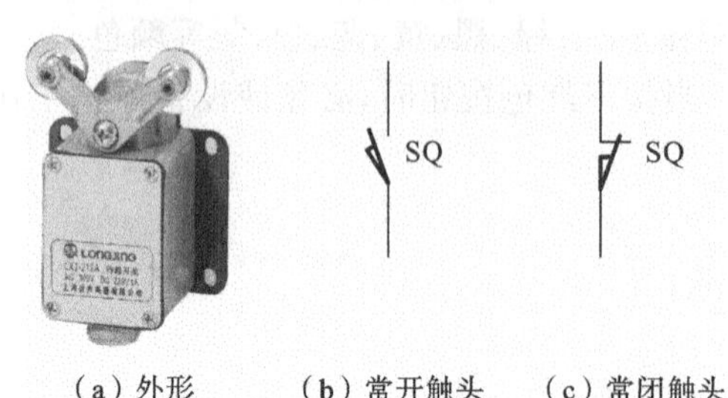

（a）外形　（b）常开触头　（c）常闭触头

图 2-20　行程开关的外形、图形符号、文字符号

行程开关的外形、图形符号、文字符号如图 2-20 所示。

**2. 微动开关**

微动开关是一个尺寸很小而又非常灵敏的行程开关。微动开关的外形如图 2-21 所示。

**3. 接近开关**

接近开关是一种非接触式的位置开关，它由感应头、高频振荡器、放大器和外壳组成，其外形如图 2-22 所示。当运动部件与接近开关的感应头接近时，就使其输出一个电信号。

图2-21　微动开关的外形图

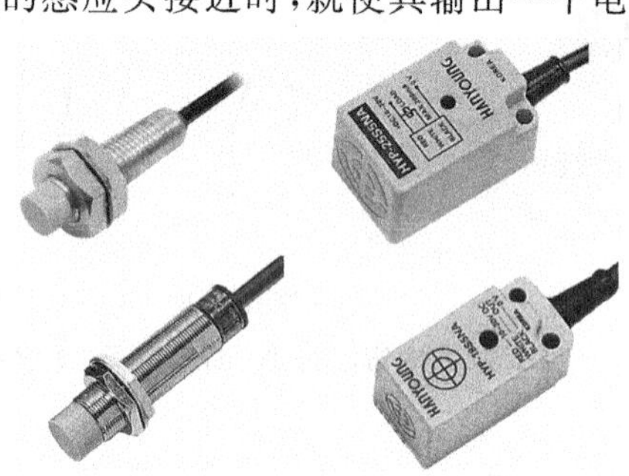
图 2-22　接近开关的外形图

当有物体移向接近开关，并接近到一定距离时，感应头才有“感知”，开关才会动作，通常把这个距离称为“检出距离”。不同的接近开关检出的距离不同。根据感应头的工作原理不同，接近开关有涡流式接近开关、电容式接近开关、霍尔式接近开关、光电式接近开关、热释电式接近开关等几种。

图 2-23 所示的为三线型 NPN 接近开关原理图，NPN 接通时是低电平输出，即接通时黑色线输出低电平（通常为 0 V），中间电阻代表负载，此负载可以是继电器或 PLC 等，中间三个圆圈代表开关引出的三根线，其中棕色线要接正（+24 V），蓝色线要接负（−24 V），黑色线为信号线。此为常开开关，当开关动作时黑色和蓝色两线接通，这时黑色线输出电压与蓝色线电压相同，自然就是负极给定电压 24 V，地电压 0 V。

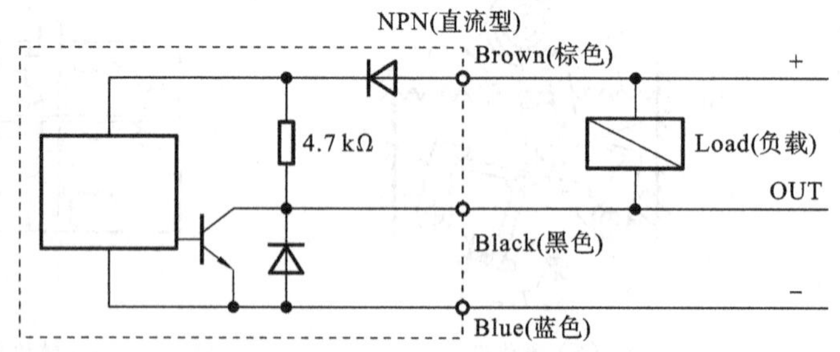

图 2-23　三线型 NPN 接近开关原理图

接近开关可以代替有触头行程开关来完成行程控制盒限位保护，由于它具有非接触式触发、动作速度快、可在不同的检测距离内动作、工作稳定可靠、寿命长、重复定位精度高等优点，所以在工业激光加工设备上得到广泛应用。

### 2.2.7 其他开关

**1. 信号灯**

信号灯也称指示灯，主要在各种电气设备及线路中作电源指示、显示设备的工作状态，以及操作警示等。

信号灯发光体主要有白炽灯、氖灯和发光二极管等，目前大多使用发光二极管光源。

信号灯有持续发光(平光)和断续发光(闪光)两种发光形式。

信号灯的主要参数有工作电压、安装尺寸及发光颜色等。

信号灯的外形如图 2-24 所示。

**2. 温控开关**

温控开关是在温度超过或低于某一设定的温度时，自动接通或断开电路的传感开关。图 2-25 所示的为激光设备冷却系统所用的温控开关和温度探头。

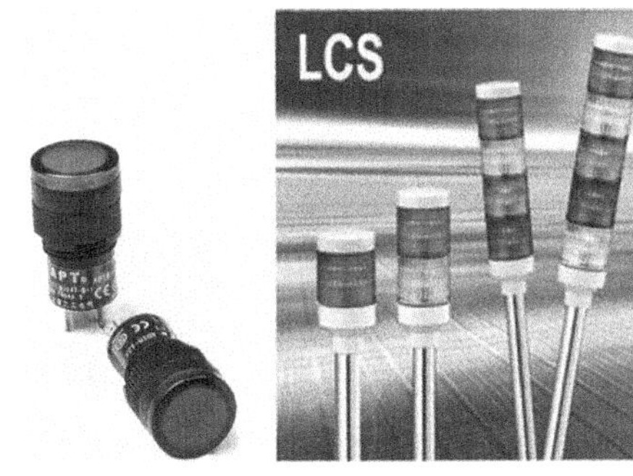


图 2-24 信号灯的外形图

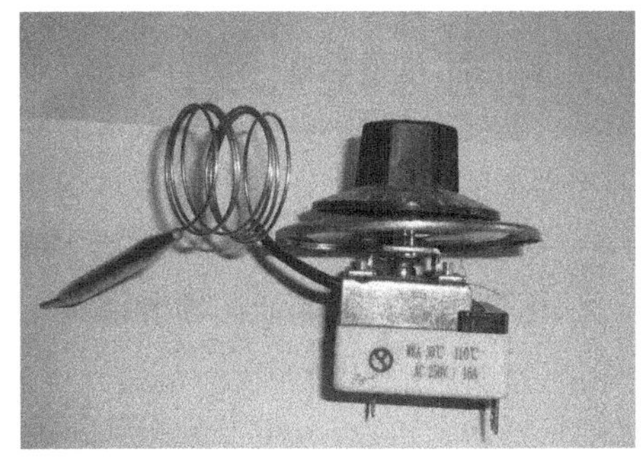

图 2-25 温控开关和温度探头

目前普遍使用的电接点玻璃水银温度计是根据水银遇热膨胀的原理制作而成的，而由此制作的自控开关又称温控水银开关。当温度升高时，沿毛细管内的水银上升，一旦水银与毛细管中的铂丝相接触，即可通过导线与外电路接通。当温度降低时，毛细管内的水银则下降，水银与铂丝脱离接触，断开外接电路。

温控水银开关一般在管内设有内标刻度，通过旋转顶部的调整帽便可使电接点的铂丝上升或下降，达到调整和设定需要控制的温度的目的。

**3. 水压开关**

水压开关也称流量开关或水流开关，通过检测管路中水压的大小来动作的微动开关，使用膜片作为弹性元件，当被测压力超过额定值时，弹性元件自由端发生位移，推动开关元件，改变开关元件通断状态，如图 2-26 所示，安装时要注意水流方向。激光加工设备通常需要水循环系统冷却，一般使用水压开关来判断水循环系统是否正常工作，从而控制后续系统的工作。

图 2-26 水压开关

# 2.3 低压电气控制系统

## 2.3.1 电气控制系统图识图

### 1. 电气控制系统图

电气控制系统图有电气控制原理图、电气安装图(包括电气布置图和电气接线图)。

(1) 电气控制原理图:反映电气控制线路工作原理,线路一般分为主电路、控制电路和辅助电路。

主电路:电气控制线路中强电流通过的部分。

控制电路:由按钮、接触器和继电器的线圈、接触器的触点及其他元件组成。

辅助电路:包括控制、照明、信号及保护电路。

(2) 电气安装图:包括电器布置图和电气接线图。

电器布置图:原理图中各元器件的实际安装位置。

电气接线图:用于电器安装接线、线路检查、故障维修等。

低压电气控制系统基本线路

### 2. 电气控制系统图的阅读方法

(1) 了解控制过程和执行电器元件的关系。

(2) 分析主电路。

(3) 分析控制电路。

### 3. 电气控制系统设计的电路保护环节

电动机顺序启动控制

(1) 短路保护。

(2) 过载保护。

(3) 过电流保护。

(4) 欠压保护。

## 2.3.2 低压电气控制系统基本线路

### 1. 三相电机的启动、停止控制线路

三相电机的启动、停止控制线路是应用最广泛的,也是最基本的控制线路,如图 2-27 所示。它由刀开关 QS、熔断器 FU2、接触器 KM 的主触头、热继电器 FR 的热元件和电机 M 构成主电路,由启动按钮 SB2、停止按钮 SB1、接触器 KM 的线圈及其常开辅助触头、热继电器 FR 的常闭触头和熔断器 FU1 构成控制回路。

启动时,合上 QS,引入三相电源。按下 SB2,交流接触器 KM 的线圈通电,KM 的主触头闭合,电机接通电源直接启动运转;同时,与 SB2 并联的接触器 KM 的常开触头闭合,使接触器 KM 的线圈经两条线路通电。这样,当手松开、SB2 复位时,接触器 KM 的线圈仍可通过其常开触头的闭合而继续通电,从而保持电机的连续运行。这种依靠接触器自身辅助触头使其线圈保持通电的现象称为"自锁"。这一对起自锁作用的辅助触头称为自锁触头。

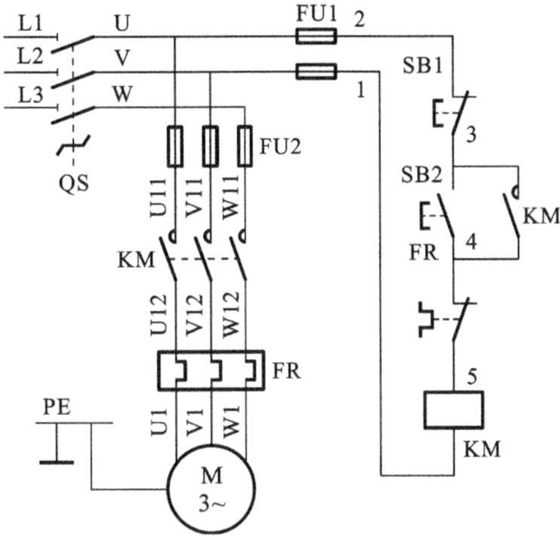

图 2-27 三相电机的启动、停止控制线路

**2. 点动控制线路**

在生产实践中,某些生产机械常要求既能正常启动,又能实现调整的点动工作。

图 2-28 所示的为实现点动控制的几种电气控制线路。

图 2-28(a)所示的为最基本的点动控制线路。启动按钮 SB 没有并联接触器 KM 的自锁触头,按下 SB,KM 线圈通电,电机启动;松开按钮 SB 时,接触器 KM 线圈又断电,其主触头断开,电机停止运转。

图 2-28(b)所示的为带手动开关 SA 的点动控制线路。当需要点动控制时,只要把开关 SA 断开,由按钮 SB2 来进行点控制即可。当电机需要正常运行时,只要把开关 SA 合上,将 KM 的自锁触头接入,即可实现连续控制。

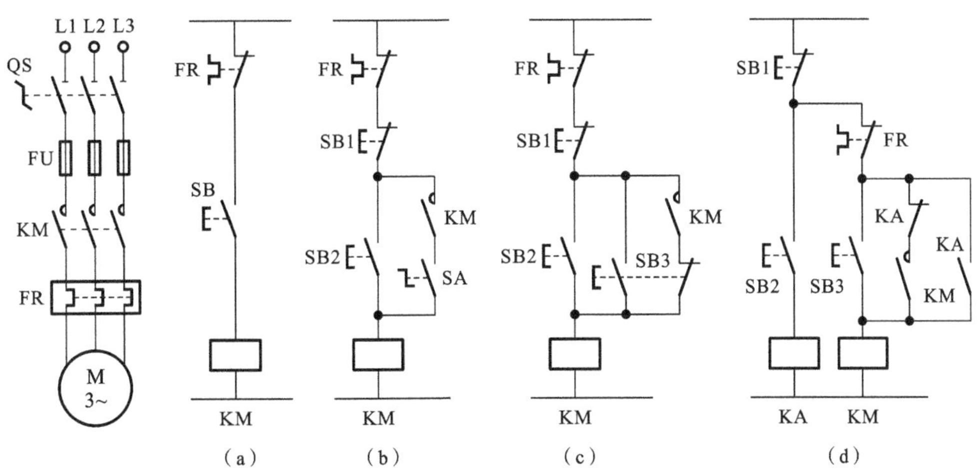

图 2-28 几种点动控制电气线路

在图 2-28(c)所示的线路中增加了一个复合按钮 SB3 来实现点动控制。需要点动控制时,按下点动按钮 SB3,其常闭触头先断开自锁电路,常开触头闭合,接通启动控制电路,KM 线圈通电,接触器衔铁被吸合,主触头闭合,接通三相电源,电机启动。当松开点动按钮 SB3 时,KM 线圈断电,KM 主触头断开,电机停止运转。若需要电机连续运转,则可通过按钮 SB1 和 SB2 来控制。

**3. 多地点控制线路**

在大型生产设备上,为使操作人员在不同方位均能进行启动、停止操作,常常要求组成多地点控制线路。多地点控制线路只需多用几个启动按钮和停止按钮，无需增加其他电器元件。启动按钮应并联，停止按钮应串联，并分别装在几个不同的地方，如图 2-29 所示。

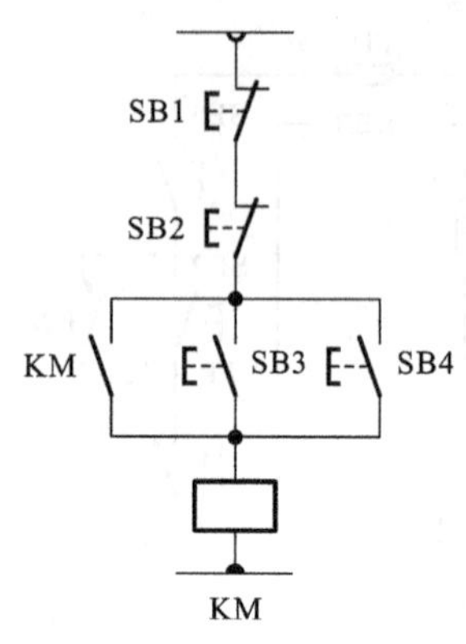


图 2-29 多地点控制线路

通过上述分析，可得出普通性结论：若几个电器都能控制甲接触器通电，则几个电器的常开触头应并联接到甲接触器的线圈电路中，即逻辑“或”的关系；若几个电器都能控制甲接触器断电，则几个电器的常闭触头应串联接到甲接触器的线圈电路中，即逻辑“与”的关系。

## 4. 三相电机正、反转控制电路

各种生产机械常常要求具有上、下、左、右、前、后等相反方向的运动，这就要求电机能够实现可逆运行。三相交流电机可借助正、反向接触器改变定子绕组相序。为避免正、反向接触器同时通电造成电源相间短路故障，正、反向接触器之间需要有一种制约关系——互锁(interlocking)。图 2-30 给出了两种可逆控制电路。

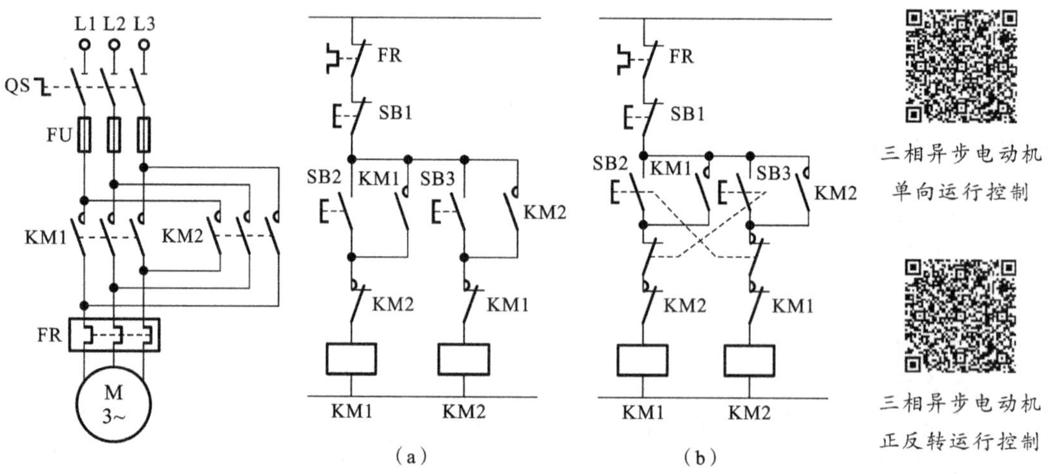


图 2-30 三相电机可逆控制电路

图 2-30(a)所示的为电机“正—停—反”可逆控制线路，利用两个接触器的常闭触头 KM1 和 KM2 相互制约，即当一个接触器通电时，利用其串联在对方接触器的线圈电路中的常闭辅助触头的断开来锁住对方线圈电路。这种利用两个接触器的常闭辅助触头互相控制的方法称为“互锁”，起互锁作用的两对触头称为互锁触头。图 2-30(a)中这种只有接触器互锁的可逆控制线路在正转运行时，要想反转必先停车，否则不能反转，因此要靠两只复合按钮实现。

图 2-30(b)所示的为电机“正—反—停”控制线路，采用两只复合按钮实现。在这个线路中，正转启动按钮 SB2 的常开触头用来使正转接触器 KM1 的线圈瞬时通电，其常闭触头则串联在反转接触器 KM2 线圈的电路中，用来锁住 KM2。反转启动按钮 SB3 与 SB2 的道理相同，当按下 SB2 和 SB3 时，首先是常闭触头断开，然后才是常开触头闭合。这样在需要改变电机运动方向时，就不必按 SB1 停止按钮了，可直接操作正反转按钮即能实现电机可逆运转。这个线路既有接触器互锁，又有按钮互锁，称为具有双重互锁的可逆控制线路，为电力

拖动控制系统所常用。

### 5. 自动循环控制

行程原则控制取行程为变化参量，行程开关是行程原则控制的基本电器。行程开关装在所需地点，当安装在运动部件上的撞块碰到行程开关时，行程开关的触头动作，从而实现电路的切换。行程控制主要用于机床进给速度的自动换接、自动循环、自动定位及运动部件的限位保护等。往复行程控制电路如图 2-31 所示。

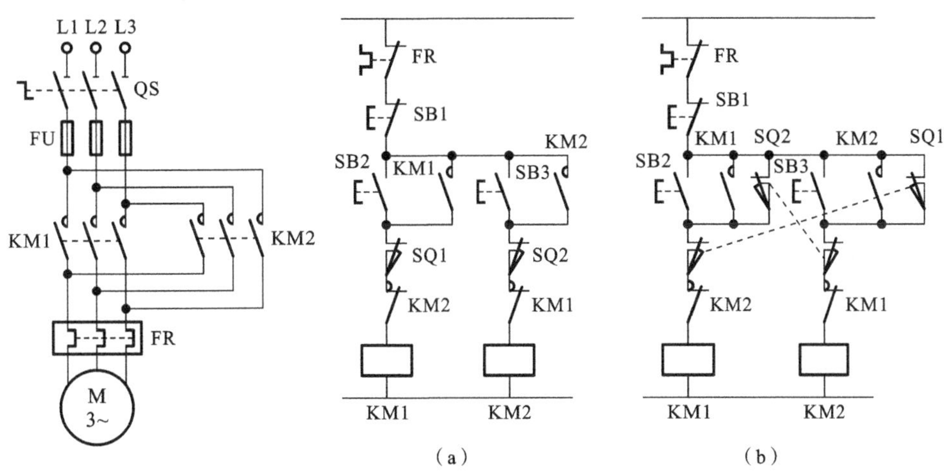


图 2-31 往复行程控制电路

图 2-31(a)所示的为行程控制的限位线路。KM1 和 KM2 分别是行车向前和向后的接触器，在其线圈电路中分别串接行程开关的常闭触头。当行车向前到达终点时，安装在终点的行程开关 SQ1 的常闭触头被行车撞块撞开，KM1 断电，行车停止，从而起到限位保护作用。一旦行车离开终点位置，行程开关就能自动复位，行车继续正常运行。这种专为限制极限位置的行程开关也称限位开关或终端开关。

图 2-31(b)所示的为行程控制中的自动往复循环控制电路，行程开关的常开触头和常闭触头共同作用。设行程开关 SQ1 放在右端需要反向的位置，而 SQ2 放在左端需要反向的位置，挡铁安装在平移部件上。启动时，利用正、反向启动按钮，当按下正转按钮 SB2 时，接触器 KM1 线圈通电并自锁，电机正转带动机床运动部件左移，当运动部件移至左端并碰到 SQ2 时，将行程开关 SQ2 压下，其常闭触头断开，切断 KM1 线圈电路，同时 SQ1 常开触头闭合，接通 KM2 线圈，电机反转，带动运动部件右移，当移至右端并碰到行程开关 SQ1 时，SQ1 的常闭触头断开，切断 KM2 线圈电路，同时 SQ2 的常开触头又接通 KM1 线圈电路，电机又从反转变为正转，如此往复循环运动。

### 6. 顺序控制

1）两台电机顺序启动电路

顺序启动控制电路是在一个设备启动之后另一个设备才能启动运行的一种控制方法，常用于主辅设备之间的控制，如图 2-32 所示。图 2-32(a)所示的为主电路，图 2-32(b)和图 2-32(c)所示的为控制电路。分析控制电路图 2-32(b)中两台接触器线圈得电的制约关系可知：电机 M2 只有电机 M1 工作后才可以启动，在 M1 停止工作时 M2 将同时停止。由于线路的连接不同，图 2-32(c)所示的控制电路所产生的控制结果也不同，由于在 SB1 动断触头旁合并上了 KM2 的动合触头，停车时不再能直接按按钮 SB1 停止两台电机，而必须先停止电机 M2 才能停止电机 M1。

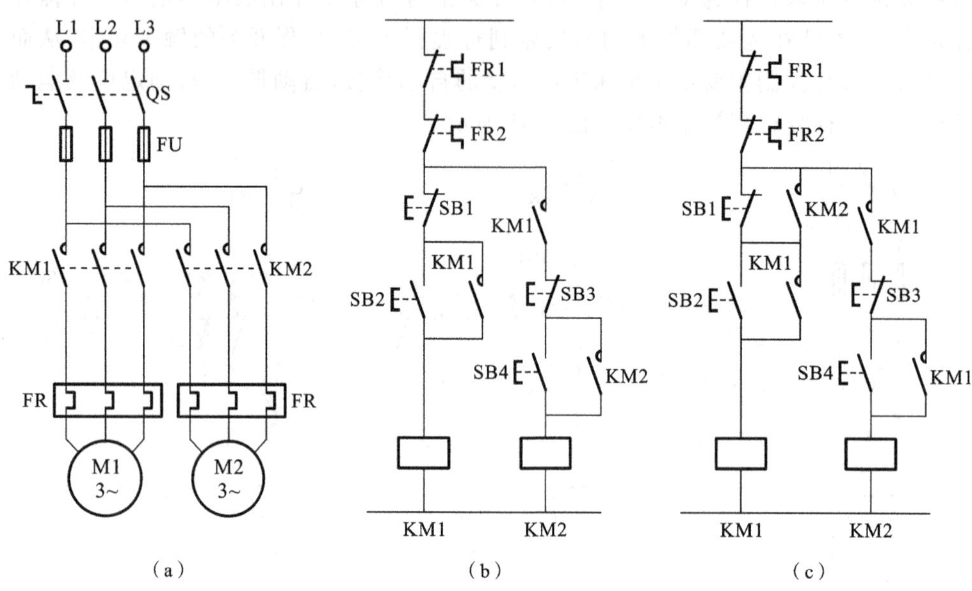


图 2-32 两台电机顺序启动、逆序停止电路

2）时间继电器控制电路

图 2-33 所示的为采用时间继电器的顺序控制电路。时间继电器是一种具有延时功能的电器，当其线圈通电或断电时，作为其工作机构的触头可以延时动作。从图 2-33 中可以看出，第一台电机的接触器 KM1 通电，时间继电器 KT 的线圈也开始通电，这就使时间继电器 KT 开始计时，当计时时间到后，时间继电器的通电延时闭合的动合触头接通第二台电机的接触器 KM2，使电机 M2 开始转动。

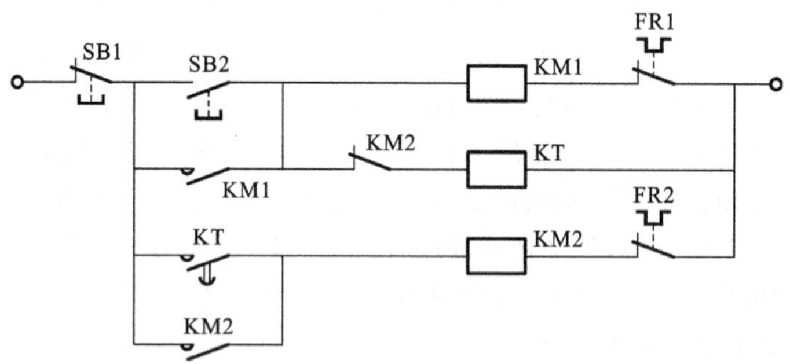


图 2-33 采用时间继电器的顺序控制电路

## 2.3.3 激光加工设备低压电气控制系统

对于激光加工设备低压电气控制系统，要求整机通电顺序控制电路简单、可靠并且操作方便。电控面板上的开关、按钮愈少愈好，各部分电路按一定顺序自动通电。通常，这是靠

若干继电器配以开关和按钮来实现的。

**【例 2-1】** 一套控制激光循环出光的电路要求如下。

(1) 脚踏开关踩一次,激光器持续出光 10 s 后停止,再踩重复。

(2) 按下激光键,连续出光,调光时使用。

(3) 按下自动键(带锁),出光 10 s,停 10 s,反复执行。

所设计的电路如图 2-34 所示。

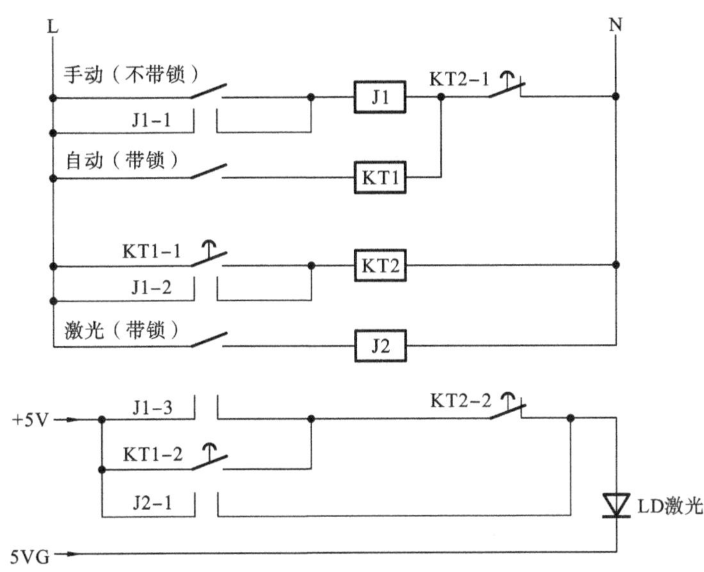


图 2-34 激光设备的循环出光控制电路

# 2.4 气缸与气动控制

激光加工设备由传统的单机设备向智能制造设备方向发展,和自动化生产相配合,气压传动与电磁阀控制应用广泛。

## 2.4.1 气缸传动

气缸传动机构是将压缩空气的压力转换为机械能,驱动机构直线往复运动,摆动和旋转运动的执行元件。

**1. 气缸的种类**

气缸的种类很多,按照结构特征分类,气缸主要分为活塞式气缸和膜片式气缸两种;按运动形式分为直线运动气缸和摆动气缸两类;直线运动气缸又分为单作用、双作用、膜片式和冲击气缸 4 种,其中,单作用气缸仅一端有活塞杆,从活塞一侧供气聚能产生气压,气压推动活塞产生推力输出,靠弹簧或自重返回,双作用气缸从活塞两侧交替供气,在一个或两个方向输出力,如图 2-35 所示。

**2. 气缸运动方式**

往复直线运动气缸的动作方式如图 2-36 所示。

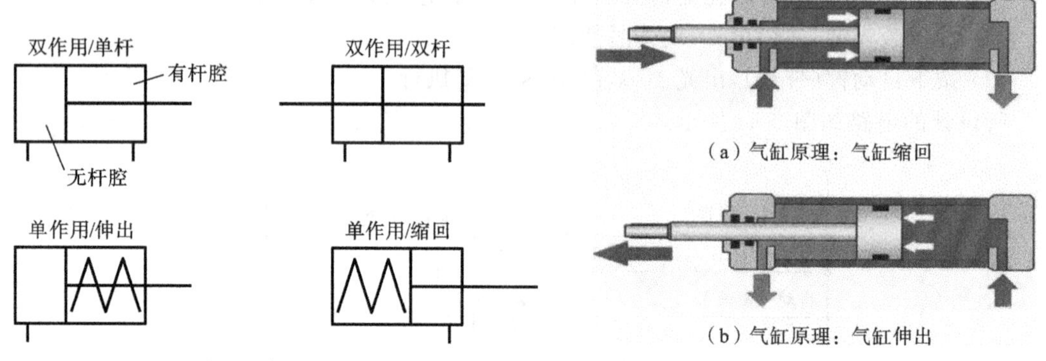


(a) 气缸原理：气缸缩回

(b) 气缸原理：气缸伸出

图 2-35　单作用气缸和双作用气缸

图 2-36　往复直线运动气缸的动作方式

当从无杆腔输入压缩空气时，由杆腔排气，气缸两腔的压力差作用在活塞上所形成的力推动活塞运动，使活塞杆伸出。

当从有杆腔进气，无杆腔排气时，使活塞杆缩回，若有杆腔和无杆腔交替进气和排气，则活塞实现往复直线运动。

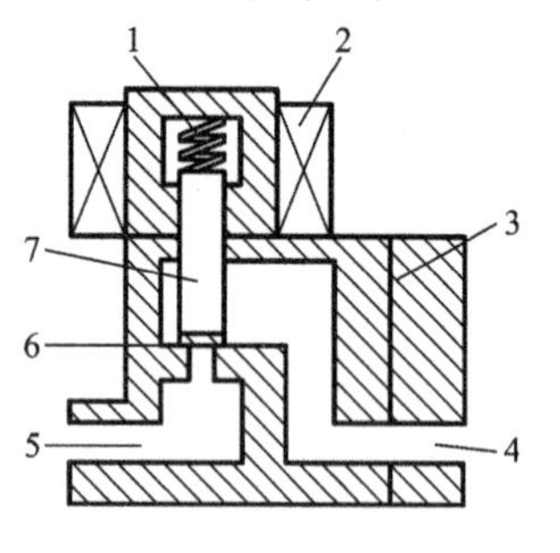


图 2-37　电磁阀结构图

1—弹簧；2—线圈；3—阀座；4—进气口；5—出气口；6—密封圈；7—阀芯

气缸需要电磁阀来控制气路的通断，使气缸产生动作。

## 2.4.2　电磁阀

电磁阀(electromagnetic valve)是用电磁控制的工业设备，是用来控制流体的自动化基础元件，属于执行器。电磁阀有很多种，不同的电磁阀在控制系统的不同位置发挥作用，最常用的是单向阀、安全阀、方向控制阀、速度调节阀等。

图 2-37 为电磁阀结构图。

## 2.4.3　气动方向阀

气动方向阀是气压传动系统中通过改变压缩空气的流动方向和气流的通断，来控制执行元件启动、停止及运动方向的气动元件。

根据方向控制阀的功能、控制方式、结构方式、阀内气流的方向及密封形式等，方向控制阀可分为如表 2-1 所示的几类。

下面介绍几种典型的方向控制阀。

**1. 气压控制换向阀**

气压控制换向阀是以压缩空气为动力切换气阀，使气路换向或通断的阀类。气压控制换向阀的用途很广，多用于组成全气阀控制的气压传动系统或易燃、易爆以及高净化等场合。

表 2-1 方向控制阀的分类

| 分类方式 | 形式 |
|---|---|
| 按阀内气体的流动方向 | 单向阀、换向阀 |
| 按阀芯的结构形式 | 截止阀、滑阀 |
| 按阀的密封形式 | 硬质密封、软质密封 |
| 按阀的工作位数及通路数 | 二位三通、二位五通、三位五通等 |
| 按阀的控制操纵方式 | 气压控制、电磁控制、机械控制、手动控制 |

1）单气控加压式换向阀

图 2-38 所示的为单气控加压式换向阀的工作原理。图 2-38(a)所示的是无气控信号 K 时的状态(即常态)，此时，阀芯 1 在弹簧 2 的作用下处于上端位置，使阀 A 与 O 相通，A 口排气。图 2-38(b)所示的是在有气控信号 K 时阀的状态(即动力阀状态)。由于气压力的作用，阀芯 1 压缩弹簧 2 下移，使阀口 A 与 O 断开，P 与 A 接通，A 口有气体输出。

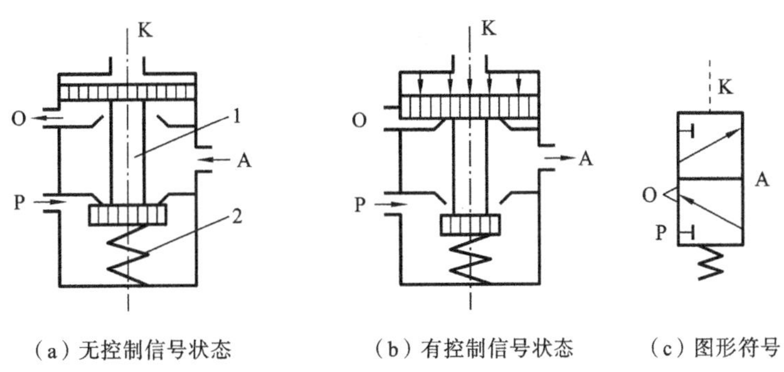


(a) 无控制信号状态　(b) 有控制信号状态　(c) 图形符号

**图 2-38 单气控加压截止式换向阀的工作原理图**

1—阀芯；2—弹簧

图 2-39 为二位三通单气控截止式换向阀的结构图。这种结构简单、密封可靠、换向行程短，但换向力大。若将气控接头换成电磁头(即电磁先导阀)，可变气控阀为先导式电磁换向阀。

2）双气控加压式换向阀

图 2-40 为双气控滑阀式换向阀的工作原理图。图 2-40(a)所示的为有气控信号 $K_2$ 时阀的状态，此时阀停在左边，其通路状态是 P 与 A、B 与 O 相通。图 2-40(b)所示的为有气控信号 $K_1$ 时阀的状态(此时信号 $K_2$ 已不存在)，阀芯换位，其通路状态变为 P 与 B、A 与 O 相通。双气控滑阀具有记忆功能，即气控信号消失后，阀仍能保持在有信号时的工作状态。

### 2. 电磁控制换向阀

电磁换向阀是利用电磁力的作用来实现阀的切换以控制气流的流动方向。常用的电磁换向阀有直动式和先导式两种。

1）直动式电磁换向阀

图 2-41 为直动式单电控电磁阀的工作原理图。它只有一个电磁铁。图 2-41(a)所示的为

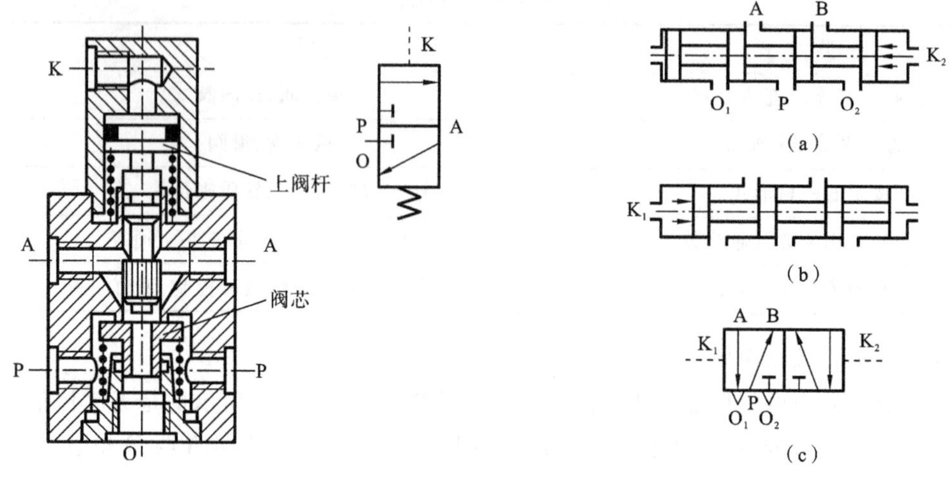


图 2-39 二位三通单气控截止式换向阀的结构图　　图 2-40 双气控滑阀式换向阀的工作原理图

常态情况，即激励线圈不通电，此时阀在复位弹簧的作用下处于上端位置。其通路状态为 A 与 T 相通，A 口排气。当通电时，电磁铁 1 推动阀芯 2 向下移动，气路换向，其通路为 P 与 A 相通，A 口进气，如图 2-41(b)所示。

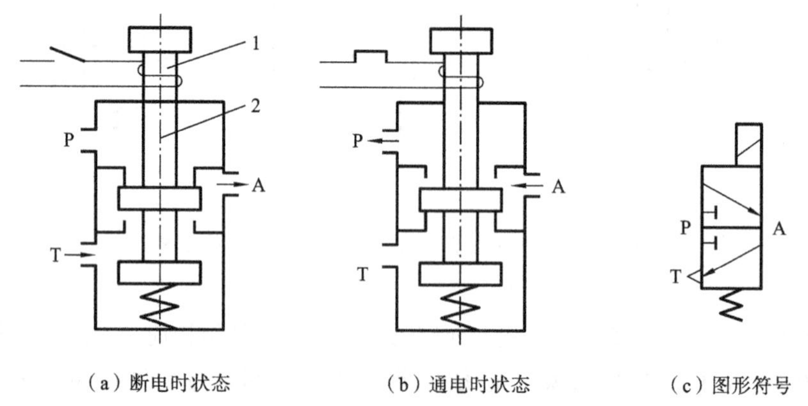


(a) 断电时状态　(b) 通电时状态　(c) 图形符号

图 2-41 直动式单电控电磁阀的工作原理图

1—电磁铁；2—阀芯

图 2-42 为直动式双电控电磁阀的工作原理图。它有两个线圈，当线圈 1 通电、2 断电(见图 2-42(a))，阀芯被推向右端，其通路状态是 P 与 A、B 与 $O_2$ 相通，B 口进气、A 口排气。当电磁线圈 1 断电时，阀芯 3 仍处于原有状态，即具有记忆性。当电磁线圈 2 通电、1 断电(见图 2-42(b))，阀芯 3 被推向左端，其通路状态是 P 与 B、A 与 $O_1$ 相通，A 口进气、B 口排气。若电磁线圈断电，气流通路仍保持原状态。

2) 先导式电磁换向阀

直动式电磁阀是由电磁铁直接推动阀芯移动的，当阀通径较大时，直动式结构所需的电磁铁体积和电力消耗都必然加大，为克服此弱点可采用先导式结构。

先导式电磁阀是由电磁铁首先控制气路，产生先导压力，再由先导压力推动主阀阀芯，

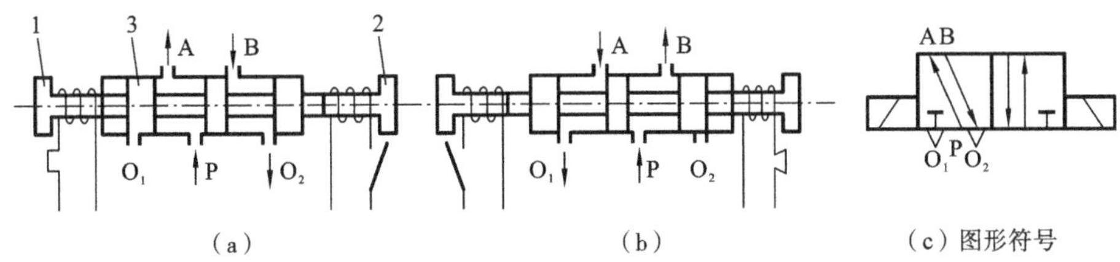


图 2-42 直动式双电控电磁阀的工作原理图

1、2—电磁铁；3—阀芯

使其换向。

图 2-43 为先导式双电控换向阀的工作原理图。当电磁先导阀 1 的线圈通电，而电磁先导阀 2 断电时(见图 2-43(a))，由于主阀 3 的 $K_1$腔进气，$K_2$腔排气，使主阀阀芯向右移动。此时 P 与 A、B 与 $O_2$相通，B 口进气、A 口排气。当电磁先导阀 2 通电，而电磁先导阀 1 断电时(见图 2-43(b))，主阀的 $K_2$腔进气，$K_1$腔排气，使主阀阀芯向左移动。此时 P 与 B、A 与 $O_1$相通，A 口进气、B 口排气。先导式双电控电磁阀具有记忆功能，即通电换向，断电保持原状态。为保证主阀正常工作，两个电磁阀不能同时通电，电路中要考虑互锁。

先导式电磁换向阀便于实现电、气联合控制，所以应用广泛。

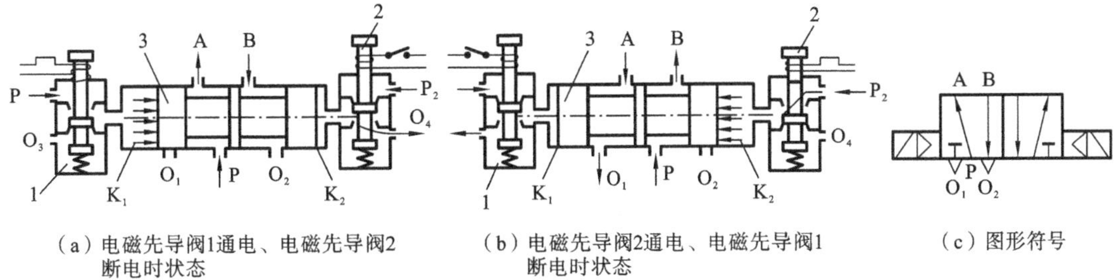


图 2-43 先导式双电控换向阀的工作原理图

常用单电控、双电控电磁阀的外形如图 2-44 所示。

电气安装工艺

图 2-44 单电控、双电控电磁阀

# 习　题

2-1　若将线圈电压为 220 V 的交流接触器误接入 380 V 的交流电源上会发生什么问题？为什么？

2-2　中间继电器和接触器有何异同？在什么条件下可以用中间继电器来代替接触器启动电机？

2-3　有时交流接触器在运行中遇线圈断电后，衔铁仍掉不下来，电机不能停止的情况，这时应如何处理？故障原因是什么？应如何排除？

2-4　一台整机功率为 30 kW 的激光加工设备，应选择多大电流的空气开关？

2-5　设计三相电机正、反转控制线路，按键开关带指示灯显示。

2-6　熔断器的额定电流、熔体的额定电流和熔体的极限分断电流三者有何区别？

2-7　电机的启动电流很大，当电机启动时，热继电器会不会动作？为什么？

2-8　既然在电机的主电路中装有熔断器，为什么还要安装热继电器？装有热继电器是否就可以不装熔断器？为什么？

2-9　是否可用过电流继电器来做电机的过载保护？为什么？

2-10　固态继电器与电磁式继电器相比，有哪些优点？

2-11　设计一个控制线路，要求第一台电机启动 10 s 后，第二台电机自动启动，运行 5 s 后，第一台电机停止并同时使第三台电机自行启动，再运行 15 s 后，电机全部停止。

2-12　有一台四级皮带运输机，分别由 $M_1$、$M_2$、$M_3$、$M_4$ 4 台电机拖动，其动作顺序如下：

(1) 启动时要求按 $M_1$—$M_2$—$M_3$—$M_4$ 顺序启动；

(2) 停车时要求按 $M_4$—$M_3$—$M_2$—$M_1$ 顺序停车；

(3) 上述动作要求有一定时间间隔。

2-13　按图 2-45 要求设计一个小车运行的控制线路，小车由电机拖动，其动作程序如下：

(1) 小车由原位开始前进，到终端后自动停止；

(2) 在终端停留 2 min 后自动返回原位停止；

(3) 在前进或后退途中任意位置都能停止或启动。

2-14　什么是三位五通电磁阀？

2-15　分析图 2-46 所示电磁阀的工作原理。

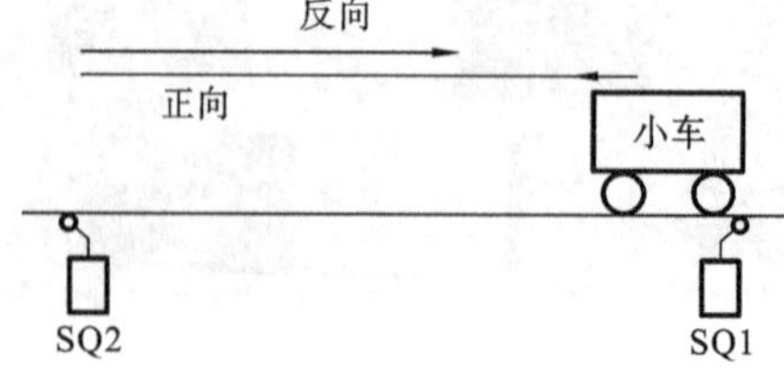

图 2-45　题 2-13 图

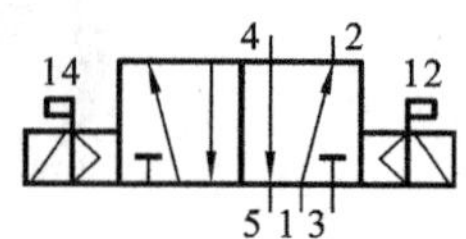

图 2-46　题 2-15 图

# 3 激光电源

**学习目标：**

1. 了解晶闸管、MOSFET、IGBT 电力电子器件工作原理。
2. 了解灯泵激光器电源的工作原理。
3. 了解超快激光器电源的工作原理。
4. 了解脉冲光纤激光器电源的工作原理。

激光电源是激光器的重要组成部分之一，可将普通交流供电转换成相应激光器适应的供电方式，向激光器提供电能使之能够按照需求进行工作，激光电源综合了电子技术、控制技术、电力电子器件相关技术，实现电能变换和控制。根据激光器的不同，激光电源可分为灯泵激光器电源、半导体激光电源、气体激光电源等很多类型，本章主要讲述常用灯泵激光器电源、半导体激光电源及声光电源。

## 3.1 电力电子器件

电力电子器件

激光电源所需要用到的电力电子器件包括三相整流桥、晶闸管、快恢复二极管、MOS 管、IGBT 等，晶闸管多用于老式激光电源，IGBT 多用于灯泵激光器恒流激光电源，MOS 管多用于半导体激光电源，其开关特性如表 3-1 所示。

**表 3-1 激光电源电力电子器件开关特性**

| 开关功能 | 器件种类 | 器件特性 | 应用领域 |
|---|---|---|---|
| 不可控 | 二极管 | 其开通、关断过程不可控 | 电源整流、快恢复二极管可用于电源保护 |
| 半控型 | 晶闸管 | 其开通过程可控而关断过程不可控 | 全控整流电路，用于连续氪灯激光电源或谐振式激光电源 |
| 全控型 | 功率场效应晶体管 MOSFET | 通过对栅极（门极）的控制可使其导通又可使其关断 | 半导体激光电源 |
| | 绝缘栅极双极晶体管 IGBT | | 灯泵激光器电源 |

全控型电力电子器件按其结构与工作机理分为三大类型:双极型、单极型和混合型。

**1. 双极型器件**

双极型器件指器件内部的电子和空穴两种载流子同时参与导电的器件,如电子技术中用的晶体管。

**2. 单极型器件**

单极型器件指器件内只有一种载流子,即只有多数载流子参与导电的器件,其典型代表为场控晶体管 MOSFET。

**3. 混合型器件**

混合型器件指双极型与单极型器件的集成混合,绝缘栅极双极晶体管 IGBT 是其典型代表。

## 3.1.1 晶闸管

晶闸管有单向晶闸管、双向晶闸管、可关断晶闸管,本书只介绍单向晶闸管。

**1. 工作原理**

晶闸管也称可控硅(silicon controlled rectifier,SCR),在激光电源控制系统中,可作为大功率驱动器件,实现用小功率控件控制大功率设备,能以毫安级电流控制大功率的激光电源。

晶闸管是以硅单晶为基本材料的 P1N1P2N2 四层三端器件,由四层半导体材料组成的,有三个 PN 结,对外有三个电极:第一层 P 型半导体引出的电极叫阳极 A,第三层 P 型半导体引出的电极叫控制极 G,第四层 N 型半导体引出的电极叫阴极 K,如图 3-1 所示。

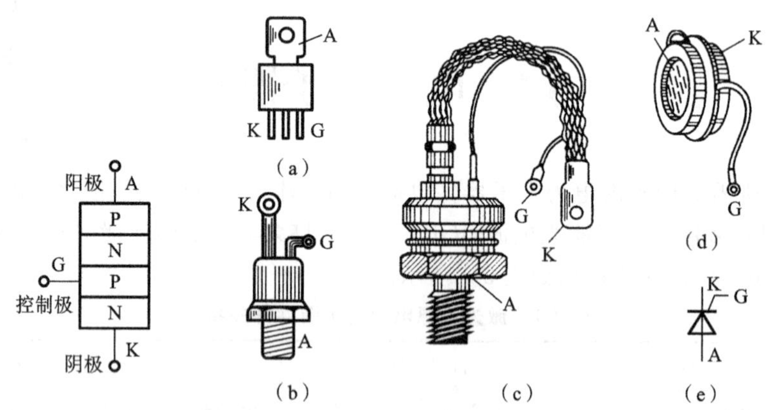


**图 3-1 晶闸管结构、外形及符号**

晶闸管从外形上主要有螺栓形、平板形和平底形。从晶闸管的电路符号(见图 3-1(e))可以看到,它和二极管一样是一种单方向导电的器件,关键是多了一个控制极 G,这就使它具有与二极管完全不同的工作特性。

晶闸管的工作有如下的规律。

(1) 当晶闸管承受反向电压(A 接负极,K 接正极)时,不论控制极 G 的电压极性如何,晶闸管都处于阻断状态。

(2) 晶闸管导通的条件有两个：一是阳极、阴极间必须加上正向电压(A接正极，K接负极)；二是控制极、阴极间必须加上适当的正向控制极电压(G接正极，K接负极)和电流，即晶闸管从阻断状态转变为导通状态必须同时具备正向阳极电压和正向控制极电压。

(3) 晶闸管一旦导通，控制极即失去控制作用。不论控制极电压如何变化，只要阳极、阴极间维持正向电压，晶闸管仍然保持导通。

(4) 晶闸管在导通情况下，欲使其关断，必须使流经晶闸管的电流减小到维持电流以下。这可以用减小阳极电压到零或在阳极、阴极间加反向电压的方法实现。

**【例 3-1】** 晶闸管控制小灯泡电路。

如图 3-2 所示，晶闸管 VS 与小灯泡 EL 串联起来，通过开关 S 接在直流电源上。阳极 A 接电源的正极，阴极 K 接电源的负极，控制极 G 通过按钮开关 SB 接在 1.5 V 直流电源的正极。合上电源开关 S，小灯泡不亮，说明晶闸管没有导通；再按一下按钮开关 SB，给控制极输入一个触发电压，小灯泡亮了，说明晶闸管导通了。晶闸管导通后，松开按钮开关 SB，小灯泡仍然维持亮的状态。

因此，要使晶闸管导通，一是在它的阳极 A 与阴极 K 之间外加正向电压，二是在它的控制极 G 与阴极 K 之间输入一个正向触发电压。

如果阳极或控制极外加的是反向电压，晶闸管就不能导通。控制极的作用是通过外加正向触发脉冲使晶闸管导通，却不能使它关断。那么，用什么方法才能使导通的晶闸管关断呢？使导通的晶闸管关断，可以断开阳极电源(开关 S)或使阳极电流小于维持导通的最小值(称为维持电流)。如果晶闸管阳极和阴极之间外加的是交流电压或脉动直流电压，那么，在电压过零时，晶闸管会自行关断。

**2. 伏安特性**

晶闸管的伏安特性如图 3-3 所示，根据阳极电压的极性，分成正向伏安特性和反向伏安特性。

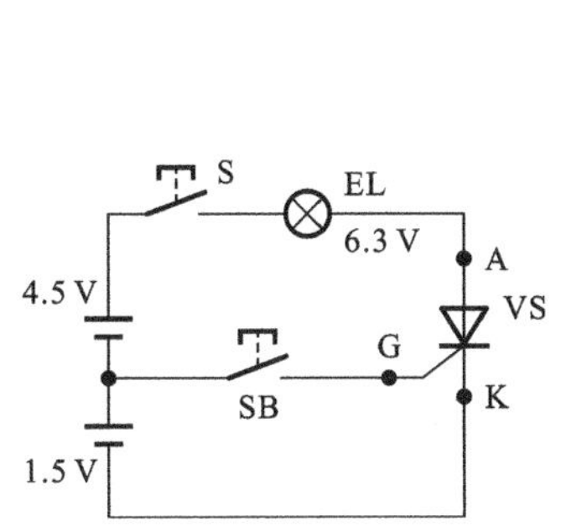

**图 3-2 晶闸管控制小灯泡电路**

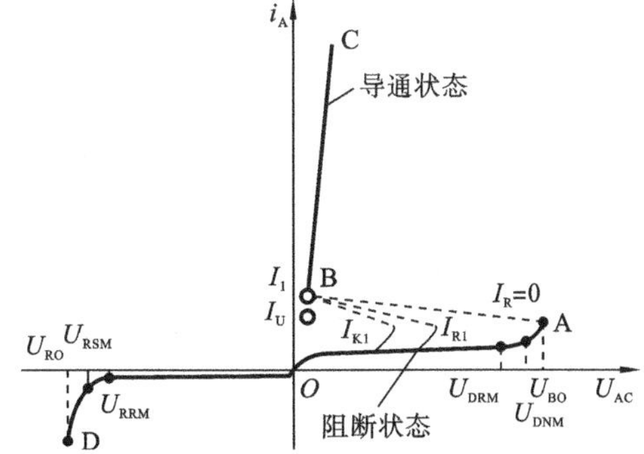

**图 3-3 晶闸管伏安特性**

1) 正向特性

正向特性位于第Ⅰ象限，根据晶闸管的工作状态，又有阻断状态和导通状态之分。

当控制极电流 $I_G=0$ 时，晶闸管在正向阳极电压作用下，只有很小的漏电流。晶闸管处于正向阻断状态。随着正向阳极电压增加，正向漏电流逐渐上升，当 $U_{AC}$ 达到正向转折电压 $U_{BO}$ 时，漏电流突增，特性从高阻区（O—A 段）经过负阻区（虚线 A—B 段），达到低阻区（B—C 段）。

在实际使用中，正向阳极电压不允许超过转折电压 $U_{BO}$，而是在控制极加上触发电流 $I_G$ 去降低晶闸管的正向转折电压，使其触发导通，且 $I_G$ 越大，转折电压就越低。晶闸管导通后的特性与二极管正向伏安特性相似，管压降很小，阳极电流 $I_A$ 取决于外加电压和负载。

2) 反向特性

晶闸管反向伏安特性是指反向阳极电压与反向阳极漏极电流间的关系曲线，它位于第Ⅲ象限，与一般的二极管反向特性相似。如特性曲线 O—D 段所示，不论控制极是否加有触发电压，晶闸管总是处于反向阻断状态，只流过极小的反向漏电流。当反向电压升高到反向转折电压 $U_{RO}$ 时，反向漏电流将急剧上升，晶闸管被反向击穿，造成永久性损坏。

### 3. 单结晶体管触发电路

向晶闸管供给触发脉冲的电路，称为触发电路，触发电路要求：

(1) 触发电路应供给足够的触发电压，一般触发电压为 4～10 V。

(2) 触发脉冲上升沿要陡，10 μs 以下。

(3) 触发脉冲要有足够的宽度，晶闸管的开通时间为 6 μs，触发脉冲为 20～50 μs。

(4) 避免误触发，可加 1～2 V 反压。

(5) 触发脉冲必须与主电路交流电源同步。

单结晶体管由一个 PN 结、发射极 e、第一基极 $b_1$（离 e 较远）和第二基极 $b_2$（离 e 较近）组成，其图形符号和等效电路如图 3-4 所示。

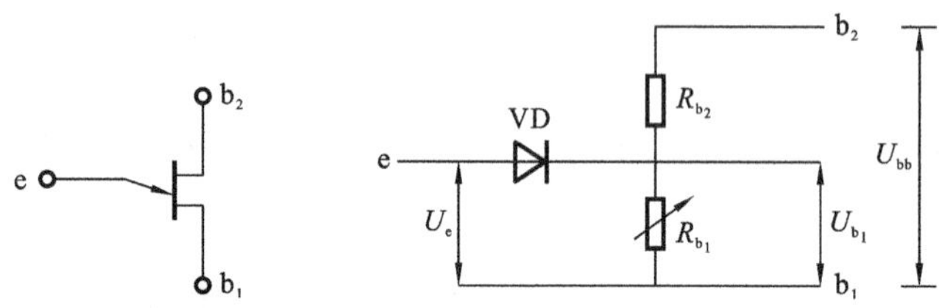


图 3-4 单结晶体管图形符号、等效电路

图中，VD 代表发射极 e 与基极 $b_1$、$b_2$ 间的等效二极管，$U_{b_1}=R_{b_1}U_{bb}/(R_{b_1}+R_{b_2})=\eta U_{bb}$，其中 $\eta$ 为分压比，一般 0.3～0.9。$R_{b_1}$ 等效为一个可变电阻，其阻值随电流增加快速减小。

如果 $U_e<U_{b_1}$，则 PN 结反向截止，e、$b_1$ 极之间是高阻状态。

如果满足单结晶体管的导通条件：$U_e \geqslant U_{b_1}+U_V$（一般 $U_V$ 为 0.6～0.7 V，为 VD 的正向电压降），则 e、$b_1$ 极间的电阻突然减小，$R_{b_1}$ 即流过一个很大的脉冲电流，因此改变 $U_e$ 可控制单结晶体管的导通，从而控制脉冲输出。

**【例 3-2】** 单结晶体管触发电路。

图 3-5 所示的是峰点电压 $U_p=U_{b_1}+U_V$（$U_e>U_p$ 时，单结晶体管导通），以及谷点电压 $U_V$（$U_e=U_V$ 时，单结晶体管截止）。电源接通后，通过可调电阻 $R_P$ 和电阻 $R_3$ 给电容 $C$ 充电，当电容充电电压上升到大于 $U_p$ 时，单结晶体管 BT33 导通，电容 $C$ 迅速放电，在 $R_2$ 上形成一个很窄的正脉冲，放电后电容 $C$ 两端电压快速降到谷点电压 $U_V$，单结晶体管截止，电容

$C$ 又开始充电，不断重复。调节电阻 $R_P$ 可调整触发首脉冲的时间（即控制角 $\alpha$），实现移相。

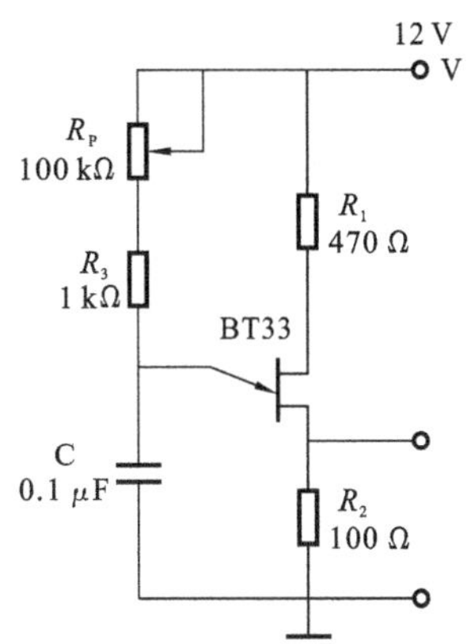


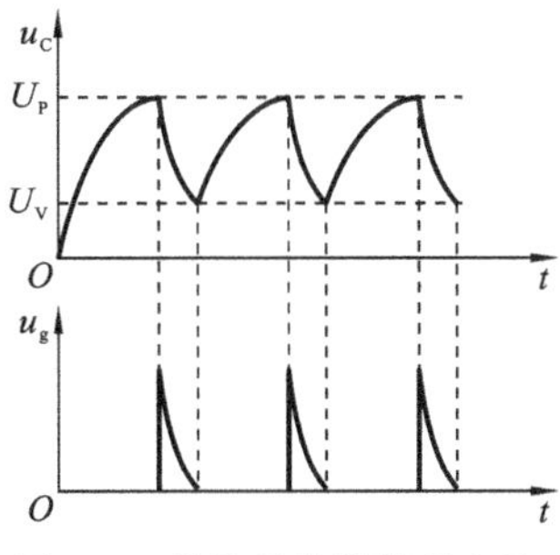


图 3-5 单结晶体管触发电路

### 4. 单相可控整流电路

图 3-6 所示的是单相半波可控整流电路，由晶闸管 V、负载 $R_L$ 和单相整流变压器 T 组成。T 是用来变换电压的，$u_2$ 为正弦交流电，$u_L$、$i_L$ 分别为整流输出电压瞬时值和负载电流瞬时值，$u_V$、$i_V$ 分别为晶闸管两端电压瞬时值和流过电流瞬时值。

在 $0\sim\omega t_1$ 期间，晶闸管承受正向电压，触发脉冲电压 $U_G$ 为零，所以，晶闸管保持阻断状态，无直流电压输出。

在 $\omega t_1$ 时刻，触发电路送出触发脉冲，晶闸管被触发导通，若管压降忽略不计，负载 $R_L$ 两端电压就是变压器次级电压 $u_2$，负载电流 $I_L$ 的波形与 $u_L$ 的波形相似。

当 $\omega t=\pi$ 时，$u_2$ 下降到零，晶闸管电流也下降到零而关断，电路无输出。

在 $u_2$ 的负半周，即 $\omega t$ 为 $\pi\sim 2\pi$ 时，晶闸管承受反向电压，处于反向阻断状态，负载两端电压 $u_L$ 为零。下一个周期循环往复。

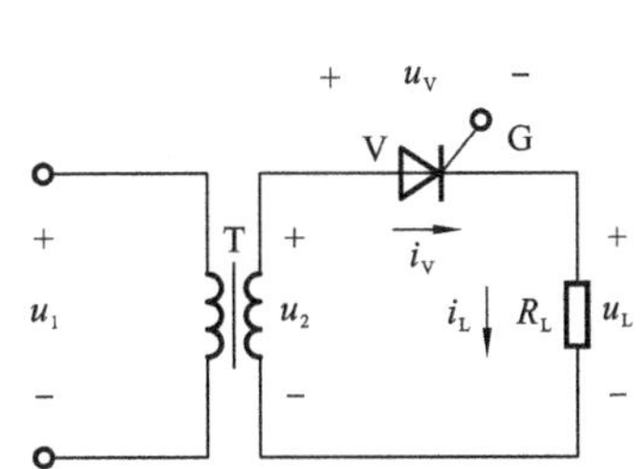


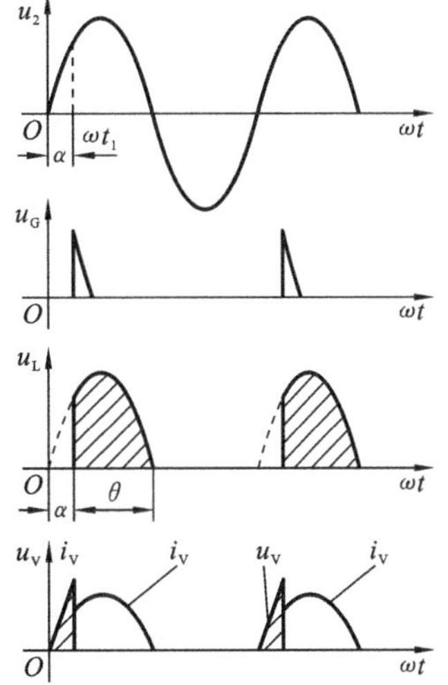


图 3-6 单相半波可控整流电路及工作波形

在单相整流电路中把晶闸管从承受正向电压的时刻起，到触发导通时所对应的电角度叫控制角，用 $\alpha$ 表示。

把晶闸管在一个周期内导通所对应的电角度叫导通角，用 $\theta$ 表示，图中 $\omega t_1\sim\pi$ 所对应的电角度为 $\theta$。

由图 3-6 可以看出，在单相半波整流电路中，控制角 $\alpha$ 愈小，即导通角 $\theta$ 愈大，负载电压、电流的平均值就愈大。所以改变控制角 $\alpha$ 的大小，就可以改变输出电压值，达到调压的目的。

各电量计算公式如下。

(1) 负载上直流平均电压 $u_L$。

根据平均值的定义，$u_L$ 波形的平均值 $U_L$ 为

$$\overline{U_L} = \frac{1}{2\pi}\int_{\alpha}^{\pi}\sqrt{2}U_2\sin\omega t\,\mathrm{d}\omega t = 0.45U_2\,\frac{1+\cos\alpha}{2}$$

(2) 流过负载电流的平均值为

$$\overline{I_L}=\frac{\overline{U_L}}{R_L}$$

(3) 晶闸管元件承受的最大正、反向电压均为$\sqrt{2}U_2$。

**【例 3-3】** 有一电阻性负载，其阻值为 15 Ω，要求负载两端的电压平均值为 74.2 V，采用单相半波整流电路，直接由交流电 220 V 供电。试求晶闸管的导通角 $\theta$、晶闸管中通过电流的平均值。

$$74.2=0.45\times220\times\frac{1+\cos\alpha}{2}$$

求得 $\alpha=60°$。

导通角 $$\theta=180°-\alpha=120°$$

晶闸管中通过的电流平均值为

$$\overline{I_T}=\frac{\overline{U_L}}{R}=\frac{74.2}{15}\ \text{A}\approx5\ \text{A}$$

单相全桥可控整流电路工作原理和单相半波可控整流电路的相似，如图 3-7 所示。

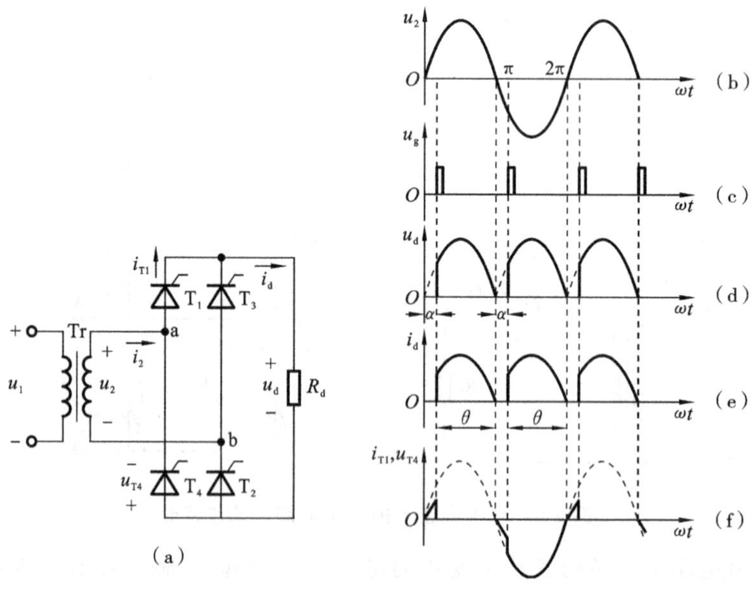


图 3-7 单相全桥可控整流电路及工作波形

#### 5. 基于晶闸管的连续氪灯激光电源

如图 3-8 所示，氪灯作为灯泵连续激光的泵浦源，正常放电前先要预燃，即先要注入一个 30 kV 的高压将氪灯内气体击穿导电，使灯阻抗降低，接着通过 7～8 A 的电流使氪灯维持小

电流放电，进入工作准备状态。预燃完成后再进入主电路放电，主电路放电电流为8～30 A，此时氪灯相当于一个电阻负载，特性阻抗值为2～10 Ω，放电时灯两端电压为80～150 V。

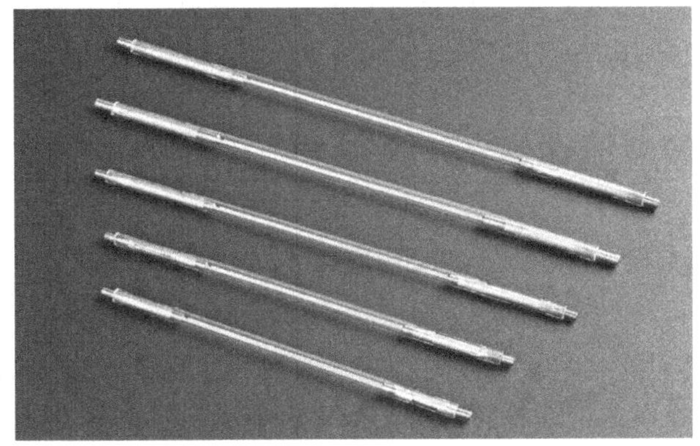

图 3-8 氪灯

图3-9所示的是基于晶闸管的连续氪灯激光电源电路，电源输入单相220 V交流电，整个分三部分：晶闸管主电路、由单结管组成的触发电路、高压预燃电路。

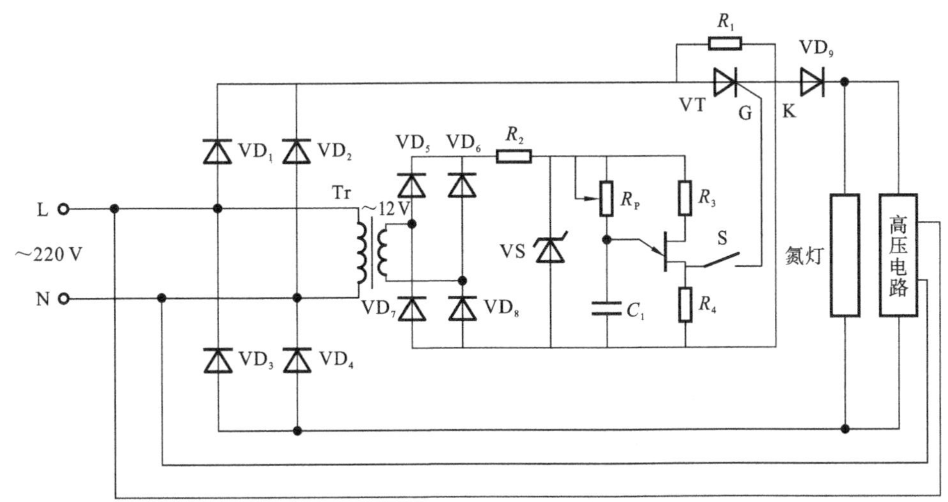


图 3-9 基于晶闸管的连续氪灯激光电源电路

主电路：由二极管$VD_1$、$VD_2$、$VD_3$、$VD_4$组成主电路整流桥，输出全波整流电压信号经过晶闸管VT，二极管$VD_9$(反向截止，隔离右边高压电路)给氪灯供电，晶闸管VT两端并联限流电阻$R_1$(VT不工作时，全波整流电压通过$R_1$对氪灯放电，电流7～8 A，VT工作时，相当于$R_1$短路)。

触发电路：变压器Tr输出12 V交流电，二极管$VD_5$、$VD_6$、$VD_7$、$VD_8$组成控制电路整流桥，输出全波整流电压信号，通过限流电阻$R_2$和稳压管VS后，稳压管使整流电源的输出电压幅值限制在一定值上，输出一梯形波，经电容$C$充放电后输出一锯齿波电压信号，作为单结晶体管发射极的输入电压信号，从而使单结晶体管输出一系列较窄的尖峰脉冲，经$R_4$输出触发脉冲信号到晶闸管的控制极，主电路工作后，当控制极接收到同步的触发脉冲信号时，晶闸管在正向电压作用下触发导通。调节充放电回路中的$R_P$，改变控制角$\alpha$，可改变导通角$\theta$，从而达到调节输出电压的目的。开关S控制信号通断，即激光的开关。

高压预燃电路：产生30 kV的高压将灯预燃，完成预燃后高压预燃电路断开，左边主电路即单相全桥可控整流电路，通过调节电位器$R_P$实现氪灯电流连续可调。

## 3.1.2 功率场效应晶体管MOSFET

### 1. 功率场效应晶体管MOSFET的工作原理

场效应晶体管简称MOSFET，是金属-氧化物半导体场效应晶体管（Metal-Oxide Semiconductor Field-Effect Transistor）的缩写。功率场效应晶体管是指能输出较大的电流（几安到几十安），用于功率输出级的器件，由于工作在大功率范围内，结构工艺有一定的特殊性，但工作原理是相同的。MOSFET是一种电压控制型单极晶体管，它是通过栅极电压来控制漏极电流的，因而它的显著特点是驱动电路简单，驱动功率小；仅由多数载流子导电，无少子存储效应，高频特性好，工作频率高达100 kHz以上，为所有电力电子器件频率之最，所以在电机调速、开关电源等各种领域应用越来越广泛，外形如图3-10所示。

图3-11所示的是典型平面N沟道增强型NMOSFET的剖面图。它用一块P型硅半导体材料作 衬底，在其面上扩散了两个N型区，再在上面覆盖一层二氧化硅（$SiO_2$）绝缘层，最后在N区上方用腐蚀的方法做成两个孔，用金属化的方法分别在绝缘层上及两个孔内做成三个电极：G（ 栅极 gate）、S（源极 source）及D（漏极 drain）。可以看出栅极G与漏极D及源极S是绝缘的，D与S之间有两个PN结。一般情况下，衬底与源极在内部连接在一起，这样，相当于D与S之间有一个PN结。源极在MOSFET里的意思是“提供多数载流子的来源”。对NMOS而言，多数载流子是电子；对PMOS而言，多数载流子是空穴。相对的，漏极就是接受多数载流子的端点。

图3-10 MOSFET

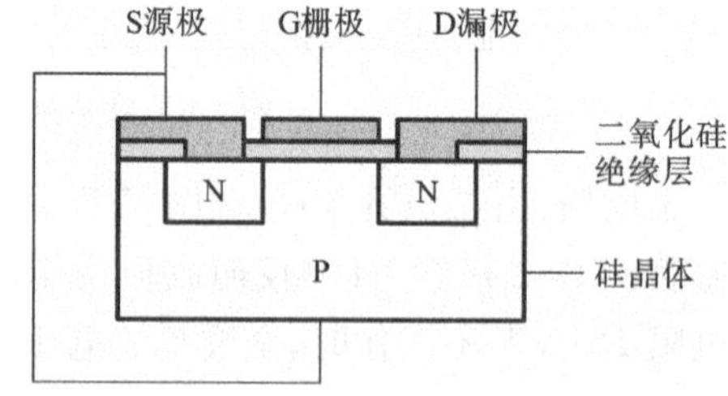


图3-11 N沟道增强型NMOSFET

要使N沟道增强型NMOSFET工作，就要在G、S之间加正电压$V_{GS}$及在D、S之间加正电压$V_{DS}$，产生正向工作电流$I_D$，改变电压$V_{GS}$可控制工作电流$I_D$，如图3-12所示。如仅有$V_{DS}$、$V_{GS}$为零，则工作电流$I_D$为零。逐步增加$V_{GS}$电压，当$V_{GS}$增加到开启电压$V_T$（也称阈值电压、门限电压）后，$I_D$线性增加，呈现较好的线性关系。

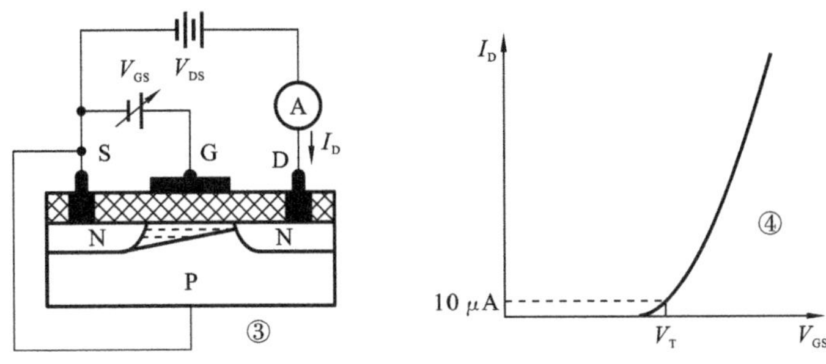


图 3-12 N 沟道增强型 NMOSFET 转换特性

这种结构在 $V_{GS}=0$ 时，$I_D=0$，称这种 MOSFET 为增强型。另一类 MOSFET，在 $V_{GS}=0$ 时，也有一定 $I_D$(称为 $I_{DSS}$)，这种 MOSFET 为耗尽型。除了以 P 型硅半导体材料作衬底的 N 沟道 MOSFET，还有以 N 型硅半导体材料作衬底的 P 沟道 MOSFET。这样 MOSFET 有 4 种类型：P 沟道增强型、P 沟道耗尽型、N 沟道增强型、N 沟道耗尽型，它们的电路符号如图 3-13 所示。

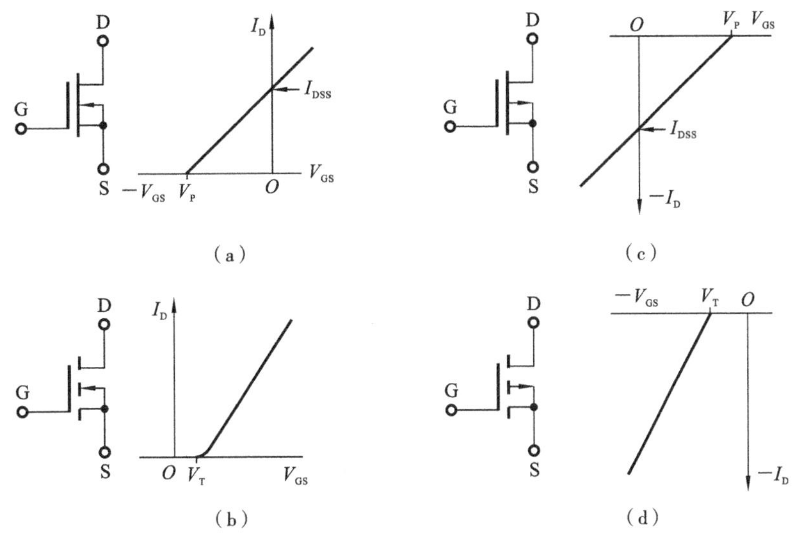


图 3-13 MOSFET 类型

为防止 MOSFET 接电感负载时，在截止瞬间产生的感应电压与电源电压之和击穿 MOSFET，功率 MOSFET 在漏极和源极之间内接一个快速恢复二极管，如图 3-14 所示。

**2. MOSFET 应用**

**【例 3-4】** 电池反接保护电路。

电池反接保护电路如图 3-15 所示，一般防止电池接反损坏电路而采用串接二极管的方法，在电池接反时，PN 结反接无电压降，但在正常工作时有 0.6～0.7 V 的管压降。采用导通电阻低的 N 沟道增强型 MOSFET 具有极小的管压降($R_{DS}(ON)\times I_D$)，如 Si9410DY 的 $R_{DS}(ON)$约为 0.04 Ω，则在 1 A 时约为 0.04 V。这时要注意在电池正确安装时，$I_D$ 并非完全通过管内的二极管，而是在 $V_{GS}\geqslant5$ V 时，N 导电沟道畅通（它相当于一个极小的电阻），而大部分电流是从 S 流向 D 的（$I_D$ 为负）。而当在电池接反时，MOSFET 不通，电路得以保护。

**【例 3-5】** 触摸调光电路。

一种简单的触摸调光电路如图 3-16 所示，当手指触摸上触头时，电容经手指电阻及 100 kΩ 电阻充电，$V_{GS}$逐渐增大，灯逐渐亮。当触摸下触头时，电容经 100 kΩ 及手指电阻放电，灯逐渐暗直至熄灭。

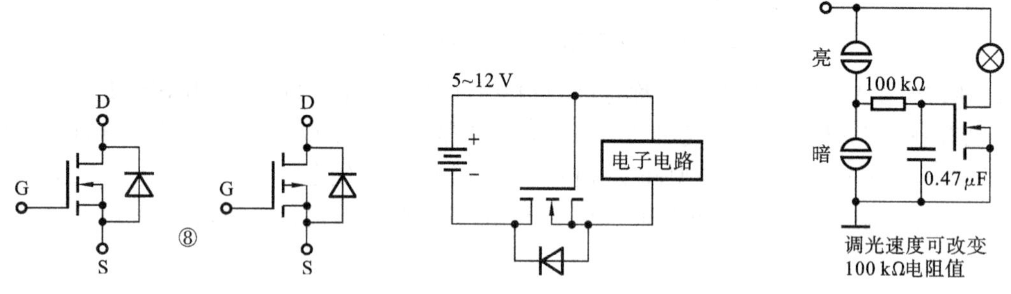


图 3-14 MOSFET 保护电路　图 3-15 电池反接保护电路　图 3-16 触摸调光电路

## 3.1.3 绝缘栅极晶体管 IGBT

IGBT（Insulated Gate Bipolar Transistor，绝缘栅双极型晶体管）是由 GTR（功率晶体管/双极型三极管）和 MOS（绝缘栅型场效应管）组成的复合全控型电压驱动式功率半导体器件，兼有 MOSFET 的高输入阻抗和 GTR 的低导通压降两方面的优点。GTR 饱和压降低，载流密度大，但驱动电流较大；MOSFET 驱动功率很小，开关速度快，但导通压降大，载流密度小。IGBT 综合了以上两种器件的优点，驱动功率小而饱和压降低，非常适合应用于直流电压为 600 V 及以上的变流系统（如交流电机、变频器、开关电源、照明电路、牵引传动电动汽车等领域）。IGBT 有基极、集电极和发射极，通常用英文首字母缩写来表示，本文用 G 表示基极（栅极或门极）、C 表示集电极、E 表示发射极。

IGBT 的频率做不高，但是功率可以做很大，所以在灯泵电源上用得较多。但是 MOSFET 的频率可以做很高，几百千赫兹的都有，频率高的优点就是电流纹波小，激光输出功率稳定。

### 1. IGBT 内部结构

图 3-17 所示的为 N 沟道增强型绝缘栅双极型晶体管结构。$N^+$ 区称为源区，附于其上的电极称为源极（发射极 E）；$P^+$ 区称为漏区；器件的控制区为栅区，附于其上的电极称为栅极（门极 G）；沟道在紧靠栅区边界形成。在 C、E 两极之间的 P 型区（包括 $P^+$ 区和 P 区）（沟道在该区域形成），称为亚沟道区（subchannel region）。而在漏区另一侧的 $P^+$ 区称为漏注入区（drain injector），它是 IGBT 特有的功能区，与漏区和亚沟道区一起形成 PNP 双极型晶体管，起到发射极（E）的作用，向漏极注入空穴，进行导电调制，以降低器件的通态电压。附于漏注入区上的电极称为漏极（集电极 C），等效电路如图 3-18 所示。

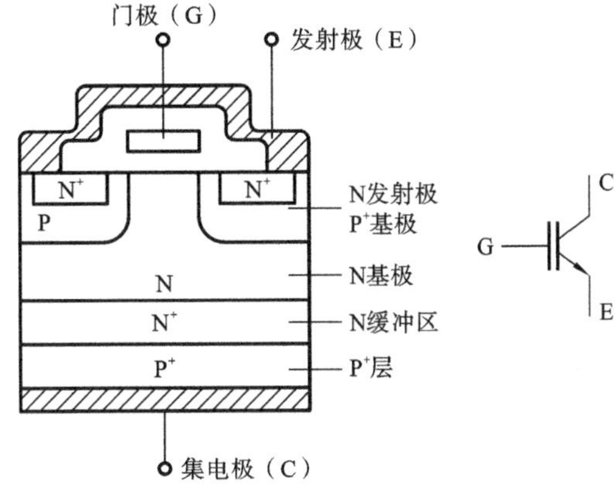


图 3-17 N 沟道增强型绝缘栅双极型晶体管结构

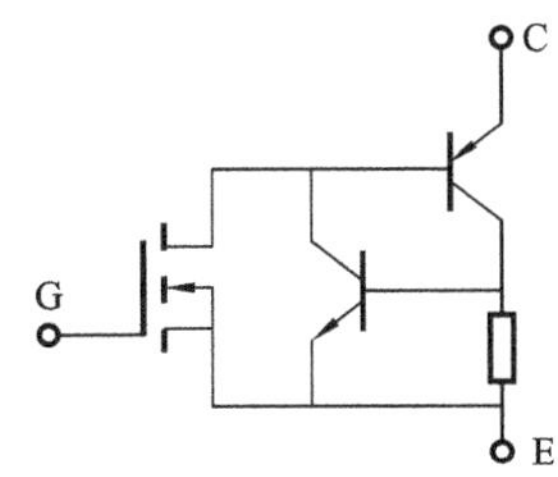


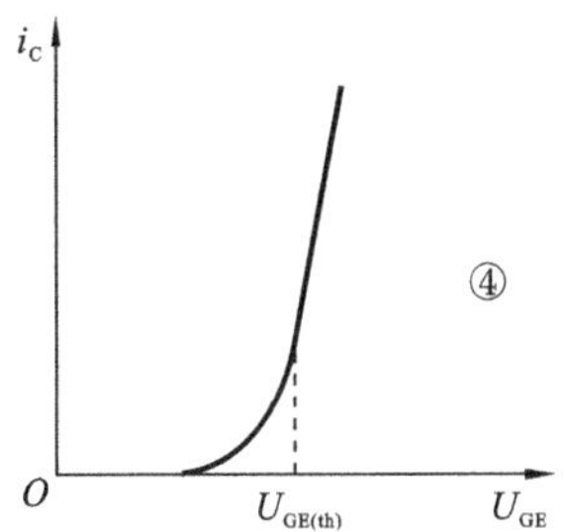


图 3-18 IGBT 的等效电路

IGBT 的开关作用是通过加正向栅极电压形成沟道，给 PNP 晶体管提供基极电流，使 IGBT 导通。反之，加反向栅极电压消除沟道，切断基极电流，使 IGBT 关断。IGBT 的驱动方法和 MOSFET 的基本相同，只需控制 N 沟道 MOSFET，所以具有高输入阻抗特性。

**2. IGBT 的转移特性**

IGBT 的转移特性是指集电极电流 $I_C$ 与栅射电压 $U_{GE}$ 之间的关系曲线。它与 MOSFET 的转移特性相同，当栅射电压小于开启电压时，IGBT 处于关断状态。当栅射电压大于开启电压时，IGBT 导通。在 IGBT 导通后的较大范围内，集电极电流 $I_C$ 与栅源电压 $U_{GE}$ 呈线性关系，如图 3-19 所示。



图 3-19 IGBT 转移特性

**3. IGBT 的驱动电路**

IGBT 的驱动电路通常分为以下三大类型。

(1) 第一类是直接驱动法　所谓"直接驱动法"是指输入信号通过整形，经直流或交流放大后直接去"开""断"IGBT。

(2) 第二类是隔离法　所谓"隔离驱动法"是指输入信号通过变压器或光电耦合器隔离输出后，经直流或交流放大后直接去"开""断"IGBT。

(3) 第三类是专用集成模块驱动法　所谓"集成模块驱动法"是指将驱动电路高度集成化，使其具有比较完善的驱动功能、抗干扰功能、自动保护功能，可实现对 IGBT 的最优驱动。这种驱动电路，其输入信号与被控制驱动的 IGBT 主回路不共地，也实现了输入与输出电路的电气隔离，并具有较强的共模电压抑制能力。

EXB840 集成模块是日本富士公司专用于驱动 IGBT 的 IC 器件，同系列的产品还有 EXB841、EXB850、EXB851 等，它们的驱动功率、保护功能、引脚及供电等各有差异。其最高工作频率 $F$ 可达 40 kHz，它能够驱动 75 A/1200 V 的 IGBT 器件。

ZGMC 系列脉冲激光电源使用了 Infineon 生产的 IGBT-FZ600R12KS4（600 A/1200 V），如图 3-20 所示。

ZGMC 系列脉冲激光电源的 IGBT 驱动电路使用富士公司提供的专用 IGBT 驱动芯片 EXB841，其工作原理如图 3-21 所示。

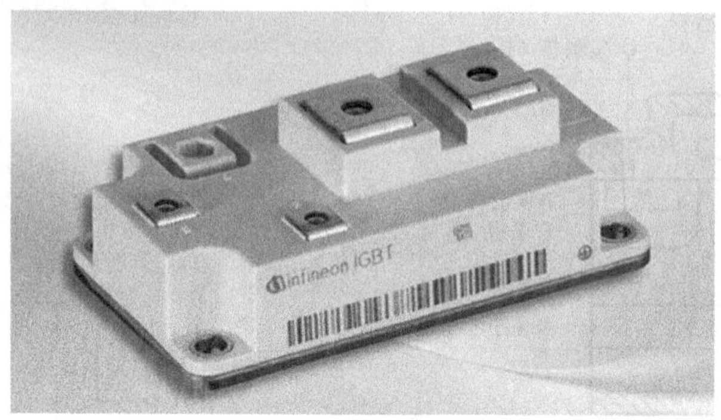


**图 3-20** IGBT-FZ600R12KS4

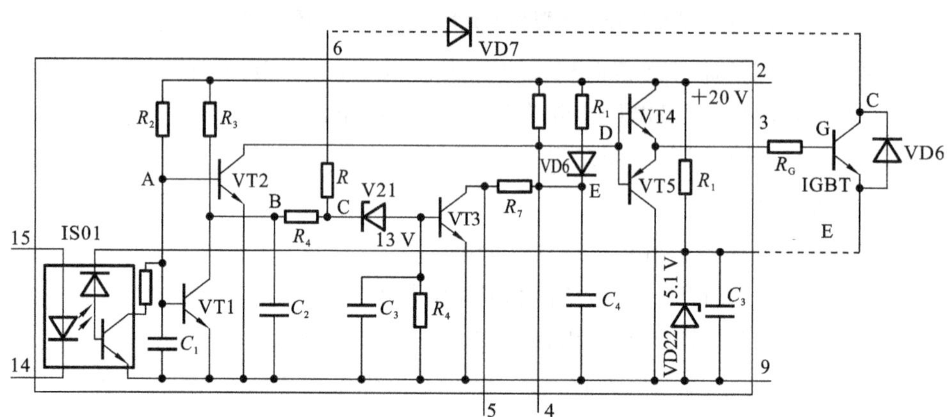


**图 3-21** IGBT 的集成模块 EXB841 工作原理图

# 3.2 灯泵激光器电源

灯泵激光器电源分为连续电源和脉冲电源。

## 3.2.1 脉冲氙灯激光电源配套技术

### 1. 分段波形控制技术

一般情况下,常规激光产品所发出的激光波形实际上就是一个方波,如图 3-22 所示。

如果将几个不同能量和脉宽的方波放到一起,就可以实现各种不同形状的激光波形,如图 3-23 所示。

采用这种控制方式的好处是可以对输出激光的波形进行任意编程,从而控制激光的波形。就激光焊接机而言,如果人为将激光波形设定为不同形状,那么对于满足各种金属材料的可靠焊接,在工艺上有着深远的意义。

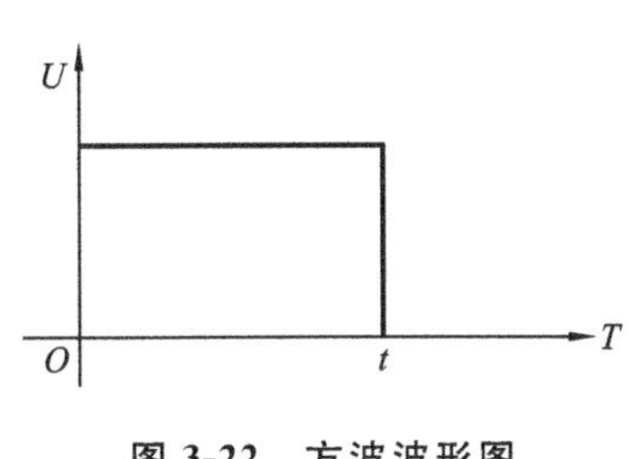


图 3-22 方波波形图

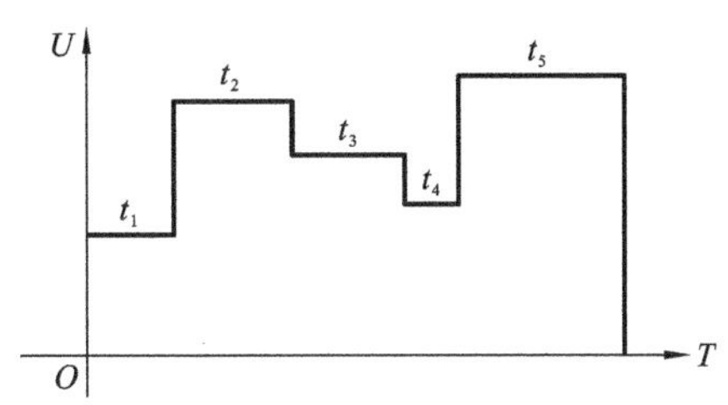


图 3-23 多段波形图

### 2. 激光能量(功率)反馈技术

在高端的激光应用领域，用户对激光脉冲能量的稳定性和一致性提出了很高的要求，为此，激光器激光能量波动需要进行反馈控制。反馈控制是指对激光器激光输出能量进行实时检测，并将检测的激光能量反馈给激光电源，电源根据激光能量对输出的电流控制以达到能量的稳定，实现用户激光器的能量负反馈控制，使激光脉冲能量的不稳定度控制在 5%以内。

能量负反馈的工作原理是在激光器增加一个能量检测装置，用来检测输出激光能量的大小，并将该信号实时地反馈到控制端，与理论设定的能量进行比较，形成一个闭环控制系统，达到准确控制激光能量输出的目的，如图 3-24 所示。

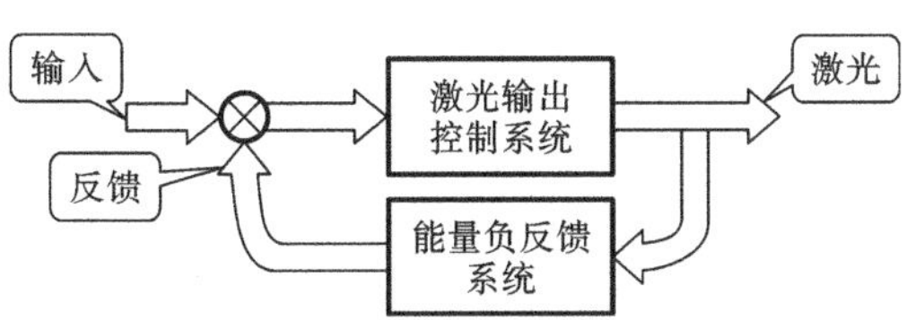


图 3-24 激光反馈控制框图

检测方式有两种：一种是直接在输出激光回路分离出微小比例的激光进行检测；另一种是激光能量反馈探头安装于用户激光器全反镜后面，使用采集“尾光”的方式。尾光检测方式不改变输出激光回路，对激光器影响较小。图 3-25 所示的为尾光检测方式。

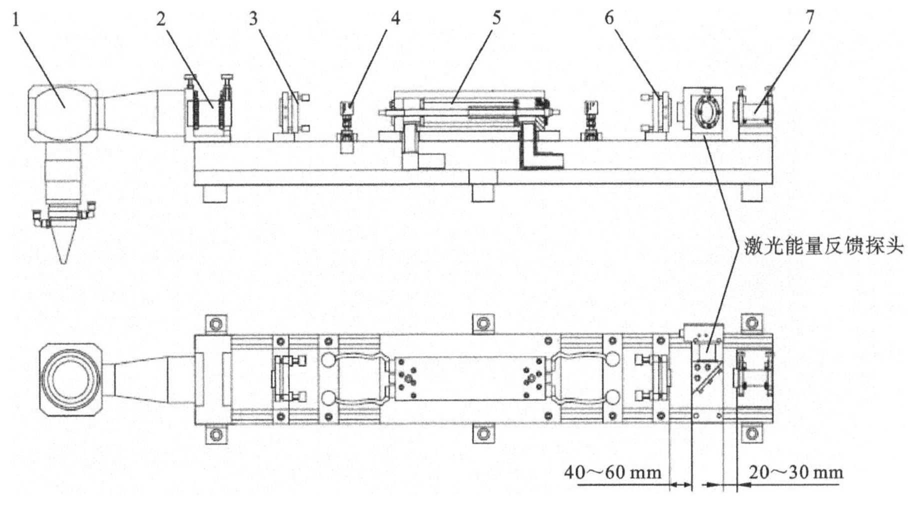


图 3-25 尾光检测方式

1—聚焦系统；2—扩束镜；3—输出镜；4—灯极座；5—激光腔体；6—全反镜；7—指示光

### 3. 缓升缓降技术

缓升缓降技术是将脉冲激光电源的输出电流波形按缓升缓降的波形输出。如图 3-26 所示，每个脉冲输出都按比例大小输出(图中每个脉冲都是变形波)。

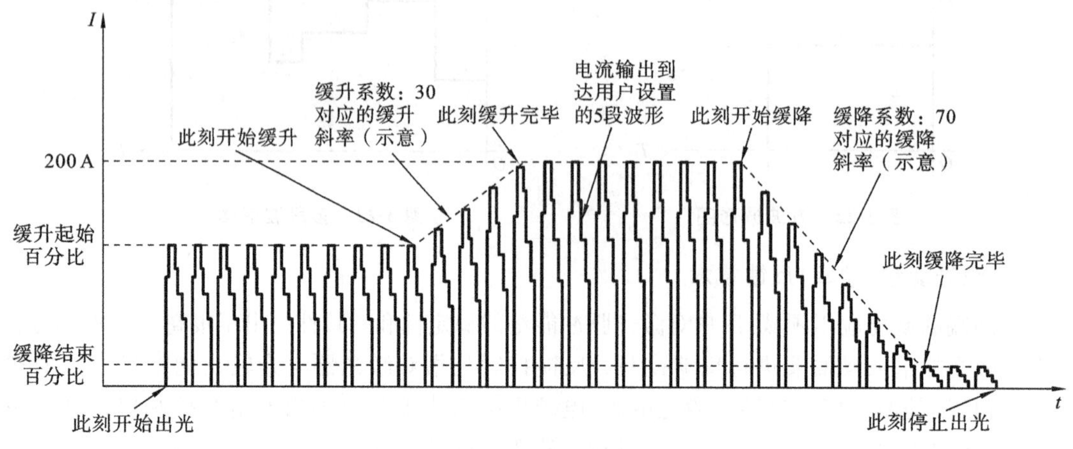


图 3-26 缓升缓降技术

缓升缓降主要用于工作开始和工作结束的时候，也可以应用在工作中间过程，主要满足激光焊接工艺要求，多应用于封闭焊接时开始与结束的重合部分。该技术不针对每个脉冲进行控制，而是通过在电源输出前端增加幅值限制达到最大值的控制。在工作过程中，不断修改输出限制的幅值就可以达到升降效果。

## 3.2.2 恒流型脉冲氙灯激光电源

图 3-27 所示的是恒流型脉冲氙灯激光电源的典型产品 ZGMC 系列。性能指标如表 3-2 所示。

表 3-2 ZGMC 系列激光电源性能指标

| 型　　号 | ZGMC 激光电源 |
|---|---|
| 工作方式 | 脉冲 |
| 控制电流/A | 60～600(单灯) |
| 脉宽/ms | 0.1～20 |
| 激光频率/Hz | 0～1000(0 Hz 时是点动) |
| 输入电源 | 三相 380 V±10% |

图 3-27 ZGMC 系列脉冲激光电源

### 1. 工作原理

ZGMC 系列脉冲激光电源可供脉冲激光焊接机的脉冲氙灯工作，电源为恒流型开关电源，由主电路、触发电路、预燃电路、控制电路、检测及保护电路等组成。其工作原理如图3-28所示。

三相交流电经整流、滤波后变成直流，对储能电容充电，经整流逆变后，再通过大功率开关管放电，并经过高功率、精密电感变为恒流源，使氙灯放电，放电的电流、频率和脉冲宽度通过激光电源控制面板设置。

恒流型脉冲激光电源

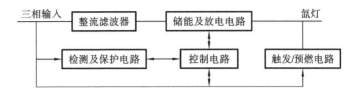

**图 3-28 脉冲激光电源工作原理图**

(1) 充电电路：由整流滤波回路组成，作用是为储能单元中的大容量电容提供充电电源。根据储能电容的特点，恒流充电是最佳的充电方式。本电源采用的是一种称为 LC 恒流源的恒流充电电路，这种电路具有结构简单、控制方便、可靠性高、恒流特性好等优点。

(2) 储能单元：由电解电容通过串、并联组成，总容量为 4800 μF 左右。在 2 ms 脉宽情况下，单脉冲输出能量超过 20 J。

(3) 放电电路：将储能单元中的电能可控制地施放到脉冲氙灯上。焊接机采用的是先进的大功率 IGBT(Infineon 生产的 IGBT-FZ600R12KS4)放电电路。

(4) 触发/预燃电路：触发电路的作用是使脉冲氙灯中的惰性气体在$(1.6\sim2)\times10^4$ V 的高压下产生电离，两电极间建立起放电通道；预燃电路则使导通后的两电极间保持 100～200 mA 辉光放电电流，使触发后的放电通道能够稳定地维持下去，从而使储能电容中的电能能够很好地、重复性地通过灯管放电，并且可以大大延长脉冲氙灯的寿命。本机采用的是零电压混合谐振开关预燃电源。

**2. 激光电源工作过程**

ZGMC 系列双灯激光电源工作原理如图 3-29 所示。

## 3.2.3 功率反馈脉冲氙灯激光电源

JS 系列灯泵浦脉冲激光电源是基于工业控制现场总线的智能化、高精度恒流型脉冲电源，具备能量监测及能量负反馈控制的功能(选配功能)，激光输出脉冲能量的不稳定度控制在±2%的范围内。对于因氙灯衰减等因素而导致的激光能量衰减，电源可在一定范围内进行补偿，超出电源自身的补偿范围后，会提示用户进行相应更换泵浦灯或清洁腔体的维护工作。

JS 系列激光电源参数指标如表 3-3 所示。

**表 3-3 JS 系列激光电源参数指标**

| 型　　号 | JS-C12E 型激光电源 |
|---|---|
| 供电电压 | 三相四线制交流电 380 V±10%，50 Hz |
| 泵浦灯数量 | 2 只 |
| 额定功率/kW | 12 |
| 激光电流/A | 80～500，电流不稳定度小于 3% |
| 激光频率/Hz | 0～100(可根据用户要求设置更高频率，最高 300 Hz) |
| 激光脉宽/ms | 0.1～20.0 |
| 能量反馈 | 脉冲能量不稳定度小于±2%(选配功能) |
| 缓升缓降 | 0～255 系数可调 |

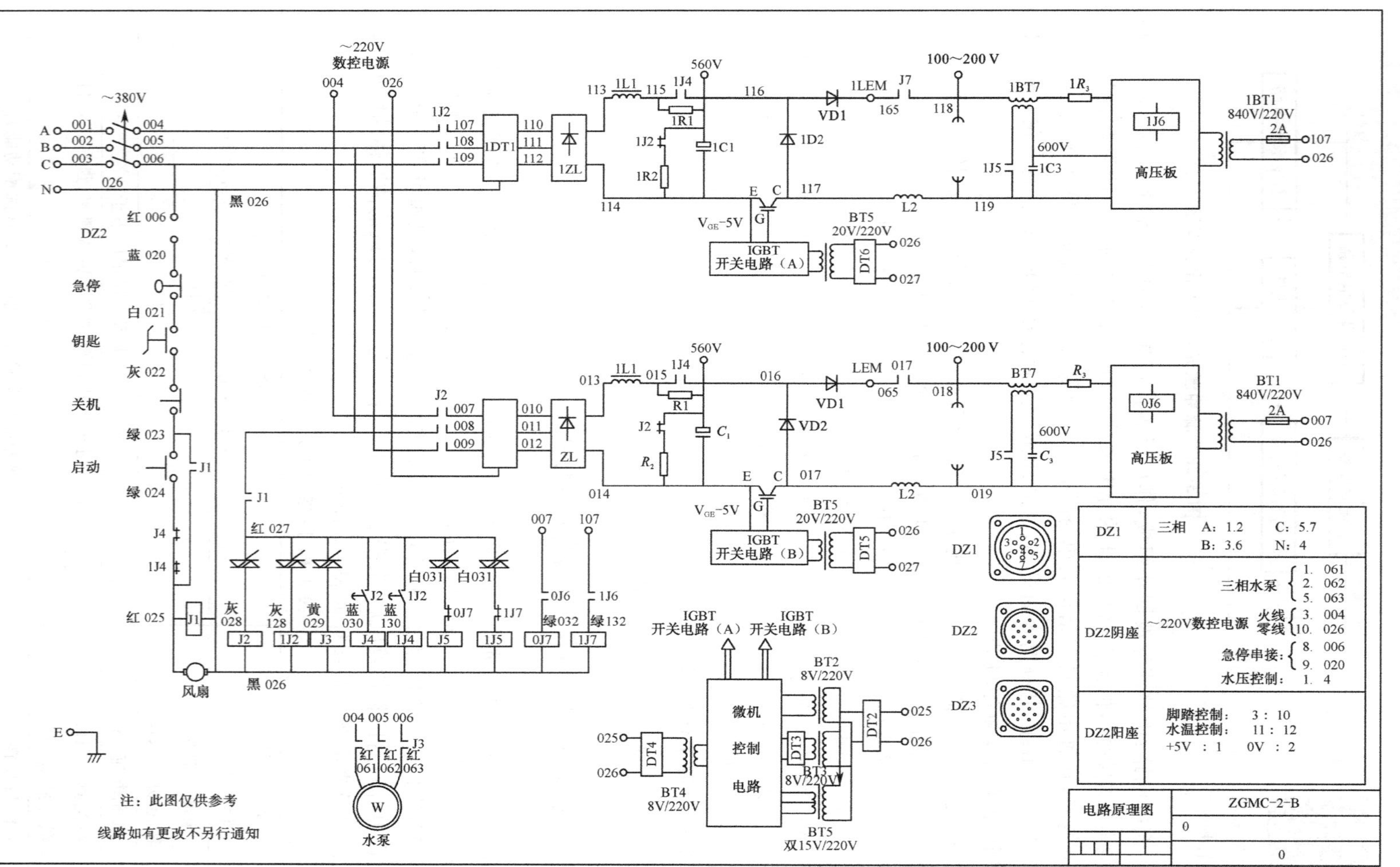


| DZ1 | 三相 A：1.2 C：5.7 B：3.6 N：4 |
|---|---|
| DZ2阴座 | 三相水泵 {1. 061 2. 062 5. 063; ~220V数控电源 火线 {3. 004 零线 10. 026; 急停串接：{8. 006 9. 020; 水压控制：1. 4 |
| DZ2阳座 | 脚踏控制： 3：10; 水温控制： 11：12; +5V：1 0V：2 |

图3-29 ZGMC系列双灯激光电源工作原理图

### 1. 原理框图

JS系列脉冲激光电源系统在电控层面上主要由显示板、中控板、软启动板、电流板、能量板等通过工业控制现场总线连接起来完成电源系统的各项控制功能，其原理框图如图3-30所示。

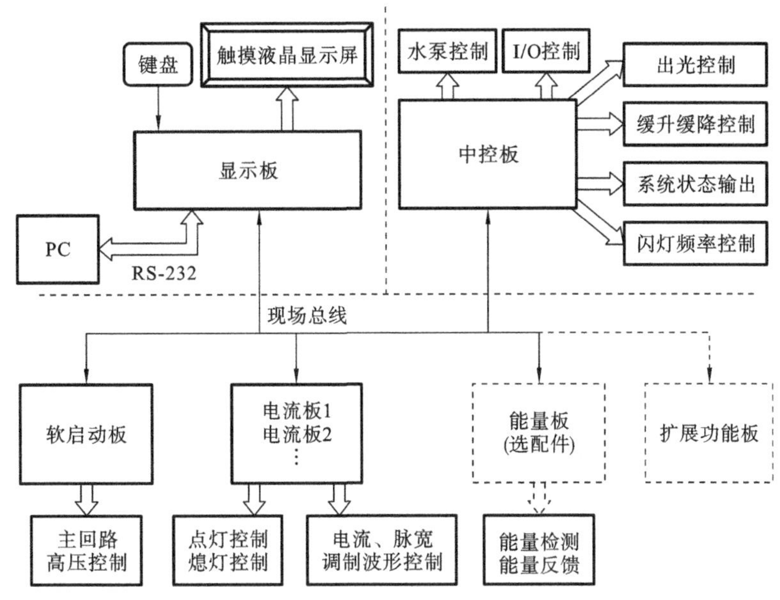


图3-30 JS系列脉冲激光电源原理框图

### 2. 电路原理

电路原理如图3-31所示。

D101是三相整流桥，三相交流电整流之后，通过电阻$R101$～$R104$对电容$C103$和$C104$缓充电，缓充电完成后，接触器KM102吸合。

电容$C103$和$C104$两端电压即为三相整流后的电压，约为540 V；电感$L101$和IGBT(V101)构成充电回路，对电容$C201$～$C204$进行充电，这种充电的电路拓扑结构有一个专用名词——Boost电路，$C201$～$C204$上的最终电压即为升压之后的电压，由于电容耐压的限制，一般在700～750 V，这个电压越高，对激光的影响就是激光峰值越大。

升压原理：采用恒流方式对电容充电，有利于延长电容寿命。通过电流霍尔传感器TA101检测电流，送至主控制板(可以是DSP、单片机等数字处理芯片，也可以是TL494、SG3525等模拟芯片)，进行PID运算，主控制板输出PWM驱动信号(PWM信号频率为20 kHz左右)，经过驱动板放大，控制IGBT(V101)的导通和关断，从而实现恒流升压的目的。

IGBT(V201)和电感$L201$组成放电回路，这种放电回路的电路拓扑结构有个专用名词——Buck电路。通过电流霍尔传感器TA201检测电流，送至主控制板，和设定电流比较后进行PID运算，输出PWM驱动信号(PWM信号频率为20 kHz左右)，经过驱动板放大，控制IGBT(V201)的导通和关断，从而实现恒流放电的目的。

电流反馈电源采用上述方式进行放电，因为其反馈信号是电流霍尔传感器采集到的电

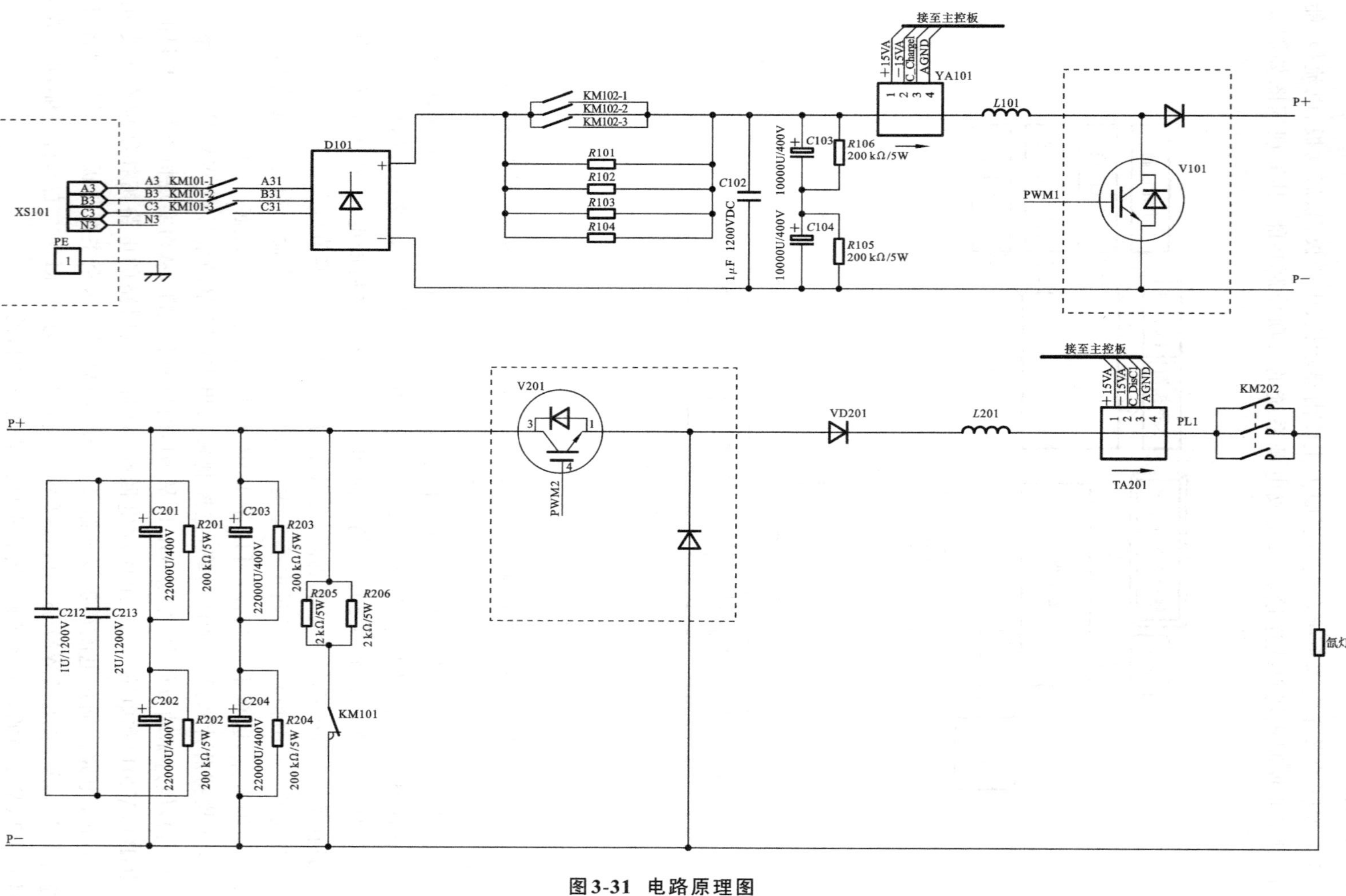
P+
P−
V101
PWM1
L101
YA101
接至主控板
+15VA
−15VA
C_Charge
AGND
R106
200 kΩ/5W
R105
200 kΩ/5W
C103
C104
10000U/400V
C102
1μF 1200VDC
KM102-1
KM102-2
KM102-3
R101
R102
R103
R104
D101
A31
B31
C31
KM101-1
KM101-2
KM101-3
A3
B3
C3
N3
PE
XS101
氙灯
KM202
PL1
C_DisC
TA201
L201
VD201
V201
PWM2
R206
R205
2 kΩ/5W
KM101
R203
R204
C203
C204
22000U/400V
R201
R202
C201
C202
C213
2U/1200V
C212
1U/1200V

图 3-31 电路原理图

流信号，所以一般称为电流反馈。

能量反馈电源不同的是，反馈信号不再是电流信号，而是位于激光光路后反射镜端的能量采集板采集到的实时能量信号。

不管是电流反馈还是能量反馈，以 PWM 频率 20 kHz 为例，每 50 μs 就要采集一次反馈信号用于 PID 运算，所以都是实时反馈。

## 3.2.4 连续氪灯激光电源

ZG-LX 系列激光电源是专门为连续泵浦氪灯研制的恒流电源，采用数字电路控制方式，性能稳定，由电力电子器件 IGBT 组成主电路，效率达 90%以上。采用 PWM 定频调宽技术，保证了高精度的恒流输出，且输出纹波小。操作面板如图 3-32 所示。

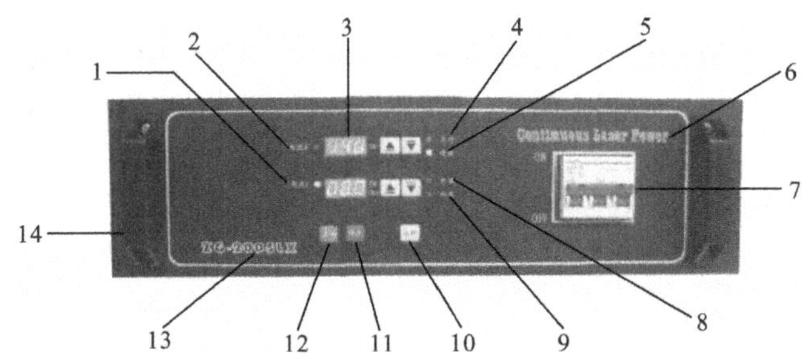


**图 3-32** ZG-LX 系列激光电源操作面板

1—休眠；2—工作；3—数码显示；4—点灯指示；5—电源指示；6—设备名称；7—电源空开；
8—水温报警；9—水压报警；10—切换；11—停止；12—启动；13—型号；14—拉手

激光电源主要技术参数如表 3-4 所示。

**表 3-4** ZG-LX 系列激光电源主要技术参数

| 型　　号 | ZG-LXA | ZG-LXB | ZG-LXC |
|---|---|---|---|
| 最大输出电流/A | 30 | 25 | 25 |
| 最高输出电压/V | 140 | 160 | 180 |
| 休眠电流/A | 7 | | |
| 工作开关频率/kHz | 20 | | |
| 允许交流电压波动 | ±15% | | |
| 交流要求 | AC 220 V/2500 W | AC 220 V/3500 W | AC 220 V/4500 W |

Nd3＋：YAG 连续激光器的泵浦氪灯需要连续点燃，其供电方式及工作原理与脉冲灯的情况大不相同。

一般所用的氪灯功率为 2000～8000 W，一只弧长 100 nm、内径 6 mm 的氪灯在 3000 W 的工作情况下，灯压降约为 100 V，电流为 30 A，灯的弧长越长，灯压降越大。下面以 ZG-LX 系列连续激光电源为例，说明连续氪灯激光电源的工作原理，如图 3-33 所示。

该电路在整体上是串联式调压恒流电源，隔离开关 GK 合上后，控制系统通电，单片机系

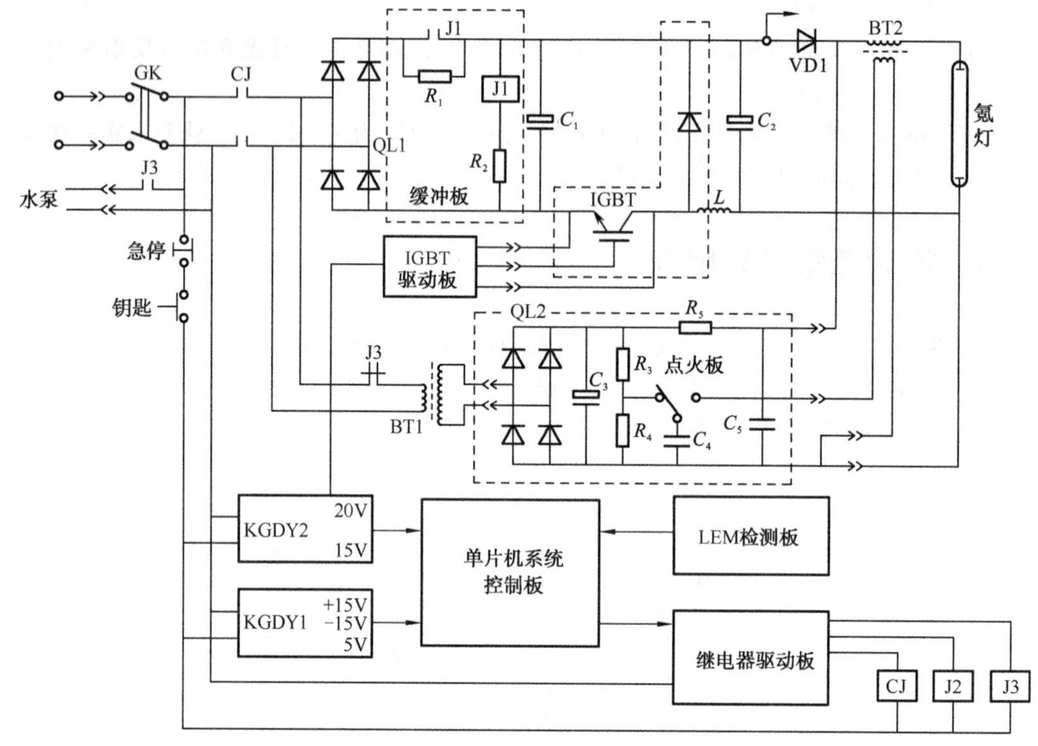


图 3-33 连续氪灯激光电源工作原理图

统开始工作，面板上显示出最小维持电流（电流Ⅰ）和工作电流（电流Ⅱ），维持电流和工作电流都可以通过面板上的按键设置。交流电经过 QL1 整流，C 滤波形成，滤波形成 280～310 V 的直流电压。由单片机控制系统产生的 PWM 信号，控制 IGBT 的关断和开通，通过控制 PWM 的占空比，从而控制灯电流，进而控制连续激光输出功率的目的。$L$、$C_2$ 组成输出滤波电路，由 LEM 监测点对灯电流引入反馈，参与 PWM 的控制，以提高控制电流及光功率的稳定性。

主电路接通后，在 $C_2$ 两端最多达到 300 V 左右的电压，但不能击穿氪灯气体，必须通过高压点火板击发，进入弧光放电状态，才能正常工作。220 V 交流电经 BT1 变压器升压到 1000 V，经 QL2、$C_3$ 整流滤波，在 $C_3$、$C_5$ 上产生 1300 V 的高压，经过 $R_3$、$R_4$ 分压电路对 $C_4$ 充电，当 $C_4$ 上电压达到 600 V 时，单片机控制 J2 吸合，$C_4$ 上电压经过 BT2 的初级放电，在 BT2 的次级产生约 20000 V 的高压，击穿氪灯内的气体进入弧光放电状态，同时 IGBT 瞬时切入 PWM 控制，氪灯进入工作状态。完成高压点灯后，高压触发电路就失去作用，单片机控制 J3 吸合，断开高压触发电路电源，降低电路损耗。二极管 VD1 的作用在于隔离点火板工作期间在 $C_5$ 上产生的高压，对主电路反向充电。

缓冲电路的作用：在主继电器 CJ 合上前，$C_1$、$C_2$ 上的电压为 0 V，通常 $C_1$、$C_2$ 的容量达到几千微法，如果没有 J1、$R_1$ 的缓冲作用，当 CJ 合上时，主电路的输入就处于短路状态，QL1 将迅速烧毁，引起外部跳闸。引入缓冲电路后，当主电路接入时，J1 断开，通过 $R_1$ 对 $C_1$、$C_2$ 充电，从而缓冲了对 QL1 的电流冲击，也有利于延长 $C_1$、$C_2$ 的使用寿命，同时 J1 的线圈与 $R_2$ 限流电阻并接在 $C_1$ 上，监控电容电压，当达到 J1 线圈吸合阈值时，J1 触头合上，进入正常工作状态。这个阈值电压可根据需要由 $R_2$ 的阻值调节，通常阈值电压为 250～300 V，越接近整流电压，冲击电流越小，该氪灯直流电源通常用于驱动 $\phi6\times130$ mm 的氪灯，控制电流为 6～25 A，输出功率 4000 W。

单片机系统是该电源的控制核心，它负责产生 PWM 控制 IGBT 的信号，监控氪灯的工作电流、激光器的冷却系统的水温和水压，以及各个功能继电器的通断、工作参数、状态显示及人机界面的操作联系等。

# 3.3 半导体激光电源

## 3.3.1 半导体激光电源概述

对于基于半导体激光器泵浦的半导体泵浦 YAG 激光器、光纤激光器、直接半导体激光器等都需要半导体激光电源供电。

半导体激光器应用最多的领域是作为固体激光器和光纤激光器的抽运源，半导体激光抽运源分为单芯片耦合光纤输出和 bar 条耦合光纤两大类。常用的是：105 μm/NA0.22 光纤，连续输出功率为 30～120 W；200 μm / NA0.22 光纤，连续输出功率为 50～300 W，波长覆盖 808～976 nm。半导体激光抽运源如图 3-34 所示。

图 3-34 半导体激光抽运源

在工业上，激光通常分成连续波（CW）、准连续波（QCW）、短脉冲、超短脉冲（Mode-Locked）四类。

（1）连续波（CW）激光：连续光纤激光器、半导体泵浦 YAG 激光器、直接半导体激光器等。

（2）准连续（QCW）激光：准连续光纤激光器（QCW 激光器）。

（3）短脉冲激光：调 Q 光纤激光器（Q-Switched）、MOPA 光纤激光器等。

（4）超短脉冲（Mode-Locked）：超快激光器（皮秒脉冲激光器、飞秒脉冲激光器）等。

不同类型激光器的应用领域如表 3-5 所示。

表 3-5 不同类型激光器应用领域

| 不同类型激光应用领域 | | |
|---|---|---|
| 类　型 | 输出形式 | 应用领域 |
| 连续波（CW） | 连续输出 | 激光切割、激光焊接、激光熔覆 |
| 准连续波（QCW） | ms～μs | 激光钻孔、热处理 |
| 短脉冲（Q-Switched） | ns | 激光标刻、钻孔、医疗、激光测距、二次谐波的产生、军事应用 |
| 超短脉冲（Mode-Locked） | ps～fs | 精密加工、科研、医疗、军事应用 |

连续光纤激光器占据了当前工业市场的大部分份额，广泛应用于切割、焊接、熔覆等领域，具有光电转换率高、加工速度快等特点。准连续激光又称长脉冲，可产生毫秒到微秒量级的脉冲，占空比为10%，具有比连续光高十倍以上的峰值功率，对于钻孔、热处理等应用来说非常有利。短脉冲指的是纳秒量级的脉冲，广泛应用于激光标刻、钻孔、医疗、激光测距、二次谐波的产生、军事等领域。超短脉冲则是我们所说的超快激光，包括达到皮秒、飞秒量级的脉冲激光。

纳秒、皮秒、飞秒都是时间单位，1 ns=$10^{-9}$ s，1 ps=$10^{-12}$ s，1 fs=$10^{-15}$ s。这个时间单位，表示的是一个激光脉冲的脉冲宽度，简言之就是在如此短暂的时间内输出一个脉冲激光。由于其输出单脉冲时间非常短，因此这样的激光称为超快激光。当把激光能量集中在如此短的时间内，会获得巨大的单脉冲能量和极高的峰值功率，在进行材料加工时，会很大程度上避免长脉宽、低强度激光造成材料熔化与持续蒸发现象(热影响)，可以大大提高加工质量。

当激光以皮秒、飞秒量级的脉冲时间作用到材料上时，会使加工效果发生显著变化。飞秒激光能聚焦到比头发直径还要小的空间区域内，使电磁场的强度比原子核对其周围电子的作用力还要高出数倍，从而实现许多地球上所不存在的、其他方法也无法得到的极端物理条件。随着脉冲能量急剧上升，高功率密度的激光脉冲能轻易地剥离外层电子，使电子脱离原子的束缚，形成等离子体。由于激光与材料相互作用的时间极短，等离子体还没来得及将能量传递给周围材料，就已经从材料表面被烧蚀掉，不会给周围的材料带来热影响，因此超快激光加工也称为“冷加工”。同时，超快激光几乎可加工所有的材料，包括金属、半导体、钻石、蓝宝石、陶瓷、聚合物、复合材料和树脂、光阻材料、薄膜、ITO膜、玻璃、太阳能电池片等。

超快激光在工业应用的历史不长，是欧美等发达国家重点布局的激光应用热点。目前，超快激光市场基本被国外公司主导，占据全球近90%的市场份额，但中国政府、科研机构及企业对超快激光非常重视，政策倾斜及企业加大投入攻克难点技术，正在追赶国际先进水平。

基于半导体激光器泵浦的不同激光器，其半导体激光电源要求各有不同，连续波(CW)激光如连续光纤激光器、半导体泵浦YAG激光器、直接半导体激光器采用普通半导体恒流激光电源提供恒定的电流，电压为10～30 V，工作电流为20～30 A；准连续光纤激光器(QCW激光器)则需要脉冲调制的半导体恒流激光电源控制，带动几个串联半导体激光二极管负载，工作电压为40～50 V，可获得更大的脉冲放电电流；调Q光纤激光器(Q-Switched)是基于声光调Q技术实现的，激光电源需要提供恒流控制、声光调Q射频控制；MOPA光纤激光器是基于种子源MOPA技术实现的，激光电源需要提供恒流控制、后级放大控制；超快激光器原理更复杂，激光电源的控制要求更高，除恒流控制外，需要温度控制、逻辑控制、时序控制，种子源半导体激光电源电压为2 V，后级放大电源电压为10～30 V。

## 3.3.2 半导体恒流激光电源

半导体恒流激光电源

半导体激光(激光二极管LD)是一种高功率密度并具有极高量子效率的器件，半导体激光对电流波动很敏感，微小的电流变化将导致光功率输出的极大变化和器件参数(如激射波长、噪声性能、模式跳动)的变化，这些变化直接影响器件的安全工作和应用要求，一般采用恒流激光电源。

所有的半导体激光电源归根结底都是恒流控制(其他如波形调制,纳秒激光器、皮秒激光器等都是外围的一些控制手段),而恒流电路用得较多的是压控恒流或Buck电路。下面介绍两种半导体恒流激光电源。

**1. 半导体激光线性恒流电源(压控恒流)**

线性恒流电源如图3-35所示。

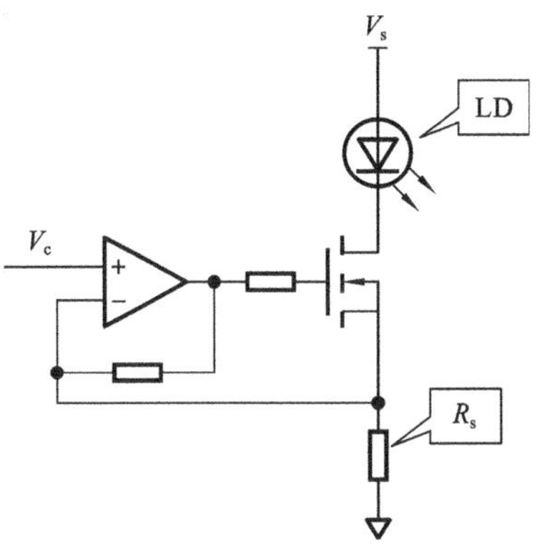


**图3-35 线性恒流电源**

由集成运放构成的压控恒流源中,$V_s$是恒压源,$V_c$为给定信号,$R_s$为电流检测电阻,将其检测信号送入运放补偿端,运放输出模拟信号驱动MOSFET,则流过MOSFET的电流(即流过LD的电流)$I=V_c/R_s$。此时,MOSFET作为调整管使用,工作在饱和区(恒流区或放大区),会有较大功耗,需要注意散热。

这种电路一般输出电流较小,十几安培以下的电流用得较多;如果电流较大,这种电路就不合适,因为其功耗大,效率低。很多小功率的光纤激光器的半导体泵浦源驱动电路即是压控恒流源。

**2. 半导体激光开关型恒流电源**

大电流一般采用Buck电路(也称降压式变换器,是一种输出电压小于输入电压的单管不隔离直流变换器)来做恒流源,IPG的QCW激光器的泵浦源用的就是Buck电路做的恒流源。

图3-36所示的为开关型恒流电源。

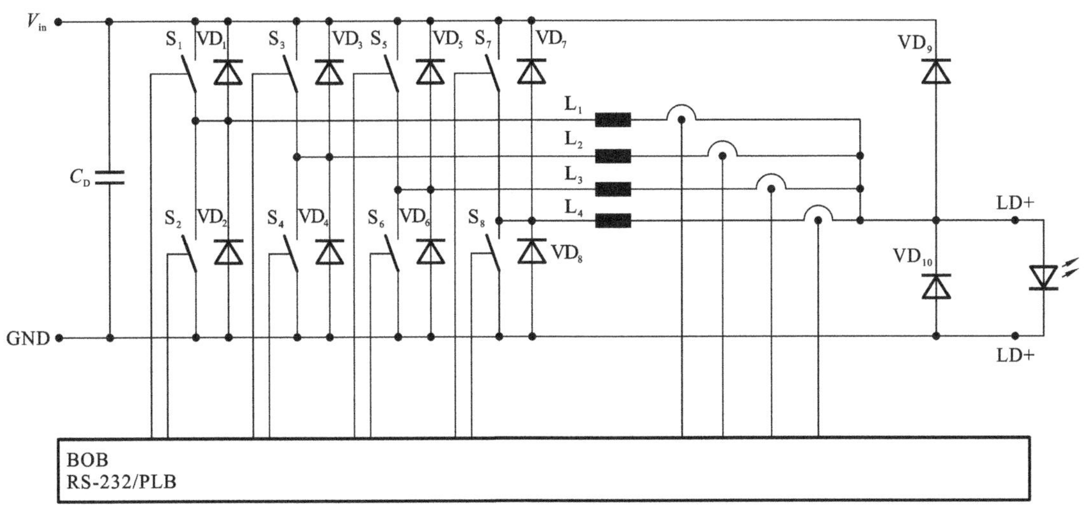


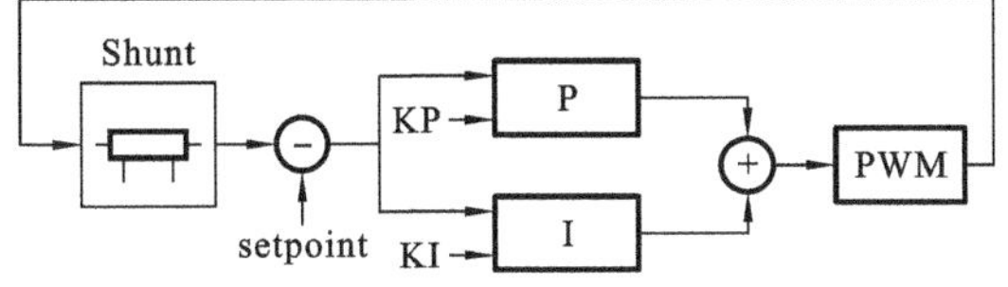


**图3-36 开关型恒流电源**

此电源采用开关电源工作原理，此时 MOSFET 管（$S_1 \sim S_8$）工作在开关状态，相当于在截止区和可变电阻区快速切换，此电源采用 PID（比例-积分-微分）工作原理，PWM（Pulse width modulaTIon 脉宽调制）工作方式，使用霍尔元件作为电流检测元件。

### 3.3.3 超快激光器电源

超快激光器电源

超快激光器即皮秒、飞秒脉冲激光器。超快激光器广泛应用于先进的精密激光加工领域，是玻璃、蓝宝石、平板显示器和陶瓷等硬脆性材料加工的优良工具；同时也可用于金属、半导体、无机薄膜和高分子材料的精密加工。相比飞秒激光，皮秒激光不需要为了放大而展宽和压缩脉冲，因此皮秒激光器的设计相对简单，成本效益更高，性能更可靠，并且已足以胜任当前市面上高精度、无应力的微细加工。

**1. 皮秒激光器及电源**

1）皮秒激光器及电源工作原理

图 3-37 所示的是皮秒激光器工作原理，种子源采用皮秒锁模光纤振荡器（fiber laser clock），种子源脉冲频率为 20 MHz，通过分频器（pulse picker）降低种子源光脉冲频率，激光频率降至 2 MHz（减频是为了获得更好的单脉冲放大效率，获得更高的单脉冲能量），同时进行选单（“单脉冲”可以是一个脉冲，也可以是几个脉冲组成的脉冲串），即 BURST 功能（可设置“单脉冲”脉冲串数量和包络形状）。激光接着进行第一级放大、功率放大（power amp，通常有 2～3 级放大，图中为 2 级放大），放大后激光脉宽不变，单脉冲能量变大，峰值功率提高。再经过能量/功率检测（power/pulse sampling and adjustment），信号反馈到电源进行恒能量/功率控制，最后通过 POD 模式输出（processing shutter output，单点触发功能，一种精确控制激光脉冲输出的方式）。

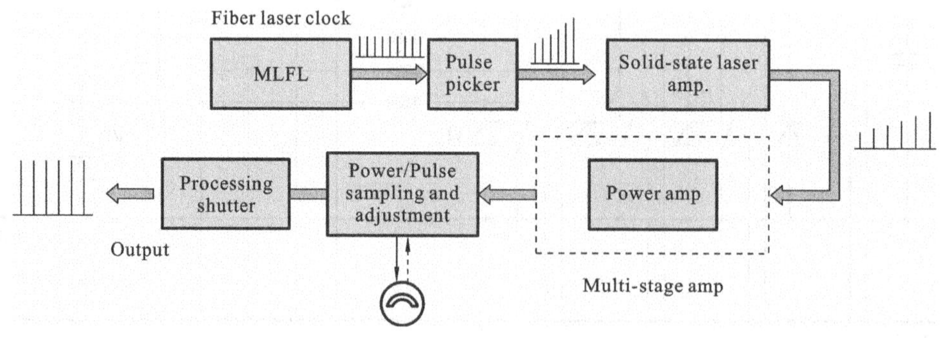


**图 3-37　皮秒激光器及电源工作原理**

（1）选单：图 3-38 所示的是皮秒激光器选单控制，图中“单脉冲”由 5 个脉冲组成。

（2）BURST、POD 功能：BURST、POD 功能是为了满足激光加工工艺需求设计的。

BURST 功能（可设置“单脉冲”脉冲串数量和包络形状）如图 3-39 所示，有 4 种不同的“单脉冲”。

POD 触发模式（单点触发功能，为精密加工中的 PSO 模式设计），如图 3-40 所示，经触发信号（Trig）控制，输出“单脉冲”。POD 功能，即在连续脉冲信号中任意时间给定触发信号

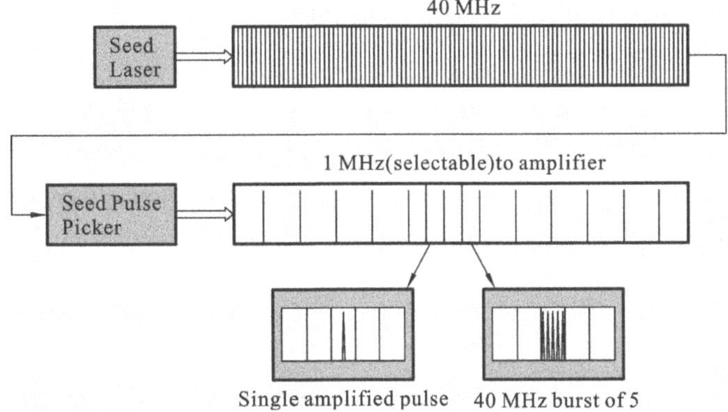


图 3-38 皮秒激光器选单控制

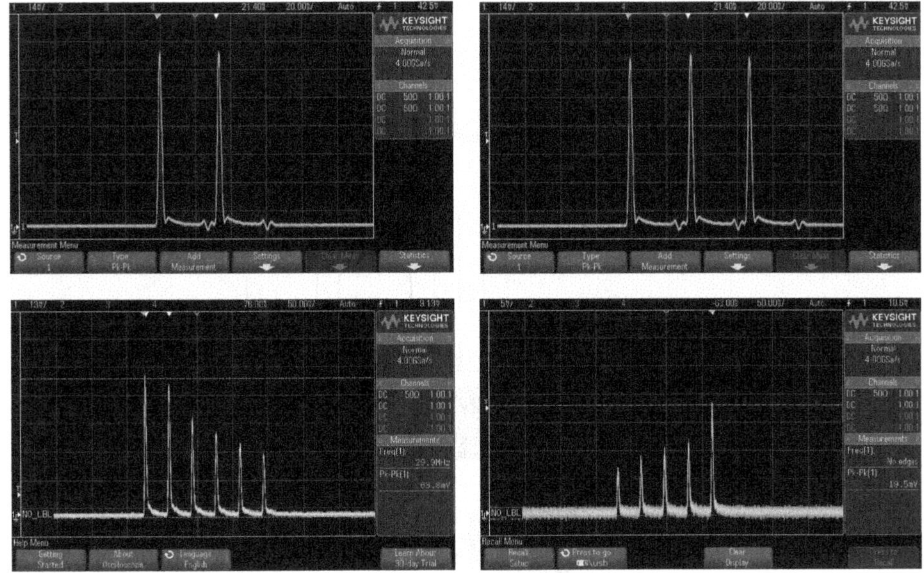


图 3-39 皮秒激光器 BURST 功能

黄色轨迹为触发信号，绿色轨迹为激光脉冲

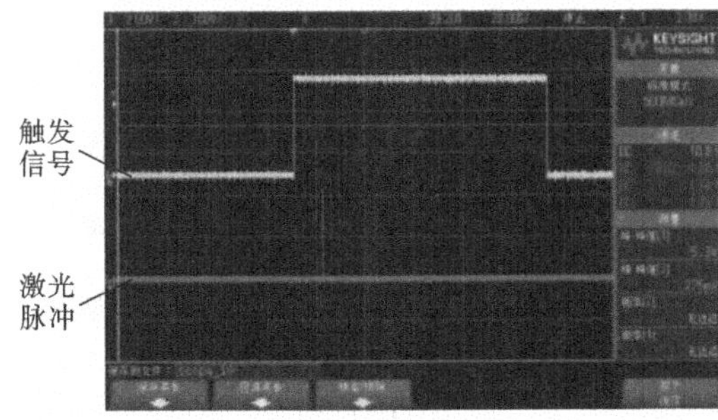


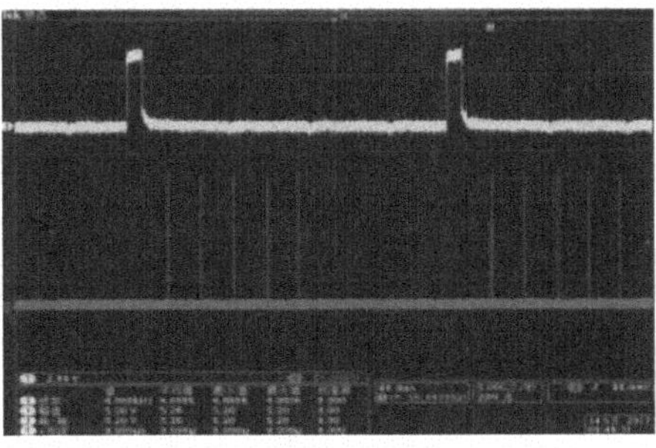

1 Pulse per Trigger　　　5 Pulses per Trigger

图 3-40 皮秒激光器 POD 触发模式

(Trig),输出“单脉冲”的时间和给定触发信号都能保持一致,从而保证激光加工的一致性。

2)皮秒激光器电源控制过程

皮秒激光器工作过程中,电源要提供各级放大的半导体激光抽运源的工作电流,如图3-41所示;2个声光调制器控制,要进行时序和频率控制,如图3-42、图3-43所示;检测与反馈信号控制,如图3-44所示;还要进行温度控制(半导体激光器对温度的稳定性要求很高,如图3-45所示),保证输出能量/功率的稳定性。

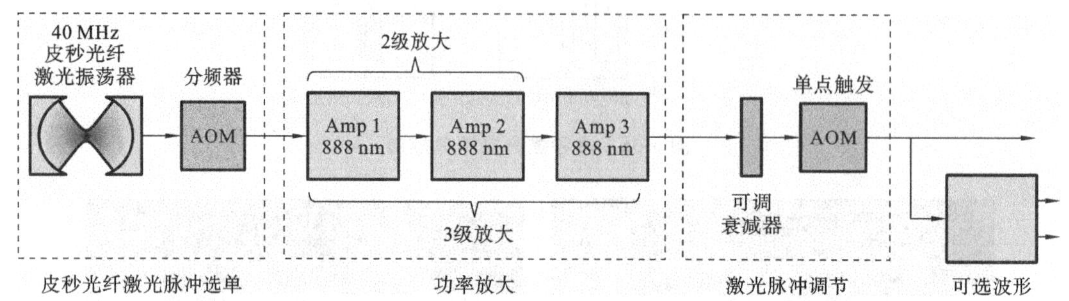


图3-41 半导体激光抽运源控制

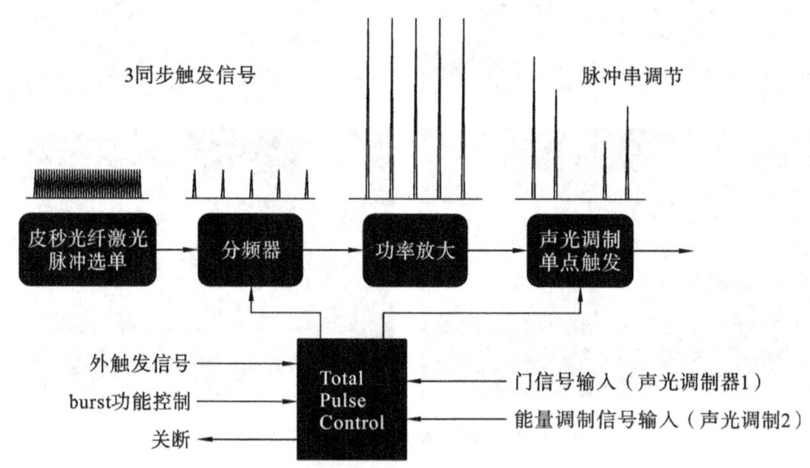


图3-42 皮秒激光器时序和频率控制1

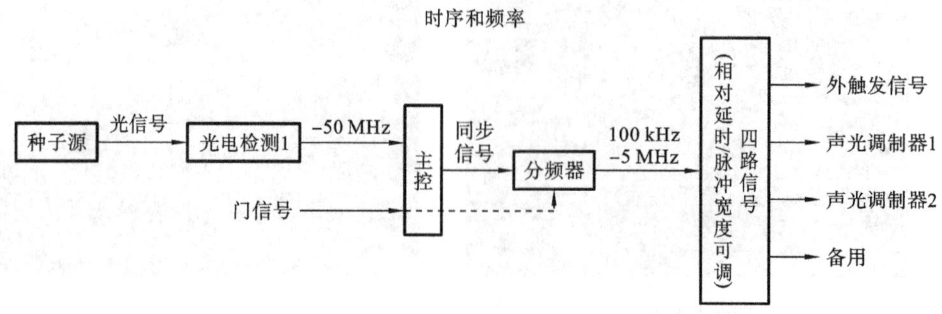


图3-43 皮秒激光器时序和频率控制2

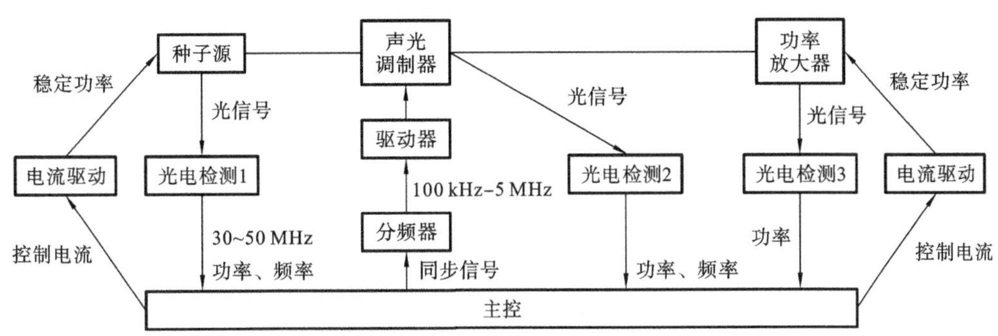


图 3-44 皮秒激光器检测与反馈信号控制

(1) 半导体激光抽运源控制：图中为 3 级放大，声光调制器(AOM)1 主要作用是编波形(实现 BURST 功能)，声光调制器 2 相当于一个机械光闸(实现单点触发 POD 功能)。

(2) 时序和频率控制：图 3-42 所示的是门信号控制激光输出(BURST)，外触发(Trig)信号控制激光输出(单点触发 POD 功能)，声光调制器(AOM)1 主要作用是编波形(实现 BURST 功能)，声光调制器 2 相当于一个机械光闸(实现单点触发 POD 功能)，电源通过主控板控制。

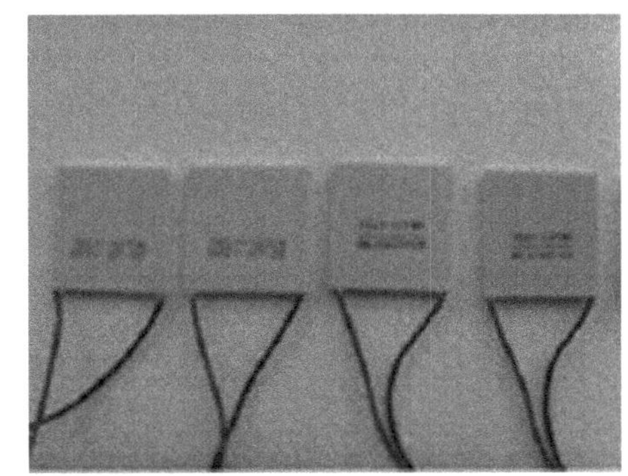

图 3-45 热电制冷器

(3) 检测与反馈：各级检测与反馈信号反馈到电源主控板，控制激光器输出能量/功率的稳定性。

(4) 温度控制：半导体激光器采用水冷＋热电制冷器共同工作的制冷方式，热电制冷器紧贴半导体激光器，水冷冷却热电制冷器。

热电制冷器，也称为珀耳贴制冷器，是一种以半导体材料为基础，可以用作小型热泵的电子元件。通过在热电制冷器的两端加载一个较低的直流电压，热量就会从元件的一端流到另一端。此时，制冷器的一端温度就会降低，而另一端的温度同时上升。值得注意的是，只要改变电流方向，可将热量输送到另一端。所以，在一个热电制冷器上就可以同时实现制冷和加热两种功能。因此，热电制冷器还可以用于精确的温度控制。

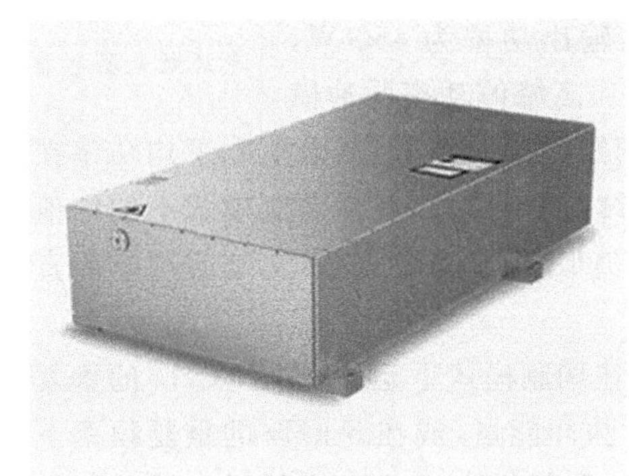

图 3-46 Olive 系列中的功率皮秒级超快激光器

3) Olive 系列皮秒激光器

图 3-46 所示的是武汉华日精密激光股份有限公司 Olive 系列中的功率皮秒级超快激光器，激光器采用光纤-固体混合介质的主振荡功率放大设计，种子源采用皮秒锁模光纤振荡器，SESAM

(半导体可饱和吸收镜)被动锁模方式,能提供单脉冲能量大于 200 μJ、脉冲宽度小于 10 ps 的高能量激光脉冲;激光器支持 POD 触发,并能工作于可编程的脉冲串模式。

输出波长:355 nm;

平均功率:10 W@1 MHz;

脉冲宽度:<10 ps;

重复频率:400 kHz~1 MHz。

**2. 飞秒激光器及电源**

华日激光采用飞秒锁模光纤振荡器作为种子源,种子源脉冲频率为 50 MHz,首先通过光纤脉冲展宽器将种子源光脉冲宽度展宽,进一步通过减频器降低种子源光脉冲频率,频率降至 100 kHz(脉冲展宽和减频都是为了获得更好的单脉冲放大效率,获得更高的单脉冲能量),然后进行功率放大(4 级放大),最后通过体光栅压缩光脉冲宽度,提高峰值功率。电源控制过程与皮秒激光器电源的一样,提供各级放大抽运源的工作电流,进行温度控制,声光调制器进行时序和频率控制,具有 BURST、POD 功能,满足激光加工工艺需求,如图 3-47、图 3-48 所示。

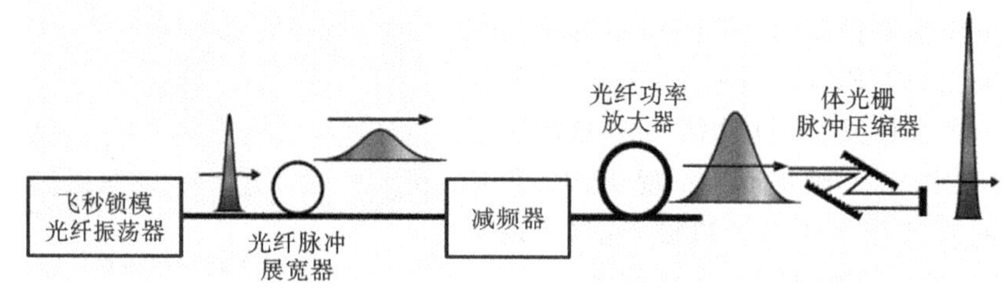


**图 3-47 飞秒激光原理 1**

电源要提供各级 4 级放大的半导体激光抽运源的电流驱动、声光调制器(AOM)驱动、温度控制、时序和频率控制(实现 BURST、POD 功能)以及检测与反馈信号控制,如图 3-49 所示。

## 3.3.4 QCW 光纤激光器电源

光纤激光器电源

QCW 光纤激光器也称准连续光纤激光器(通常输出功率为 450 W,脉宽为 0.05~50 ms)。这类激光器可以同时在连续和高峰值功率脉冲模式下工作。传统的 CW 光纤激光器可工作在连续/调制(脉冲)模式,其峰值和平均功率在连续/调制中总是相同的。QCW 激光器也可工作在连续/调制模式,其在调制模式下的峰值功率可比连续模式下的峰值功率高 10 倍,其调制模式类似于调 Q 激光器,它是通过电源直接调制的。

例如,一台 2 kW 功率的 QCW 光纤激光器可以在调制模式下运行,在 100 Hz 的重复频率下产生 200 J 的单脉冲能量,1 kHz 下产生 20 J 单脉冲能量,或在 5 kHz 的重复频率下产生 4 J 的单脉冲能量。由于其较高的平均功率和脉冲重复频率,QCW 光纤激光器显著提高了加工速度以及生产效率。

CW 光纤激光器用半导体恒流激光电源泵浦,驱动单个半导体激光二极管负载,工作电

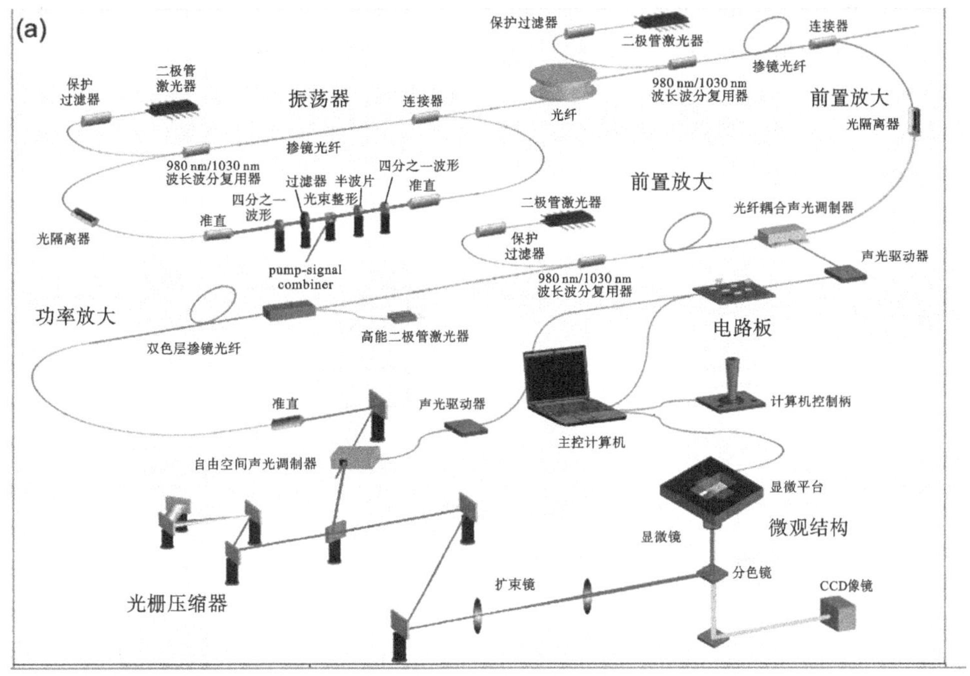


图 3-48 飞秒激光原理 2

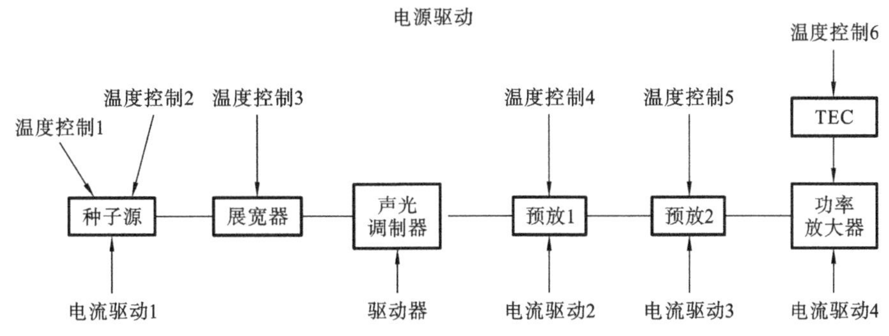


图 3-49 飞秒激光电源原理

压为 10～30 V，工作电流为 20～30 A。

QCW 激光器需要脉冲调制的半导体恒流激光电源控制，驱动几个串联半导体激光二极管负载，工作电压为 40～50 V，工作电流为 30～50 A，可获得更大的单脉冲能量。脉冲还可以整形输出。

## 3.3.5 MOPA 光纤激光器及电源

脉冲光纤激光器广泛应用在激光标刻、电子 3C 产品、机械、食品、包装等领域，主要有基于调 Q 技术和 MOPA 技术。调 Q 光纤激光器在早些年之前就引入了国内，而 MOPA 脉冲光纤激光器则是近几年才逐渐发展起来的一种更为新型的技术。

MOPA(Master Oscillator Power-Amplifier,主控振荡器的功率放大器)也称窄脉宽脉冲光纤激光器,通常输出功率为 100 W,脉宽为 2～350 ns,峰值为 15 kW,与调 Q 脉冲光纤激光器同属短脉冲激光器。MOPA 光纤激光器采用主振荡-放大结构,种子源经过多级放大获得高峰值功率,其电源需要提供脉冲调制信号,需要提供各级放大的半导体激光抽运源的电流驱动,如图 3-50 所示。

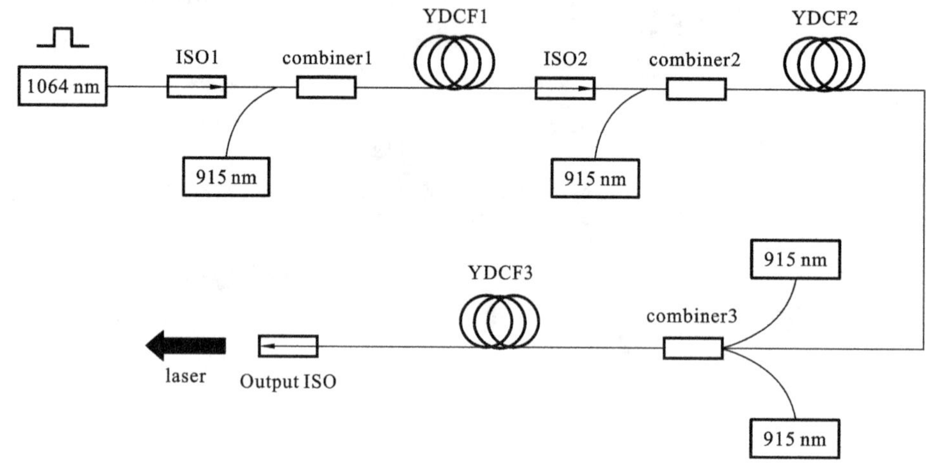


**图 3-50** MOPA 光纤激光器原理

# 习 题

3-1 激光电源一般分为哪几种类型?

3-2 灯泵脉冲激光电源有哪几个参数需要设置?

3-3 脉冲激光电源缓升缓降技术有什么意义?

3-4 双极型、单极型和混合型电力电子器件的代表有哪些?

3-5 IGBT 的工作原理是什么?

3-6 脉冲激光电源的波形设置有什么意义?

3-7 功率反馈脉冲氙灯激光电源的工作原理是什么?

3-8 什么是 Buck 电路?

3-9 什么是 Boost 电路?

3-10 图 3-51 所示的 MOS 管三个极怎么判定?

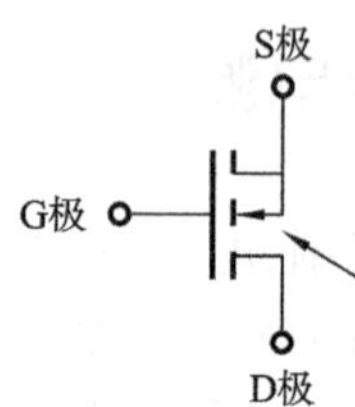


**图 3-51** 题 3-10 图

3-11 MOPA 脉冲光纤激光器电源工作原理是什么？

3-12 打彩激光打标的工作原理是什么？

3-13 声光调 Q 的激光频率是由什么决定的？

3-14 声光调 Q 激光器的输出激光功率是 50 W，调制频率为 1 kHz，激光脉宽为 5 $\mu$s，激光器峰值功率是多少？

3-15 皮秒激光器 BURST、POD 功能是什么？

3-16 晶闸管触发脉冲为什么必须与主电路交流电源同步？

3-17 半导体激光器需要预燃吗？

3-18 灯泵激光电源额定功率为 12 kW，请问电源的空气开关选择多大电流？

3-19 半导体激光线性恒流电源中，MOSFET 工作在哪个区？

3-20 氪灯工作时相当于一个电阻负载，特性阻抗值在 10 Ω，采用单相桥式可控整流电路，直接由交流电 220 V 供电。试求晶闸管的导通角 $\theta=90°$时，晶闸管中通过电流的平均值。

4

# PLC 控制

**学习目标：**

1. 了解 PLC 的结构和工作原理。
2. 掌握三菱 $FX_{3U}$ PLC 的基本指令、步进指令，了解常用功能指令。
3. 掌握三菱 $FX_{3U}$ PLC 的软件编程、调试方法。
4. 掌握三菱 $FX_{3U}$ PLC 的基本编程方法。

三菱 $FX_{3U}$ PLC 概述

## 4.1 三菱 $FX_{3U}$ PLC 概述

### 4.1.1 PLC 概述

**1. PLC 的定义**

美国数字设备公司(DEC)于 1969 年研制出了第一台可编程控制器，投入到通用汽车公司的生产线中，取得了良好效果。早期的可编程控制器主要用于取代继电器控制，只能进行逻辑运算，故称为可编程逻辑控制器(programmable logic controller)。PLC 技术已成为工业自动化的三大支柱(即 PLC、机器人、计算机的辅助设计/制造 CAD/CAM)之一。

随着微电子技术和微计算机技术的发展，可编程控制器不仅可以实现逻辑控制，还能实现模拟量、运动和过程的控制以及数据处理及通信。

**2. PLC 的特点**

1) 可靠性高，抗干扰能力强

PLC 由于采用现代大规模集成电路技术、严格的生产工艺制造，内部电路采用了先进的抗干扰技术，具有很高的可靠性，如三菱公司生产的 FX 系列的 PLC 平均无故障时间高达 30 万小时。

2) 配套齐全，功能完善，适用性强

PLC 发展到今天，已经形成大、中、小各种规模的系列产品，可以用于各种规模的工业控制场合。除了逻辑处理功能之外，现代PLC大多具有完善的数据运算能力，可用于各种数字控制领域。近年来，PLC的功能模块大量涌现，使PLC渗透到了位置控制、温度控制、计算机数控(CNC)等各种工业控制中。加上PLC通信能力的增强及人机界面技术的发展，使用PLC组成各种控制系统变得非常容易。

3）易学易用，深受工程技术人员欢迎

PLC作为通用工业控制计算机，是面向工矿企业的工控设备，其编程语言易于为工程技术人员所接受。像梯形图语言的图形符号和表达方式与继电器电路图的非常接近，只用PLC的少量开关逻辑控制指令就可以方便地实现继电接触器电路的功能。

4）系统设计周期短，维护方便，改造容易

PLC用存储逻辑代替接线逻辑，大大地减少了控制设备外部的接线，使控制系统设计周期大大缩短，同时维护也变得容易起来。更重要的是，通过使用同一设备经过改变程序来改变生产过程成为可能。因此，PLC很适合多品种、小批量的生产场合。

5）体积小，质量轻，能耗低

## 4.1.2 PLC的结构

目前，PLC的生产厂家众多，从市场销售和企业的实际使用情况来看，占据市场主流地位的产品主要为欧美、日本的PLC产品，我们选用了日本三菱公司的最新一代小型PLC $FX_{3U}$系列产品来作为学习机型。

日本三菱公司生产的PLC有Q系列和FX系列，其中Q系列为大型PLC，FX系列为小型PLC。三菱公司的PLC由1981年诞生的F系列PLC算起，经历了F系列、FX系列、$FX_3$系列三代的发展过程，为了方便起见，通常把这3个系列PLC统称为FX系列PLC。

图4-1所示的为$FX_{2N}$系列PLC，图4-2所示的为$FX_{3U}$系列PLC。

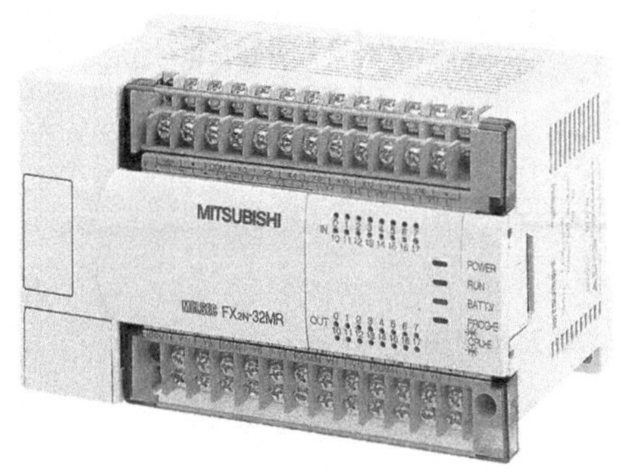


**图4-1　$FX_{2N}$系列PLC**

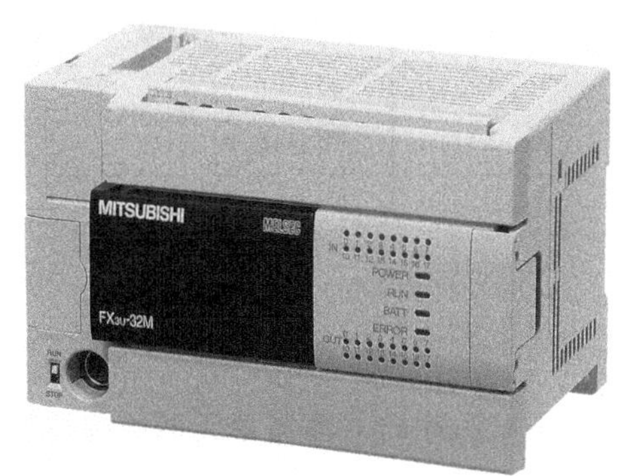


**图4-2　$FX_{3U}$系列PLC**

### 1. FX系列PLC基本单元型号说明

FX系列PLC由基本单元、输入/输出扩展单元、输入/输出扩展模块、特殊功能模块、特殊适配器等组成。基本单元也就是通常所说的PLC本体，它是PLC的核心控制部件，能独立完成小规模控制的任务。下面以$FX_{3U}$为例说明其型号命名。

$FX_{3U}$系列 PLC 基本单元包括十多种型号，其型号表现形式如图 4-3 所示。

$FX_{3U}$-○○ M□/□

图 4-3 $FX_{3U}$系列 PLC 型号名称的含义

(1) $FX_{3U}$为系列名称，如 FX1S、FX1N、FX2N、FX3U、FX3G 等。

(2) ○○为输入/输出(I/O)合计点数。

(3) M 为基本单元。

(4) □/□为输入/输出方式：R/ES 为 AC 电源/DC 24 V(源型/漏型)输入，继电器输出；T/ES 为 AC 电源/DC 24 V(源型/漏型)输入，晶体管漏型输出；T/ESS 为 AC 电源/DC 24 V(源型/漏型)输入，晶体管源型输出。

$FX_{3U}$系列 PLC 有输入/输出分别为 8/8 点、16/16 点、24/24 点、32/32 点、40/40 点和 64/64 点的基本单元，最后可以扩展到 384 个 I/O 点，有交流电源型和直流电源型，有继电器输出、晶体管源型输出和漏型输出。

**2. FX 系列 PLC 基本单元的外视图**

FX 系列 PLC 基本单元外视图如图 4-4 所示，为整体式结构。其中的 $FX_{3U}$-7DM 为显示模块，$FX_{3U}$-FLROM 为存储器盒，都可以安装在基本单元上。

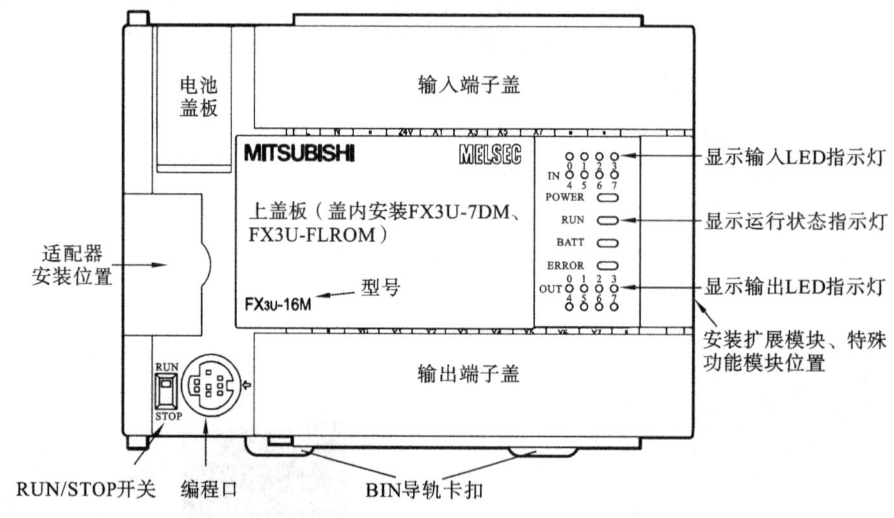


图 4-4 $FX_{3U}$系列 PLC 基本单元外视图

**3. FX 系列 PLC 基本单元的结构框图**

PLC 实质上是专用于工业环境的计算机，其内部结构与计算机的相同，主要由 CPU、存储器、输入单元、输出单元、电源部分、扩展接口、通信接口等组成，其结构框图如图 4-5 所示。

1) 中央处理单元 CPU

中央处理单元(CPU)是整个 PLC 的运算和控制中心，相当于人的大脑和心脏，在系统程序的控制下，通过运行用户程序完成各种控制、处理、通信以及其他功能，控制整个系统并协

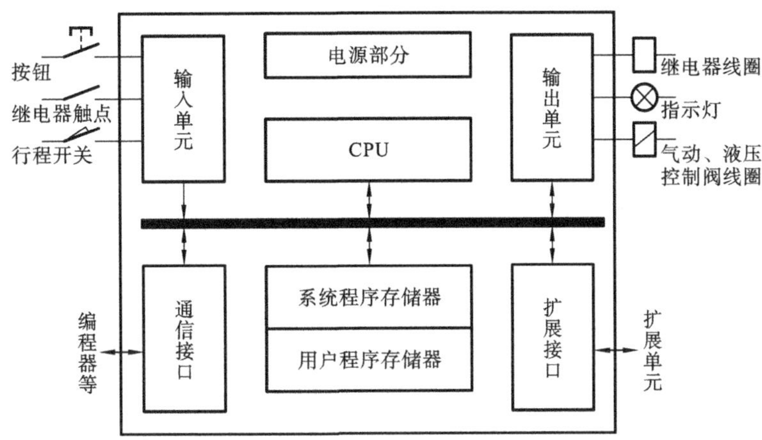


图 4-5 PLC 结构框图

调系统内部各部分的工作。

2）存储器

PLC 的存储器用来存储程序和数据，可分为系统存储器和用户存储器。前者用于存放系统的各种管理、监控程序，后者用于存放用户编制程序。

3）输入/输出(I/O)单元

输入单元和输出单元简称 I/O 单元，它们是系统的耳目和手脚，是联系外部现场设备和 CPU 的桥梁。

此外，PLC 基本单元还有通信接口和扩展接口等，主要用来连接各种扩展模块、适配器、编程器、人机界面、存储盒等外围选件。这些选件并非 PLC 运行所必需，主要用于帮助我们更加方便地对 PLC 进行编程、使用和维护。

PLC 外围设备如图 4-6 所示。

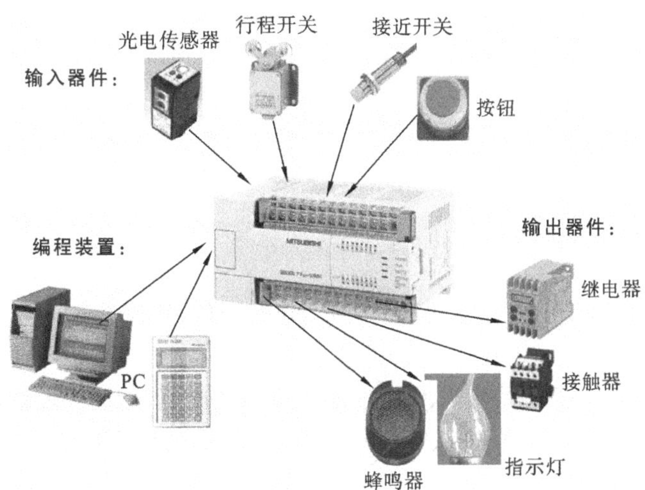


图 4-6 PLC 外围设备

# 4.2 PLC的工作原理及编程语言

PLC的工作原理及编程语言

## 4.2.1 PLC的工作原理

PLC采用循环扫描的工作方式，其扫描过程如图4-7所示。

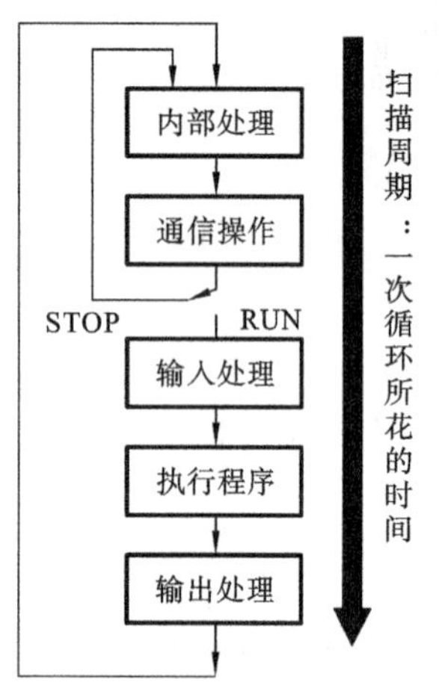


图4-7 扫描过程

PLC有运行(RUN)和停止(STOP)两种方式。当置于停止(STOP)时，PLC只进行内部处理和通信操作等，一般用于程序的写入与修改。当处于运行(RUN)时，PLC除了要进行内部处理、通信操作之外，还要执行反映控制要求的用户程序，即执行输入处理、执行程序、执行输出处理。并且，PLC为了使输出及时地响应随时可能变化的输入信号，用户程序不是只执行一次，而是不断地重复执行，直至PLC停机或切换到停止(STOP)为止。PLC的这种周而复始的循环工作方式称为扫描工作方式。由于PLC执行指令的速度极高，从外部输入、输出关系来看，处理过程似乎是同时完成的。

循环扫描的工作方式是PLC的一大特点，也可以说PLC是"串行"工作的，这与传统的继电器控制系统"并行"工作有质的区别，PLC的串行工作方式避免了继电器控制系统中触点竞争和时序失配的问题。

由于PLC是循环扫描工作的，在程序处理阶段即使输入信号的状态发生了变化，输入映像区的内容也不会变化，要等到下一周期的输入处理阶段才能改变。暂存在输出映像区中的输出信号要等到一个循环周期结束，PLC集中将这些输出信号全部输送给内存后才能对外起作用。由此可以看出，全部输入/输出状态的改变，需要一个扫描周期。

扫描周期是PLC的重要指标之一，其典型值为1～100 ms。扫描周期的长短取决于扫描速度和用户程序的长短。

## 4.2.2 PLC编程语言

PLC是一种适合用于工业环境的计算机，不光有硬件，软件也必不可少。PLC的软件包括系统软件和用户程序。系统软件由PLC制造厂商固化在机内，用于控制PLC本身的动作，其质量的好坏很大程度上影响PLC的性能。很多情况下，通过改进系统软件就可在不增加任何设备的条件下，大大改善PLC的性能。因此，PLC的生产厂商对PLC的系统软件都非常重视，其功能也越来越强。

用户程序由PLC的使用者用编程语言编制并输入，用于控制外部对象的运行，是PLC的使用者针对具体控制对象编制的程序，同一台PLC用于不同的控制目的时需要编制不同的用户程序。用户程序存入PLC后，如需改变控制目的，还可以多次改写。

为使广大电气工程技术人员很快掌握PLC的编程方法，通常PLC不采用微型计算机的编程语言，PLC的系统软件为用户创立了一套易学易懂、应用简便的编程语言，它是PLC能够迅速推广应用的一个重要因素。由于PLC诞生至今时间不长，发展迅速，因此其硬件、软件尚无统一标准，不同生产厂商、不同机型PLC产品采用的编程语言只能适应自己的产品。本书主要以日本三菱公司FX产品为例介绍其编程语言。

国际电工委员会IEC的PLC编程语言标准（IEC 61131-3）中有5种编程语言：梯形图（LD）、指令表（IL）、状态转移图（SFC）、功能块图（FBD）和结构文本（ST）。目前FX系列PLC普遍采用的编程语言为梯形图（LD）、指令表（IL）和IEC规定用于顺序控制的标准化语言顺序功能图（SFC）。

**1. 梯形图（LD）**

梯形图是一种以图形符号及其在图中的相互关系来表示控制关系的编程语言，是从继电器电路图演变过来的，是使用最多的PLC图形编程语言，如图4-8所示。其两侧的平行竖线为母线，器件为由许多触点和编程线圈组成的逻辑行。应用梯形图编程时，只要按梯形图逻辑行顺序输入计算机中，计算机就可自动将梯形图转换成PLC能接受的机器语言，存入并执行。

**2. 指令表（IL）**

指令表又称语句表。PLC的指令是一种与微机汇编语言中的指令相似的助记符表达式，由指令组成的程序称为指令表程序。指令表程序较难阅读，其中的逻辑关系很难一眼看出，所以在设计时一般使用梯形图语言。如果使用手持式编程器，必须将梯形图转换成指令表后再写入PLC。在用户程序存储器中，指令按步序号顺序排列。图4-8所示的梯形图对应的指令表如图4-9所示。

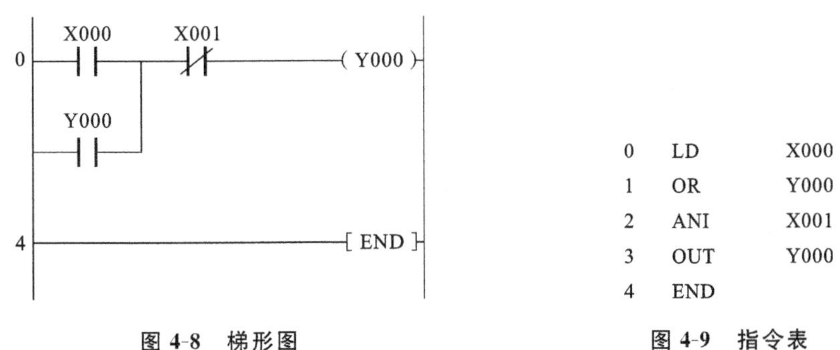


| 0 | LD | X000 |
|---|---|---|
| 1 | OR | Y000 |
| 2 | ANI | X001 |
| 3 | OUT | Y000 |
| 4 | END | |

图4-8　梯形图　　　图4-9　指令表

**3. 状态转移图（SFC）**

状态转移图是一种位于其他编程语言之上的图形语言，用来编制顺序控制程序，在后续内容中将作详细介绍。图4-10所示的为状态转移图。

**4. 功能块图（FBD）**

这是一种类似于数字逻辑门电路的编程语言，有数字电路基础的人很容易掌握。该编程语言用类似与门、或门的方框来表示逻辑运算关系，方框的左侧为逻辑运算的输入变量，右侧为输出变量，输入、输出端的小圆圈表示"非"运算，方框被"导线"连接在一起，信号自左向右流动，如图 4-11 所示。国内使用功能块图语言的人很少。

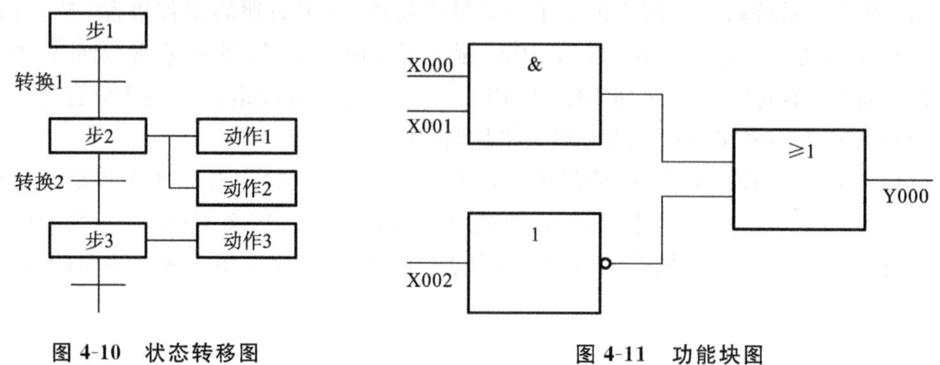


图 4-10 状态转移图　　图 4-11 功能块图

**5. 结构文本(ST)**

结构文本(ST)是为 IEC 61131-3 标准创建的一种专用高级编程语言。与梯形图相比，它能实现复杂的数学运算，编写的程序非常简洁和紧凑。

除了提供几种编程语言供用户选择外，标准还允许编程者在同一程序中使用多种编程语言，这使编程者可选择不同的语言来适应特殊的工作。本书将以梯形图、功能块图为主，指令表为辅。

## 4.2.3 PLC 编程工具

FX 系列 PLC 编程的输入主要依靠手持编程器(HPP)和计算机。手持编程器体积小，携带方便，样子像一只小型的手持计算器，FX 系列 PLC 的常用手持编程器为 FX-20P 和 FX-30P，具有小型、轻便、卓越的性价比，采用指令表进行编程，可以监视 PLC 的软元件，具有故障诊断功能以及测试功能，可以轻松地完成维护和调试。图 4-12 所示的为 FX-20P 手持编程器的外形。基于篇幅所限，本书不具体介绍其使用方法，相关详细内容请参考《FX-20P 手持编程器操作手册》。

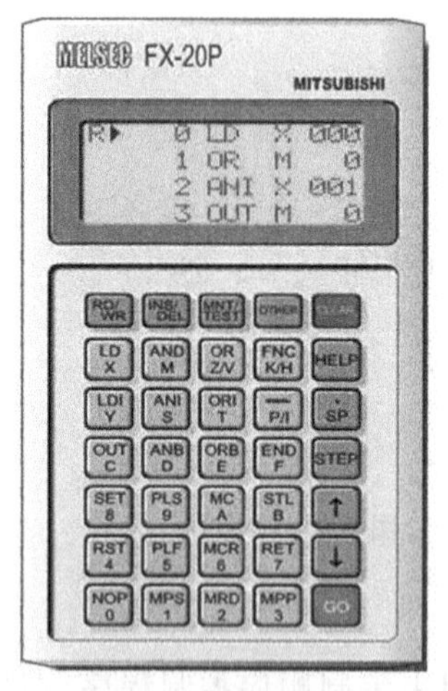


图 4-12 手持编程器 FX-20P 的外形图

除了使用手持编程器外，大部分人更习惯用计算机编程，这就要求配专门的编程软件，三菱 PLC 编程软件有好几个版本，根据 PLC 对应型号选择。

## 4.2.4 PLC 应用实例

PLC 最初是用来取代继电器接触器控制电路的。首先我们要求能用 PLC 来构成一个电动机启停控制电路，使其功能与继电器接触器控制电路完全相同。图 4-13 为继电器接触器实现电动机启停的控制电路图，现要求采用 PLC 来实现电动机的启停控制。

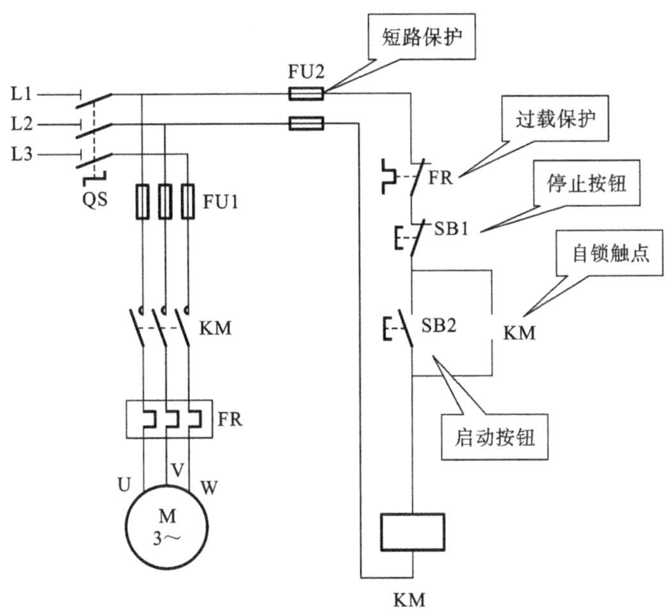


图 4-13 电动机启停的控制电路图

**【例 4-1】** 要求采用 PLC 来实现图 4-13 所示电动机的启停控制。

**1. 设计 PLC 控制 I/O 分配表**

在控制电路中，热继电器常闭触点、停止按钮、启动按钮属于控制信号，应作为 PLC 的输入量分配接线端子；而接触器线圈属于被控对象，应作为 PLC 的输出量分配接线端子。由于该电气控制要求的控制点数少，选择三菱 $FX_{3U}$ 系列 PLC 基本单元即可。

PLC 输入/输出 I/O 点的分配情况如表 4-1 所示。

表 4-1 输入/输出 I/O 点分配表

| 类 别 | 元 件 | I/O 点编号 | 备 注 |
|---|---|---|---|
| 输入 | SB1 | X0 | 停止按钮 |
| | SB2 | X1 | 启动按钮 |
| | FR | X2 | 热继电器常开触头 |
| 输出 | KM | Y0 | 接触器 |

**2. 画出 I/O 硬件接线图**

根据 I/O 分配表，画出如图 4-14 所示的 I/O 硬件接线图。

**3. 设计任务程序**

依据电动机启停控制电路图(见图 4-15)，来设计梯形图(见图 4-16)。

从图 4-15 和图 4-16 可以看出，梯形图与继电器电路图很相似，都是用图形符号连接而成的，这些符号与继电器电路图中的常闭触点、并联连接、串联连接、继电器线圈等是对应

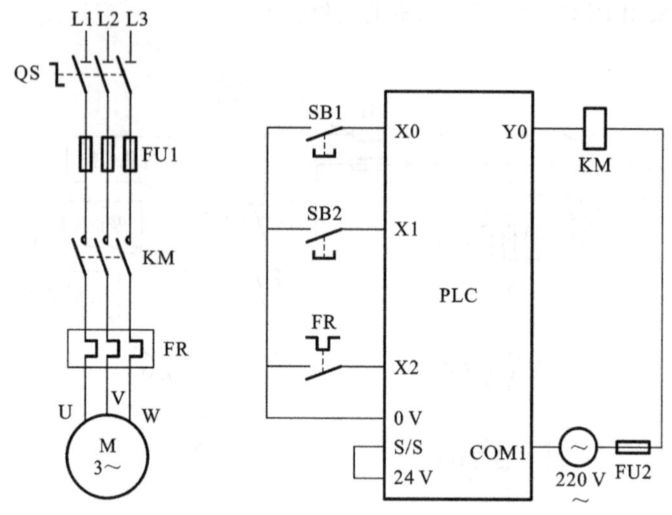


图 4-14 PLC 的 I/O 硬件接线图

的，每一个触点和线圈都对应一个软元件，如表 4-2 所示。梯形图具有形象、直观、易懂的特点，很容易被熟悉继电器控制的电气人员掌握。

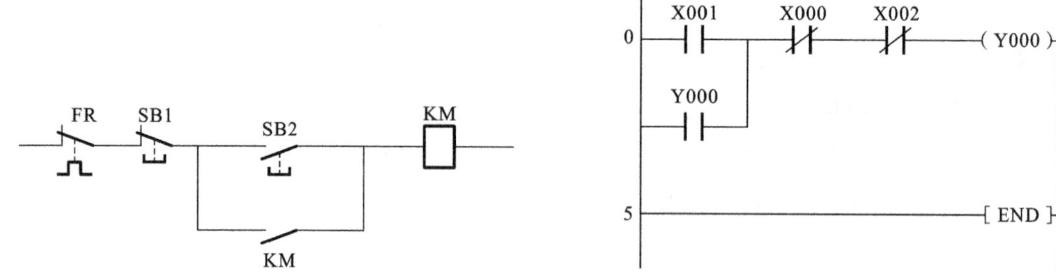


图 4-15 电动机启停控制电路图

图 4-16 电动机启停控制梯形图

表 4-2 继电器电路符号与梯形图符号对照表

| 符号名称 | 继电器电路符号 | | 梯形图符号 |
|---|---|---|---|
| 常开触点 |  | | 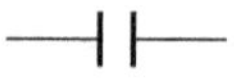 |
| 常闭触点 |  | 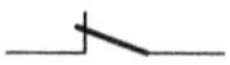 |  |
| 线圈部分 | 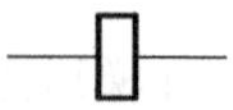 | | 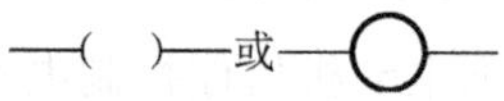 或 |

三菱 $FX_{3U}$ PLC
编程元件

# 4.3 三菱 $FX_{3U}$ PLC 编程元件

## 4.3.1 $FX_{3U}$系列 PLC 的编程元件

在 PLC 内部，有许多功能不同的元件，这些元件采用类似继电器电路的命名方法。实际上这些元件是由电子电路和存储器组成的，由于只注重其功能，因此按元件的功能命名。例如，输入继电器 X、输出继电器 Y、定时器 T、计数器 C、辅助继电器 M、状态继电器 S、数据寄存器 D、变址寄存器 V/Z 等，并非是实际的物理元件，而是 PLC 的“软元件”，对应的是计算机的存储单元。

需要特别指出的是，每个元件都有确定的编号（即元件号），不同厂家甚至同一厂家的不同型号的 PLC，其软元件的数量和种类都不一样。

三菱 $FX_{3U}$系列 PLC 编程元件的名称由两部分组成：前面是代表元件性质类型的英文字母，后面是代表元件序号的数字，以区别同一类元件的不同个体。

编程元件的使用主要体现在程序中，一般可认为编程元件与继电器、接触器类似，具有线圈和常开、常闭触头。触头的状态随线圈的状态变化而变化，当线圈通电时，常开触头闭合，常闭触头断开；当线圈断电时，常闭触头接通，常开触头断开。与继电器、接触器不同的是，编程元件作为计算机的存储单元，从本质上来说，某个组件被选中，只是这个组件的存储单元置 1，未被选中，存储单元置 0，且可以无限次访问，可编程控制器的编程元件可以有无数多个常开、常闭触头。

**1. 输入继电器 X**

输入继电器是 PLC 接收外部开关信号的窗口，PLC 接线端子的每个接线点均对应一个输入继电器，图 4-17 为 PLC 控制系统示意图。PLC 的一个输入端口对应一个输入继电器，输入继电器是 PLC 接收外部开关量信号的窗口。在梯形图中，输入继电器 X 只有常开、常闭触点的形式，不会出现线圈。可以认为输入继电器 X 触点的动作直接由机外条件决定，并且作为 PLC 其他编程元件线圈的工作条件（输入条件）。在梯形图中，输入继电器有无限多个常开触点和常闭触点，可以多次使用。

$FX_{3U}$和 $FX_{2N}$系列 PLC 的输入继电器采用八进制编号，其数量随型号不同而不等。

**2. 输出继电器 Y**

输出继电器与 PLC 的输出端子相连，是 PLC 向外部负载发送信号的窗口。PLC 的一个输出端口对应一个输出继电器，PLC 通过它驱动输出负载或下一级电路，它反映了 PLC 程序执行的结果。输出继电器的线圈必须由程序驱动，不能直接接在左母线上，它的常开常闭触点可用作其他元件的工作条件。在梯形图中，每一个输出继电器的常开触点和常闭触点都有无限多个，可以多次使用。

另外，输出继电器的状态是随机的，没有掉电保持功能。比如，原为“1”的某输出继电

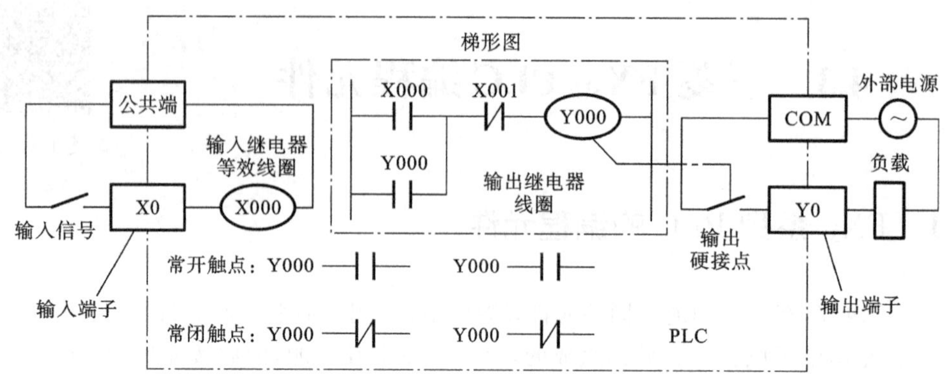


图 4-17 PLC 控制系统示意图

器，当 PLC 停电后再通电时，此输出继电器的值已变为“0”。

$FX_{3U}$和 $FX_{2N}$系列 PLC 的输出继电器也采用八进制编号，其数量随型号不同而不等。

所有编程元件只有输入继电器和输出继电器采用八进制编号，其他元件均采用十进制编号。输出继电器具有线圈和常开、常闭触点三种形式，线圈表示程序运行的结果或要完成的任务。

**3. 辅助继电器 M**

辅助继电器是 PLC 的一种典型的机内软元件，它不能直接接收外部的输入信号，也不能直接驱动外部负载。它在 PLC 中的作用相当于继电接触器控制系统中的中间继电器，只是辅助继电器的触点在程序中可以无数次使用，而中间继电器的触点是有限的，另外辅助继电器的线圈和输出继电器的相同，是通过 PLC 的各种软元件的触点来驱动的。在 FX 系列 PLC 中，辅助继电器元件编号采用十进制编号。辅助继电器一般有以下三类。

1）一般型辅助继电器

一般型辅助继电器的主要用途是信号传递和放大，实现多路同时控制，起到中间转换的作用。它具有线圈和触点两种形式，与输出继电器相似，其线圈只能由程序驱动，其触点是内部触点，在程序中可以无数次使用。一般型辅助继电器没有断电保持功能，如果在 PLC 运行时电源突然中断，通用型辅助继电器将变为 OFF，这一点与输出继电器的相同。

$FX_{3U}$和 $FX_{2N}$系列 PLC 的一般辅助继电器的分配区间为 M0～M499，共 500 点。

2）掉电保持型辅助继电器

掉电保持型辅助继电器具有记忆功能，即 PLC 外部电源停电后，由机器内部锂电池为某些特殊工作单元供电，将掉电保持型辅助继电器在停电时的状态保存下来，PLC 再通电时，这些辅助继电器的状态与停电前的一样。

$FX_{3U}$系列 PLC 为 M500～M7679，共 7180 点。$FX_{2N}$ 系列 PLC 为 M500～M3071，共 2572 点。其中 M500～M1023 区间可以通过参数单元设置为一般辅助继电器。

3）特殊辅助继电器

与通用型辅助继电器不同，特殊型辅助继电器常用在程序设计的一些特定场合，根据具体要求而被选用。$FX_{3U}$ 系列 PLC 特殊辅助继电器区间为 M8000～M8511，$FX_{2N}$系列 PLC 定义的 M8000～M8255 共 256 点特殊型辅助继电器，每一个元件都有其特定的功能，在使用这类元件时要特别注意。使用方式可分为以下两大种。

(1) 触点利用型:这种辅助继电器在用户程序中只使用其触点,不能出现它们的线圈(线圈由 PLC 自行驱动),这类元件常用作时基、状态标志或专用控制出现在程序中。例如:

M8000:PLC 运行标志。

M8002:初始脉冲。

M8005:锂电池电压降低指示。

M8011～M8014 :10 ms、100 ms、1 s 和 1 min 时钟脉冲。

触点利用型波形示意图如图 4-18 所示。

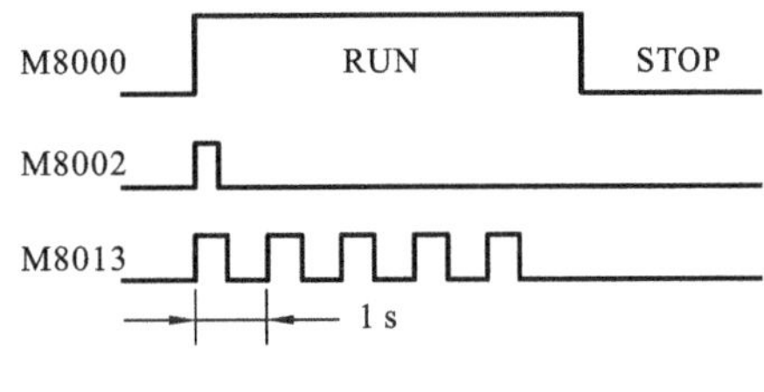


图 4-18 触点利用型波形示意图

(2) 线圈利用型:由用户程序驱动其线圈,使 PLC 执行特定的操作,用户不使用它们的触点。如 M8030 的线圈通电后,“电池电压降低”,发光二极管熄灭;M8033 的线圈通电时,PLC 进入 STOP 状态后,所有输出继电器的状态保持不变;M8034 的线圈通电时,禁止所有输出;M8039 的线圈通电时,PLC 以 D8039 中指定的扫描时间工作等。其他特殊辅助继电器的功能查看三菱公司相关产品手册。

**4. 状态继电器 S**

在状态编程方法中,通常用状态元件来表示系统的工序(或状态)。在 $FX_{3U}$系列和 $FX_{2N}$系列 PLC 中都有专用软元件状态继电器 S,其中 $FX_{3U}$系列 PLC 的状态继电器 S 的分配区间为 S0～S4095,共 4096 点,$FX_{2N}$系列 PLC 的状态继电器 S 的分配区间为 S0～S999,共 1000 点。它们的分类、编号、数量及用途如下:

S0～S9 :初始状态。

S10～S19:回零状态,用于多运行模式控制中用作返回原点的状态。

S20～S499:一般状态继电器,用于状态转移图 SFC 的中间状态。

S500～S899:保持用状态继电器,有停电保持作用,用于需停电保持状态工作场合。这一区间可以通过参数设置为一般状态继电器。

S900～S999:报警专用状态继电器,用作报警元件使用。

S1000～S4095:保持用状态继电器,$FX_{3U}$系列 PLC 专有。

各状态元件的常开和常闭触点在 PLC 内可以自由使用,使用次数不限。还可以做辅助继电器使用。

**5. 定时器 T**

定时器相当于继电器电路中的时间继电器,可在程序中用作延时控制。$FX_{3U}$系列 PLC 提供最多 512 个定时器,其编号为 T0～T511。定时器可对内部 1 ms、10 ms 和 100 ms 时钟脉冲进行加计数,当达到用户设定值时,触点动作。

1) 常规定时器

常规定时器 T0～T199 的时基为 100 ms,定时时长设定范围为 0.1～3276.7 s。

常规定时器 T200～T245 的时基为 10 ms,定时时长设定范围为 0.01～327.67 s。

常规定时器 T256～T511 的时基为 1 ms，定时时长设定范围为 0.001～32.767 s。

常规定时器的工作过程如图 4-19 所示。T200 是 10 ms 定时器，当时间常数设定值为 K123 时，定时时长为 1.23 s。

当输入信号 X0 接通后，定时器 T200 得电并立即开始计时，在计时达到 1.23 s 后，T200 的常开触点接通。若输入信号 X0 接通时间不足 1.23 s，T200 立即失电复位，其当前计时值被清零，T200 的常开触点不动作。若输入信号 X0 断开，或者停电，常规定时器会被复位并且输出触点也复位。

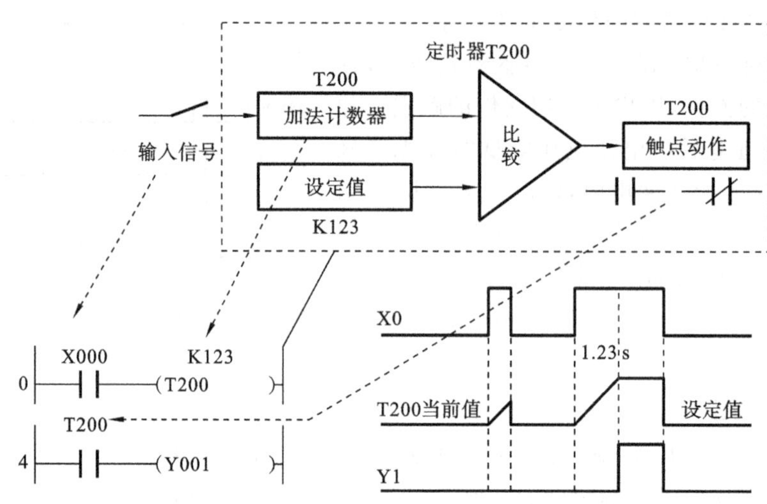


图 4-19 常规定时器的工作过程

2）积算定时器

积算定时器 T246～T249 的时基为 1 ms，定时时长设定范围为 0.001～32.767 s；

积算定时器 T250～T255 的时基为 100 ms，定时时长设定范围为 0.1～3276.7 s。

积算定时器的工作过程如图 4-20 所示。T250 是 100 ms 积算定时器，当时间常数设定为 K123 时，定时时长为 12.3 s。

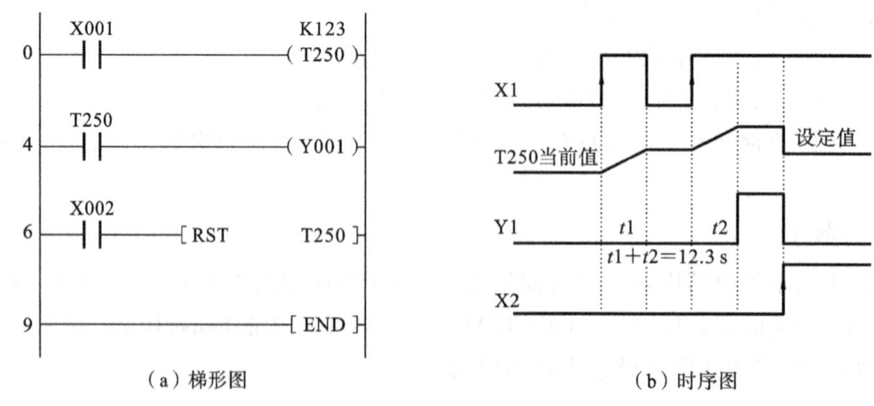


（a）梯形图　　（b）时序图

图 4-20 积算定时器的工作过程

当输入信号 X1 接通后，定时器 T250 得电并立即开始计时，在计时达到 12.3 s 后，T250

的常开触点接通。

若输入信号 X1 接通时间不足 12.3 s，T250 立即失电，定时器停止计时，其当前计时值储存在定时器内，当输入信号再次接通后，T250 在原存储的计时值的基础上继续计时，达到 12.3 s 后常开触点接通。当 X2 输入信号接通时，T250 复位。

**6. 计数器 C**

计数器是一种在程序中对输入条件脉冲前沿进行计数的软元件。$FX_{3U}$系列和$FX_{2N}$系列 PLC 的计数器分为通用计数器和高速计数器两种，其分配区间为 C0～C255。

1）通用计数器

（1）16 位计数器：16 位计数器只能进行递加计数，其编号为 C0～C199，当计数值达到设定值时，计数器输出触点接通。

C0～C99 是断电复位型，当 PLC 电源断开，计数值会被清除。C100～C199 是断电保持型，停电后 PLC 会记住停电前的数字，再来电时在上一次的值上进行累计计数。

16 位计数器的设定值可以用十进制数直接设定，也可以通过数据寄存器设定，计数值范围为 1～32767。

（2）32 位双向计数器：32 位双向计数器可以进行加计数或减计数，其编号为 C200～C234，其中 C200～C219 为断电复位型，C220～C234 为断电保持型。

32 位双向计数器可用常数 K 或数据寄存器 D 的内容作为设定值，设定的范围为 －2147483648～2147483647。使用数据寄存器设定计数值时，必须使用两个地址相邻的数据寄存器。

C200～C234 分别对应特殊辅助继电器 M8200～M8234，当特殊辅助继电器接通（置 1）时，双向计数器为减计数器，断开（置 0）时，为加计数器。

32 位双向计数器的计数过程是：递加计数时，若计数值达到设定值，常开触点接通并保持。递减计数时，若计数值达到设定值，常开触点断开。

2）高速计数器

高速计数器编号为 C235～C255，共有 21 个，高速计数器均为 32 位双向计数器，PLC 的 8 个输入端 X0～X7 作为 21 个高速计数器共用输入端，X0～X7 输入端子不能同时用于多个计数器，在程序中只能分配给一个高速计数器使用。一旦某输入端子被分配给某高速计数器，需要使用该输入端子的其他高速计数器，因为没有输入端子可用而不能在程序中使用。

高速计数器的应用是基于被测信号频率高于 PLC 的扫描频率而提出来的，因此高速计数器输入信号的处理不能采用循环扫描的工作方式，而是按照中断方式运行的，所以高速计数器是特殊的编程元件。有关高速计数器的应用本书中不予以具体介绍。

**7. 指针 P/I**

指针用作跳转、中断等程序的入口地址，与跳转、子程序、中断程序等指令一起应用。地址号采用十进制数分配。指针 P/I 按用途可分为分支用指针 P 和中断用指针 I 两类。

1）P 指针

P 指针是分支用指针，$FX_{3U}$系列 PLC 分支用指针分配区间为 P0～P62、P64～P4095，P63 即跳转到 END 指令，在程序中不可标注位置。$FX_{2N}$系列 PLC 分支用指针分配区间为

P0～P62、P64～P127，P63 即跳转到 END 指令，在程序中不可标注位置。在同一个程序中，指针编号不能重复使用。

2）I 指针

I 是中断指针，$FX_{3U}$系列和 $FX_{2N}$系列 PLC 的中断指针根据用途又分为三种类型，即输入中断、定时中断、计数中断。

**8. 数据寄存器 D**

数据寄存器就是用来保存数据的软元件。$FX_{3U}$系列 PLC 数据寄存器的分配区间为 D0～D8511，共 8512 点。

FX 系列 PLC 数据寄存器是 16 位（最高位是符号位），如将两个相邻数据寄存器组合，可存储 32 位（最高位为符号位）的数值数据。

与其他软元件相同，数据寄存器也有通用数据寄存器、断电保持数据寄存器和特殊数据寄存器。

1）通用数据寄存器

将数据写入通用数据寄存器后，只要不再写入其他数据，其内容就不会变化，其编号为 D0～D199。但是在 PLC 从运行到停止或停电时，所有数据被清除为 0（如果特殊辅助继电器 M8033 置 1 时，则可以保持）。

2）断电保持数据寄存器

无论 PLC 是从运行到停止，还是停电时，断电保持数据寄存器将保持原有数据而不丢失，其编号为 D200～D7999。其中 D200～D511 的断电保持数据寄存器可以通过参数的设定，更改为非断电保持数据寄存器。

D512～D7999 为断电保持专用数据寄存器，参数设置无法改变其保持性质。

3）特殊数据寄存器

写入特定目的的数据，预先写入特定内容的数据寄存器。该内容在每次上电时被设置为初始值，利用系统只读存储器写入其编号为 D8000～D8511。例如，在 D8000 中，存有监视定时器的时间设定值。它的初始值由系统只读存储器在通电时写入，要改变时可利用传送指令将目的时间送入 D8000 中。该值在 PLC 从运行到停止时保持不变。

## 4.4 三菱 $FX_{3U}$系列 PLC 基本指令及应用

三菱 $FX_{3U}$系列 PLC 基本指令及应用

### 4.4.1 基本指令

FX 系列 PLC 指令分为三类，即基本逻辑指令、顺控指令和功能指令（应用指令）。基本逻辑指令是 PLC 最基础的编程语言，掌握了基本逻辑指令也就初步掌握了 PLC 的使用方法。本书介绍的 $FX_{3U}$系列 PLC 常用基本逻辑指令、顺控指令，功能指令，读者可以根据需要查阅相关资料。

### 1. 逻辑取及输出线圈指令(LD、LDI、OUT)

(1) LD,取指令,表示一个与输入母线相连的常开接点指令,即常开接点逻辑运算起始。

(2) LDI,取反指令,表示一个与输入母线相连的常闭接点指令,即常闭接点逻辑运算起始。

(3) OUT,线圈驱动指令,也叫输出指令。

LD、LDI、OUT 梯形图和指令表用法如图 4-21 所示。

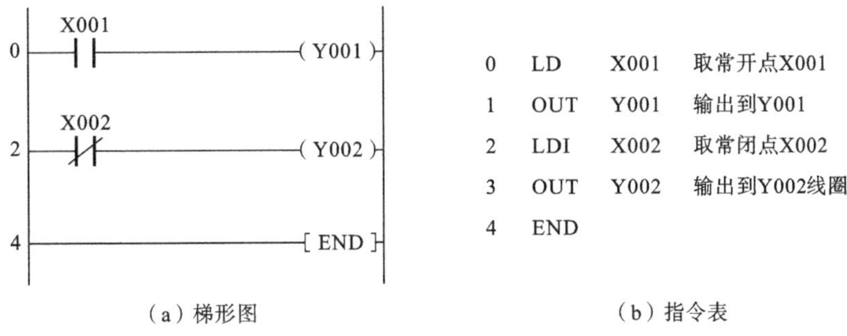


| 0 | LD | X001 | 取常开点X001 |
|---|---|---|---|
| 1 | OUT | Y001 | 输出到Y001 |
| 2 | LDI | X002 | 取常闭点X002 |
| 3 | OUT | Y002 | 输出到Y002线圈 |
| 4 | END | | |

(b) 指令表

**图 4-21 LD、LDI、OUT 梯形图和指令表**

### 2. AND 与 ANI 指令

(1) AND,与指令,用于单个常开触点的串联。

(2) ANI,与非指令,用于单个常闭触点的串联。

AND 与 ANI 都是一个程序步指令,它们串联接点的个数没有限制,也就是说这两条指令可以重复使用。AND 和 ANI 的梯形图和指令表用法如图 4-22 所示。

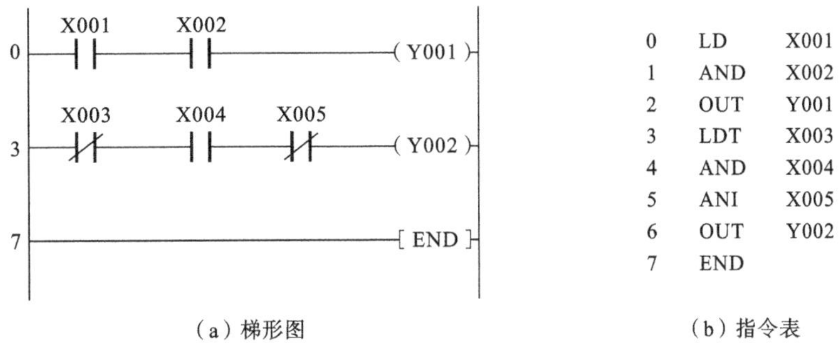


| 0 | LD | X001 |
|---|---|---|
| 1 | AND | X002 |
| 2 | OUT | Y001 |
| 3 | LDT | X003 |
| 4 | AND | X004 |
| 5 | ANI | X005 |
| 6 | OUT | Y002 |
| 7 | END | |

(b) 指令表

**图 4-22 AND 和 ANI 的梯形图和指令表**

### 3. OR 与 ORI 指令

(1) OR,或指令,用于单个常开接点的并联。

(2) ORI,或非指令,用于单个常闭接点的并联。

OR 与 ORI 指令都是一个程序步指令,它们的目标元件是 X、Y、M、S、T、D□. b 、C。这两条指令都是并联一个接点。需要两个以上接点串联连接电路块的并联连接时,要用后述的 ORB 指令。

OR、ORI 是从该指令的当前步开始,对前面的 LD、LDI 指令并联连接,并行次数无限制。OR、ORI 指令的使用说明如图 4-23 所示。

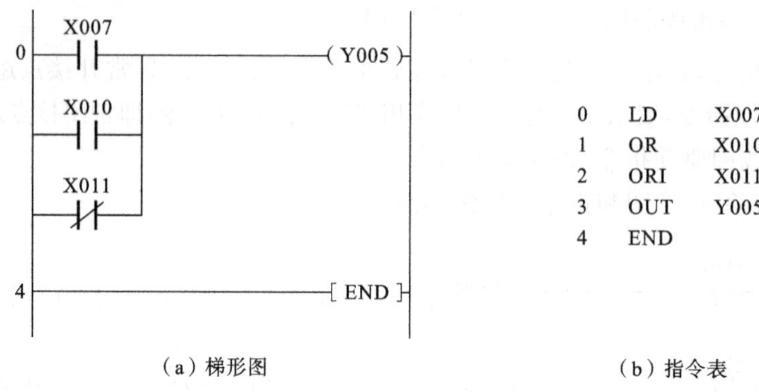


（a）梯形图　　（b）指令表

图 4-23　OR、ORI 梯形图和指令表

**4. ORB 与 ANB 指令**

1）ORB 指令

ORB 是串联电路块的并联指令。两个或两个以上的接点串联连接的电路称为串联电路块。串联电路块并联连接时，分支开始用 LD、LDI 指令，分支结果用 ORB 指令。ORB 指令与后述的 ANB 指令均为无目标元件指令，而两条无目标元件指令的步长都为一个程序步。ORB 指令有时也简称为或块指令，ORB 指令的使用说明如图 4-24 所示。

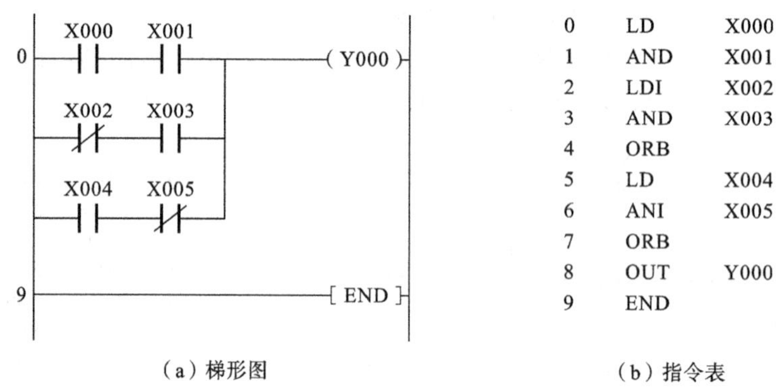


（a）梯形图　　（b）指令表

图 4-24　ORB 的梯形图和指令表

2）ANB 指令

ANB 是并联电路块的串联连接指令。两个或两个以上接点并联的电路称为并联电路块，分支电路并联电路块与前面电路串联连接时，使用 ANB 指令。分支的起点用 LD、LDI 指令，并联电路块结束后，使用 ANB 指令与前面电路串联。

ANB 指令也简称与块指令，ANB 也是无操作目标元件，是一个程序步指令。ANB 指令的使用说明如图 4-25 所示。

**5. MPS、MRD、MPP**

MPS、MRD 和 MPP 这组指令在具有多重输出的梯形图中使用。在编程时需要将中间运算结果存储时，就可以使用栈操作指令。$FX_{3U}$ 系列和 $FX_{2N}$ 系列 PLC 有 11 个栈存储器，由 11 个专门的存储器构成。

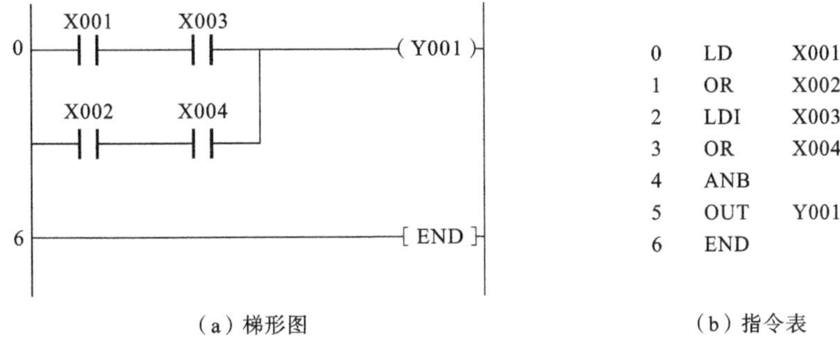


（a）梯形图 （b）指令表

**图 4-25** ANB 的梯形图和指令表

（1）MPS 为进栈指令，将数据压入栈顶，用在回来开始分支的地方。

（2）MRD 为读栈指令，读取栈数据。用在 MPS 下继续的分支，表示分支的继续。

（3）MPP 为出栈指令，取出栈顶的数据。用在最后分支的地方，表示分支的结束。图 4-26所示的为一层栈的示例。

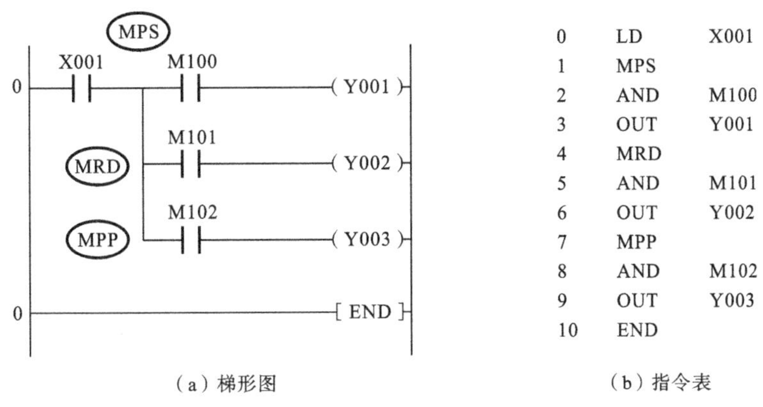


（a）梯形图 （b）指令表

**图 4-26 一层栈示例图**

**6.** MC、MCR

（1）MC 为主控指令，用于公共触头串联连接，表示主控区的开始。

（2）MCR 为主控复位指令，即 MC 的复位指令，表示主控区的结束，该指令的操作元件为主控指令的使用次数 N（N0～N7）。

编程时，经常遇到多个线圈同时受一个或一组触头控制的情况，如图 4-27 所示。若在每个线圈电路中都串入同样的触头，将多占存储单元，应用主控指令可以解决这一问题。使用主控指令的触头称为主控触头。执行 MC 指令后，母线移到主控触头的后面，而执行 MCR 指令后，母线又回到原来的位置。

MC、MCR 指令可以嵌套使用，嵌套层次最多 8 级，为 N0～N7，在没有嵌套结构时，通常用 N0 编程。

（3）编程示例。

主控指令应用如图 4-28 所示。主控指令相当于借助辅助继电器 M100，利用其常开触头在 M100 后新开了一条子母线。当 M100 控制的诸条逻辑行结束后，应用 MCR 指令撤销该子母线，后面 X5 常开触头开始的程序中各触头的连接仍依原母线进行。

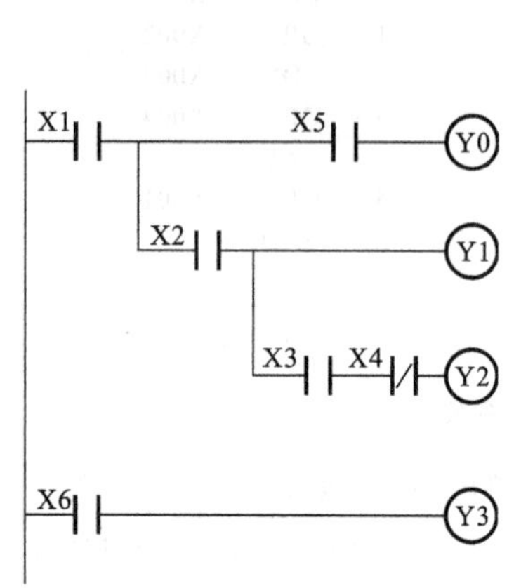


图 4-27 多个线圈同时受一个或一组触头控制

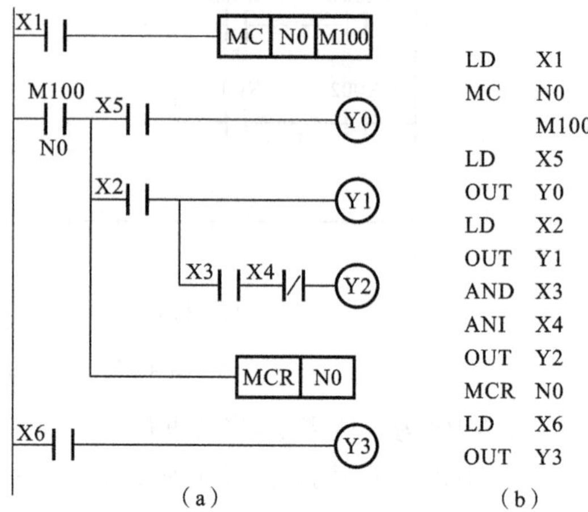


图 4-28 用主控指令实现电路

图 4-28 中，若输入 X1 接通，则执行 MC 至 MCR 之间的指令。若输入 X1 断开，则跳过主控指令控制的梯形图电路。

**7. 置位及复位指令(SET、RST)**

(1) SET 为置位指令，触点置位后保持接通状态。

(2) RST 为复位指令，触点复位后保持断开状态。图 4-29 所示的为其梯形图和时序图。

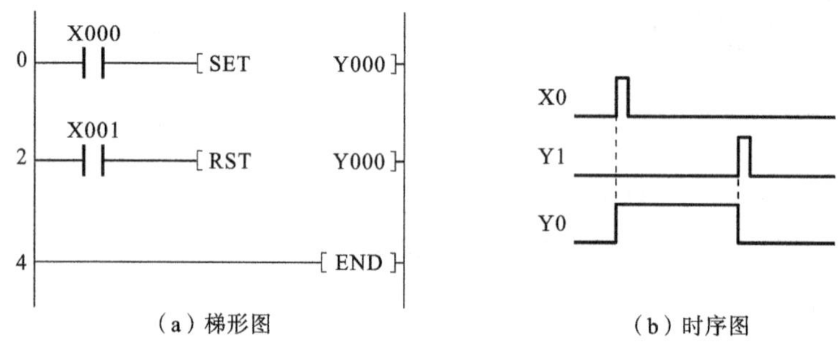


(a) 梯形图　　(b) 时序图

图 4-29 复位优先电路的梯形图和时序图

**8. 运算结果取反指令(INV)**

INV 指令是根据它左边触头的逻辑运算结果取反，是无操作数指令，不能直接与左母线相连。

INV 指令的应用如图 4-30 所示。

**9. 空操作指令(NOP)**

空操作指令就是使该步无操作。NOP 指令用在普通指令之间，PLC 无视其存在继续工作。也可用在调试程序时，作为记号使用，在程序调试完毕时应删除。

**10. 程序结束指令(END)**

END 为程序结束指令。PLC 总是按照指令进行输入处理、执行程序到 END 指令结束，进入输出处理工作。若在程序中不写入 END 指令，则可编程控制器，从用户的第 0 步扫描到程序存储器的最后一步。若在程序中写入 END 指令，则 END 的程序步不再扫描执行，而是直接进行输出处理，使用 END 指令可以缩短扫描周期。END 指令不是 PLC 的停止指令，而是程序结束指令。在调试程序使用时，具有任意设置程序断点的作用。

END 指令的应用如图 4-31 所示。

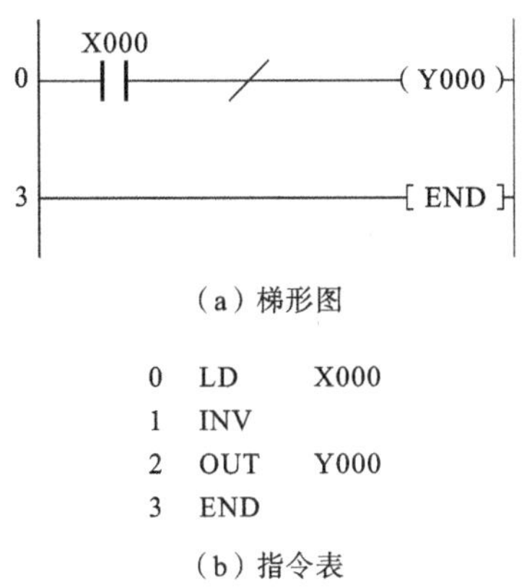


**图 4-30**　INV 指令的梯形图和指令表

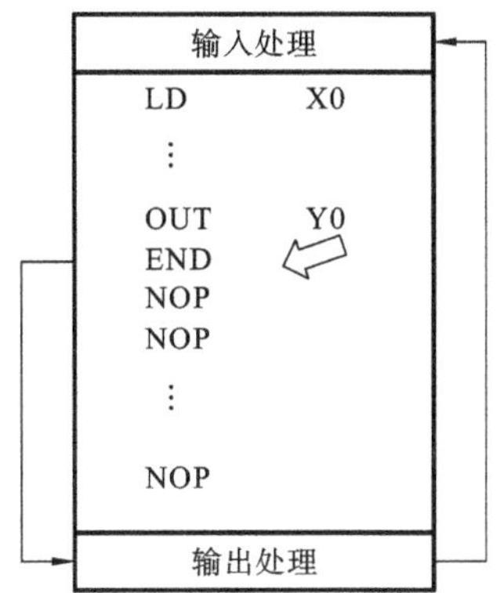


**图 4-31**　END 指令的应用

**11. PLS 与 PLF**

在学习 PLS 和 PLF 指令前，首先介绍上升沿和下降沿及扫描周期三个基本概念。

如图 4-32 所示，上升沿是指开关从断开到闭合的瞬间、信号从无到有的瞬间或脉冲从低电平到高电平的瞬间，而下降沿与上升沿相反，它是指开关从闭合到断开的瞬间、信号从有到无的瞬间或脉冲从高电平到低电平的瞬间。

扫描周期如图 4-33 所示，在前面任务中已经学习过，一个扫描周期很短，为 1 ms 或稍长一点的时间，在这一个很短的时限内提供一个信号，这个信号时间很短，但足可以去完成 PLC 程序中要求的相关任务。

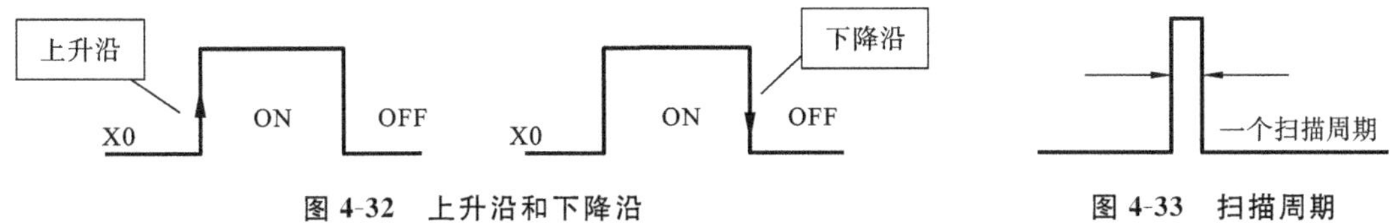


**图 4-32**　上升沿和下降沿　　**图 4-33**　扫描周期

1）PLS 指令

PLS 指令使操作组件在输入信号上升沿产生一个扫描周期的脉冲输出。图 4-34 所示的为 PLS 指令的梯形图和时序图。

2）PLF 指令

PLF，输入信号下降沿产生脉冲输出。图 4-35 所示的为 PLF 指令的梯形图和时序图。

**【例 4-2】**　PLS 指令构成分频电路。

如图 4-36 所示，在 X0 的上升沿触发时，M100 接通 1 个扫描周期；当辅助继电器 M100 不接通时，Y0 的逻辑值维持不变，每当 M100 接通时，Y0 的逻辑状态改变一次。

**【例 4-3】**　PLS 指令应用于通电延时电路。

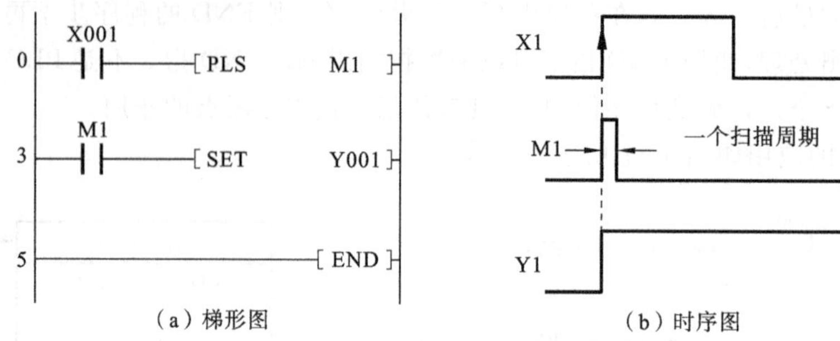


(a) 梯形图 (b) 时序图

图 4-34 PLS 指令梯形图和时序图

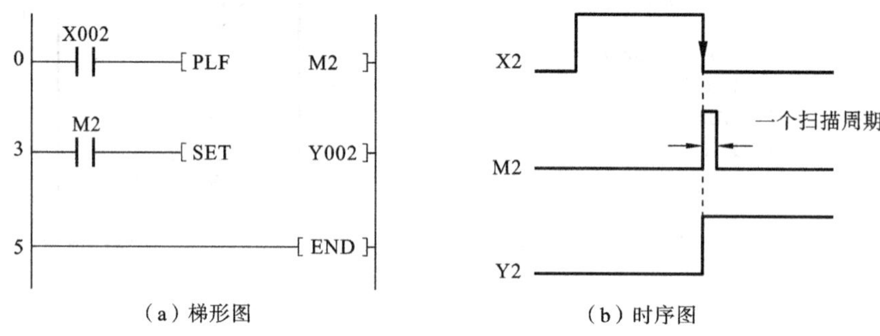


(a) 梯形图 (b) 时序图

图 4-35 PLF 指令梯形图和时序图

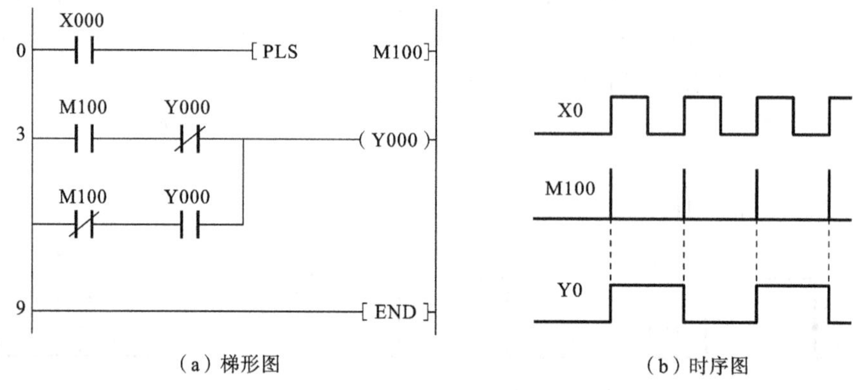


(a) 梯形图 (b) 时序图

图 4-36 分频电路的梯形图和时序图

图 4-37 所示的为采用启保停电路的通电延时电路，图中采用了辅助继电器 M30、M31，其作用就是使输出信号的断开不受输入信号控制。X2 接通 5 s 后 Y1 接通，输出接通由输入信号控制；X1 断开后 Y1 立即断开，输出信号 Y1 断开由 X1 控制而非 X2。图 4-38 所示的为采用 SET、RST 指令的通电延时电路。

**【例 4-4】** PLF 指令应用断电延时。

如图 4-39 所示，辅助继电器 M30 检测输入信号 X1 的下降沿，M31 保持 X1 断电状态信号。M31 接通时触发定时器 T1，定时时间到达后，在同一扫描周期内先使 Y1 复位，后复位 M31 和 T1。从时序上看，X1 和 Y1 同时接通，X1 断开时 M31 接通，5 s 后，M31 和 Y1 同时断开。图 4-40 所示的为采用 SET、RST 指令的断电延时电路。

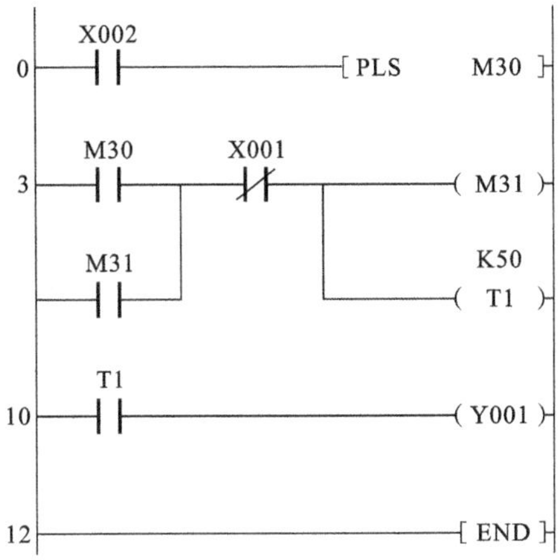

图 4-37 采用启保停电路的通电延时电路

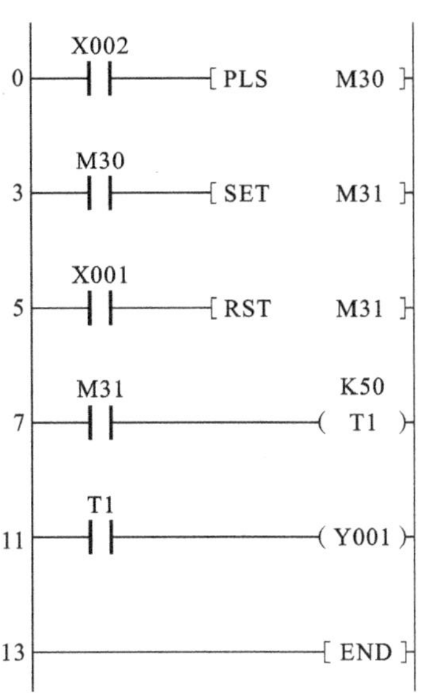


图 4-38 SET、RST 指令的通电延时电路

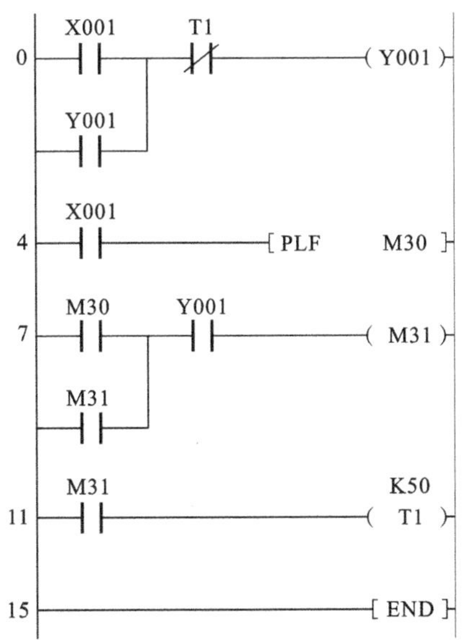


图 4-39 采用启保停电路的断电延时电路

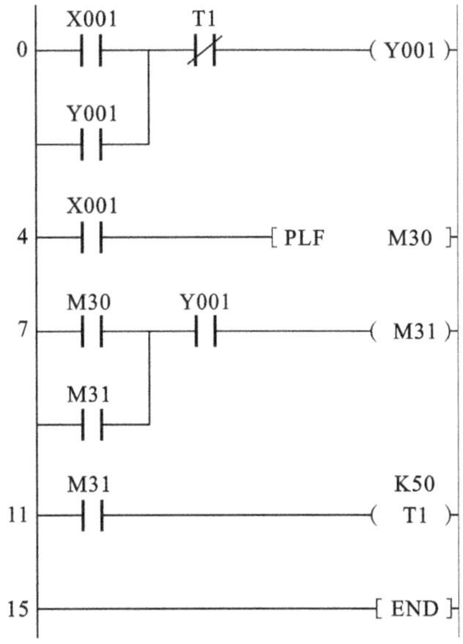

图 4-40 SET、RST 指令的断电延时电路

## 4.4.2 基本应用程序

在实际工作中，许多工程控制程序都是由一些典型的、简单的基本程序段组成的，如果能掌握一些常用的基本程序段的设计和编程技巧，就相当于建立了编程的基本“程序库”，在编制大型和复杂程序时，可以随意调用，从而大大缩短编程时间。下面将介绍一些典型的程序段。

### 1. 自锁和互锁程序

**【例 4-5】** 自锁程序(起—保—停程序)。

起—保—停电路和时序图如图 4-41 所示。在 PLC 控制程序的设计中,经常要对脉冲输入信号或点动按钮输入信号进行保持,这时常采用自锁电路,即将输入触头(X1)与输出线圈的常开触头(Y1)并联,这样一旦有输入信号(超过一个扫描周期),就能保持(Y1)有输出。要注意的是,自锁电路必须有解锁设计,一般在并联之后采用某一常闭触头作为解锁条件,如图中的 X2 触头。

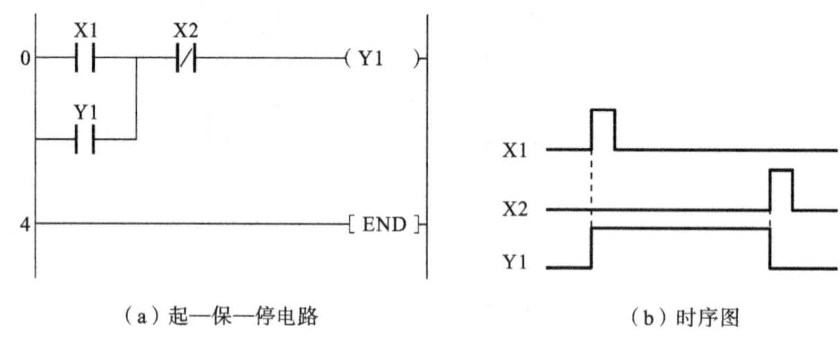


(a) 起—保—停电路　　(b) 时序图

**图 4-41　起—保—停电路与时序图**

**【例 4-6】** 两个输入信号的互锁程序(优先程序)。

互锁电路,有时也叫优先电路,是指两个输入信号中先到信号取得优先权,后者无效。例如,在抢答器程序设计中的抢答优先;防止控制电动机的正、反转按钮同时按下的保护电路。图 4-42 所示的为优先电路例子。图中 X0 先接通,M10 线圈接通,则 Y0 线圈有输出;同时由于 M10 的常闭触点断开,X1 输入再接通时,则无法使 M11 动作,Y1 无输出。若 X1 先接通,情况正好相反。

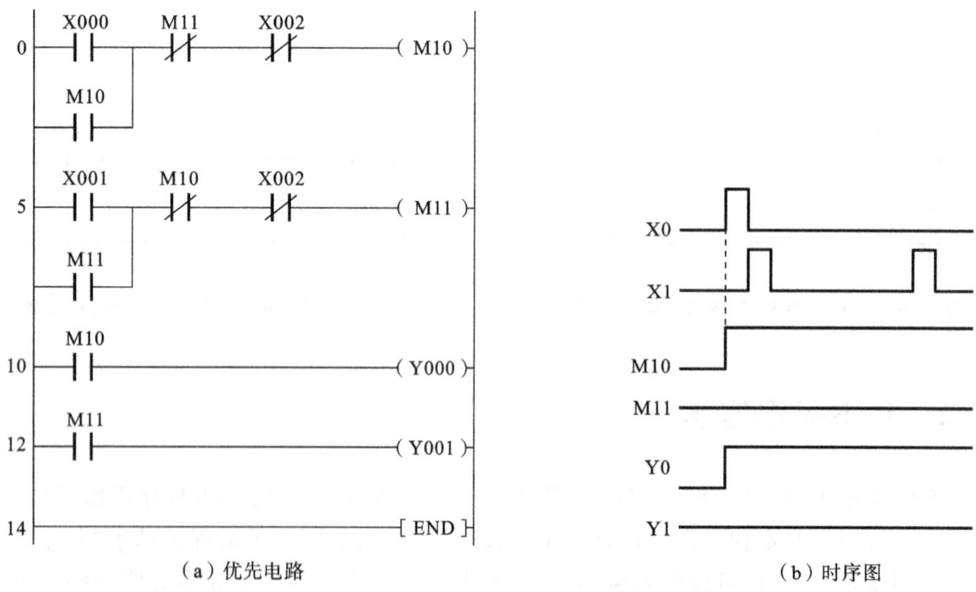


(a) 优先电路　　(b) 时序图

**图 4-42　优先电路的举例说明**

但该电路存在一个问题:一旦 X0 或 X1 输入后,由于 M10 或 M11 被自锁和互锁的作用,使 M10 或 M11 永远接通。因此,该电路一般要在输出线圈前串联一个用于解锁的常闭触点,如图中常闭触点 X002。

**【例 4-7】** PLC 实现三相电机正、反转控制。

图 4-43 为继电器实现三相电机正、反、停控制电路图。

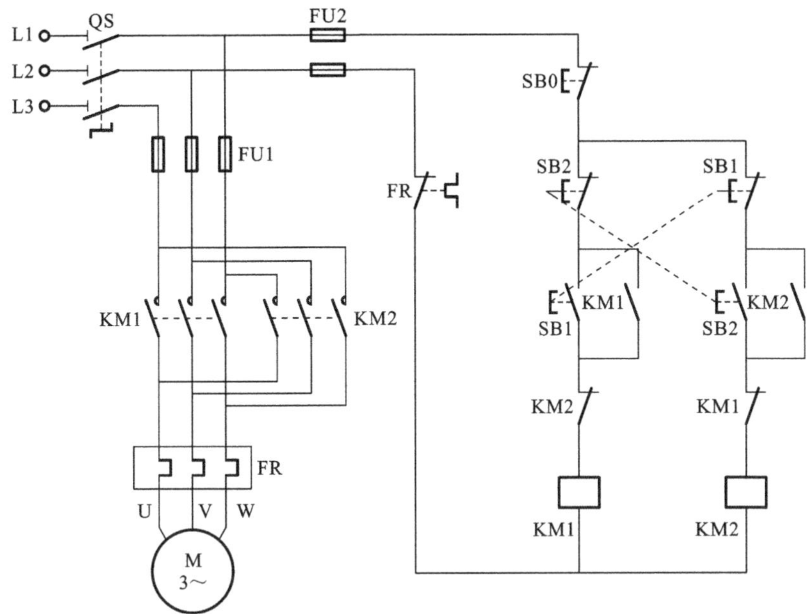


**图 4-43 三相电机正、反、停控制电路图**

三相电机正、反、停控制梯形图如图 4-44 所示。

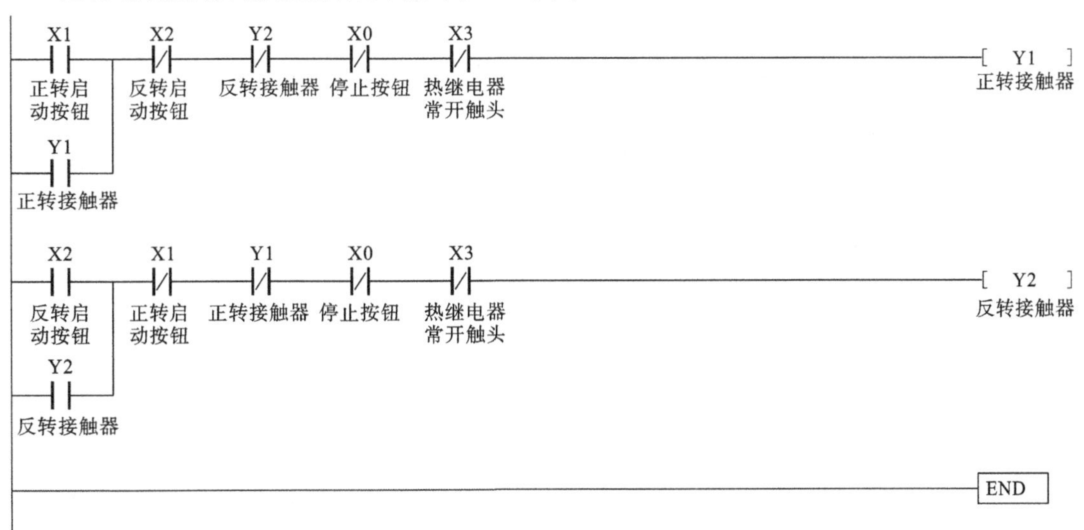


**图 4-44 电机的正、反、停控制梯形图**

**2. 顺序控制程序**

**【例 4-8】** 连锁式顺序步进控制程序。

连锁式顺序步进控制程序如图 4-45 所示。动作的发生，是按步进控制方式进行的。将前一个动作的常开触头串联在后一个动作的启动电路中；同时将代表后一个动作的常闭触头串联在前一个动作的关断电路中。这样，只有前一个动作发生后，才允许后一个动作发生；而后一个动作发生后，就使前一个动作停止。

特殊辅助继电器 M8002，作为启动脉冲发生器，仅在运行的第一个扫描周期时闭合。

**【例 4-9】** 彩灯的时序控制顺序连锁程序。

彩灯控制梯形图如图 4-46 所示，按下 X1 后，HL1 亮，过 3 s 后，HL2 亮，再过 3 s 后，HL3 亮，按下 X0 后，所有灯灭。

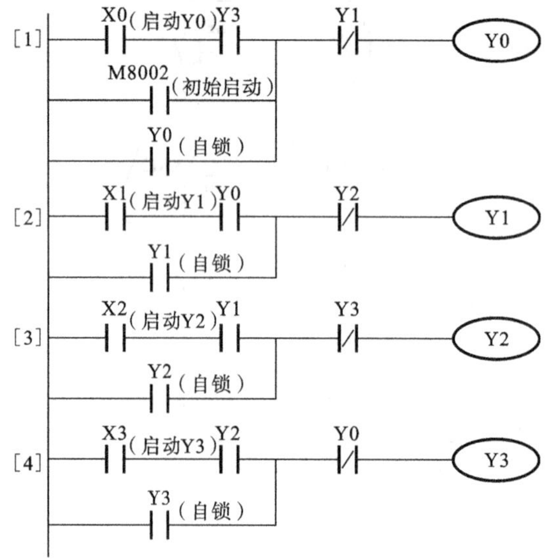


图 4-45 连锁式顺序步进控制程序

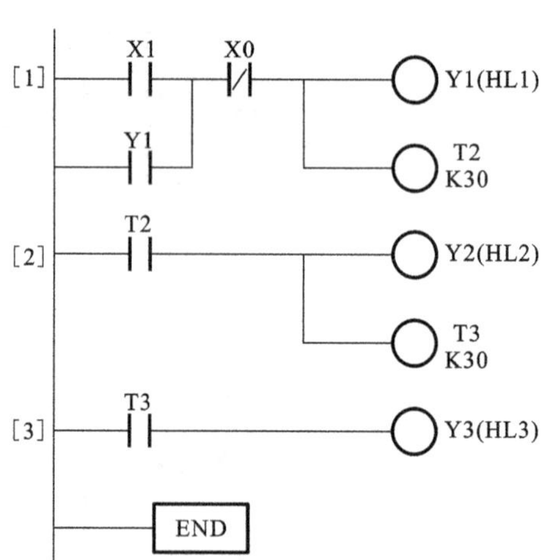


图 4-46 彩灯控制梯形图

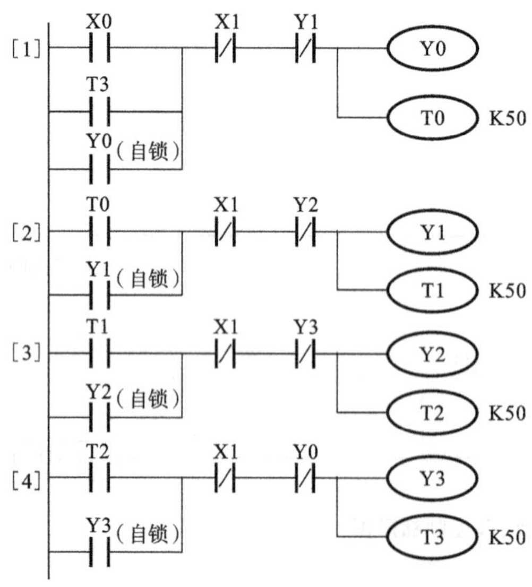


图 4-47 定时器式顺序控制程序

**【例 4-10】** 定时器式顺序控制程序。

定时器式顺序控制程序如图 4-47 所示，动作的发生，是在定时器控制下按步进控制方式进行的，并且下一个动作发生时，就使前一个动作停止。

### 3. 循环控制程序

往复执行一个或多个控制就称为循环控制。循环控制分为位置循环和时序循环两种。

**【例 4-11】** 位置循环控制程序。

继电器接触器控制的工作台位置循环控制电路如图 4-48 所示，PLC 接线图和梯形图如图 4-49 所示。

**【例 4-12】** 时序循环控制程序。

时序循环控制程序如图 4-50 所示，按下启动按钮 SB1，HL1 亮；过 2 s 后，HL2 亮；再

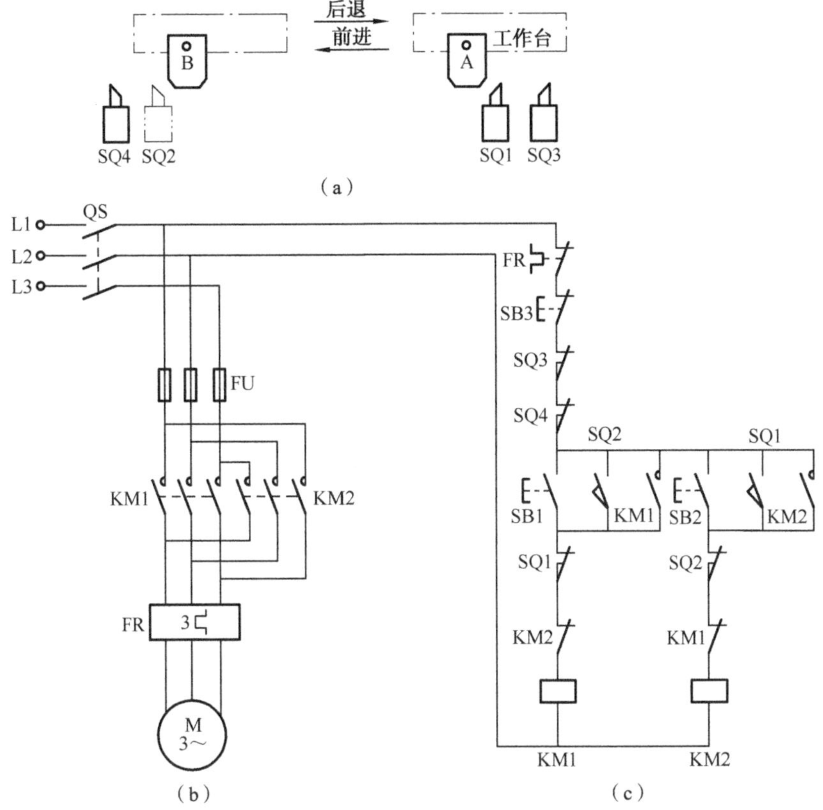


图 4-48 继电器接触器控制的工作台位置循环控制电路

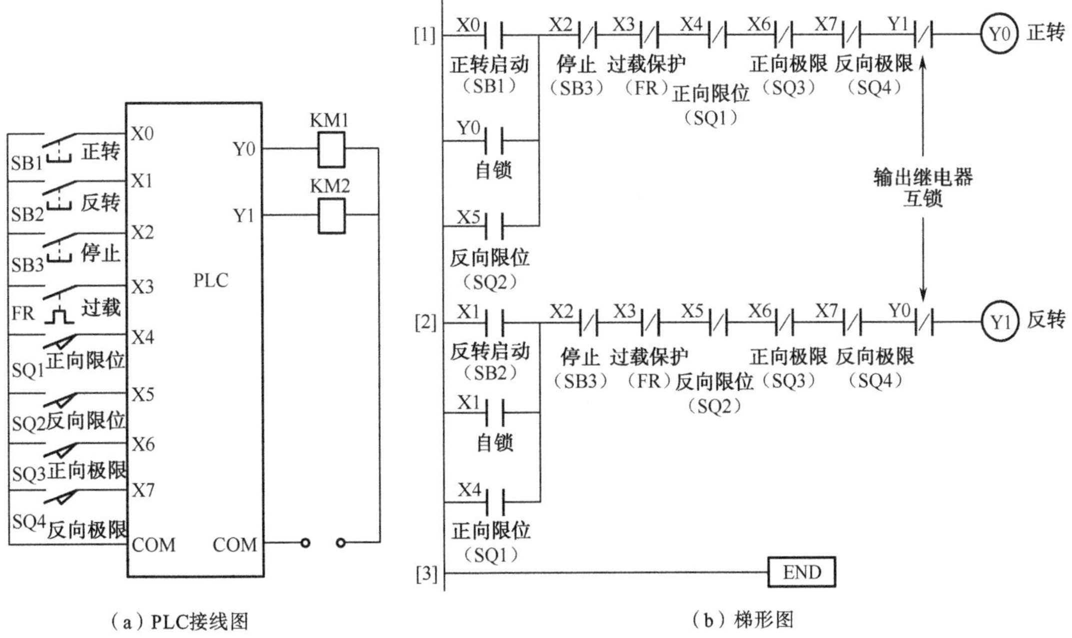


图 4-49 PLC 接线图和梯形图

过 2 s 后，HL3 亮；再过 2 s 后，所有灯灭。再过 2 s 后，按照上述步骤重复一遍，如此循环往复，直到按下停止按钮 SB2。

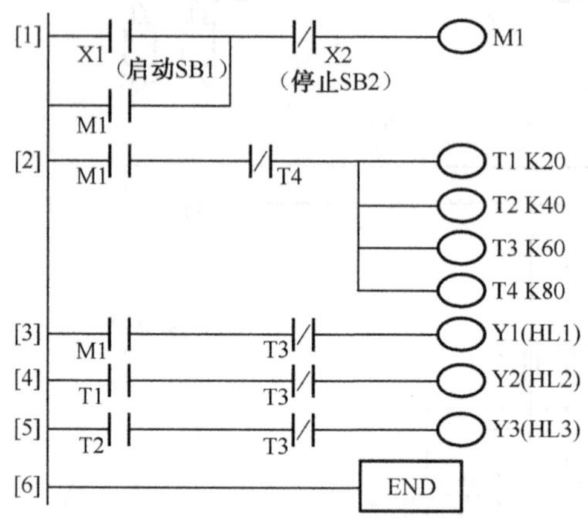


图 4-50 时序循环控制程序

**【例 4-13】** 三组抢答器。

由儿童两人、青年学生一人和教授两人组成 3 组抢答，儿童任一人按按钮均可抢答，教授需两人同时按按钮可抢得，在主持人按按钮并同时宣布开始后的 10 s 内有人抢答，则幸运彩球转动表示庆贺。三组抢答器 PLC 端子分配表如表 4-3 所示。

表 4-3 三组抢答器 PLC 端子分配表

| 输入端子 | 输出端子 | 其他器件 |
| --- | --- | --- |
| 儿童抢答按钮：<br>X001、X002<br>青年学生抢答按钮：<br>X003<br>教授抢答按钮：<br>X004、X005<br>主持人开始开关：<br>X011<br>主持人复位开关：<br>X012 | 儿童抢得指示灯：<br>Y001<br>青年学生抢得指示灯：<br>Y002<br>教授抢得指示灯：<br>Y003<br>彩球转动<br>Y004 | 定时器：T10 |

其中，Y001～Y004 分别代表儿童抢得、青年学生抢得、教授抢得及彩球转动 4 个事件，是本例的输出线圈。绘制梯形图时仍针对每个输出以启—保—停电路模式绘出草图，如图 4-51 所示。其后考虑各输出之间的制约，主要有以下几个方面。

抢答器的重要性能是竞时封锁，也就是说，若已有某组按钮抢答，则其他组再按无效，在梯形图上体现为 Y001～Y003 间的互锁，这就要求在 Y001～Y003 支路中互串其余两个输出继电器的常闭触头。

按控制要求，只有在主持人宣布开始的 10 s 内 Y001～Y003 接通才能启动彩球，且彩球启动后，该定时器也应失去对彩球的控制作用。因而在图 4-51 中串入了定时器的常闭触头且在两端并联了 Y004 的自保触头。完成后的三组抢答器梯形图如图 4-52 所示。

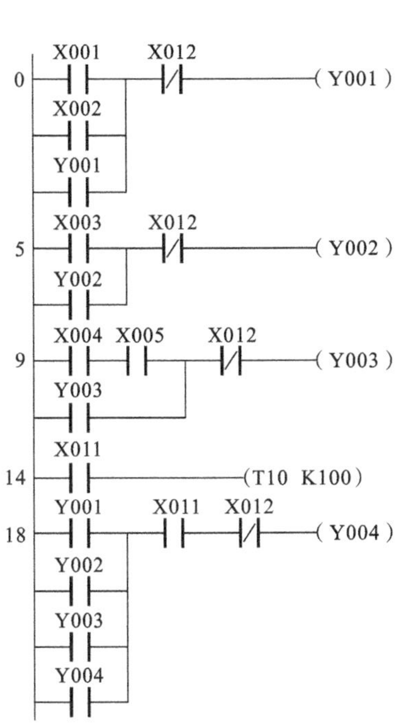


图 4-51 三组抢答器梯形图(草图)

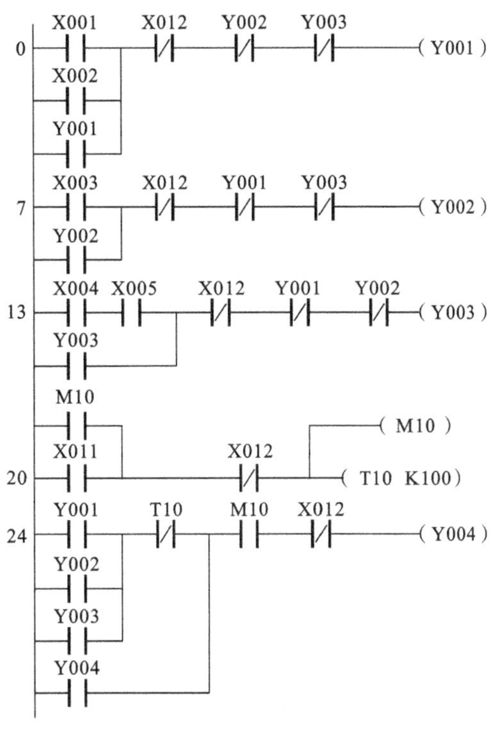


图 4-52 三组抢答器梯形图(完成)

# 4.5 三菱 $FX_{3U}$系列 PLC 步进指令及应用

三菱 $FX_{3U}$ PLC 步进指令及应用

## 4.5.1 控制任务分析

三菱 $FX_{3U}$ PLC 功能指令及应用

在工业控制中,很多设备的动作都具有一定的顺序,如机械手的物件搬运、流水线的工件分拣与包装、安装机械上的流程控制等。这些动作是一步接一步进行的,可以很容易地画出其工作流程图。组合机床自动加工工件也属于这一类。

组合机床通常能自动完成工件加工,自动化程度高,生产效率高。图 4-53 为某组合机床动力头运动示意图。它由液压驱动,工作原理是一个电磁阀控制主轴运动方向,得电主轴前进,失电主轴后退;另一个电磁阀控制主轴运动速度,得电主轴快速运动,失电主轴慢速运动。工作过程为:工作台开始停在左边,限位开关 SQ1 为 ON,按下启动按钮 SB0 后,先快速前进,直至限位开关 SQ2 处,即 SQ2 为 ON 转为慢速前进(为工进状态),对工件开始加工,加工到限位开关 SQ3 为 ON 时,转为快退,快退到限位开关 SQ2 为 ON 时再次快进,快进到限位开关 SQ3 为 ON 时,转为慢速前进(工进状态),加工到规定尺寸时,即 SQ4 为 ON 时,最后快退回原位、限位开关 SQ1 为 ON 时停止，完成了一个工作周期。图 4-53 中实线为工进慢速运动，虚线为快速运动，箭头指向代表运动方向。

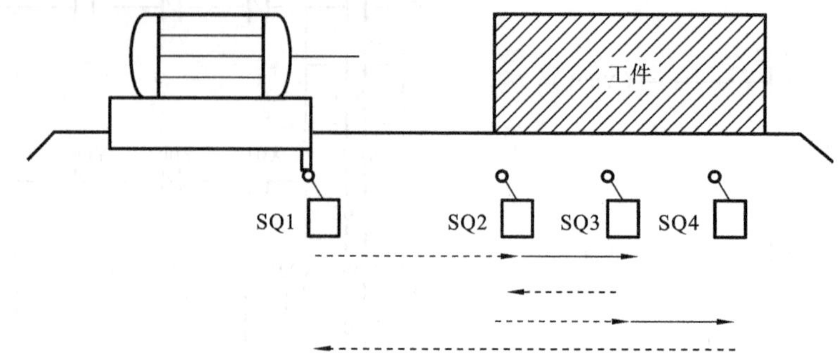


图 4-53 组合机床动力头运动控制系统

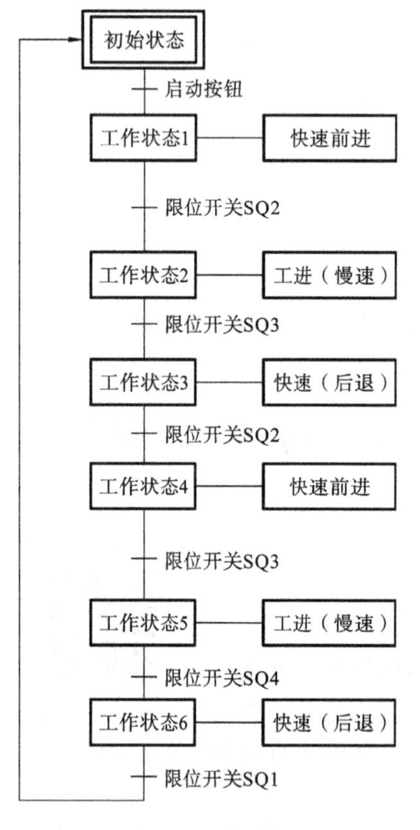


图 4-54 组合机床动力头运动控制工作状态图

根据上述工作任务要求，除初始状态外，可将工作工程分为六个顺序工作状态：从原位→快进到 SQ2 处→工进到 SQ3 处→快退至 SQ2 处→快进至 SQ3 处→工进至 SQ4 处→快退回原位 SQ1 处。将上述顺序工作过程用工作状态表示，每个状态的任务、转移条件和转移方向如图 4-54 所示。

（1）初始状态：动力头在原点位置，当按下启动按钮同时限位开关 SQ1 为 ON 时，从初始状态转向工作状态 1。

（2）工作状态 1：快进到 SQ2 处，当 SQ2 为 ON 时，工作状态转移至工作状态 2。

（3）工作状态 2：工进到 SQ3 处，当 SQ3 为 ON 时，工作状态转移至工作状态 3。

（4）工作状态 3：快退至 SQ2 处，当 SQ2 为 ON 时，工作状态转移至工作状态 4。

（5）工作状态 4：再次快进至 SQ3 处，当 SQ3 为 ON 时，工作状态转移至工作状态 5。

（6）工作状态 5：继续工进至 SQ4 处，当 SQ4 为 ON 时，工作状态转移至工作状态 6。

（7）工作状态 6：快退回原位 SQ1 处，当 SQ1 为 ON 时，工作状态返回初始状态。

从上述分析中可以看到，我们将复杂的控制任务分解成若干个工作状态，即得到了组合机床动力头运动控制工作状态图。

## 4.5.2 状态转移图(SFC)

状态转移图(SFC)也称顺序功能图，是一种将复杂任务或工作过程分解成若干工序(或状态)表达出来,同时又反映出工序(或状态)的转移条件和方向的图。它既有工艺流程图的直观,又有利于复杂控制逻辑关系的分解与综合的特点。

状态转移图表达了控制意图,它将一个复杂的顺序控制过程分解为若干个状态,每个状态具有不同的动作,状态与状态之间由转换条件分隔,互不影响。当相邻两状态之间的条件得到满足时,就实现转移,即上面的动作结束而下一个状态开始。

状态转移图并不涉及所描述的控制功能的具体技术,而是一种通用的技术语言,可以供进一步设计和在不同专业的人员之间进行技术交流。现在多数 PLC 产品都有专门为使用状态转移图编程所设计的指令和元件,使用起来非常方便。状态转移图也是国际电工委员会 IEC 的 PLC 编程语言标准(IEC 61131-3)中规定的编程语言之一,我国也颁布了状态转移图的国标(GB/T 6988.2—1997)。

在状态编程方法中,通常用状态元件(状态继电器 S)来表示系统的工序(或状态)。

设计状态转移图的步骤如下。

(1) 分析系统,分离状态,进行状态编号。

认真分析系统控制要求,将系统的工作过程分解成若干个连续的阶段,这些阶段称为"状态"或"步",状态数要适当,画出流程图。再将流程图中的"状态"或"步"用 PLC 的状态继电器来表示。给每个状态继电器编号,同一支路尽量使用相连的编号,但不得重复使用。

(2) 找各状态所需执行的任务。

列出每一个状态完成的操作或驱动的负载,用 PLC 的指令来实现。有的状态可能只有状态转移而没有其他操作和负载驱动,所有的驱动均列在状态编号的右侧。

(3) 找出各状态间转移的条件。

状态与状态之间由转移条件来分隔和连接,转移条件用 PLC 的触点或电路块来替代。转移条件得到满足时,转移得以实现,即上一步的活动结束而下一步的活动开始。转移条件的设定应符合状态分离的要求,应该既是上一个状态的结束信号,又是下一个状态的开始信号,一些行程开关、传感器、定时器、计数器通常是转移条件的来源。

(4) 绘制状态转移图。

根据系统的工作流程和控制要求画出状态转移图,机床动力头运动控制的状态转移图如图 4-55 所示。

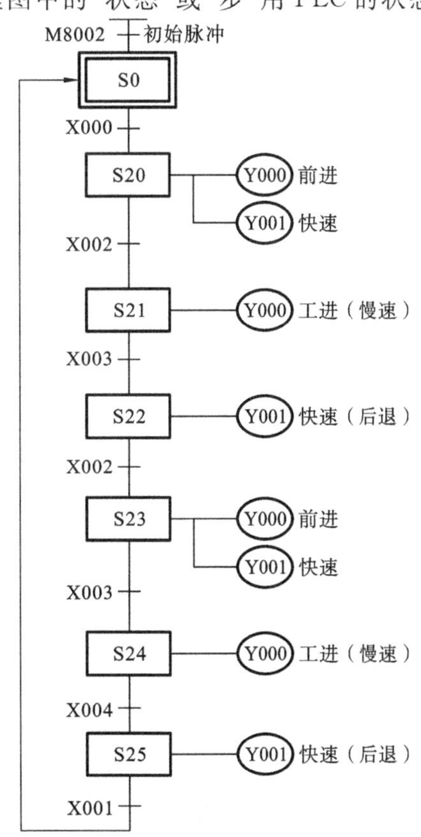


图 4-55 机床动力头运动控制的状态转移图

状态转移图中有驱动负载、指定转移条件和指定转移方向三个要素,其中指定转移条件和指定转移方

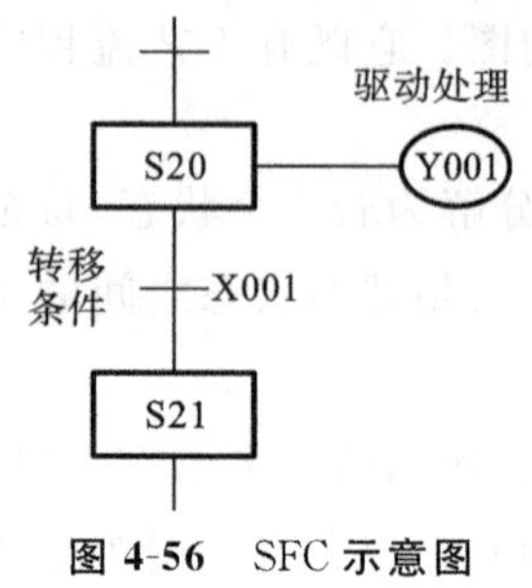


图 4-56 SFC 示意图

向是必不可少的，驱动负载要视具体情况而定。

状态转移图在绘制时具体操作如下，垂直连线表示转移，相邻两步的分割线，即横杠线表示转移条件，初始步用双层方块表示，其他步用方块表示，如图 4-56 所示。动作用 PLC 相应的指令表示。

机床动力头运动控制 PLC 输入/输出(I/O)点分配情况如表 4-4 所示。

表 4-4 输入/输出(I/O)点分配表

| 类　别 | 元　件 | I/O 点编号 | 备　注 |
|---|---|---|---|
| 输入 | SB0 | X0 | 启动按钮 |
|  | SQ1 | X1 | 限位开关 |
|  | SQ2 | X2 | 限位开关 |
|  | SQ3 | X3 | 限位开关 |
|  | SQ4 | X4 | 限位开关 |
| 输出 | YV1 | Y0 | 电磁阀 |
|  | YV2 | Y1 | 电磁阀 |

## 4.5.3 PLC 步进指令

### 1. 步进指令 STL 与 RET

许多 PLC 都有专门用于编制顺序控制程序的步进梯形图指令及编程元件。步进梯形图指令简称 STL 指令，FX 系列 PLC 还有一条 RET 指令，利用这两条指令可以很方便地编制状态转移图的指令表程序。

1) STL 指令

STL 指令只有和状态继电器 S 配合才有步进功能。使用 STL 指令的状态继电器常开触点称为 STL 触点，用符号—||—表示，没有常闭的 STL 触点。STL 指令用于激活某个状态，在梯形图上体现为从主母线上引出状态触点，有建立子母线的功能，以使该状态的所有操作都在子母线上进行。STL 指令的状态转移图、梯形图和指令表如图 4-57 所示。

从图中可以看出，状态转移图与梯形图之间的关系，用状态继电器代表状态转移图各步，每一步具有三种功能，即负载驱动处理、指定转移条件和指定转移目标。

图中 STL 指令执行过程是：当 S20 为活动步时，S20 的 STL 指令触点接通，负载 Y1 输出。如果转移条件 X1 满足，后继步 S21 被置位变成活动步，同时前级步 S20 自动断开变成不活动步，输出 Y1 也断开。

使用 STL 指令使新的状态置位，前一状态自动复位。STL 触点接通后，与此相连的电路被执行；当 STL 断开时，与此相连的电路停止执行。

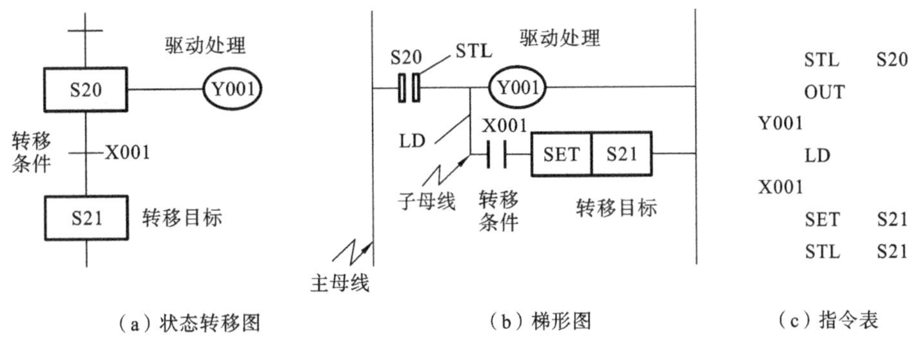


图 4-57 STL 指令的状态转移图、梯形图和指令表

2) RET 指令

RET 指令用于返回主母线。该指令使步进指令顺控程序执行完毕时，非步进顺控程序的操作在主母线完成。为防止出现逻辑错误，步进顺控程序的结尾必须使用 RET 指令步进返回指令。RET 指令的梯形图和指令表如图 4-58 所示。

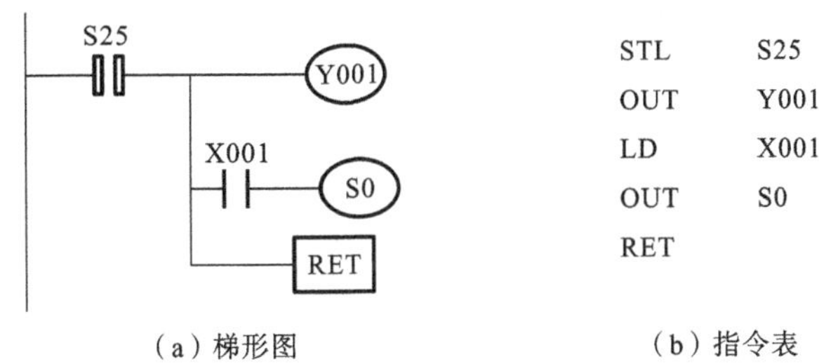


图 4-58 RET 指令的梯形图和指令表

**2. 步进指令应用**

**【例 4-14】** 小车的自动往返控制。

1) 控制要求

图 4-59 所示的小车自动往返运行的动作要求如下。

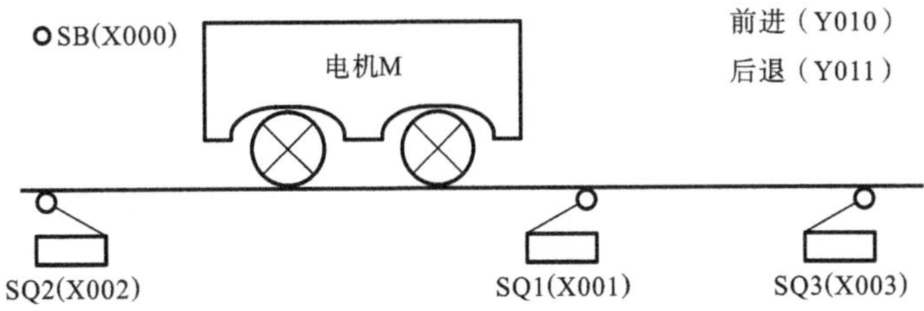


图 4-59 小车自动往返运行示意图

(1) 按下启动按钮 SB(X000)，小车电机 M 正转(Y010)，小车第一次前进，碰到限位开关 SQ1(X001)后，小车电机 M 反转(Y011)，小车后退。

(2) 小车后退碰到限位开关 SQ2(X002)后，小车电机 M 停转。停止 5 s 后，第二次前进，碰到限位开关 SQ3(X003)后再次后退。

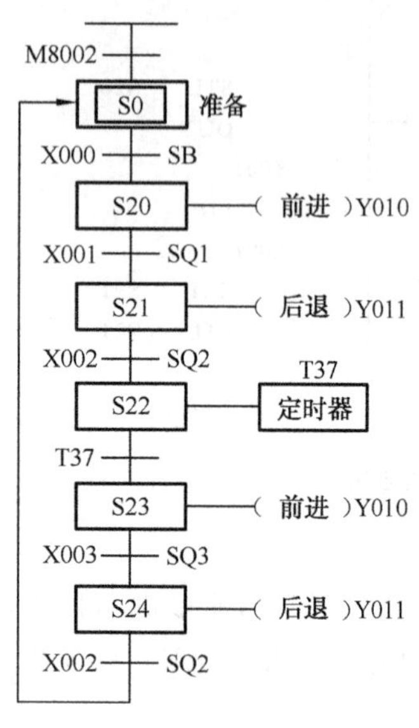


图 4-60 小车控制系统顺序功能图

(3) 第二次后退碰到限位开关 SQ2(X002)时,小车停止。

2) 设计顺序功能图

例题中的输出虽然较少,只有电机正转输出 Y010 及反转输出 Y011,但控制工况却比较复杂。由于分为第一次前进、第一次后退、第二次前进、第二次后退,且限位开关 SQ1 在二次前进过程中与限位开关 SQ2 在二次后退过程中所起的作用不同。

使用状态法编程时,往往先绘制出控制过程的顺序功能图,再根据顺序功能图绘制梯形图。小车控制系统的顺序功能图如图 4-60 所示,图中除了用各个状态器表示控制过程中的各个步骤外,还用竖线表示状态间的联系,用竖线上的短横线表示状态转移的条件(也称"开关"),而每个状态的控制任务则以梯形图表达输出并绘制在表示状态的方框旁。

依据顺序功能图绘制出如图 4-61 所示的梯形图,S0→S20→S21→S22→S23→S24 的状态转移都是使用 SET 指令,而 S24→S0 的转移用的是 OUT 指令,这是因为 S0 曾是 S24 的前序状态,FX 系列 PLC 中规定:凡是向不连续的状态转移时都应用 OUT 指令。这里的"不连续"指状态间的跳跃及返回等情况。此外,状态程序的开头常用 M8002 进入,状态程序结束时应在最后一个状态中加入 RET 指令。

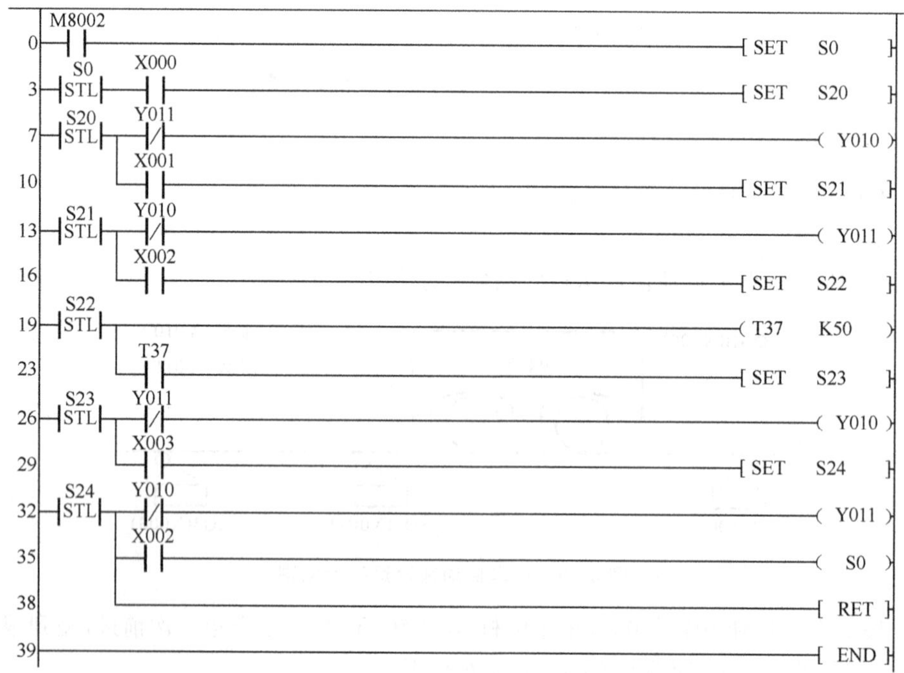


图 4-61 小车自动往返运行状态梯形图

小车自动往返运行状态指令表如图 4-62 所示。

| 0 | LD | M8002 | |
|---|---|---|---|
| 1 | SET | S0 | |
| 3 | STL | S0 | |
| 4 | LD | X000 | |
| 5 | SET | S20 | |
| 7 | STL | S20 | |
| 8 | LDI | Y011 | |
| 9 | OUT | Y010 | |
| 10 | LD | X001 | |
| 11 | SET | S21 | |
| 13 | STL | S21 | |
| 14 | LDI | Y010 | |
| 15 | OUT | Y011 | |
| 16 | LD | X002 | |
| 17 | SET | S22 | |
| 19 | STL | S22 | |
| 20 | OUT | T37 | K50 |
| 23 | LD | T37 | |
| 24 | SET | S23 | |
| 26 | STL | S23 | |
| 27 | LDI | Y011 | |
| 28 | OUT | Y010 | |
| 29 | LD | X003 | |
| 30 | SET | S24 | |
| 32 | STL | S24 | |
| 33 | LDI | Y010 | |
| 34 | OUT | Y011 | |
| 35 | LD | X002 | |
| 36 | OUT | S0 | |
| 38 | RET | | |
| 39 | END | | |

图 4-62　小车自动往返运行状态指令表

# 4.6　三菱 $FX_{3U}$系列 PLC 编程软件使用

三菱 $FX_{3U}$ PLC 编程软件使用

三菱 $FX_{3U}$ PLC 触摸屏软件使用

GX Developer 是一种基于 Windows 操作系统，支持三菱全系列 PLC 的编程软件。它可以采用梯形图、指令表、状态转移图及结构文本等多种语言编程，可以方便地在现场进行程序的在线更改，具有丰富的监视、诊断及调试功能，能迅速排除故障。GX Developer 还可以进行网络参数设定，并通过网络实现诊断及监视。

本书选用 GX Developer Version 8.86 来讲解，此版本可对三菱全系列 PLC 进行编程，包含 $FX_{3U}$系列 PLC。

**1. 新建工程**

选择 GX Developer 的“工程”→“新建工程”或者使用快捷键 Ctrl＋N，就可以新建一个工程，如图 4-63 所示。

通过“创建新工程”对话框，可以实现对 PLC 系列及 PLC 类型的设定，可以设定程序类型为梯形图或 SFC 程序，还可对是否制作标号程序进行设定。当确定对话框中的所有内容

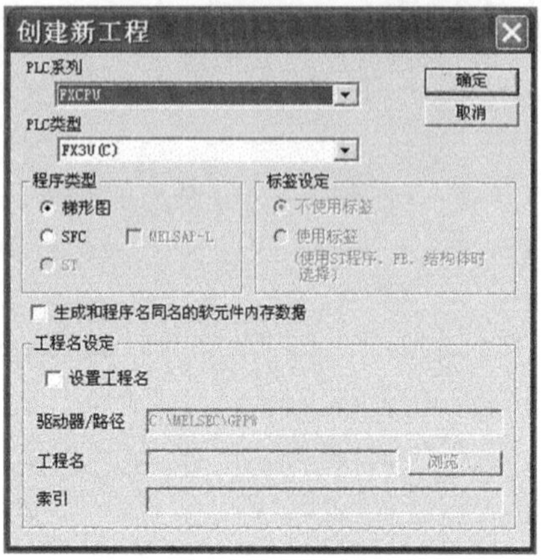

图 4-63 创建新工程

后，即可进入梯形图写入窗口进行梯形图的设计。

**2. 梯形图的绘制**

用鼠标单击要输入图形的位置，按 Enter 键，即可通过在梯形图输入框中输入指令。也可以单击梯形图标记工具栏上的相关符号进行设计，如图 4-64 所示。

**3. 梯形图的变换与修改**

首先，单击要进行变换的窗口使其激活。然后，单击工具栏上的按钮或使用快捷键 F4 完成程序变换。若程序变换过程中出现错误，则保持灰色并将光标移至出错区域。此时，可双击编辑区，调出程序输入窗口，重新输入指令。还可以利用编辑菜单的插入、删除操作对梯形图进行必要的修改，直至程序变换正确为止。

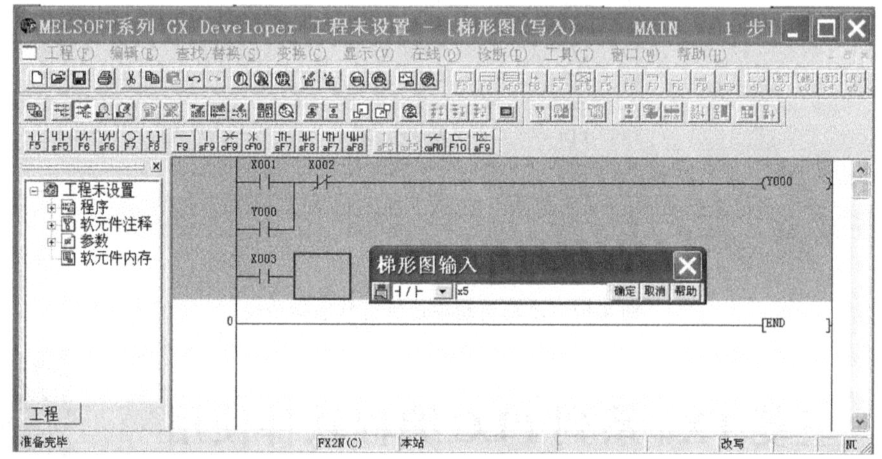


图 4-64 梯形图写入窗口

**4. 程序描述**

软元件注释是为了对已建立的梯形图中每个软元件的用途进行说明，以便能够在梯形图编辑界面上显示各软元件的用途。每个软元件注释可由不超过 32 个字符组成，如图 4-65 所示。

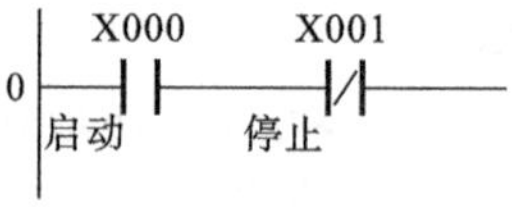

图 4-65 软元件注释

**5. 梯形图中软元件的查找和替换**

当要对较复杂的梯形图中的软元件进行批量修改时，就需要对梯形图采用查找及替换操作。选择 GX Developer 菜单中的“查找/替换”→“软元件查找”或单击工具栏上的按钮，就可进入“软元件查找”对话框，如图 4-66 所示。

通过“软元件查找”对话框，可以指定所查找的软元件，对查找方向及查找对象的状态进行设定。

在梯形图写入状态下，选择 GX Developer 菜单中的“查找/替换”→“软元件替换”，就可进入“软元件替换”对话框，如图 4-67 所示。

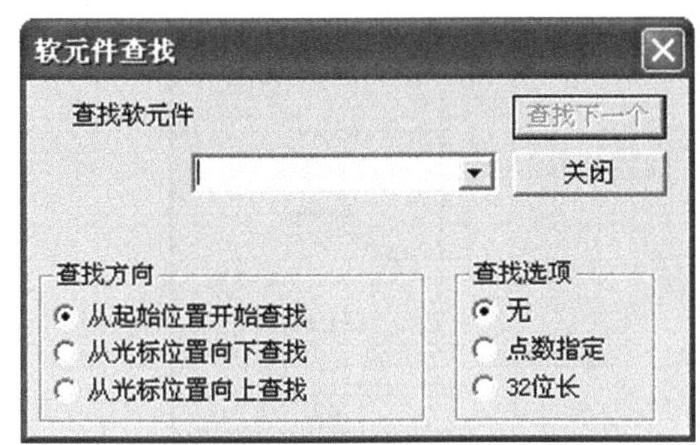


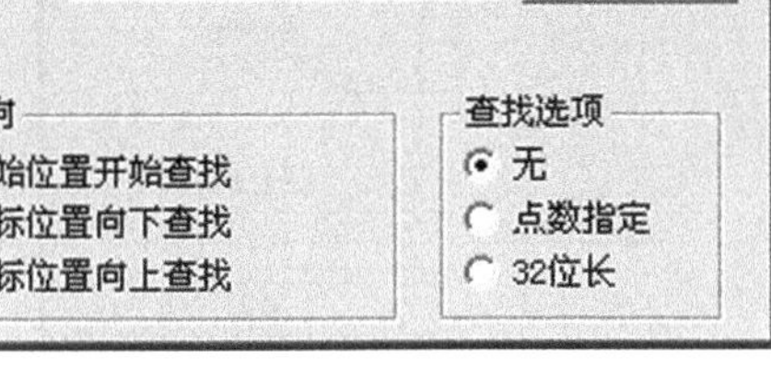

图 4-66 “软元件查找”对话框

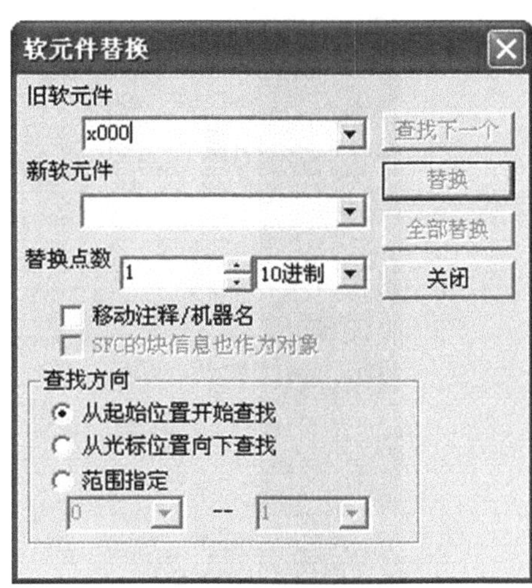


图 4-67 “软元件替换”对话框

另外，还可以进行指令的查找/替换及常开/常闭触点的互换等操作。

### 6. 指令表编辑

GX Developer 除了可以采用梯形图方式进行程序的编辑外，还可以利用指令表进行程序的编辑。选择 GX Developer 菜单中的“显示”→“列表显示”或单击工具栏上的按钮，就可以进入指令表编辑区，如图 4-68 所示。

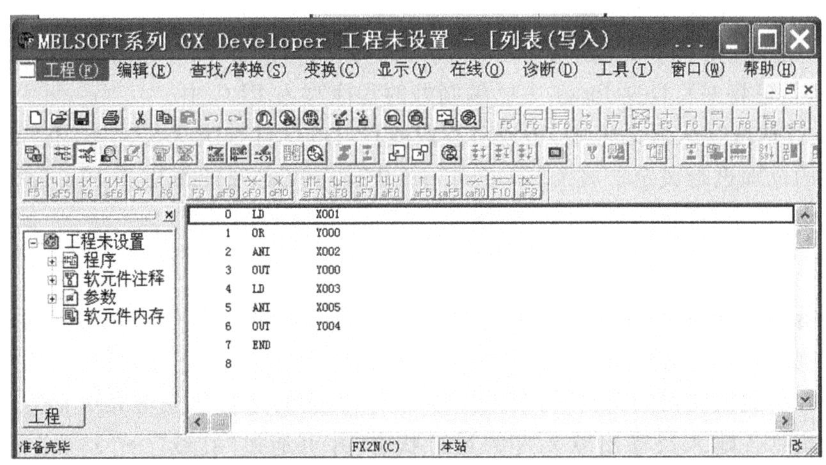


图 4-68 指令表编辑区

### 7. 程序的传送

1）传输设置

要将 GX Developer 中已编制好的程序下载到 PLC，必须进行网络传输设置。首先将 PLC 与计算机的串口互连，然后选择“在线”→“传输设置”，可以进入“传输设置”对话框，进行各 PLC 设备与网络传输参数设定，如图 4-69 所示。

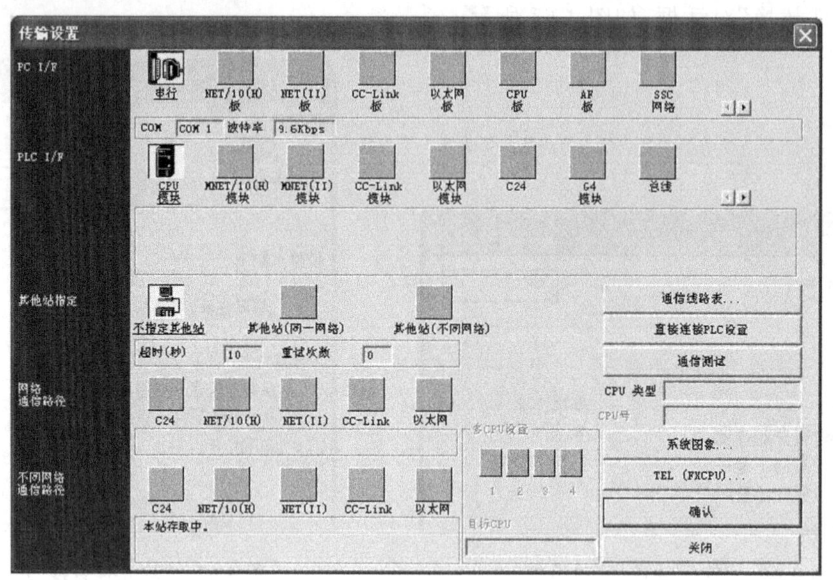


图 4-69 “传输设置”对话框

在“传输设置”对话框中，可以进行 PLC 和计算机的串行通信口及通信方式的设定，以及其他网络站点设定，还可以实现通信测试。

2）从 PLC 读取/写入数据

选择“在线”→“PLC 读取”或单击工具栏上的 PLC 读取工具按钮，就可以打开“PLC 读取”对话框，进行相关的选择及设定并执行，就可将 PLC 中的程序读入计算机；选择“在线”→“PLC 写入”或单击工具栏上的 PLC 写入工具按钮，打开“PLC 写入”对话框，进行相关设置并执行，就可将 GX Developer 中已编制好的程序写入 PLC 中。

在 PLC 读取或写入对话框中，可以对读取或写入的文件种类进行选择，也可以对软元件数据及程序的范围进行设定。在 GX Developer 中还可以实现计算机和 PLC 中程序及参数的校验。

**8. 监视**

通过运行 GX Developer 菜单中的“在线”→“监视”，就可监视 PLC 的程序运行状态。当程序处于监视模式时，不论监视开始还是停止，都会显示“监视状态”对话框。由“监视状态”对话框可以观察到被监视的 PLC 的最大扫描时间、当前的运行状态等相关信息。在梯形图上也可以观察到各输入及输出软元件的运行状态，并可通过“在线”→“监视”→“软元件批量”实现对软元件的在线监视。

在 PLC 处于在线监视状态下，GX Developer 仍可在“在线”→“监视”→“监视(写入模式)”下，对程序进行在线编辑，并进行计算机与 PLC 间的程序校验。

PLC 除了能实现在线监视当前程序运行状态外，还可以利用“在线”→“跟踪”→“采样跟踪”，隔一定的时间采样跟踪指定软元件的内容(ON/OFF 状态、当前值)，并将采样结果存储到存储器的采样跟踪区域内。通过使用这一功能，可以查看指定软元件的数据内容的变化经过，以及触点、线圈等的 ON/OFF 的时序。

# 习　　题

4-1 为什么说可编程控制器是通用的工业控制计算机？与一般的计算机系统相比，PLC 有哪些特点？

4-2 可编程控制器系统和继电器控制系统有哪些异同点？

4-3 PLC 的硬件由哪几部分组成？各有什么用途？

4-4 PLC 的工作原理是什么？

4-5 什么是 PLC 的扫描周期？影响 PLC 扫描周期长短的因素是什么？

4-6 PLC 的编程语言有哪几种？

4-7 阅读图 4-70(a)所示的梯形图，试解答：

(1) 写出梯形图对应的指令表；

(2) X000 和 X001 的波形图如图 4-70(b)所示，画出 M0、M1 和 Y000 的波形图。

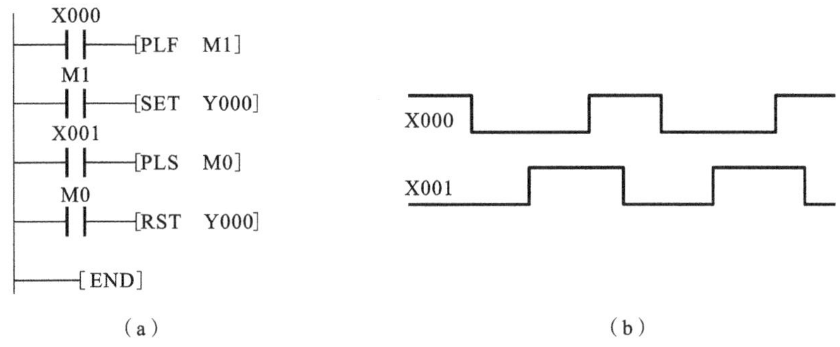


图 4-70 梯形图和波形图

4-8 图 4-71 所示的为点动、长动继电器控制电机电路。点动：按下 SB1，电机 M 点动，放开 SB1，电机 M 停止。长动：按下 SB2，电机 M 长动，按下 SB3，电机 M 停止。

要求：(1) 编制 I/O 端子表。

(2) 绘制接线图。

(3) 绘制梯形图和指令表。

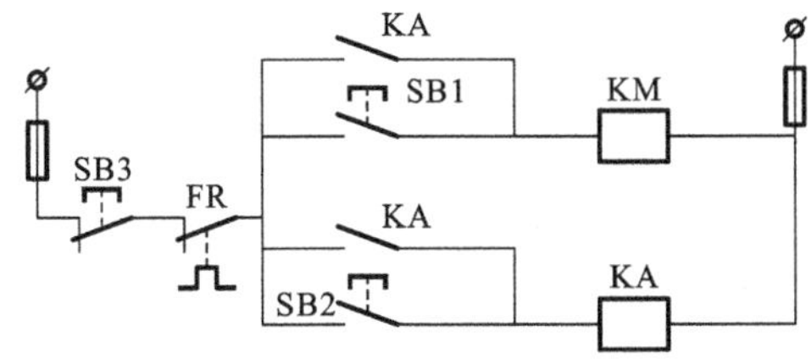


图 4-71 点动、长动继电器控制电机电路

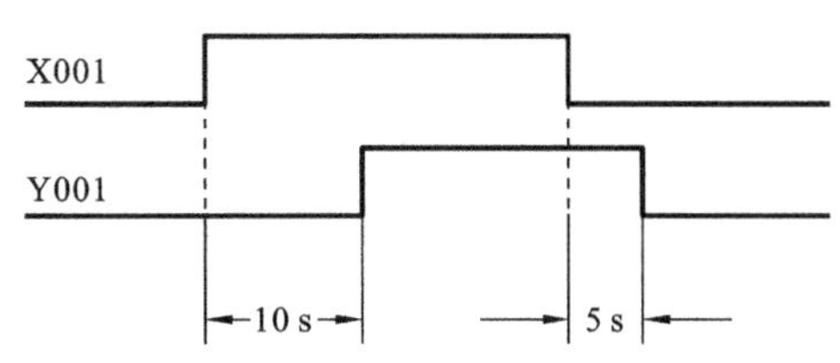


图 4-72 波形图

4-9 用 PLC 的内部定时器设计一个延时电路，实现图 4-72 所示的波形图。

要求：(1) 编制 I/O 端子表。

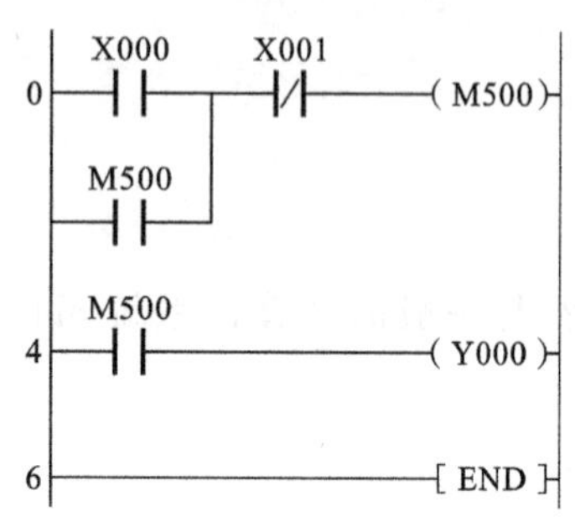

图 4-73　习题 4-10 图

(2) 绘制接线图。

(3) 绘制梯形图和指令表。

4-10　如图 4-73 所示的示例。M500 已经接通，如果临时停电再来电，Y000 处于什么状态？

4-11　图 4-74 表示一个能停四辆车的停车场，假定当位置 1 上有汽车停车时，PLC 的输入端子开关(X1)要接通，同样，当 2、3、4 位置上有驻车时，分别对应的输入开关(X2、X3、X4)变成 ON。

试设计满足下列条件的梯形图：当某位置有驻车时，对应的指示灯(Y1、Y2、Y3、Y4)要点亮，当有四辆驻车时，“车位已满”指示灯(Y5)点亮。

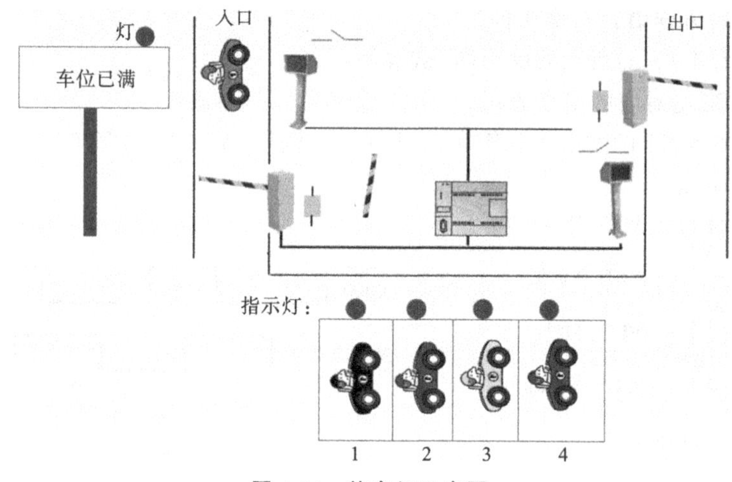

图 4-74　停车场示意图

4-12　如图 4-75 所示，在单人管理公共汽车上设有下车用的按钮 SB1、SB2、SB3。当乘客要下车时，只要按下任何一个按钮，就会使驾驶室旁的指示灯 SL 亮，司机就会停车，事后司机再按下复位按钮 SB4 使指示灯熄灭。试设计满足这样条件的梯形图。

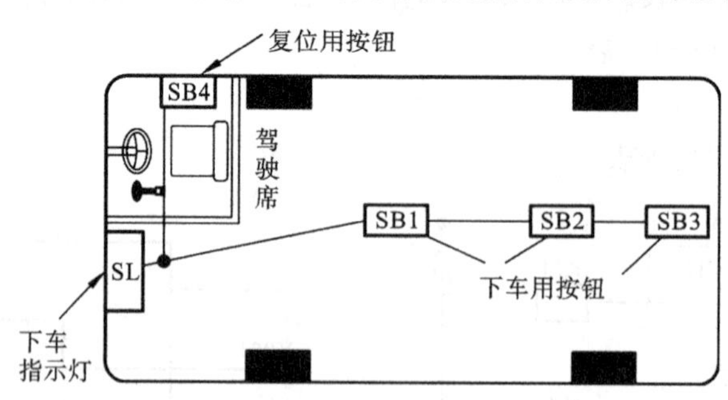

图 4-75　单人管理公共汽车示意图

4-13　图 4-76 为电动机点动和连续复合控制的电气线路图，现要求改用 PLC 来实现其控制。

4-14　自动往返行程控制电路常用于机械加工设备需要其运动部件在一定范围内自动往返循环的场合。在摇臂钻床、万能铣床、镗床、桥式起重机及各种自动或半自动控制机床设备中经常遇到这种控制要求。其继电器接触器控制电路如图 4-77 所示。选用合适的方

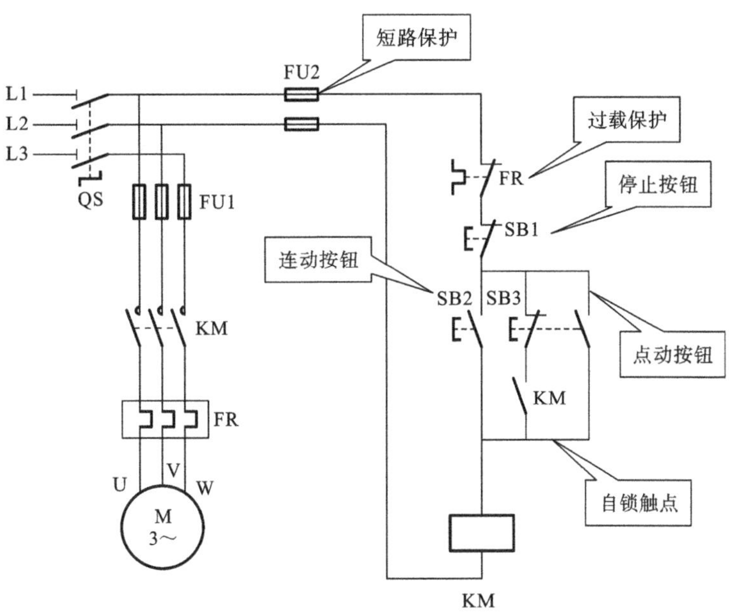


图 4-76 电动机点动和连续的电气线路图

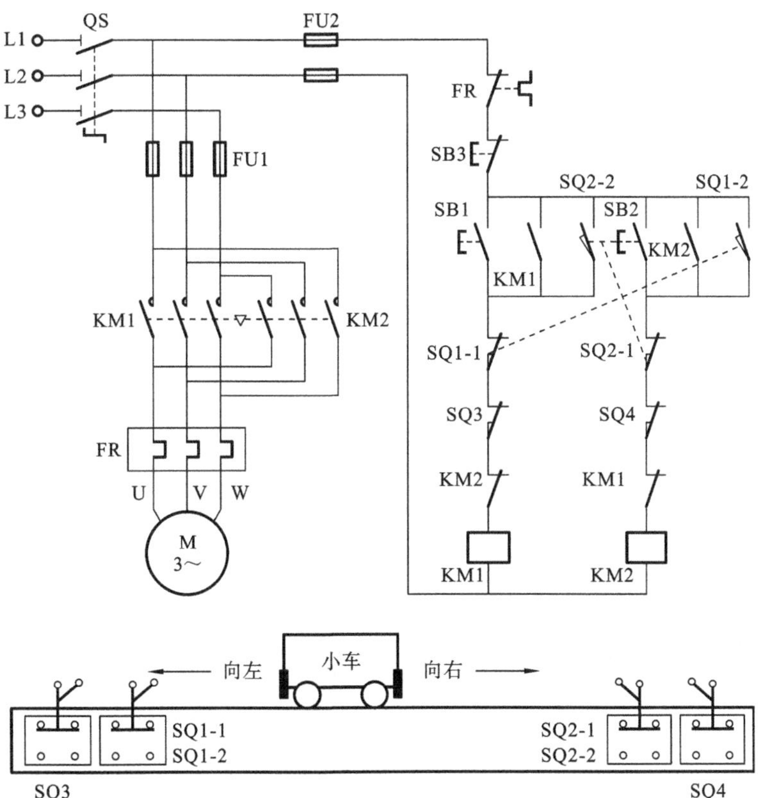


图 4-77 自动往返行程控制电路

法，并利用 $FX_{3U}$ 系列 PLC 来实现其电路改造。

4-15　如图 4-78 所示，要求制作一个三人用抢答比赛装置，要求三位抢答者中仅最先按按钮者的指示灯持续地亮，同时鸣钟鸣叫。另外主持人可用复位按钮来复位。选择合适的 PLC，确定 I/O 分配并正确接线，设计程序，接入实训装置并观察运行结果。

图 4-78　三人抢答比赛装置

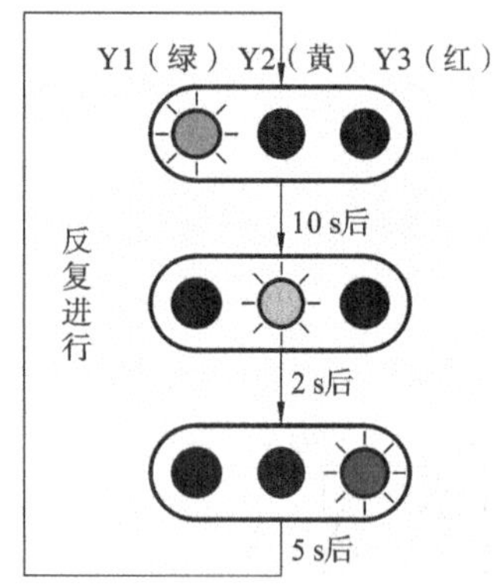


图 4-79　红绿灯控制

4-16　设计：当按下启动按钮（X1）时，指示灯能按图 4-79 所示的那样反复亮灭。根据控制要求画出状态转移图（绿灯接 Y1，黄灯接 Y2，红灯接 Y3）。

4-17　设计简易机械手送料系统控制，如图 4-80 所示。要求机械手将工件从 A 搬运到 B，左上位为原点位，在原点指示灯会亮。自动控制时，按下启动按钮，机械手从原点位置开始，自动完成一个工作周期，若中途按停止按钮，运行到原点后才停止。

机械手的上升、下降与左移、右移都是由双线圈两位电磁阀驱动气缸来实现的。抓手对工件的松夹是由一个单线圈和两个电磁阀驱动气缸完成的，只有在电磁阀通电时抓手才能

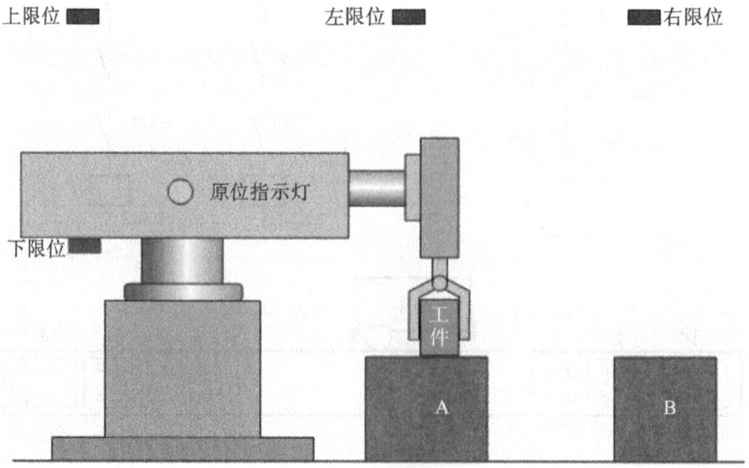

图 4-80　机械手送料示意图

夹紧。该机械手工作原点位，按下降、夹紧、上升、右移、下降、松开、上升、左移的顺序依次运动。机械手工作过程示意如图 4-81 所示(延时时间为 3 s)。

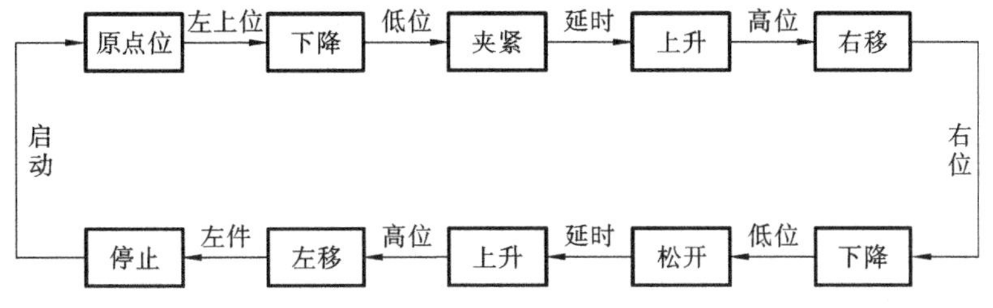


图 4-81 机械手控制流程图

4-18 分析并画出图 4-82 所示的 Y0 的时序图。

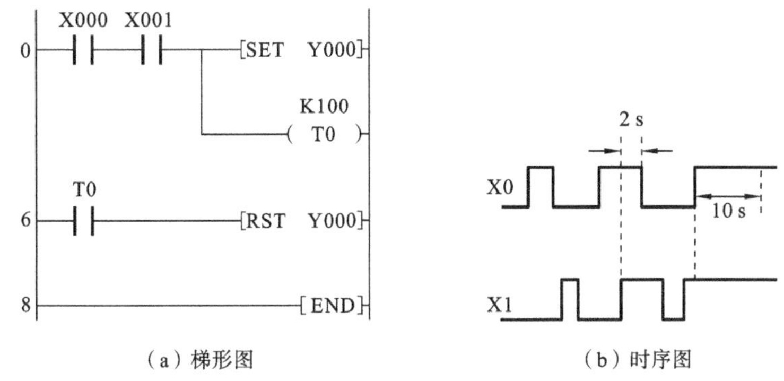


(a) 梯形图 (b) 时序图

图 4-82 题 4-20 图

# 5

# 数控系统

**学习目标：**

1. 了解步进电机、交流伺服电机、直线电机工作原理。
2. 了解三菱 $FX_{2N}$-20GM 定位器的工作原理。
3. 了解激光打标、激光焊接、激光切割等数控板卡工作原理。
4. 了解总线技术工作原理。
5. 了解 HAN'S PA 数控系统工作过程。

## 5.1 控制电机与伺服系统

控制电机与伺服系统

### 5.1.1 控制电机与伺服系统概述

**1. 控制电机**

控制电机一般是指在自动控制系统中作为执行元件或测量元件的小功率电机。它是在普通旋转电机的基础上发展起来的。就电磁过程及所遵循的基本规律而言，它与一般旋转电机没有本质区别，只是所起的作用不同。普通旋转电机主要用来完成电能和机械能的转换，而控制电机则主要用来完成控制信号的传递和变换。虽然从基本的电磁感应原理来说，控制电机与普通旋转电机并没有本质上的差别，但普通旋转电机着重于对启动和运行状态等能力指标的要求，而控制电机则着重于特性、高精度和快速响应方面的要求。

激光加工设备常用控制电机主要包括步进电机、交流伺服电机和直线机等。这些电机的任务是将电信号转换成轴上的角位移或角速度以及直线位移和线速度，并带动控制对象运动。

**2. 伺服系统的组成与分类**

“伺服”一词来自英文 servo 的音译，是指运动系统按照人们的外部指令要求进行运动。伺服系统是以设备运动部件（如工作台）的位置和速度作为控制量的自动控制系统。它能准确地执行 CNC(计算机数控系统)装置发出的位置和速度指令信号,由伺服驱动电路做一定的转换和放大后,经控制电机(步进电机、交流或直流伺服电机等)和机械传动机构,驱动机床的工作台等运动部件实现工作进给、快速运动以及位置控制。

伺服系统按有无位置检测和反馈以及检测装置的不同,可分为开环伺服系统、半闭环伺服系统和闭环伺服系统。伺服系统还有其他分类方法,在此略。

1) 开环伺服系统

开环伺服系统只能采用步进电机作为驱动元件,它没有任何位置反馈回路和速度反馈回路,因此设备投资少,调试维修方便,但精度较低,高速转矩小。开环伺服系统由驱动控制线路、步进电机和进给机械传动机构(如齿轮箱、工作台等)组成,如图 5-1 所示。

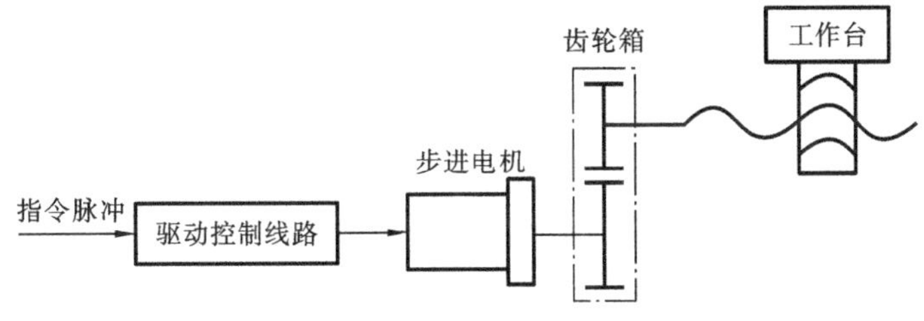


**图 5-1 开环伺服系统**

开环伺服系统将数字脉冲转换成角位移,靠驱动装置本身定位。步进电机转过的角度与指令脉冲个数成正比,转速与脉冲频率成正比,转向取决于电机绕组通电顺序。

2) 半闭环伺服系统

半闭环伺服系统一般将角位移检测装置安装在电机轴或滚珠丝杠末端,用以精确控制电机或丝杠的角度,然后转换成工作台的位移。它可以将部分传动链的误差检测出来并得到补偿,因而它的精度比开环伺服系统的高,如图 5-2 所示。

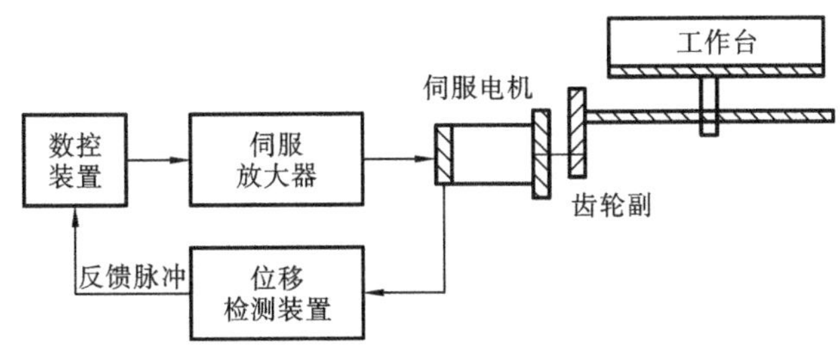


**图 5-2 半闭环伺服系统**

3) 闭环伺服系统

闭环伺服系统将直线位移检测器安装在机床的工作台上,将检测装置测出的实际位移量或实际所处的位置反馈给 CNC 装置,并与指令值进行比较,求得差值,实现位置控制,如图 5-3 所示。

### 3. 伺服系统的基本要求

1) 位移精度高

伺服系统的精度是指输出量能复现输入量的精确程度。伺服系统的位移精度是指 CNC

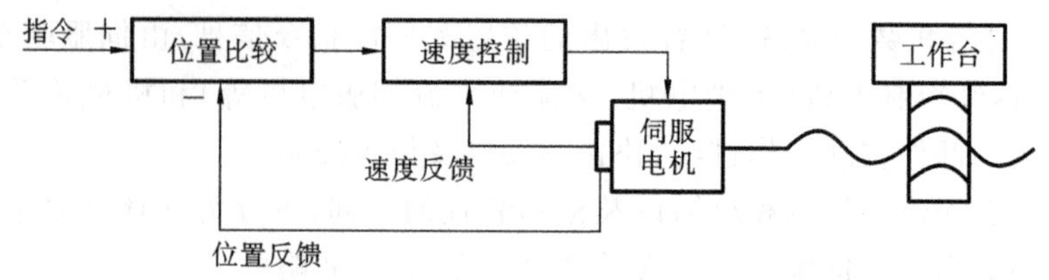


图 5-3 闭环伺服系统

装置发出的指令脉冲要求机床工作台进给的理论位移量和该指令脉冲经伺服系统转化为机床工作台实际位移量之间的符合程度。两者误差越小，位移精度越高，一般为 0.001～0.01 mm。

2）调速范围宽

调速范围是指数控机床要求电机所能提供的最高转速（$n_{max}$）与最低转速（$n_{min}$）之比。一般要求速比（$n_{max}$ ∶ $n_{min}$）为 24000 ∶ 1。低速时应保证运行平稳无爬行。在数控机床中，由于所用刀具、加工材料及零件加工要求的差异，为保证数控机床在任何情况下都能得到最佳切削速度，就要求伺服系统具有足够宽的调速范围。

3）响应速度快

响应速度是伺服系统动态品质的重要指标，反映了系统跟随精度。进给伺服系统实际上就是一种高精度位置随动系统，为保证轮廓切削形状精度和低的表面粗糙度，伺服系统应具有良好的快速响应性。

4）稳定性好

稳定性是指系统在给定输入或外界干扰作用下，能在短暂的调节过程后，达到新的或恢复到原来平衡状态的能力。稳定性直接影响数控加工精度和表面粗糙度，因此要求伺服系统应具有较强的抗干扰能力，保证进给速度均匀、平稳。

5）低速大转矩

数控机床加工的特点是，在低速时进行重切削，因此，伺服系统在低速时要求具有输出大转矩的特性，以保证低速切削正常进行。

## 5.1.2 步进电机

步进电机工作原理

步进电机是一种将电脉冲信号转换为机械角位移的机电执行元件。它与普通电机一样，由转子、定子和定子绕组组成。当给步进电机定子绕组输入一个电脉冲时，转子就会转过一个相应的角度，其转子的转角与输入的电脉冲个数成正比；转速与电脉冲频率成正比；转动方向取决于步进电机定子绕组的通电顺序。由于步进电机伺服系统是典型的开环控制系统，它没有任何反馈检测环节，其精度主要由步进电机来决定，并具有控制简单、运行可靠、无累积误差等优点，已获得了广泛应用。

### 1. 步进电机的工作原理和主要特性

1）反应式步进电机的结构及其工作原理

图 5-4 为三相反应式步进电机的结构图。它由转子、定子及定子绕组组成。定子有 6 个

均布的磁极，直径方向相对的两个极上的线圈串联，构成电机的一相控制绕组。

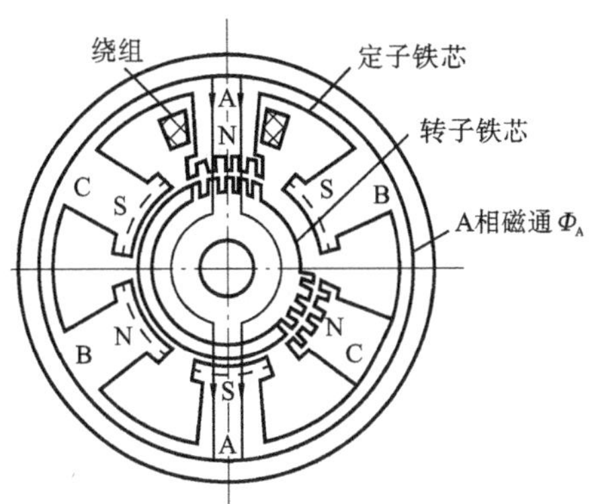


图 5-4　三相反应式步进电机的结构图

图 5-5 为三相反应式步进电机工作原理图。定子上有 A、B、C 三对磁极，转子上有 4 个齿，转子上无绕组，由带齿的铁芯做成，如果先将电脉冲加到 A 相励磁绕组，B、C 相不加电脉冲，A 相磁极便产生磁场，在磁场力矩作用下，转子 1、3 两个齿与定子 A 相磁极对齐；如果将电脉冲加到 B 相励磁绕组，A、C 相不加电脉冲，B 相磁极便产生磁场，这时转子 2、4 两个齿与定子 B 相磁极靠得最近，转子便沿逆时针方向转过 30°，使转子 2、4 两个齿与定子 B 相对齐；如果将电脉冲加到 C 相励磁绕组，A、B 相不加电脉冲，C 相磁极便产生磁场，这时转子 1、3 两个齿与定子 C 相磁极靠得最近，转子再沿逆时针方向转过 30°，使转子 1、3 两个齿与定子 C 相对齐。如果按照 A→B→C→A→…的顺序通电，步进电机就按逆时针方向转动；如果按照 A→C→B→A→…的顺序通电，步进电机就按顺时针方向转动，且每步转 30°。如果控制电路连续地按一定方向切换定子绕组各相的通电顺序，转子便按一定方向不停地转动。

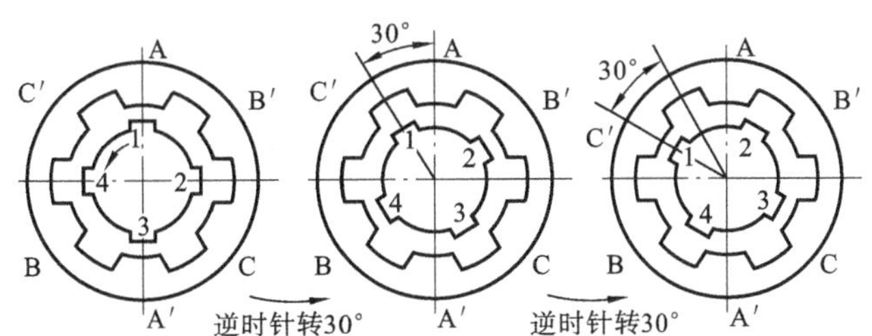


图 5-5　三相反应式步进电机工作原理图

步进电机定子绕组从一种通电状态换接到另一种通电状态称为一拍，每拍转子转过的角度称为步距角。上述通电方式称为三相单三拍，即三相励磁绕组依次单独通电运行，换相三次完成一个通电循环。由于每种状态只有一相绕组通电，转子容易在平衡位置附近产生振荡，并且在绕组通电切换的瞬间，电机失去自锁转矩，易产生丢步。通常采用三相双三拍控制方式，如图 5-6 所示。即按照 AB→BC→CA→AB→…或 AC→CB→BA→AC→…的顺序通电，定位精度增高且不易失步。如果步进电机按照 A→AB→B→BC→C→CA→A→…或 A→AC→C→CB→B→BA→A→…的顺序通电，根据其工作原理图分析可知，其步距角比三相三拍工作方式减小一半，称这种方式为三相六拍工作方式。

综上所述，步距角按下列公式计算：

$$\theta_s = \frac{360^\circ}{mzk} \tag{5-1}$$

式中：$\theta_s$ 为步距角；$m$ 为电机相数；$z$ 为转子齿数；$k$ 为通电方式系数，$k$ = 拍数/相数。

不管是定子还是转子，其齿距角都可计算如下：

$$\theta = 2\pi / z \tag{5-2}$$

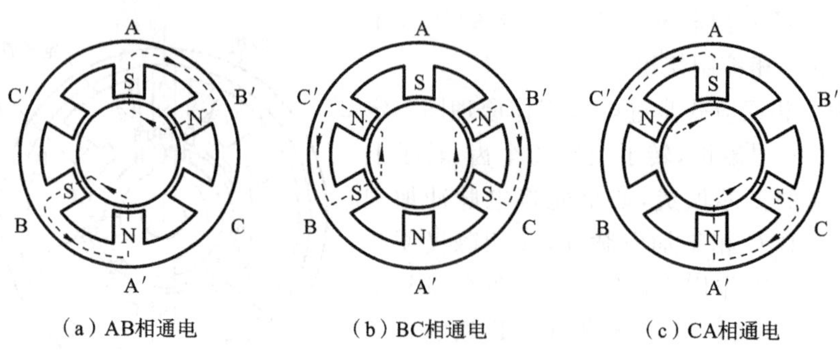


图 5-6 三相双三拍工作时的磁场情况

例如，如果转子的齿数为40，则齿距角为 $\theta=2\pi/40=9^\circ$。

从式(5-1)可知，电机相数的多少受结构限制，减小步距角的主要方法是增加转子齿数。如图5-5所示，电机相邻两个极与极之间的夹角为60°，转子只有4个齿，因此齿与齿之间的夹角为90°。经上述分析可知，当电机以三相三拍方式工作时，步距角为30°；以三相六拍方式工作时，步距角为15°。在一个循环过程中，即通电从A→…→A，转子正好转过一个齿间夹角。如果将转子齿变为40个，转子齿间夹角为9°，那么当电机以三相三拍方式工作时，步距角为3°；以三相六拍方式工作时，步距角则为1.5°。通过改变定子绕组的通电顺序，就可以改变电机的旋转方向。用单三拍工作方式时的相电压、电流波形如图5-7所示，用六拍工作方式时的相电压、电流波形如图5-8所示。

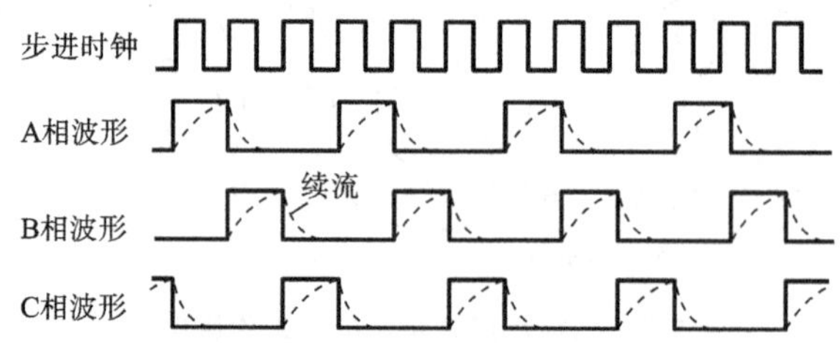


图 5-7 用单三拍工作方式时的相电压、电流波形

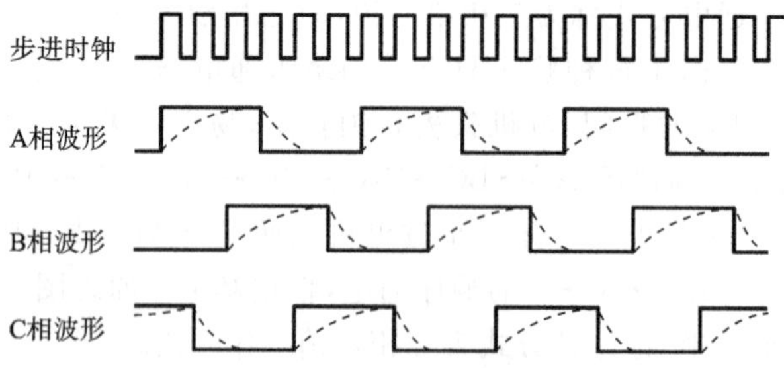


图 5-8 用六拍工作方式时的相电压、电流波形

步进电机转子角位移的大小取决于来自CNC装置发出的电脉冲个数，其转速 $n$ 取决于电脉冲频率 $f$，即

$$n=\frac{\theta_s\times 60f}{360^\circ}=\frac{60f}{mzk} \tag{5-3}$$

式中：$n$ 为电机转速，r/min；$f$ 为电脉冲频率，Hz。

综上所述，步进电机的角位移大小与脉冲个数成正比；转速与脉冲频率成正比；转动方向取决于定子绕组的通电顺序。

**【例 5-1】** 一台三相反应式步进电机，采用三相六拍分配方式，转子上共有 40 个齿。已知通电脉冲源频率为 600 Hz，试完成下列要求：

(1) 写出一个循环的通电顺序。

(2) 求电机的步距角 $\theta_s$。

(3) 求电机的转速 $n$。

**解** (1) 采用三相六拍分配方式，完成一个循环的通电顺序为 A→AB→B→BC→C→CA，或者 A→AC→C→CB→B→BA。

(2) 采用三相六拍分配方式时，$m=3$，$k=2$，故步距角为

$$\theta_s=\frac{360^\circ}{mzk}=\frac{360^\circ}{3\times40\times2}=1.5^\circ$$

采用三拍分配方式时，$m=3$，$k=1$，故此台电机步距角为 3°。

(3) 电机转速为

采用单拍制时，$m=3$，$k=1$，$n=\dfrac{60f}{mzk}=\dfrac{60\times600}{3\times40\times1}$ r/min=300 r/min

采用双拍制时，$m=3$，$k=2$，$n=\dfrac{60f}{mzk}=\dfrac{60\times600}{3\times40\times2}$ r/min=150 r/min

**【例 5-2】** 一台三相反应式步进电机，采用三相六拍分配方式，转子上共有 20 个齿。已知通电脉冲频率为 100 Hz，求 6 s 后，电机转过的转数。

**解**

$$\theta_s=\frac{360^\circ}{mzk}=\frac{360^\circ}{3\times20\times2}=3^\circ$$

$$\text{总角位移}=100\times6\times3^\circ=1800^\circ$$

$$\text{转数}=1800^\circ/360^\circ=5$$

2) 二相混合式步进电机的结构及其工作原理

(1) 二相混合式步进电机的结构。

二相混合式步进电机的结构与反应式电机的相似，其结构示意如图 5-9 所示。二相混合式步进电机的定子也有磁极(大极)，一般有 8 个磁极，间隔的 4 个磁极是同一绕组(相)，例如，1、3、5、7 是 A 相；2、4、6、8 是 B 相。绕组按照一定的缠绕方式使每相相对的磁极在通电后产生相同的极性，例如，在图 5-9(b)中，A 相正通电时，磁极 1、5 呈 N 极，磁极 3、7 呈 S 极。与反应式步进电机一样，每个磁极的内表上也均匀分布着大小相同、间距相等的小齿，这些小齿与转子的小齿齿距相同，因此它们的齿距角 $\theta_z$ 仍然可以用式(5-1)计算。

二相混合式步进电机的转子结构比反应式的复杂。如图 5-9(a)所示，转子由两段铁芯组成，中间嵌入永磁铁，所以使转子的一端铁芯呈 S 极，另一端铁芯呈 N 极。转子的两段铁芯外周虽然也均匀地分布着同样数量和尺寸的小齿，但是两段铁芯的小齿互相错位半个齿距，这个结构可以通过比较图 5-9(b)的两个视图中转子的小齿位置看出。

制造时，要保证当某一磁极上的小齿与转子处于对齿状态时，与这个磁极相垂直的两个磁极上的小齿一定处于最大错齿位置。如图 5-9(b)中的 $K$—$K$ 剖视图，当磁极 1 和 5 与转

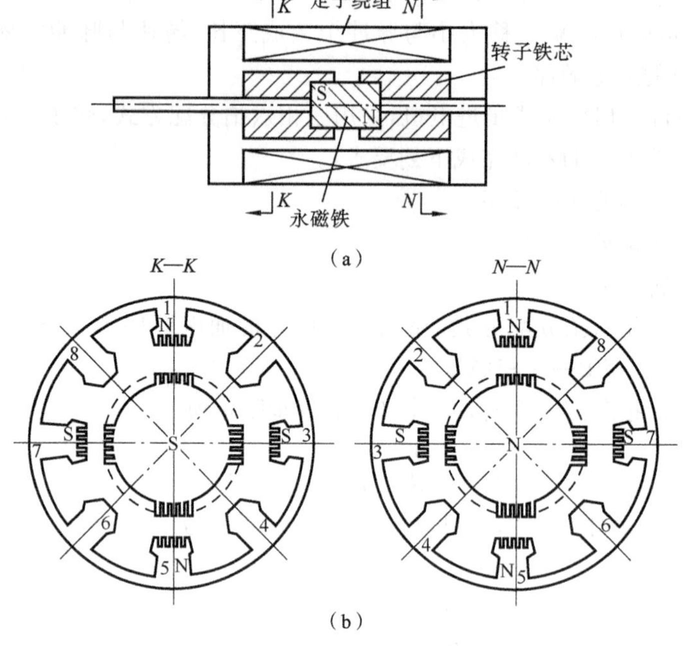


图 5-9 混合式步进电机的结构

子处于对齿时，磁极 3 和 7 一定处于最大错齿位置。因为转子也产生磁场，所以混合式步进电机所产生的转矩是转子永磁磁场和定子电枢磁场共同作用所产生的，它比反应式步进电机仅由定子所产生的转矩要大。

(2) 二相混合式步进电机的工作原理。

如图 5-9(b)所示，S 极转子与定子的 N 极磁极产生吸合力，与定子的 S 极磁极产生排斥力；同时，N 极转子与定子的 S 极磁极产生吸合力，与定子的 N 极磁极产生排斥力。这些力所产生的合力就会推动转子转动。

转子的 N、S 极性是不变的，可通过改变定子磁极的 N、S 极性以及变化顺序，使转子按要求旋转。

例如，转子有 50 个齿，根据式(5-2)，齿距角为 360°/50＝7.2°。图 5-9(b)中的 *K*—*K* 视图，在转子 S 极一端，如果将磁极 1 的中心线看成 0°，在 0°处的转子齿为 0 号齿，且处于对齿，则磁极 2 的中心线上对应的转子齿号为 $45°/7.2°=6\frac{1}{4}$，即磁极 2 的中心线处于转子第 6 号齿再过 1/4 齿距角的地方，也即磁极 2 错位了 1/4 个齿距角，混合式步进电机的工作原理如图 5-10 所示。

因为转子 S 极端的齿与 N 极端的齿在制造时互相错位半个齿距，所以磁极 2 的中心线与转子 N 极端的第 6 号齿也错位 1/4 个齿距角，只不过转子 N 极端的第 6 号齿位于中心线的另一端。

此时，如果给磁极 2 的绕组通电，并使其产生 N 极磁场，则转子 S 极端的齿与磁极 2 产生吸合力，而转子 N 极端的齿与磁极 2 产生排斥力，其合力推动转子向右运动。运动的结果是转子 S 极端的齿与磁极 2 处于对齿位置，N 极端的齿与磁极 2 处于最大错齿位置，也就是

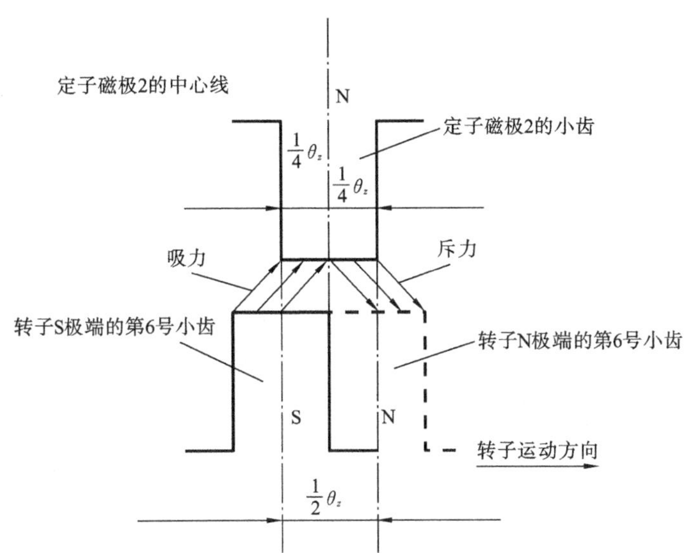


**图 5-10 混合式步进电机的工作原理**

说，这次通电使转子转过 1/4 个齿距角。

由此可见，每通电一次，转子走一步，转过 1/4 个齿距角。二相混合式步进电机的步距角仍然可以通过式(5-1)来计算。如果要转过一个齿距角，就需要换相通电 4 次。二相混合式步进电机只有两个相，为了实现 4 次换相通电，就需要对某一相分别正向和反向通电，这样的驱动称为双极性驱动，二相混合式步进电机只能通过双极性驱动来工作。

如果每次只给一相通电，就称为单相通电方式。用 A 表示 A 相正向通电，$\overline{A}$ 表示 A 相反向通电，B 相通电也如此表示，则二相混合式步进电机的单相正转通电顺序为 A→B→$\overline{A}$→$\overline{B}$，单相反转通电顺序为 A→$\overline{B}$→$\overline{A}$→B。

二相混合式步进电机也可以两相同时通电，这种通电方式称为两相通电方式。两相正转通电顺序为：AB→$\overline{A}$B→$\overline{A}\overline{B}$→A$\overline{B}$；两相反转通电顺序为 AB→A$\overline{B}$→$\overline{A}\overline{B}$→$\overline{A}$B。

与反应式步进电机一样，当两相同时通电时，平衡位置不是对齿位置，两相通电会获得比单相通电更大的转矩。

由上述可知，不管是单相通电，还是两相通电，都通过 4 拍转过一个齿距角，行业界习惯统称其为整步方式。以 50 齿转子为例，步距角 $\theta_N=360°/(50\times4)=1.8°$。

如果将单相通电与两相通电交替组合在一起，就会形成另外一种通电方式，行业界习惯称其为半步方式。其正转的通电顺序为 A→AB→B→$\overline{A}$B→$\overline{A}$→$\overline{A}\overline{B}$→$\overline{B}$→A$\overline{B}$；反转的通电顺序为 A→A$\overline{B}$→$\overline{B}$→$\overline{A}\overline{B}$→$\overline{A}$→$\overline{A}$B→B→AB。转过一个齿距角需要 8 拍。在这种工作方式下，转子为 50 齿的步距角 $\theta_N=360°/(50\times8)=0.9°$。由此可见，半步方式可以提高步进精度。

**2. 步进电机的细分驱动**

前面提出的步进电机的步距角的大小只有两种，即整步工作方式步距角和半步工作方式步距角，步距角由电机结构所确定。如果要求步进电机有更小的步距角、更高的分辨率(脉冲当量)，或者为减小电机振动、噪声等，可以在每次输入脉冲切换时，不是将绕组电流全部通入或切除，而是只改变相应绕组中额定电流的一部分，则电机的合成磁势也只旋转步距角的一部分，转子的每步运动也只有步距角的一部分。这里，绕组电流不是一个方波，而是阶梯波，额定电流是台阶式的投入或切除，电流分成多少个台阶，则转子就以同样步数转过一个步距角。这种将一个步距角细分成若干步的驱动方法，称为细分驱动。

以三相反应式步进电机为例，对应于半步工作状态，状态转换表为 A→AB→B→BC→C→CA→…，如果要将每步都细分成四步走完，则可将电机每相绕组的电流分四个台阶投入或切除。图 5-11 所示的为四细分时各相电流的变化情况，横坐标上标出的数字为切换输入 CP 脉冲的序号，同时也表示细分后的状态序号。初始状态为 0 时，A 相通额定电流，即 $i_A=I_N$，当第一个 CP 脉冲到来时，B 相不是马上通额定电流，而是只通额定电流的 1/4，即 $i_B=I_N/4$，此时电机的合成磁势由 A 相中的 $I_N$ 与 B 相中的 $I_N/4$ 共同产生。细分时合成磁势的旋转情况如图 5-12 所示，由图可以看出合成磁势的旋转情况。当状态为 2 时，A 相电流未变，而 B 相电流增加到 $i_B=I_N/2$；当状态为 3 时，$i_A=I_N$，$i_B=3I_N/4$；当状态为 4 时，$i_A=I_N$，$i_B=I_N$。未加细分时，从 A 到 AB 只需一步，而进行细分工作时却经 4 步才运行到 AB，这 4 步的步距角分别为 $\theta_1$、$\theta_2$、$\theta_3$ 和 $\theta_4$，而这才相当于走完半步状态工作时一步的步距角，即 $\theta_1+\theta_2+\theta_3+\theta_4=\theta_s$。图 5-12 中还表示出了 AB→B 细分的情况，原理同 A→AB。不细分时，完整状态转换一个循环走 6 步，即 $m_1=6$，电机转角为 $\theta=6\theta_b$；细分后需 24 步才走完一个循环，即 $m_1=24$，电机转角仍为 $6\theta_b$。

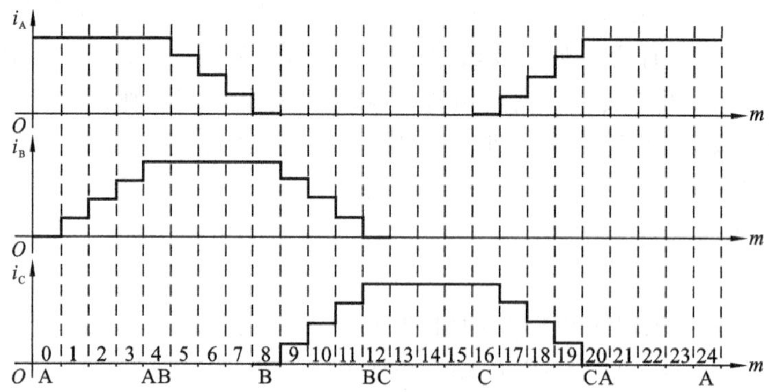


**图 5-11 三相六拍四细分各相电流波形**

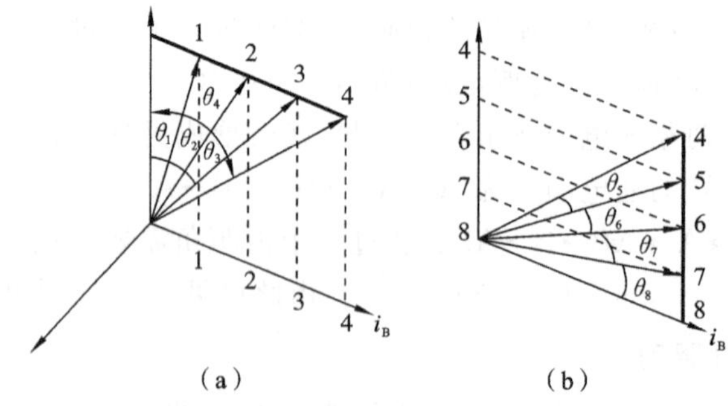


**图 5-12 细分时合成磁势的旋转情况**

不细分时，即电机运行六拍时，每步的步距角理论上是一样的，即 $\theta_b=60°$（电角度），细分后步距角应为 15°。

### 3. 开环控制步进电机伺服系统的工作原理

1）工作台位移量的控制

数控装置发出 $N$ 个脉冲，经驱动电路放大后，使步进电机定子绕组通电状态变化 $N$ 次。如果一个脉冲信号使步进电机转过的角度为 $\theta_s$，则步进电机转过的角位移量 $\phi=N\theta_s$，再经减速齿轮、丝杠、螺母之后转变为工作台的位移量 $L$，即进给脉冲数决定了工作台的直线位移量 $L$。若驱动器选用 64 细分的驱动器，则步进电机每个驱动脉冲的角度当量 $\beta=0.9°/64$，滚珠丝杆螺距 $l=4$ mm。工作台轴向移动步长 $\Delta L$/脉冲为

$$\Delta L/\text{脉冲}=\frac{l}{360/\beta}=\frac{l\times\beta}{360}=\frac{4\times0.9}{360\times64}\ \text{mm}=\frac{10}{64}\ \mu\text{m}=0.1563\ \mu\text{m}$$

则直线位移量 $L=N\times\Delta L$/脉冲。

2）工作台运动方向的控制

改变步进电机输入脉冲信号的循环顺序，就可改变定子绕组中电流的通断循环顺序，从而使步进电机实现正转和反转，工作台进给方向相应地被改变。

## 5.1.3 交流伺服电机

交流伺服电机工作原理

目前在数控机床上广泛应用的有直流伺服电机和交流伺服电机。在伺服系统中常用的直流伺服电机多为大功率直流伺服电机，如低惯量电机和宽调速电机等。交流伺服电机驱动是最新发展起来的新型伺服系统，它能在较宽的调速范围内产生理想的转矩，结构简单，运行可靠，用于数控机床等进给驱动系统精密位置控制。

### 1. 交流伺服电机的类型

在交流伺服系统中，交流伺服电机可分为同步型伺服电机和异步型感应伺服电机两大类。在进给伺服系统中，大多数采用同步型交流伺服电机，它的转速由供电频率决定，即在电源电压和频率不变时，其转速恒定不变。由变频电源供电时，能方便地获得与电源频率成正比的可变转速，可得到非常硬的机械特性及宽的调速范围。目前，在数控机床的进给伺服系统中多采用永磁式同步型交流伺服电机，图 5-13 所示的为日本松下交流伺服电机及其驱动器。

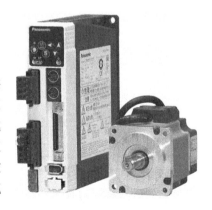

**图 5-13 松下 A4 交流伺服电机及其驱动器**

### 2. 交流伺服电机的工作原理

交流伺服电机的工作原理如图 5-14 所示，交流伺服电机的转子是一个具有两个极的永磁体。当同步型电机的定子绕组接通电源时，产生旋转磁场（Ns、Ss），以同步转速 $n_s$ 逆时针方向旋转。根据两异性磁极相吸的原理，定子磁极 Ns（或 Ss）紧紧吸住转子，以同步速度 $n_s$ 在空间旋转，即转子和定子磁场同步旋转。

当转子的负载转矩增大时，定子磁极轴线与转子磁极轴线间的夹角 $\theta$ 增大；当负载转矩减小时，$\theta$ 减小。但只要负载不超过一定的限度，转子就始终跟着定子旋转磁场同步转动。

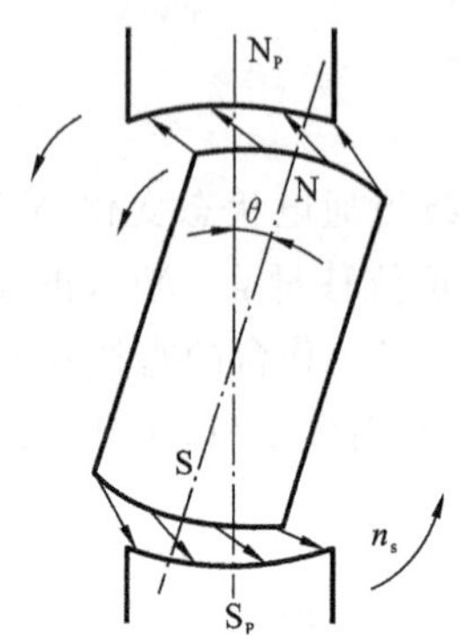


图 5-14　交流伺服电机的工作原理

此时转子的转速只取决于电源频率和电机的极对数,而与负载大小无关。当负载转矩超过一定的限度时,电机就会"丢步",即不再按同步转速运行直至停转。这个最大限度的转矩称为最大同步转矩。因此,使用永磁式同步型电机时,负载转矩不能大于最大同步转矩。

**3. 交流伺服电机结构**

交流伺服系统由交流伺服电机和驱动器组成,交流伺服电机本身附装了光电编码器,编码器安装在电机后端,其转盘(光栅)与电机同轴,伺服电机控制精度取决于编码器精度。伺服电机接收到 1 个脉冲,就会旋转 1 个脉冲对应的角度,从而实现位移,同时,伺服电机光电编码器具备发出脉冲的功能,伺服电机每旋转一个角度,都会发出对应数量的脉冲,这样就和伺服电机接受的脉冲形成呼应,或者叫闭环,系统知道发了多少脉冲给伺服电机,同时又收了多少脉冲回来,这样,就能够很精确地控制电机的转动,定位精度可以达到 0.001 mm。交流伺服电机结构如图 5-15 所示。

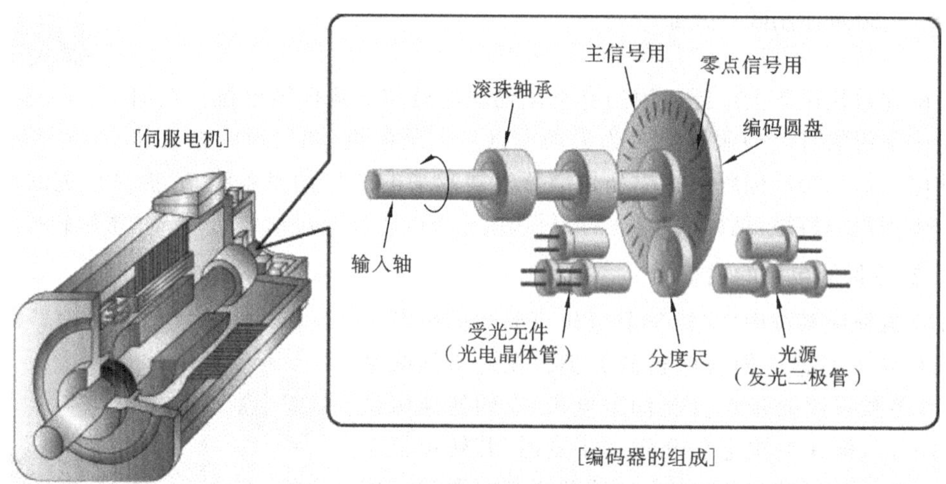


图 5-15　交流伺服电机结构图

**4. 交流伺服电机特点**

伺服电机的精度取决于编码器的精度(线数)。因为伺服电机具有服从控制信号的要求而动作的职能,无信号时静止,有信号时动作,因其伺服性而得名。

(1) 控制精度好　交流伺服电机的控制精度由电机轴后端的旋转编码器保证。以安川 sigmaⅡ交流伺服电机为例,对于带标准 2500 线编码器的电机而言,由于驱动器内部采用了四倍频技术,其脉冲当量为 360°/10000=0.036°。对于带 17 位编码器的电机而言,驱动器每接收 $2^{17}$=131072 个脉冲电机转一圈,即其脉冲当量为 360°/131072=0.0027465°,是步距角为1.8°的步进电机的脉冲当量的 1/655。此外交流伺服驱动系统为闭环控制,驱动器可直接对电机编码器反馈信号进行采样,内部构成位置环和速度环,一般不会出现步进电机的丢步或过冲的现象。

（2）宽广的调速范围　伺服电机的转速随着指令信号能够实现从极低到额定转速范围内平滑调节，即使在低速时也不会出现振动现象。交流伺服系统具有共振抑制功能，可涵盖机械的刚性不足，并且系统内部具有频率解析机能（FFT），可检测出机械的共振点，便于系统调整。

（3）矩频特性好　交流伺服电机为恒力矩输出，即在其额定转速（一般为 2000 r/min 或 3000 r/min）以内，都能输出额定转矩，在额定转速以上为恒功率输出。

（4）过载能力高　交流伺服电机具有较强的过载能力。以安川交流伺服系统为例，它具有速度过载和转矩过载能力。其最大转矩为额定转矩的 3 倍，可用于克服惯性负载在启动瞬间的惯性力矩。

（5）此外，伺服电机具有极高的动态响应特性。一般来说，伺服电机从零到额定转速所需要的时间仅为几个毫秒。

交流伺服电机在激光加工设备中得到广泛应用。目前国外品牌占据了中国交流伺服电机市场近 80％的市场份额，主要来自日本和欧美等国。其中，日系产品以约 50％的市场份额居首，品牌包括松下、三菱电机、安川、三洋、富士等，其产品特点是技术和性能水平比较符合中国用户的需求，以良好的性价比和较高的可靠性获得了稳定且持续的客户源，在中小型 OEM 市场上尤其具有垄断优势。

**5. 交流伺服电机驱动器**

伺服电机驱动器主要功能为：根据给定信号输出与此成正比的控制电压、接收编码器的速度和位置信号、I/O 信号接口，如图 5-16 所示。

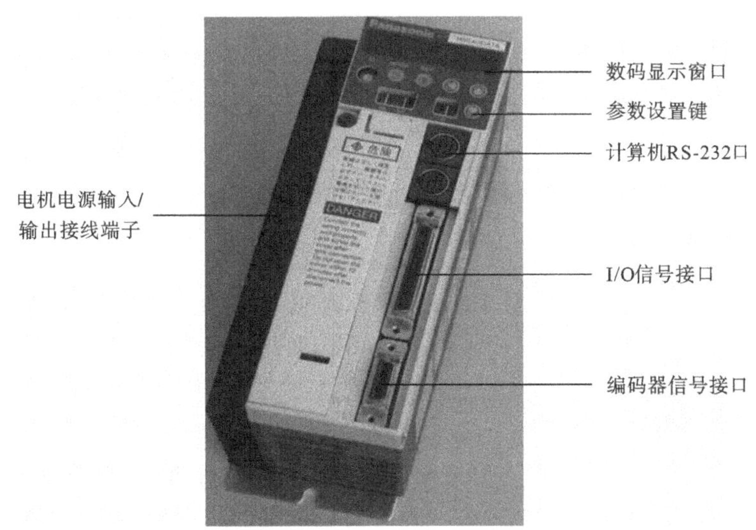


**图 5-16　交流伺服电机驱动器**

一般来说，交流伺服电机的控制方式有以下三种。

（1）转矩控制：转矩控制方式是通过外部模拟量的输入来设定电机轴对外的输出转矩的大小，例如，10 V 对应 5 N・m，当外部模拟量设定为 5 V 时，电机轴输出为 2.5 N・m；如果电机轴负载低于 2.5 N・m 时电机正转，负载等于 2.5 N・m 时电机不转，负载大于 2.5 N・m时电机反转。

（2）位置控制：位置控制模式一般是通过外部输入脉冲的频率来确定转动速度的大小，

通过脉冲的个数来确定转动的角度。

(3) 速度模式:通过模拟量的输入或脉冲的频率都可以进行转动速度的控制。

除此之外,在上述三种控制方式的基础上,还可以组合成三种复合的控制模式。

交流伺服电机系统接线示意图和结构图如图 5-17、图 5-18 所示。

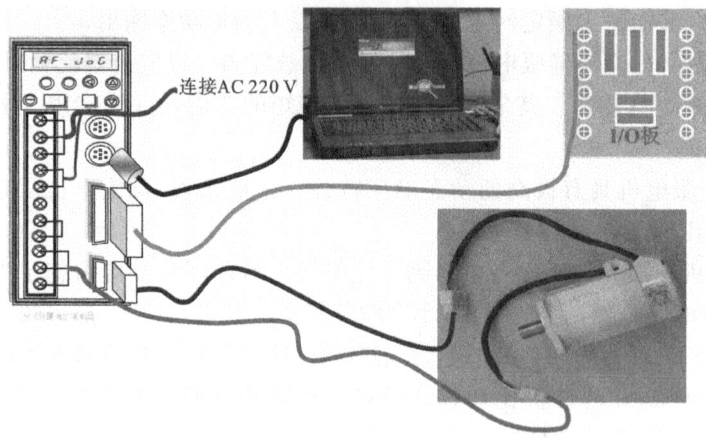


图 5-17 交流伺服电机系统接线示意图

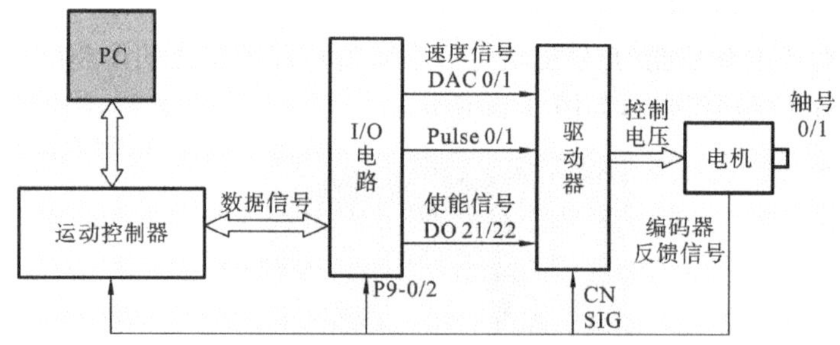


图 5-18 交流伺服电机系统结构图

## 6. 松下交流伺服系统

松下 MINAS A 系列交流伺服系统由 A 系列驱动器和配套交流伺服电机组成。从 A4、A5 发展到目前的 A6 系列,包括通用型 A6SE、通用通信型 A6SG、多功能型 A6SF、超高速网络型 A6N(RTEX 总线)、A6B(EtherCAT 总线)、A6L(直线电机控制)等。MINAS A6 系列是可满足追求高速度、高精度、高性能以及需进行简单设定的机器所有要求的最新伺服系统。与 A5 系列相比,A6 系列性能上有所提升,并且搭载了 A5 Ⅱ系列中广受好评的 2 自由度控制方式,可简单进行设定及调整,是一款名副其实的高性能产品。新开发输出范围为 50 W～5.0 kW 的多种类电机,采用 23 位绝对式编码器,实现高分辨率,可进行更高精度的定位、机械驱动,如图 5-19 所示。

图 5-19 松下 A6 系列伺服电机及驱动器

A6 系列有通用型和多功能型,多功能型的一部分固有功能,通用型不能使用。

1) 驱动器

A6 驱动器铭牌及各部分名称如图 5-20、图 5-21 所示。

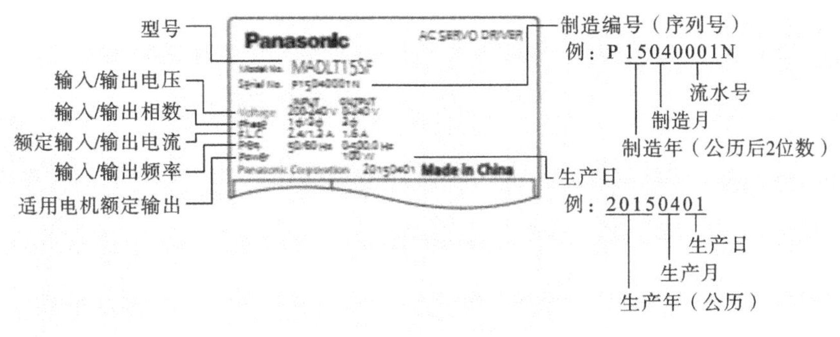


(a) 铭牌

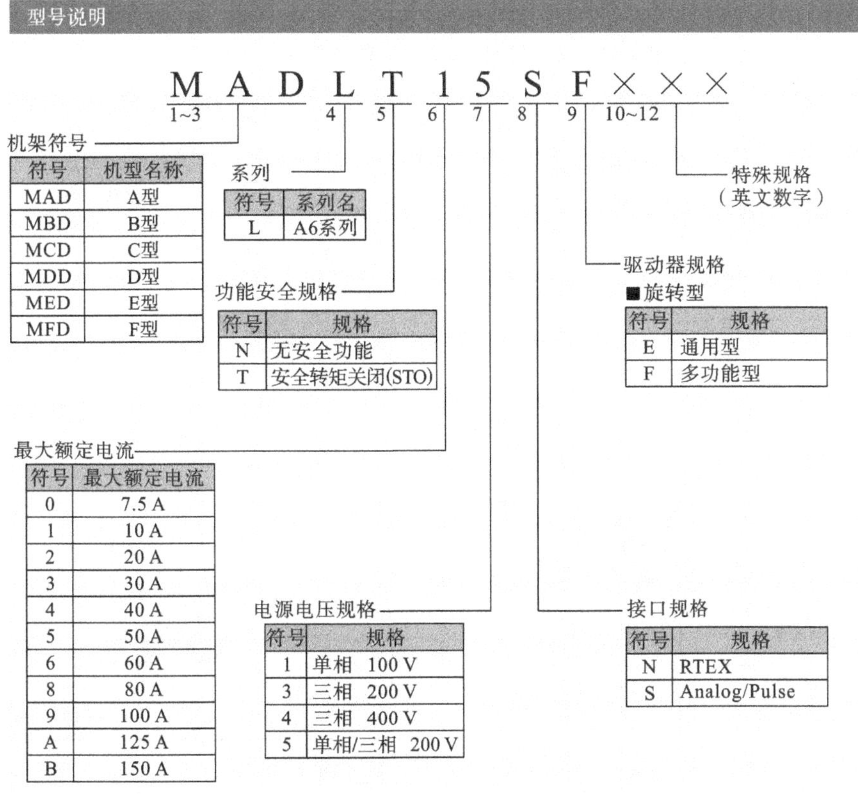


| 符号 | 机型名称 |
|---|---|
| MAD | A型 |
| MBD | B型 |
| MCD | C型 |
| MDD | D型 |
| MED | E型 |
| MFD | F型 |

| 符号 | 系列名 |
|---|---|
| L | A6系列 |

| 符号 | 规格 |
|---|---|
| N | 无安全功能 |
| T | 安全转矩关闭(STO) |

| 符号 | 规格 |
|---|---|
| E | 通用型 |
| F | 多功能型 |

| 符号 | 最大额定电流 |
|---|---|
| 0 | 7.5 A |
| 1 | 10 A |
| 2 | 20 A |
| 3 | 30 A |
| 4 | 40 A |
| 5 | 50 A |
| 6 | 60 A |
| 8 | 80 A |
| 9 | 100 A |
| A | 125 A |
| B | 150 A |

| 符号 | 规格 |
|---|---|
| 1 | 单相 100 V |
| 3 | 三相 200 V |
| 4 | 三相 400 V |
| 5 | 单相/三相 200 V |

| 符号 | 规格 |
|---|---|
| N | RTEX |
| S | Analog/Pulse |

(b) 型号说明

**图 5-20 A6 系列伺服电机驱动器铭牌及型号说明**

2) 电机

A6 电机铭牌型号如图 5-22、图 5-23 所示,23 位绝对式编码器分辨率为 8388608。

3) 参数和模式设定

驱动器需要设定特性、功能等各种参数,参数可以通过驱动器面板或安装了“PANA-

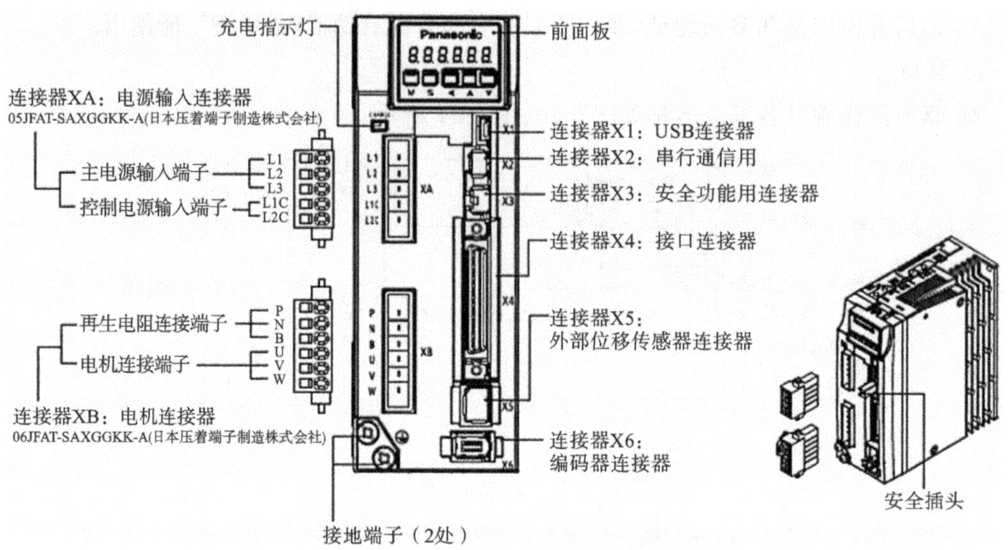


图 5-21　A6 系列伺服电机驱动器各部分名称

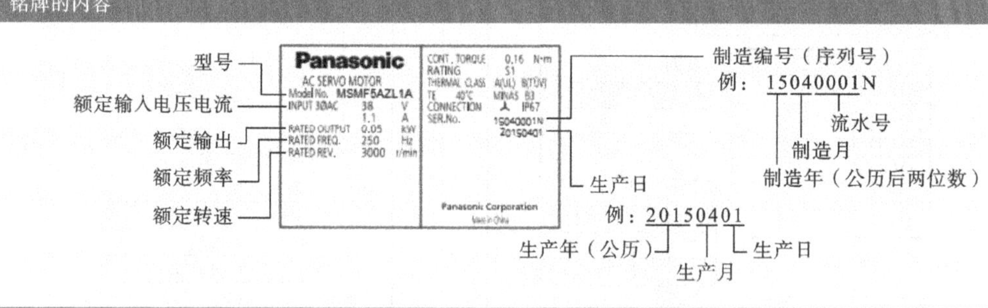


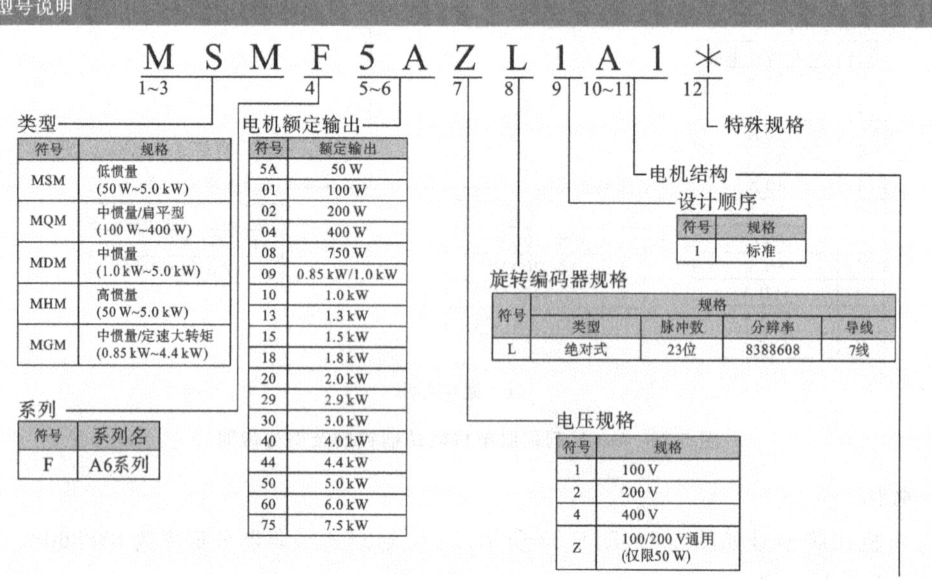


类型

| 符号 | 规格 |
|---|---|
| MSM | 低惯量 (50 W~5.0 kW) |
| MQM | 中惯量/扁平型 (100 W~400 W) |
| MDM | 中惯量 (1.0 kW~5.0 kW) |
| MHM | 高惯量 (50 W~5.0 kW) |
| MGM | 中惯量/定速大转矩 (0.85 kW~4.4 kW) |

系列

| 符号 | 系列名 |
|---|---|
| F | A6系列 |

电机额定输出

| 符号 | 额定输出 |
|---|---|
| 5A | 50 W |
| 01 | 100 W |
| 02 | 200 W |
| 04 | 400 W |
| 08 | 750 W |
| 09 | 0.85 kW/1.0 kW |
| 10 | 1.0 kW |
| 13 | 1.3 kW |
| 15 | 1.5 kW |
| 18 | 1.8 kW |
| 20 | 2.0 kW |
| 29 | 2.9 kW |
| 30 | 3.0 kW |
| 40 | 4.0 kW |
| 44 | 4.4 kW |
| 50 | 5.0 kW |
| 60 | 6.0 kW |
| 75 | 7.5 kW |

设计顺序

| 符号 | 规格 |
|---|---|
| 1 | 标准 |

旋转编码器规格

| 符号 | 规格 | | | |
|---|---|---|---|---|
| | 类型 | 脉冲数 | 分辨率 | 导线 |
| L | 绝对式 | 23位 | 8388608 | 7线 |

电压规格

| 符号 | 规格 |
|---|---|
| 1 | 100 V |
| 2 | 200 V |
| 4 | 400 V |
| Z | 100/200 V通用 (仅限50 W) |

图 5-22　A6 系列伺服电机铭牌及型号说明

■ MSMF 50~750 W，1.0 kW（MSMF092L1□）

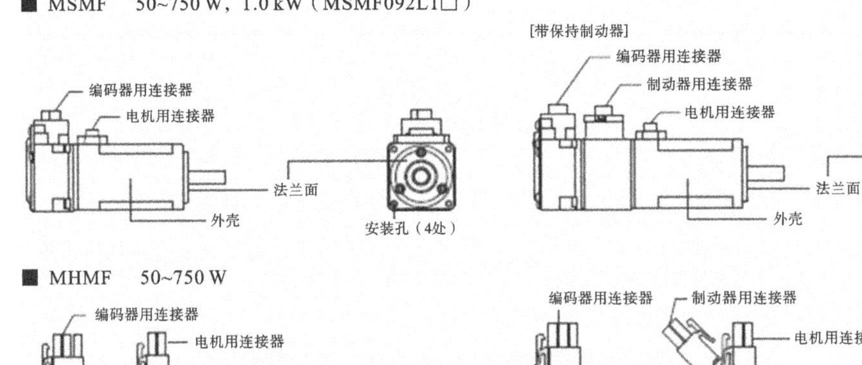


■ MHMF 50~750 W

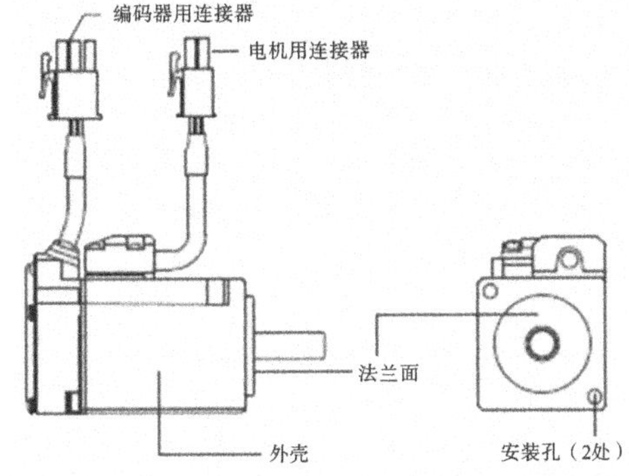


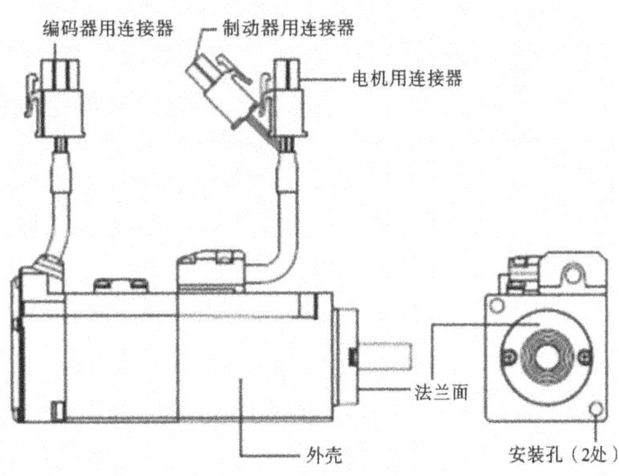


例：低惯量类型（MSMF系列50 W）、高惯量类型（MHMF系列50 W）

**图 5-23** A6 系列伺服电机

TERM”软件的计算机设置，如图 5-24 所示。

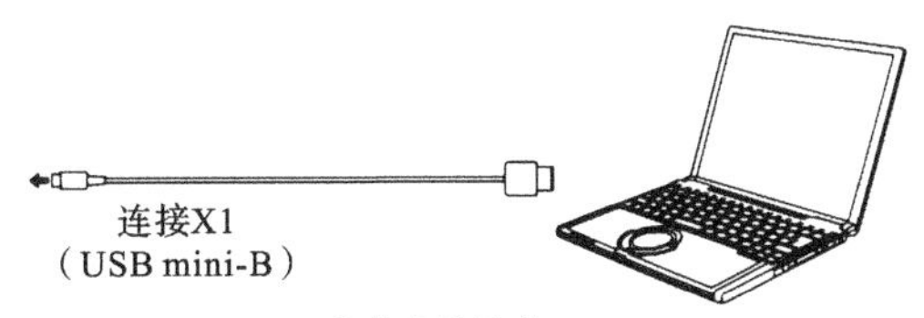


**图 5-24** PPANATERM 软件设置参数

(1) A6 系列驱动器参数编号为 PrX. YY(X：参数分类，YY：编号)，所有参数分类如表 5-1所示。

**表 5-1** A6 系列伺服电机驱动器参数分类及编号

| 参数 NO. | | 分类名称 | 种类 |
|---|---|---|---|
| 分类 | NO. * | | |
| 0 | 00～18 | 基本设定 | 基本设定相关参数 |
| 1 | 00～27 | 增益调整 | 增益调整相关参数 |
| 2 | 00～26 | 振动控制功能 | 振动控制相关参数 |
| 3 | 00～29 | 速度、转矩控制、全闭环控制 | 速度、转矩、全闭环相关参数 |
| 4 | 00～42 | I/F 监视器设定 | 接口相关参数 |
| 5 | 00～36 | 扩张设定 | 扩张设定相关参数 |

续表

| 参数 NO. | | 分类名称 | 种类 |
|---|---|---|---|
| 分类 | NO.* | | |
| 6 | 00～76 | 特殊设定 | 特殊设定相关参数 |
| 7 | 07～08 | 特殊设定 | 特殊设定相关参数 |
| 15 | 00～34 | 厂家使用 | 不可使用。请不要变更参数设定值 |

（2）基本参数设定如表 5-2 所示。

**表 5-2　A6 系列伺服电机驱动器参数分类 0 基本设定**

| 参数 NO. | | 名称 | 设定范围 | 标准出厂设定 | | | 单位 | 再接通电源 | 相关模式 | | | |
|---|---|---|---|---|---|---|---|---|---|---|---|---|
| 分类 | NO. | | | A、B 型 | C 型 | D、E、F 型 | | | P | S | T | F |
| 0 | 00 | 旋转方向设定 | 0～1 | 1 | | | — | ○ | ○ | ○ | ○ | ○ |
| 0 | 01 | 控制模式设定 | 0～6 | 0 | | | — | ○ | ○ | ○ | ○ | ○ |
| 0 | 02 | 实时自动调整设定 | 0～6 | 1 | | | — | | ○ | ○ | ○ | ○ |
| 0 | 03 | 实时自动调整机械刚性设定 | 0～31 | 13 | | 11 | — | | ○ | ○ | ○ | ○ |
| 0 | 04 | 惯量比 | 0～10000 | 250 | | | % | | ○ | ○ | ○ | ○ |
| 0 | 05 | 指令脉冲输入选择 | 0～2 | 0 | | | — | ○ | ○ | | | ○ |
| 0 | 06 | 指令脉冲旋转方向设定 | 0～1 | 0 | | | — | ○ | ○ | | | ○ |
| 0 | 07 | 指令脉冲输入模式设定 | 0～3 | 1 | | | — | ○ | ○ | | | ○ |
| 0 | 08 | 电机每旋转 1 次的指令脉冲数 | $0\sim2^{23}$ | 10000 | | | pulse | ○ | ○ | | | |
| 0 | 09 | 第 1 指令分倍频分子 | $0\sim2^{30}$ | 0 | | | — | | ○ | | | ○ |
| 0 | 10 | 指令分倍频分母 | $1\sim2^{30}$ | 10000 | | | — | | ○ | | | ○ |
| 0 | 11 | 电机每旋转 1 次的输出脉冲数 | 1～2097152 | 2500 | | | P/r | ○ | ○ | ○ | ○ | ○ |
| 0 | 12 | 脉冲输出逻辑反转/输出源选择 | 0～3 | 0 | | | — | ○ | ○ | ○ | ○ | ○ |
| 0 | 13 | 第 1 转矩限制 | 0～500 | 500*1 | | | % | | ○ | ○ | ○ | ○ |
| 0 | 14 | 位置偏差过大设定 | $0\sim2^{30}$ | 100000 | | | 指令单位 | | ○ | | | ○ |
| 0 | 15 | 绝对式编码器设定 | 0～2 | 1 | | | — | ○ | ○ | ○ | ○ | ○ |
| 0 | 16 | 外置再生电阻设定 | 0～3 | 3 | | 0 | — | ○ | ○ | ○ | ○ | ○ |
| 0 | 17 | 外置再生电阻负载率选择 | 0～4 | 0 | | | — | ○ | ○ | ○ | ○ | ○ |
| 0 | 18 | 厂家使用 | — | 0 | | | — | | | | | |

(3) 驱动器控制模式含义如表 5-3 所示。

**表 5-3 A6 系列伺服电机驱动器控制模式含义**

| 符　号 | 控 制 模 式 | Pr0.01 的设定值 |
|---|---|---|
| P | 位置控制 | 0 |
| S | 速度控制 | 1 |
| T | 转矩控制 | 2 |
| F | 全闭环控制 | 6 |
| P/S | 位置(第 1)·速度(第 2)控制 | 3 * |
| P/T | 位置(第 1)·转矩(第 2)控制 | 4 * |
| S/T | 速度(第 1)·转矩(第 2)控制 | 5 * |

(4) 指定分频倍频比(电子齿轮比)的设定:用来对指令脉冲的频率进行分频或倍频设置,可用于表示位置分辨率以及移动速度和指令分频倍频比的关系,如图 5-25 所示。

其中 Pr0.09:第一指令分倍频分子;Pr0.10:指令分倍频分母。

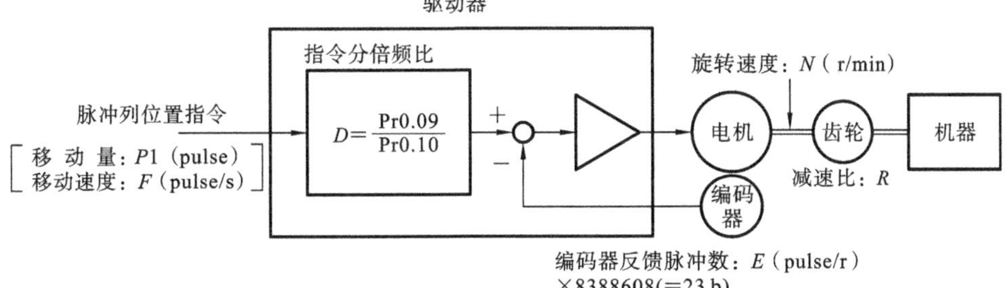


**图 5-25 分频倍频比和位置分辨率以及移动速度关系**

以丝杆传动直线工作台举例。

设丝杆螺距为 $L$(mm),则 $P1$(pulse)个脉冲对应的丝杆实际移动量 $M$(mm)的关系为:$M=P1\cdot(D/E)\cdot(1/R)\cdot L$。

位置分辨率:$\Delta M=(D/E)\cdot(1/R)\cdot L$。

上式可算出:$D=\Delta M\cdot E\cdot R/L$。

实际移动速度:$V(\text{mm/s})=F\cdot(D/E)\cdot(1/R)\cdot L$。

电机旋转速度:$N(\text{r/min})=F\cdot(D/E)\cdot 60$。

**【例 5-3】** 设丝杆螺距为 $L=10$ mm,减速比 $R=1$,位置分辨率 $\Delta M=0.0005$ mm,编码器反馈脉冲 $E=8388608$,求分频倍频比 $D$。

**解** 根据 $D=\Delta M\cdot E\cdot R/L$,有

$$\frac{0.0005\times 2^{23}\times 1}{10}=\frac{5\times 2^{23}}{10\times 10^{4}}=\frac{41943040}{100000}$$

得到

$$Pr0.09=41943040$$

Pr0.10=100000

4）增益调整

位置环增益，提高位置响应的速度，表示找到位置的快慢，增益越高达到目标的时间越短，不是速度的关系，闭环系统在最后定位结束的地方是个高速振荡的过程，在目标值附近快速振荡，最后找到目标。增益高，这个振荡结束就快，这是伺服电机的重要性能指标之一。

速度环增益对应速度，达到目标速度的性能。

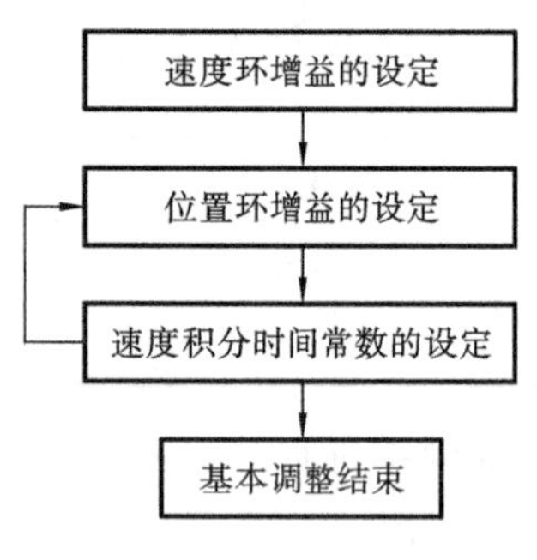

图 5-26　增益调整步骤

增益是越高越好，但实际操作并不是这样，伺服系统增益过高会带来共振，产生巨大的噪声，造成电机猛烈的震动。过高的增益还会带来超速、过载、过流等问题。建议把增益调得尽量低，马达就不会乱叫了。因为大部分人使用伺服的时候，都不需要很高的响应，只需要保证马达不发生共振就行了。

松下交流伺服系统有自动增益调整功能，有时候要进行手工调整的，可通过 Pr1 参数设置。如图 5-26 所示，首先在不起振的情况下增大速度环增益，然后设定不起振的位置环增益，必要时设定积分时间常数，以缩短定位时间，最后进行微调整，即分别对位置环增益和积分时间常数进行微调整。

## 5.1.4　直线电机

直线电机工作原理

一般电机工作时都是转动的，但是用旋转的电机驱动的交通工具（如电机车和城市中的电车等）需要做直线运动，用旋转的电机驱动的机器的一些部件也要做直线运动，这就需要增加把旋转运动变为直线运动的一套装置。能不能直接运用直线运动的电机来驱动，从而省去这套装置呢？对于几十年前人们提出的这个问题，现在已得到解决，且已制成了直线运动的电机，即直线电机。

### 1. 直线电机及其驱动技术

直线电机是一种将电能直接转换成直线运动机械能而无需通过中间任何转换装置的新型电机，它具有系统结构简单、磨损少、噪声低、组合性强、维护方便等优点。旋转电机所具有的品种，直线电机几乎都有相对应的品种，其应用范围也在不断扩大，并在一些它所能发挥独特作用的地方取得了令人满意的效果。

直线电机结构示意图如图 5-27 所示。直线电机是将传统圆筒形电机的初级展开拉直，变初级的封闭磁场为开放磁场，而旋转电机的定子部分变为直线电机的初级，旋转电机的转子部分变为直线电机的次级。在电机的三相绕组中通入三相对称正弦电流后，在初级和次级间产生气隙磁场，气隙磁场的分布情况与旋转电机的相似，沿展开的直线方向呈正弦分布。当三相电流随时间变化时，使气隙磁场按定向相序沿直线移动，这个气隙磁场称为行波磁场。当次级的感应电流和气隙磁场相互作用时便产生了电磁推力，如果初级是固定不动的，次级就能沿着行波磁场运动的方向做直线运动，从而实现高速机床的直线电机直接驱动的进给方式，把直线电机的初级和次级分别直接安装在高速机床的工作台与床身上。由于这种进给传动方式的传动链缩短为 0，因此称为机床进给系统的“零传动”。

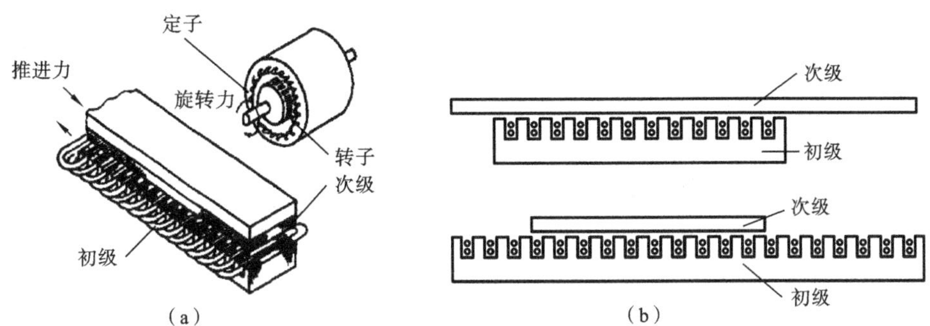


图 5-27 典型直线电机结构

图 5-28 所示的为直线电机的演变，其初级和次级长度是相等的。由于在运行时初级和次级之间要做相对运动，如果在运动开始时，初级与次级正巧对齐，那么在运动中，初级与次级之间互相耦合的部分就越来越少，导致不能正常运动。为了保证在所需的行程范围内，初级和次级之间的耦合能保持不变，因此实际应用时将初级与次级制造成不同的长度。由于短初级在制造成本和运行的费用上均比短次级的低得多，因此一般采用短初级长次级。

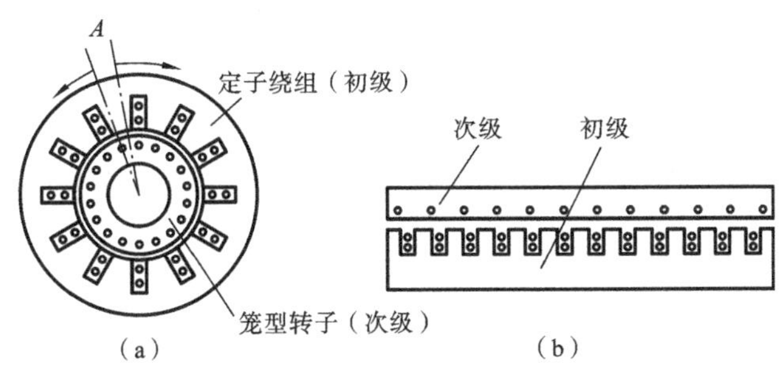


图 5-28 直线电机的演变

**2. 应用**

1）数控机床

现代数控机床经过半个世纪的发展，其加工精度和加工速度得到了极大提高。加工精度从最初的 0.01 mm 到现在的 1 μm，提高了 100000 倍，加工速度则从每分钟几十毫米提高到每分钟几十米，提高了 1000 倍。数控机床采用直线电机驱动技术，克服了传统驱动方式的许多缺陷，获得了极高的性能指标。国外在高速加工中心已广泛应用直线电机驱动技术，同时应用到机床装备的各个领域，使机床的各项性能大为提高。

2）磁悬浮列车

直线电机是一种新型电机，近年来应用日益广泛，如磁悬浮列车就是一种用直线电机来驱动的全新的列车。对于一般的列车，由于车轮和铁轨之间存在摩擦，限制了速度的提高，其所能达到的最高运行速度一般不会超过 300 km/h。磁悬浮列车是将列车用磁力悬浮起来，使列车与导轨脱离接触，以减小摩擦，提高车速。列车由直线电机牵引，直线电机的一个级固定于地面，跟导轨一起延伸到远处；另一个级安装在列车上。初级通以交流电，列车就沿导轨前进，列车上装有磁体（有的是兼用直线电机的线圈），磁体随列车运动时，使设在地面上的线圈（或金属板）中产生感应电流，感应电流的磁场和列车上的磁体（或线圈）之间的电磁力把列车悬浮起来。磁悬浮列车的优点是运行平稳，没有颠簸，噪声小，所需的牵引力很小，只要几千千瓦的功率就能使磁悬浮列车的速度达到 550 km/h。直线电机除了用于磁悬浮列车外，还广泛地用于其他方面，如传送系统、电气锤、电磁搅拌器等。

**3. 直线电机和传统的旋转电机十滚珠丝杠运动系统的比较**

在机床进给系统中，采用直线电机直接驱动与旋转电机传动的最大区别是取消了从电机到工作台（拖板）之间的机械传动环节，把机床进给传动链的长度缩短为零，因而这种传动方式又称为“零传动”。正是由于直线电机采用了这种“零传动”方式，使其具备了旋转电机驱动方式所无法达到的性能指标和优点。

1）高速响应

由于系统中直接取消了一些响应时间常数较大的机械传动件（如丝杠等），整个闭环控制系统动态响应性能大大提高，反应异常灵敏快捷。

2）精度

直线驱动系统取消了由于丝杠等机械机构产生的传动间隙和误差，减少了插补运动时因传动系统滞后带来的跟踪误差。通过直线位置检测反馈控制，可大大提高机床的定位精度。

3）传动刚度高

“直接驱动”避免了启动、变速和换向时因中间传动环节的弹性变形、摩擦磨损和反向间隙造成的运动滞后现象，同时也提高了其传动刚度。

4）速度快、加减速过程短

由于直线电机最早主要用于磁悬浮列车（时速可达 550 km/h），所以用在机床进给驱动中，要满足其超高速切削的最大进给速度（要求达 60～100 m/min 或更高）当然是没有问题的。上述“零传动”的高速响应性使其加减速过程大大缩短，可实现启动时瞬间达到高速，高速运行时又能瞬间准停。直线电机可获得较高的加速度，一般可达 2～10 $g$（$g=9.8\ \mathrm{m/s^2}$），而滚珠丝杠传动的最大加速度一般只有 0.1～0.5 $g$。

5）行程长度不受限制

在导轨上通过串联直线电机，可以无限延长其行程长度。

6）运动安静、噪声低

由于取消了传动丝杠等部件的机械摩擦，且导轨又可采用滚动导轨或磁垫悬浮导轨（无机械接触），其运动时噪声将大大降低。

7）效率高

由于无中间传动环节，消除了机械摩擦时的能量损耗，传动效率大大提高。

## 5.2 三菱 $FX_{2N}$-20GM PLC

三菱 $FX_{2N}$-20 GM 定位器

$FX_{2N}$-20GM 是三菱具有定位控制功能（输出脉冲）的专用 PLC，是一种定位单元(以下统称定位单元),允许用户使用步进电机或伺服电机并通过驱动单元来控制定位。一个 $FX_{2N}$-20GM 能控制两根轴,实现两轴联动。$FX_{2N}$-20GM 具有线性/圆弧插补功能。$FX_{2N}$-20GM 配有 8 个输入点(X00～X07)和 8 个输出点(Y00～Y07),如果 I/O 点不足,可加扩展模块。定位单元既可以单独使用,也可以和 $FX_{2N}$系列 PLC 一起使用,在激光加工设备中通常单独使用。

## 5.2.1 定位单元硬件

### 1. $FX_{2N}$-20GM 定位单元

$FX_{2N}$-20GM 定位单元面板如图 5-29 所示。

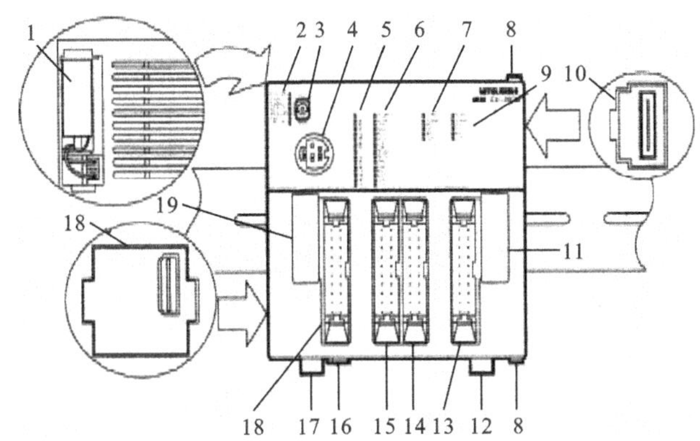


**图 5-29 $FX_{2N}$-20GM 定位单元面板**

1—电池;2—运行指示 LED;3—手动/自动开关;4—编程工具连接器;5—通用 I/O 显示;6—设备输入显示;7—$x$ 轴状态显示;8—锁定到 $FX_{2N}$-20GM 的固定扩展模块;9—Y 轴状态显示;10—$FX_{2N}$-20GM 扩展模块连接器;11—PLC 扩展模块连接器;12—用于 DIN 轨道安装的挂钩;13—Y 轴电机放大器的连接器 CON4;14—$x$ 轴电机放大器的连接器 CON3;15—输入设备连接器 CON2;16—电源连接器;17—通用 I/O 连接器 CON1;18—存储板连接器;19—PLC 连接器

### 2. 手动/自动开关

手动操作时定位此开关到 MANU,自动操作时则定位到 AUTO。写程序或设定参数时,选择手动 MANU 模式。运行程序时,选择自动 AUTO 模式。手动/自动选择开关如图 5-30 所示。

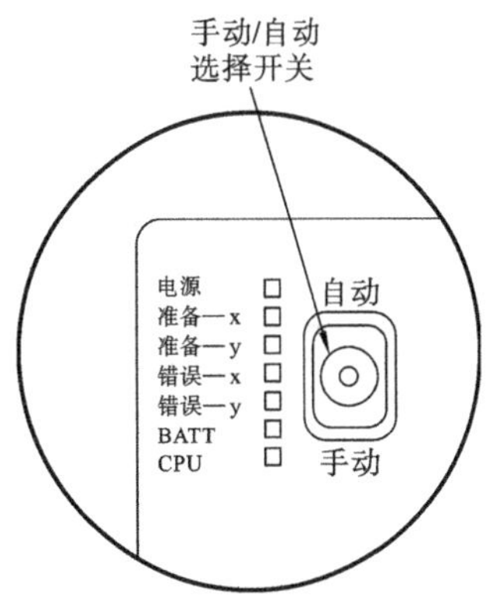


**图 5-30 手动/自动选择开关**

### 3. 定位单元连接器

$FX_{2N}$-20GM 定位单元连接器如图 5-31 所示。

所有具有相同名称的端子都是内部连通的,如 COM1—COM1、VIN—VIN 等。通用 I/O 连接器针脚分布如表 5-4～表 5-7 所示。

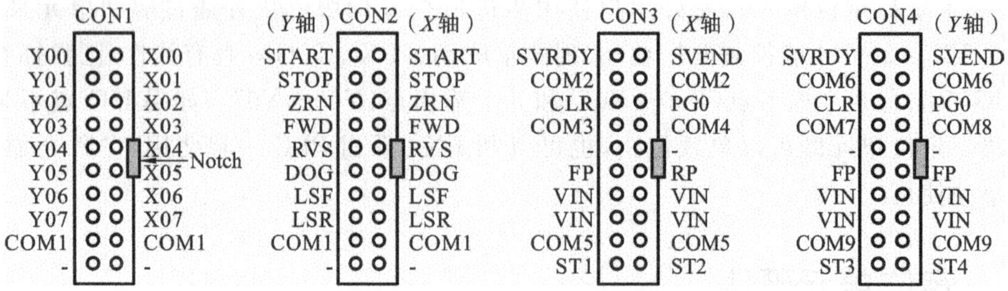

图 5-31　$FX_{2N}$-20GM 定位单元连接器

表 5-4　通用 I/O 连接器 CON1 针脚分布表

| $FX_{2N}$-20GM | | 缩　　写 | 功 能 应 用 |
|---|---|---|---|
| 连接器 | 针脚号 | | |
| CON1 | 1 | Y0 | 通用输出 |
| | 3 | Y1 | |
| | 5 | Y2 | |
| | 7 | Y3 | |
| | 9 | Y4 | |
| | 11 | Y5 | |
| | 13 | Y6 | |
| | 15 | Y7 | |
| | 17 | COM1 | 公共端子 |
| | 2 | X0 | 通用输入 |
| | 4 | X1 | |
| | 6 | X2 | |
| | 8 | X3 | |
| | 10 | X4 | |
| | 12 | X5 | |
| | 14 | X6 | |
| | 16 | X7 | |
| | 18 | COM1 | 公共端子 |

表 5-5　通用 I/O 连接器 CON2 针脚分布表

| $FX_{2N}$-20GM | | 缩　　写 | 功 能 应 用 |
|---|---|---|---|
| 连接器 | 针脚号 | | |
| CON2 | 1(Y) | START | 程序运行开始 |
| | 3(Y) | STOP | 程序暂停 |
| | 5(Y) | ZRN | 机械回零点 |

续表

| FX2N-20GM | | 缩　写 | 功能应用 |
| --- | --- | --- | --- |
| 连接器 | 针脚号 | | |
| CON2 | 7(Y) | FWD | 手动正向旋转 |
| | 9(Y) | RVS | 手动反向旋转 |
| | 11(Y) | DOG | 近点信号输入 |
| | 13(Y) | LSF | 正限位 |
| | 15(Y) | LSR | 负限位 |
| | 17 | COM1 | 公共端子 |
| | 2(X) | START | 程序运行开始 |
| | 4(X) | STOP | 程序暂停 |
| | 6(X) | ZRN | 机械回零点 |
| | 8(X) | FWD | 手动正向旋转 |
| | 10(X) | RVS | 手动反向旋转 |
| | 12(X) | DOG | 近点信号输入 |
| | 14(X) | LSF | 正限位 |
| | 16(X) | LSR | 负限位 |
| | 18 | COM1 | 公共端子 |

**表 5-6　通用 I/O 连接器 CON3 针脚分布表**

| FX2N-20GM | | 缩　写 | 功能应用 |
| --- | --- | --- | --- |
| 连接器 | 针脚号 | | |
| CON3 | 1 | SVRDY | 从伺服放大器接收 READY 信号(表明操作准备已完成) |
| | 3 | COM2 | SVRDY 和 SVEND 信号公共端 |
| | 5 | CLR | 输出偏差计数器清除信号 |
| | 7 | COM3 | CLR(*X* 轴)信号公共端 |
| | 11 | FP | 正向旋转脉冲输出 |
| | 13 | VIN | FP 和 RP 的电源输入(5 V,24 V) |
| | 15 | VIN | |
| | 17 | COM5 | FP 和 RP 信号(*X* 轴)公共端 |
| | 19 | ST1 | 当连接 PG0 到 5 V 电源时的短路信号 ST1 |
| | 2 | SVEND | 从伺服放大器接收 INP(定位完成)信号 |
| | 4 | COM2 | SVRDY 和 SVEND 信号公共端 |
| | 6 | PG0 | 接收零点信号 |
| | 8 | COM4 | PG0(*X* 轴)公共端 |
| | 12 | RP | 反向旋转脉冲输出 |
| | 14 | VIN | FP 和 RP 的电源输入(5 V,24 V) |
| | 16 | VIN | |
| | 18 | COM5 | FP 和 RP 信号(*X* 轴)公共端 |
| | 20 | ST2 | 当连接 PG0 到 5 V 电源时的短路信号 ST2 |

表 5-7　通用 I/O 连接器 CON4 针脚分布表

<table>
<tr><th colspan="2">FX2N-20GM</th><th rowspan="2">缩　写</th><th rowspan="2">功 能 应 用</th></tr>
<tr><th>连接器</th><th>针脚号</th></tr>
<tr><td rowspan="18">CON4</td><td>1</td><td>SVRDY</td><td>从伺服放大器接收 READY 信号(表明操作准备已完成)</td></tr>
<tr><td>3</td><td>COM6</td><td>SVRDY 和 SVEND 信号公共端</td></tr>
<tr><td>5</td><td>CLR</td><td>输出偏差计数器清除信号</td></tr>
<tr><td>7</td><td>COM7</td><td>CLR(Y 轴)信号公共端</td></tr>
<tr><td>11</td><td>FP</td><td>正向旋转脉冲输出</td></tr>
<tr><td>13</td><td>VIN</td><td rowspan="2">FP 和 RP 的电源输入(5 V,24 V)</td></tr>
<tr><td>15</td><td>VIN</td></tr>
<tr><td>17</td><td>COM9</td><td>FP 和 RP 信号(Y 轴)公共端</td></tr>
<tr><td>19</td><td>ST3</td><td>当连接 PG0 到 5 V 电源时的短路信号 ST3</td></tr>
<tr><td>2</td><td>SVEND</td><td>从伺服放大器接收 INP(定位完成)信号</td></tr>
<tr><td>4</td><td>COM6</td><td>SVRDY 和 SVEND 信号公共端</td></tr>
<tr><td>6</td><td>PG0</td><td>接收零点信号</td></tr>
<tr><td>8</td><td>COM8</td><td>PG0(Y 轴)公共端</td></tr>
<tr><td>12</td><td>RP</td><td>反向旋转脉冲输出</td></tr>
<tr><td>14</td><td>VIN</td><td rowspan="2">FP 和 RP 的电源输入(5 V,24 V)</td></tr>
<tr><td>16</td><td>VIN</td></tr>
<tr><td>18</td><td>COM9</td><td>FP 和 RP 信号(Y 轴)公共端</td></tr>
<tr><td>20</td><td>ST4</td><td>当连接 PG0 到 5 V 电源时的短路信号 ST4</td></tr>
</table>

## 5.2.2　$FX_{2N}$-20GM 定位指令

定位单元配有专用的定位指令(COD 指令)和顺序指令(基本指令和应用指令)。

### 1. 专用定位指令

1) 定位指令说明

定位指令说明如表 5-8 所示。

表 5-8　定位指令说明

| 指　令 | 说　明 |
| --- | --- |
| COD00(DRV)<br>高速定位 | COD00(DRV) x○○○ f∗∗∗ y△△△ f◇◇◇<br>根据设定的 X、Y 轴速度向目标位置移动,如果省略速度操作数,将以各轴的最大速度移动(用参数 4 设定,小于或等于 200 kHz) |

续表

| 指　　令 | 说　　明 |
| --- | --- |
| COD01(LIN)<br>直线插补定位 | COD01(LIN)x○○○ y△△△ f◇◇◇<br>以矢量速度 f＊＊＊(小于或等于 100 kHz)向目标位置移动。<br>例如:COD01(LIN) x1000 y500 f2000 |
| COD02(CW)<br>指定终点的顺时针圆弧插补 | COD02(CW)x○○○ y△△△ i□□□ j◆◆◆ f◇◇◇<br>x,y 为插补终点,i,j 为圆心与起始点的相对距离,f 为矢量速度,指令表示绕终点坐标以速度 f 顺时针移动到目标位置,当起点坐标等于终点坐标(目标位置),或者未指定终点坐标时,移动轨迹是一个完整的圆。i、j 永远是相对的,后面的数值等于圆心坐标值减去起点坐标 |
| COD03(CCW)<br>指定终点的逆时针圆弧插补 | COD03 (CCW) x○○○ y△△△ i□□□ j◆◆◆ f◇◇◇<br>x,y 为插补终点,i,j 为圆心与起始点的相对距离,f 为矢量速度,指令表示绕终点坐标以速度 f 逆时针移动到目标位置,当起点坐标等于终点坐标(目标位置),或者未指定终点坐标时,移动轨迹是一个完整的圆。i、j 永远是相对的,后面的数值等于圆心坐标值减去起点坐标 |
| COD02(CW)/ COD03(CCW)<br>指定半径的圆弧插补 | COD02(CW)/ COD03(CCW)x○○○ y△△△ r□□□ f◇◇◇<br>圆弧半径由“r”决定,当“r”为正数时,移动轨迹如图 5-32 所示小圆 A,当“r”为负数时,移动轨迹如图 5-32 大圆 B 所示 |
| COD04(TIM)<br>延时时间 | COD04(TIM)k○○○<br>该指令用来设定一条指令结束和另一条指令开始之间的等待时间,时间单位为 10 ms,k 的范围为 0～169535 ms |
| COD29(SETR)<br>设置电气原点位置 | 将当前坐标设置为电气原点 |
| COD30(DRVR)<br>返回电气原点位置 | 从当前位置高速返回电气原点 |
| COD90(ABS)<br>指定绝对地址 | COD90 执行后,x,y 是以(0,0)为参考点的绝对坐标,但圆心(i,j),半径 r 为相对位置 |
| COD91(INC)<br>指定相对地址 | COD91 执行后,x,y 为以当前坐标为参考点的相对坐标 |
| M02(END) | 程序结束语句 |

指定半径的圆弧插补如图 5-32 所示。

2) 定位指令格式

指令主体　　　　操作数

↓　　　　　　　↓

COD01(LIN)　x100　y100　f1000;

(1) 指令主体。

定位指令由指令主体和操作数组成,有的指令不包括任何操作数,指令主体由指令字(如 DRV、LIN、CW 等)和代码编号组成(COD 编号)。

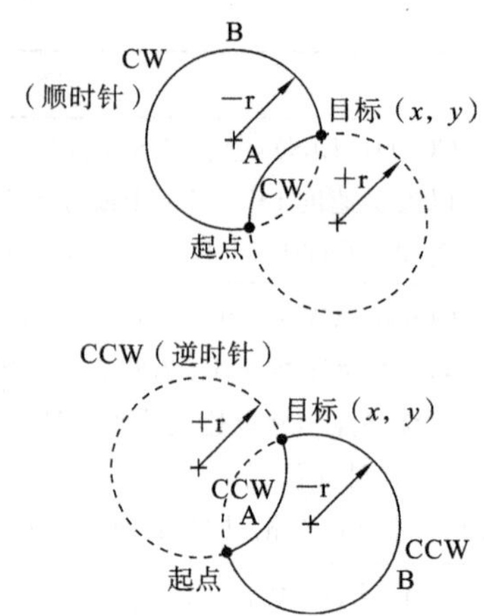


图 5-32　指定半径的圆弧插补

例如：COD03(CCW)x○○○ y△△△ r□□□ f◇◇◇

(2) 操作数。

不同类型的指令使用不同类型的操作数，如位移、速度等，表 5-9 列出了可用的操作数。

表 5-9　可用的操作数

| 操作数类型 | 单位 | 省略操作数 |
|---|---|---|
| x：$X$ 轴坐标(位移)，增量/绝对 | 由参数定 | 省略操作数的轴保持当前的状态不会移动 |
| y：$Y$ 轴坐标(位移)，增量/绝对 | | |
| i：$X$ 轴坐标(圆弧中心)，增量 | 由参数定 | 如果省略，增量位移被看作“0” |
| j：$Y$ 轴坐标(圆弧中心)，增量 | | |
| r：圆弧半径 | | 这个操作数不能省略 |
| f：矢量速度 | | 如果省略，上次使用的“f”值生效 |
| k：定时器常量 | 10 ms | 这个操作数不能省略 |

(3) 定位程序格式。

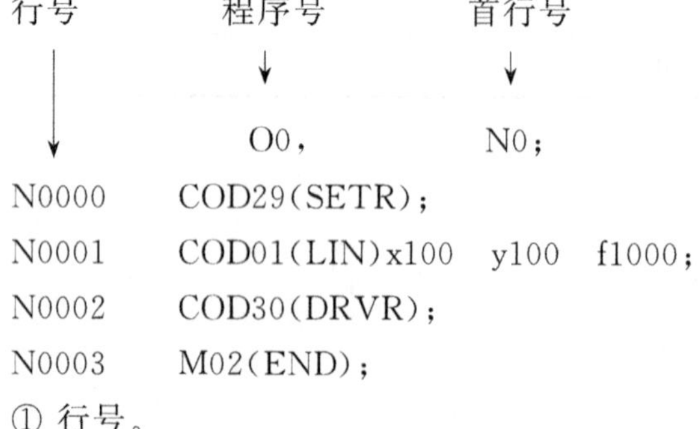


```
N0000    COD29(SETR);
N0001    COD01(LIN)x100   y100   f1000;
N0002    COD30(DRVR);
N0003    M02(END);
```

① 行号。

• 每条指令都指派了行号，其取值范围为 N0～N9999，这样就能较容易地把指令字隔离开来。

• 首行号从外部单元输入，然后每次输入分隔符时，下一个行号就会自动赋给下一条指令。通过使用行号来读入指令。

• 任何4位或以下的数字都可以作为首行号，首行号不一定必须为“N0000”。

② 程序号。

• 程序号被赋给每个定位程序，操作目的不同的程序所分配的程序号也不相同。

• 程序号上附有符号“O”，程序号可以从00到99(共100个)。

• 每个程序的末尾都必须有END指令。

• 通过参数30指定要执行的程序号，通常默认执行程序号为O0。

### 2. 基本顺序指令

基本顺序指令说明如表5-10所示。

表5-10 基本顺序指令说明

| 指　　令 | 说　　明 |
| --- | --- |
| LD | 开始算术运算(a-接触) |
| LDI | 否定条件转移(b-接触) |
| AND | 串联连接(a-接触) |
| ANDI | 串联连接(b-接触) |
| OR | 并联连接(a-接触) |
| ORI | 并联连接(b-接触) |
| ANB | 电路板间的串联连接 |
| ORB | 电路板间的并联连接 |
| SET | 置位 |
| RST | 复位 |
| NOP | 空操作 |

### 3. 常用顺控指令

常用顺控指令说明如表5-11所示。

表5-11 常用顺控指令说明

| 指　　令 | 说　　明 |
| --- | --- |
| FNC00 CJ | 条件转移 |
| FNC01 CJN | 否定条件转移 |
| FNC02 CALL | 子程序调用 |
| FNC03 RET | 子程序返回 |
| FNC04 JMP | 无条件转移 |
| FNC05 BRET | 返回母线 |
| FNC08 RPT | 循环开始 |

续表

| 指　令 | 说　明 |
|---|---|
| FNC09 RPE | 循环结束 |
| FNC10 CMP | 比较 |
| FNC11 ZCP | 区域比较 |
| FNC12 MOV | 传送 |
| FNC90 OUT | 输出 |

## 5.2.3　参数设定

设置参数以决定定位单元的运行条件，参数分为以下三种类型。

**1. 定位参数**

定位参数是确定定位控制的单位、速度等，如表 5-12 所示。

**表 5-12　定位参数**

| 序号 | 项　目 | 内　容 | | | 初始值 |
|---|---|---|---|---|---|
| 0 | 单位类别 | 机械体系 | 综合体系 | 电机体系 | 1 |
| | | 0 | 2 | 1 | 2000 |
| 1 | 脉冲速度 | 1～65535 脉冲数/电机每转 | | 无效 | 2000 |
| 2 | 进给速度 | 1～999999 μm | | | |
| | | 1～999999 mdeg/n | | | |
| | | 1～999999×$10^{-4}$ inch/n | | | |
| 3 | 最小当量单位 | 0　$10^{0}$(mm,deg,0.1 inch) | | 0　1000 PLS | 2 |
| | | 1　$10^{-1}$(mm,deg,0.1 inch) | | 1　100 PLS | |
| 3 | 最小当量单位 | 2　$10^{-2}$(mm,deg,0.1 inch) | | 2　10 PLS | 2 |
| | | 3　$10^{-3}$(mm,deg,0.1 inch) | | 3　1 PLS | |
| 4 | 最高速度 | 1～153000 cm/min | | 1～100000 PPS | 200000 |
| 5 | 点动速度 | | | | |
| 6 | 最小速度 | 1～153000 cm/min | | 0～100000 PPS | 0 |
| 7 | 反向间隙补偿 | 0～65535 μm(mdeg、minch)/10 | | 0～65535 PLS | 0 |
| 8 | 加速时间 | 1～5000 ms | | | 200 |
| 9 | 减速时间 | | | | |
| 10 | 插补时间 | 0～5000 ms | | | 100 |
| 11 | 脉冲输出形式 | 0:FP=正向旋转脉冲,RP=反向旋转脉冲 | | | 0 |
| | | 1:FP=旋转脉冲,RP=方向规定 | | | |

续表

| 序号 | 项　目 | 内　容 | | 初始值 |
|---|---|---|---|---|
| 12 | 旋转方向 | 0:正转脉冲时增加当前电流值<br>1:正转脉冲时减少当前电流值 | | 0 |
| 13 | 零点回归速度 | 1～153000 cm/min | 0～100000 PPS | 100000 |
| 14 | 爬行速度 | 1～153000 cm/min | 0～10000 PPS | 1000 |
| 15 | 回零点位置方向 | 0:电流值增大方向　1:电流值减少方向 | | 1 |
| 16 | 机械零点 | －999999～999999 | | 0 |
| 17 | 零点信号数 | 用0～65535计数来实现停止 | | 1 |
| 18 | 零点信号计数开始点 | 1:在近点DOG反向结束时开始计数 | | 1 |
| 19 | DOG输入逻辑 | 0:常开触头　1:常闭触头 | | 0 |
| 20 | 极限LS逻辑 | 0:常开触头　1:常闭触头 | | 0 |
| 21 | 出错判断时间 | 0～5000 ms,设为0时不检查伺服终点 | | 0 |
| 22 | 伺服准备 | 0:检查有效　1:检查无效 | | 1 |

注:• 机械体系:根据"mm(毫米),deg(度),1/10 inch(英寸)等"来控制位置。
• 电机体系:根据"PLS(脉冲)"来控制位置。
• 综合体系:根据机械体系来控制位置,根据电机体系来控制速度。

**2. I/O 控制参数**

I/O控制参数是确定与定位单元I/O端口相关的内容,如规定程序号的方法等,详细设置请查阅相关资料。

**3. 系统参数**

系统参数是确定程序的存储器大小、文件寄存器的数目等,详细设置请查阅相关资料。

## 5.2.4 可编程序控制器的手工编程器使用

三菱 $FX_{2N}$-GM 定位器手工编程器使用

$FX_{2N}$-20GM定位单元有两种输入程序的方式:一种是使用专用的手工编程器E-20TP(文中简称HPP);另一种是通过上位计算机输入程序。$FX_{2N}$-20GM定位单元与手工编程器E-20TP或者上位计算机的连接如图5-33所示。

**1. E-20TP 键盘**

E-20TP键盘分布及液晶显示器画面分别如图5-34和图5-35所示。

**2. E-20TP 操作指南**

1）编程器开机

编程器通电后,首先出现版权标志,几秒钟之后,出现两个选项。选择第1项,进入在线方式,此时读写的对象是E-20GM内的ROM或RAM。选择第2项,进入离线方式,此时读写的对象是E-20TP内的ROM。

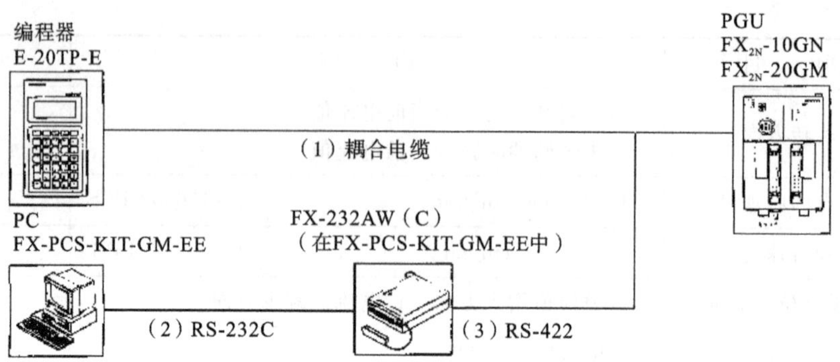


图 5-33 可编程序控制器与手工编程器或者上位计算机的连接

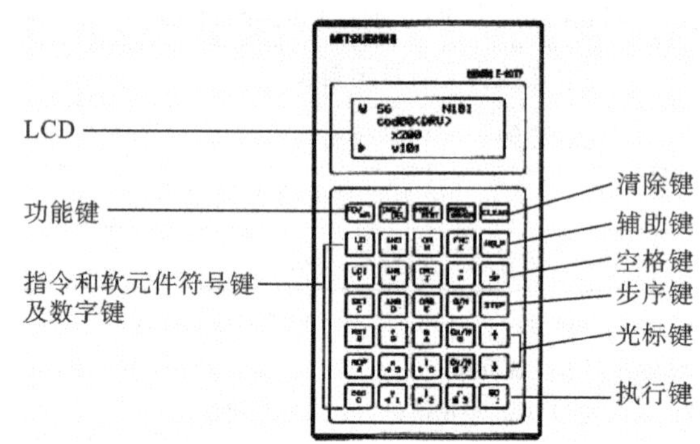


图 5-34 E-20TP 键盘分布

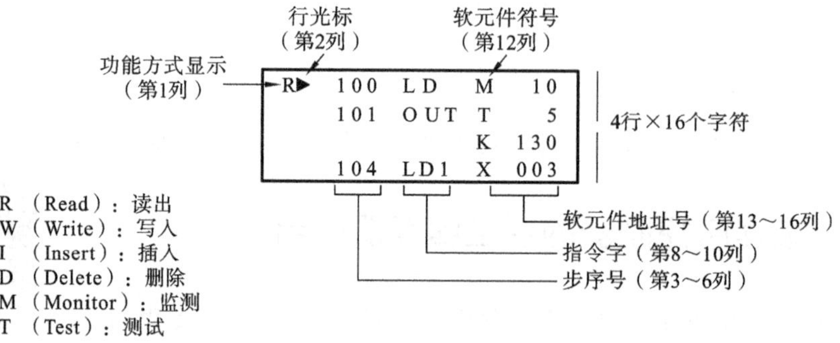


图 5-35 E-20TP 液晶显示器画面

2）各键的作用

选择了在线/离线方式后，使用功能键选择相应的功能进行操作（各功能键交替使用，按一次，选择键左上方表示的功能，再按一次，则选择键右下方表示的功能）。

（1）RD/WR、INS/DEL。

主要对程序语句进行查阅、写入/修改、插入/删除操作，其相应的状态在编程器显示屏的左上角有指示。如在 RD 状态时，显示“R”标志。

（2）MNT/TEST。

主要对程序运行状态（运行到哪条语句，$X$、$Y$ 轴的坐标）进行监视等功能。

MNT/TEST 分两项：

第一项为状态临近(MNT)，选择后出现 3 个选项。

选择 1：可以监视目前运行的指令、顺序号和 $X$、$Y$ 轴坐标。

选择 2：可以监视或强制输出/输入点($X$,$Y$)及中间继电器(M)的状态。

选择 3：可以修改寄存器的值。

例如：

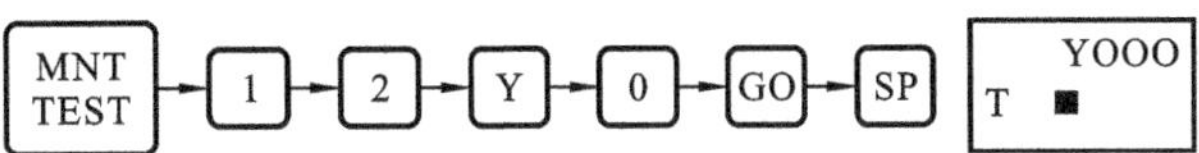


按以上操作就进入强制输出状态，此时按 SET，则 Y0 被置位为 1，按 RST 复位为 0。

第二项为测试状态(TEST)，选择后出现 5 个选项。

选择 1：返回机械原点。

选择 2：更改现在值(更改坐标系)。

选择 3：定量进给。

选择 4：点动。

选择 5：单条指令动作。

(3) PARA/OTHER。

选择 PARA 进入参数设定。

(4) 清除键。

取消按 GO 键前的输入，清除错误信息，回复到原来的画面。

(5) 光标键。

移动行光标和提示符，行的滚动，指定软元件前一个或后一个地址号的软元件。

(6) 执行键(GO 键)。

进行指令的确认、执行。

(7) 指令、软元件符号、数字键。

上部为指令，下部为软元件符号及数字，上下部的功能是根据当前所执行的操作自动进行切换的。

**3. 编程实例**

激光加工设备中控制编程除了上述定位指令外，常用到下述与设备有关的开关量指令(不同型号设备输出 Y 口分配不同，下面以通用激光焊接机为例进行说明)。

| | |
|---|---|
| SET Y000 | 出激光 |
| SET Y001 | 程序启动按键指示灯亮 |
| SET Y002 | 关光闸(正常情况下，光闸是打开的) |
| SET Y003 | 开气阀 |
| RST Y000 | 关激光 |
| RST Y001 | 程序启动按键指示灯灭 |
| RST Y002 | 开光闸(恢复光闸正常打开状态) |

RST Y003　　　　　　　　　　　　关气阀

如输入激光焊接直线加工程序。

O0，　N0；

NO　LD　M9097；

N1　SET Y001；　　　　　　　　“启动”指示灯亮

N2　SET Y002；　　　　　　　　关光闸

N3　COD04,K300；　　　　　　　延时 3 s，等待光闸定位

N4　SET Y000；　　　　　　　　J4 吸合，出激光

N5　COD29；　　　　　　　　　以当前坐标作为电气原点

N6　COD90；　　　　　　　　　以电气原点作为绝对坐标

N7　COD00,X175；　　　　　　　由电气原点快速移动到焊接地点

N8　COD04,K100；　　　　　　　暂停 1 s

N9　RST Y002；　　　　　　　　开光闸

N10　COD01,X175,F100；　　　　直线加工

N11　RST Y000；　　　　　　　　撤除激光

N12　COD30；　　　　　　　　　返回电气原点

N13　RST Y001；　　　　　　　　关“启动”指示灯

N14　M02 (END)

## 5.2.5　FX-PCS-VPS/WIN-E 软件的使用

三菱 $FX_{2N}$-GM 定位器编程软件使用

FX-PCS-VPS/WIN-E 是三菱开发的可视化位置控制器软件，为 FX-GM 系列定位单元编程提供的开发平台，FX-PCS-VPS/WIN-E 软件可与 FX-GM 之间进行程序传输，软件界面如图 5-36 所示。

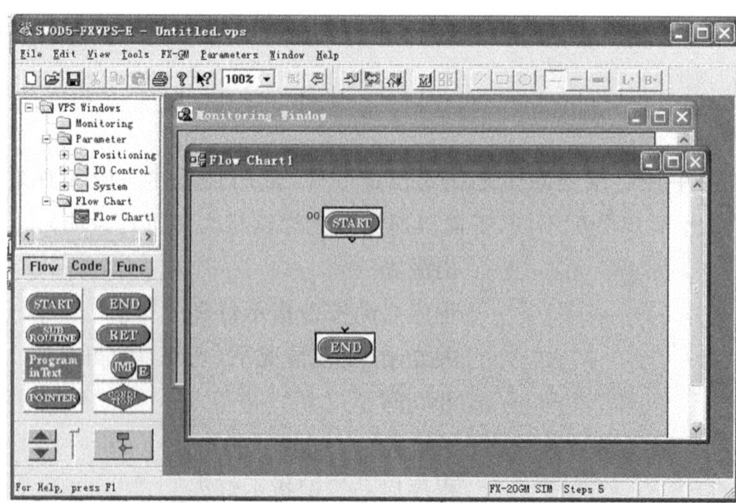


图 5-36　FX-PCS-VPS/WIN-E 界面

**1. 菜单栏**

菜单栏包括 File、Edit、View、Tools、FX-GM、Parameters、Window、Help 等菜单。

**2. 工具栏**

(1) 标准工具栏(Standard Toolbar):。

(2) 绘图工具栏(Drawing Toolbar):。

(3) FX-GM 工具栏:。

**3. Workspace 窗口**

Workspace 窗口如图 5-37 所示。

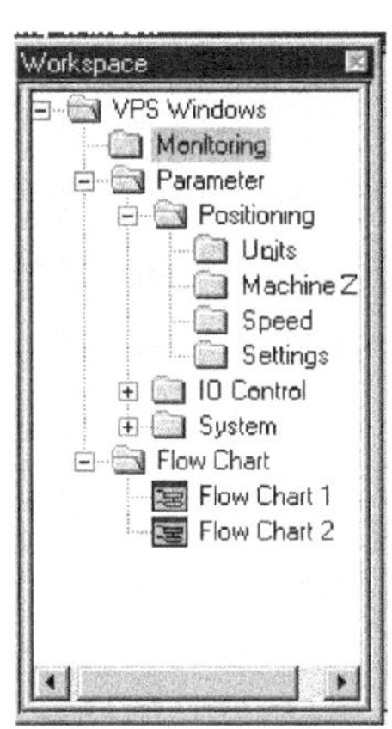


图 5-37 Workspace 窗口

**4. 位置控制器指令符号工具栏**

1) Flow 指令符号

Flow 指令符号如图 5-38 所示,其指令图标包括 START(程序开始)、END(程序结束)、SUBROUTINE(子程序开始)、RET(子程序返回)、Program inText(文本框里程序指令)、JMP(程序跳转)、POINTER(指针指令)、CONDITION(条件指令)。

2) Code 指令符号

Code 指令符号如图 5-39 所示,其指令图标包括 DRV(高速定位指令)、DRVZ(返回机械零点位置指令)、LINE(线性插补定位指令)、CIR(顺圆插补定位/逆圆插补定位指令)、INC/ABS(指定相对地址/指定绝对地址指令)、TIME(延时时间指令)、SETadress(设置电气原点指令)、CHK(高速定位指令)。

3) Function 指令符号

Function 指令符号如图 5-40 所示,其指令图标包括 RPT/RPTE(重复)、MOV(传送指令)、Set / Reset(置位/复位)等。

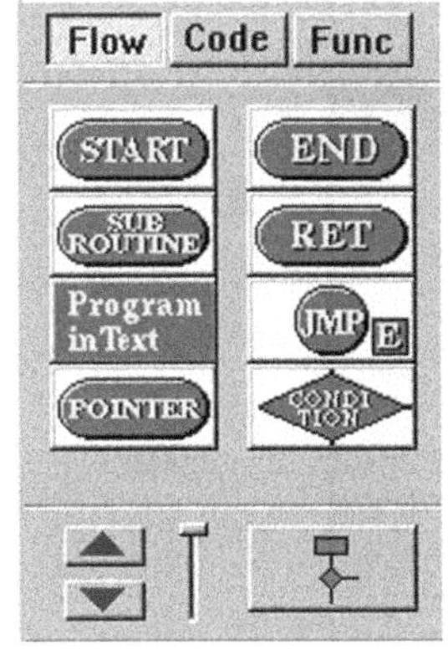


图 5-38 Flow 指令符号

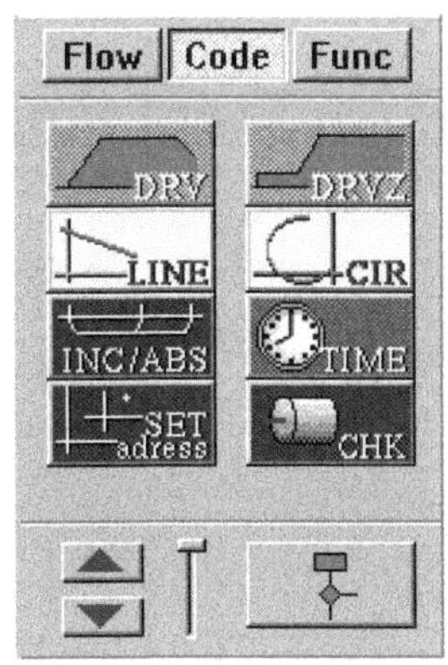


图 5-39 Code 指令符号

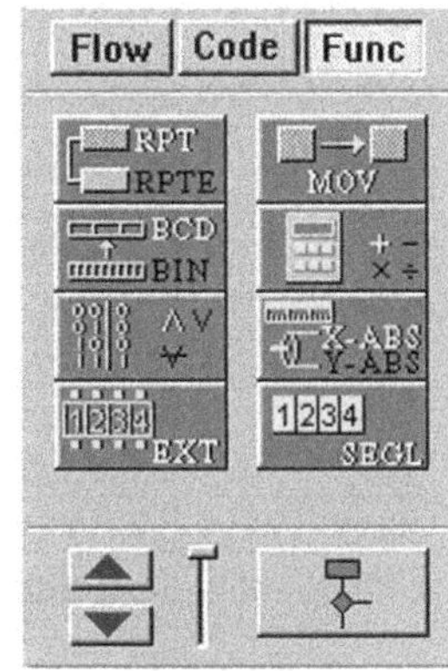


图 5-40 Function 指令符号

5. **菜单命令介绍**

1）FX-GM 菜单命令

FX-GM 菜单命令包括 Write to FX-GM（写入 FX-GM）、Read from FX-GM（从 FX-GM 读取）等。

2）参数菜单命令

参数菜单命令包括 Positioning Parameters（定位参数）、I/O Parameters（I/O 参数）、System Parameters（系统参数）、Show All Parameters（显示所有参数）、Initialize Parameters（初始化参数）。

3）指令符号介绍

（1）CIR（顺圆插补/逆圆插补定位指令）。

在 Flow Chart. Window 中，程序图表及参数设置对话框如图 5-41 所示。

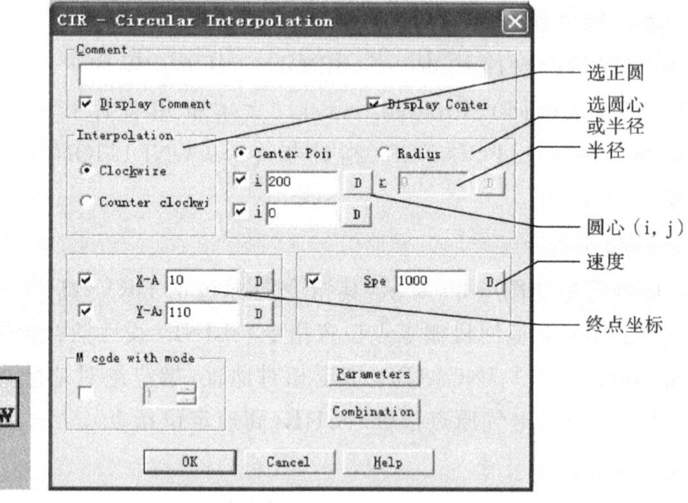


图 5-41　顺圆插补/逆圆插补定位指令

（2）LINE（线性插补定位指令）。

线性插补定位指令如图 5-42 所示。

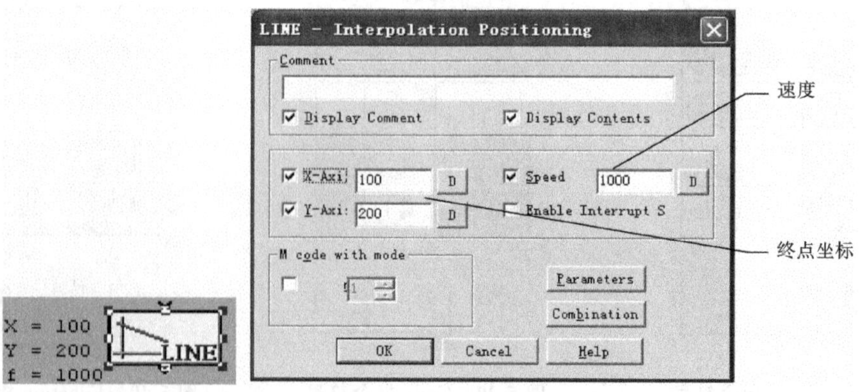


图 5-42　线性插补定位指令

(3) (条件指令)。

条件指令可有以下 3 种条件表达式。

① 位信号条件。

位信号条件对话框如图 5-43 所示。

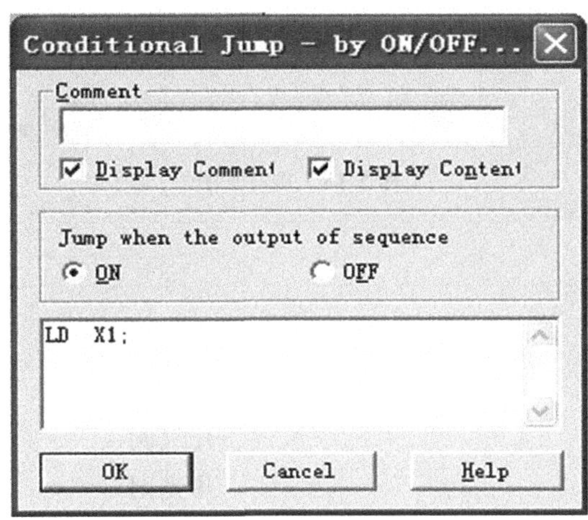


图 5-43 位信号条件对话框

② 比较表达式。

比较表达式对话框如图 5-44 所示。

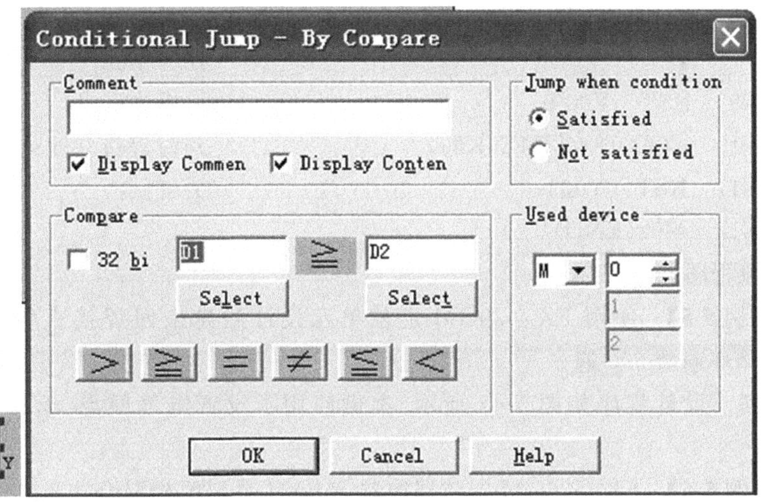


图 5-44 比较表达式对话框

③ 零比较表达式。

## 5.2.6 激光加工程序编程

**【例 5-4】** 如图 5-45 所示，工作台走一条直线，$X$ 轴走 1000 mm，$Y$ 轴走 500 mm，速度任

意，要求分别用指令表和流程图来完成。

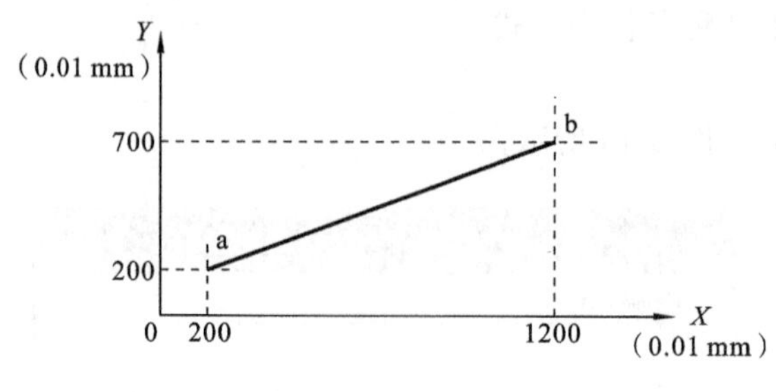


图 5-45 例 5-4 图

**解** 指令表如下。

O0，N0

| | | |
|---|---|---|
| N0 | LD M9097； | 进入数控状态 |
| N1 | COD91(INC)； | |
| N2 | SET Y003； | 开气阀 |
| N3 | SET Y002； | 开光闸 |
| N4 | COD04(TIME) K50； | 延时等待 0.5 s |
| N5 | SET Y000； | 出激光 |
| N6 | COD04(TIME) K100； | 延时等待 1 s |
| N7 | RST Y002； | 关光闸 |
| N8 | COD01(LIN) X100000 Y50000 F5000； | 插补直线指令，从起始点开始沿 X 轴走 1000 mm |
| N9 | RST Y000； | 关激光 |
| N10 | COD 04 (TIME)K60； | 延时等待 0.6 s |
| N11 | RST Y003； | 关气阀 |
| N12 | M02(END) | |

流程图如图 5-46 所示。

**【例 5-5】** 使用 $FX_{2N}$-20GM 定位单元设计激光来回焊接直线的程序，直线长为 200 mm，循环遍数 500 遍。

**解** 设计程序如图 5-47 所示，本例使用了设置电气原点、返回电气原点和循环运行命令。

**【例 5-6】** $FX_{2N}$-20GM 定位器控制 56BYG 系列两相混合式步进电机应用实例。

56BYG 系列两相混合式步进电机和 SH-20403 两相混合式步进电机细分驱动器如图 5-48 所示，按钮 K1 和 K2 分别控制程序启动与停止；按钮 SB1 或 SB2 控制步进电机正转或反转，按钮 SB3 停止步进电机转动。连接器 CN3 的 RP、FP 引脚输出由程序控制的脉冲信号分别控制步进电机转动和方向。

驱动器 A＋、A－端子对应接步进电机 A＋(红)、A－(蓝)驱动器；B＋、B－端子对应接步进电机 B＋(绿)、B－(黑)。驱动器公共端、脉冲、方向、脱机端子接对应信号。

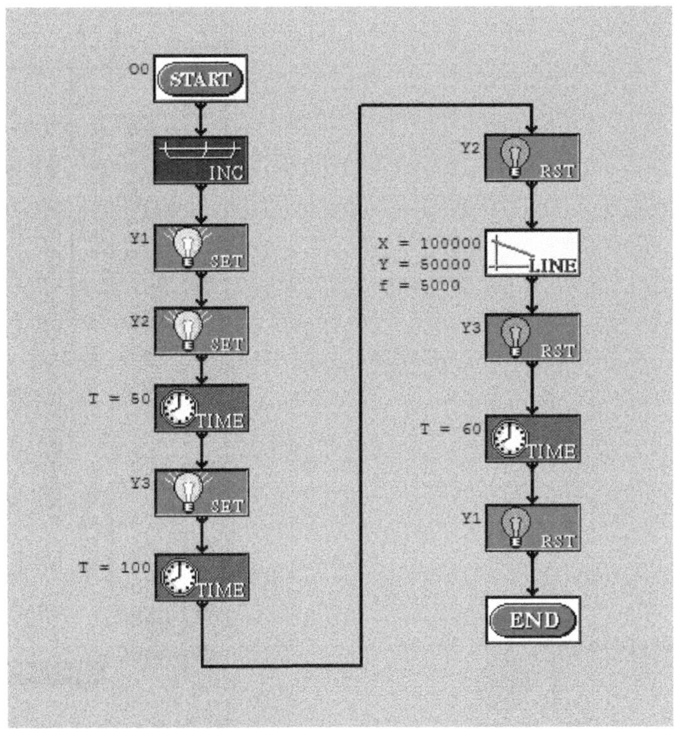


图 5-46 流程图

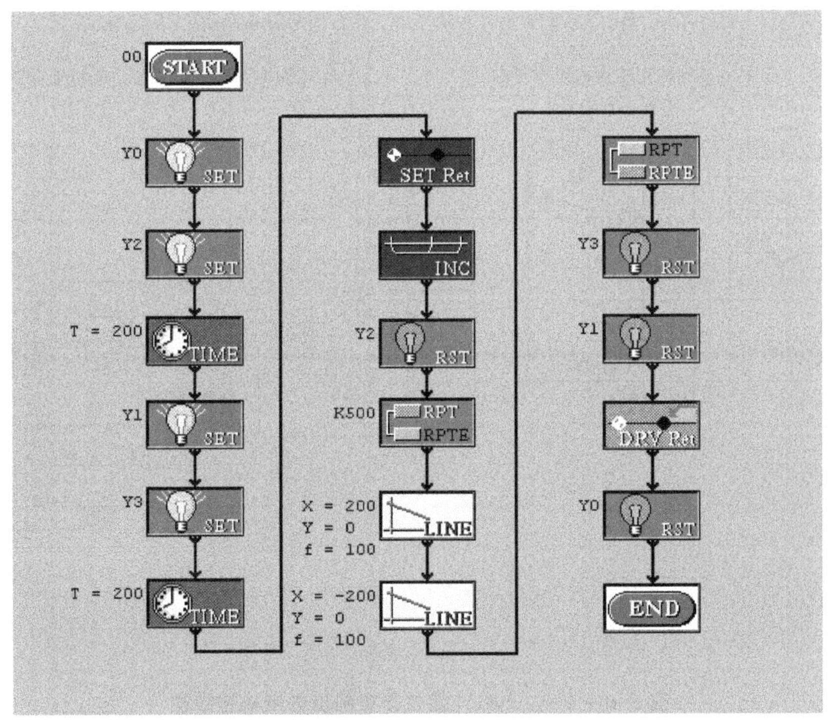


图 5-47 例 5-7 程序图

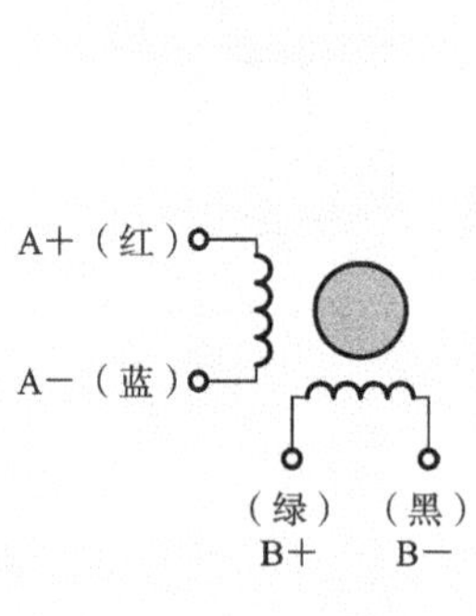


(a) 56BYG系列两相步进电机引线图

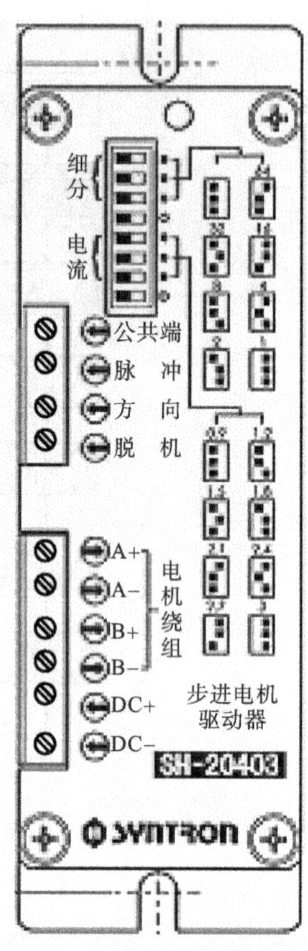


(b) SH-20403两相混合式步进电机细分驱动器

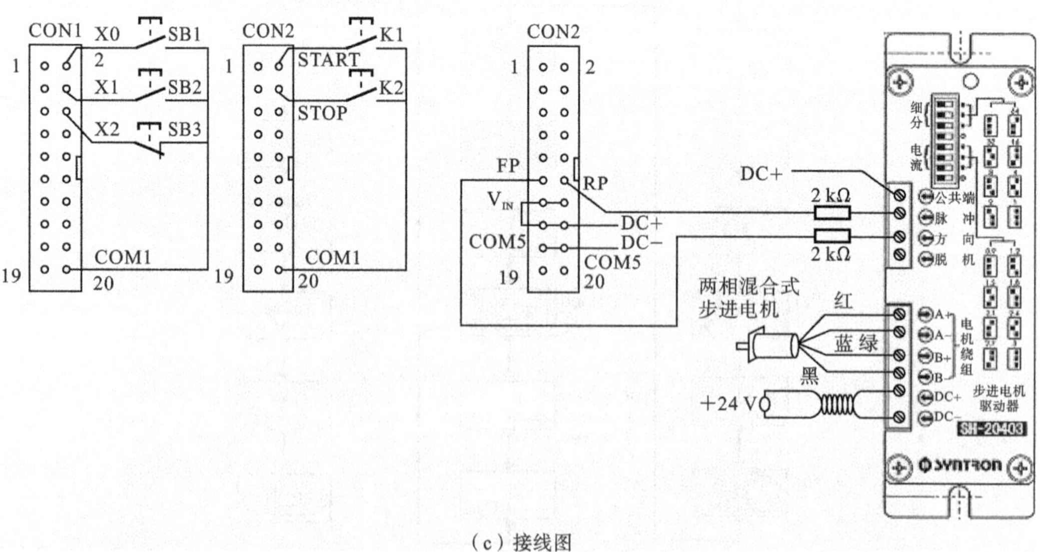


(c) 接线图

**图 5-48** $FX_{2N}$-20GM 定位器控制步进电机接线图

# 5.3 数 控 板 卡

普通中小功率激光加工设备一般使用脉冲型运动控制卡，这种脉冲型数控板卡使用方便、连线简单、功能强大、性价比高，能满足大多数激光加工设备对数控系统的要求，本节介绍几种较常用的脉冲型数控板卡。

## 5.3.1 激光打标数控板卡

金橙子数控板卡是针对激光打标机而专门开发的控制卡，如图 5-49 所示，采用 PCI、PCIE、USB 等接口方式，配合激光打标软件 EZCAD 用于激光打标控制，国内 95%的激光打标机使用金橙子打标软件 EZCAD，金橙子数控板卡有 PCIE 数字卡、PCIE 光纤卡、USB 数字卡、USB 光纤卡、精简卡、功能卡、3D 打印卡等。

图 5-49 金橙子数控板卡

### 1. 主要控制功能

(1) 振镜控制信号为数字信号，可直接连接国际上通用的数字振镜。

(2) 飞行打标：可连接旋转编码器，实时检测流水线的速度，保证高速打标效果。

(3) 支持单机多卡工作模式。一台计算机可以同时控制 8 套 USBLMC 打标控制卡并行操作。

(4) 扩展轴（步进电机/伺服电机）输出：可输出两个通道的方向/脉冲信号控制步进电机（或伺服电机），可用于转轴或者拼接。

(5) 10 路通用输入数字信号（TTL 兼容）。

(6) 7 路通用输出数字信号（TTL 兼容）。

### 2. 软件特色

金橙子打标软件如图 5-50 所示，主要功能如下：

(1) 自由设计所要加工的图形图案。

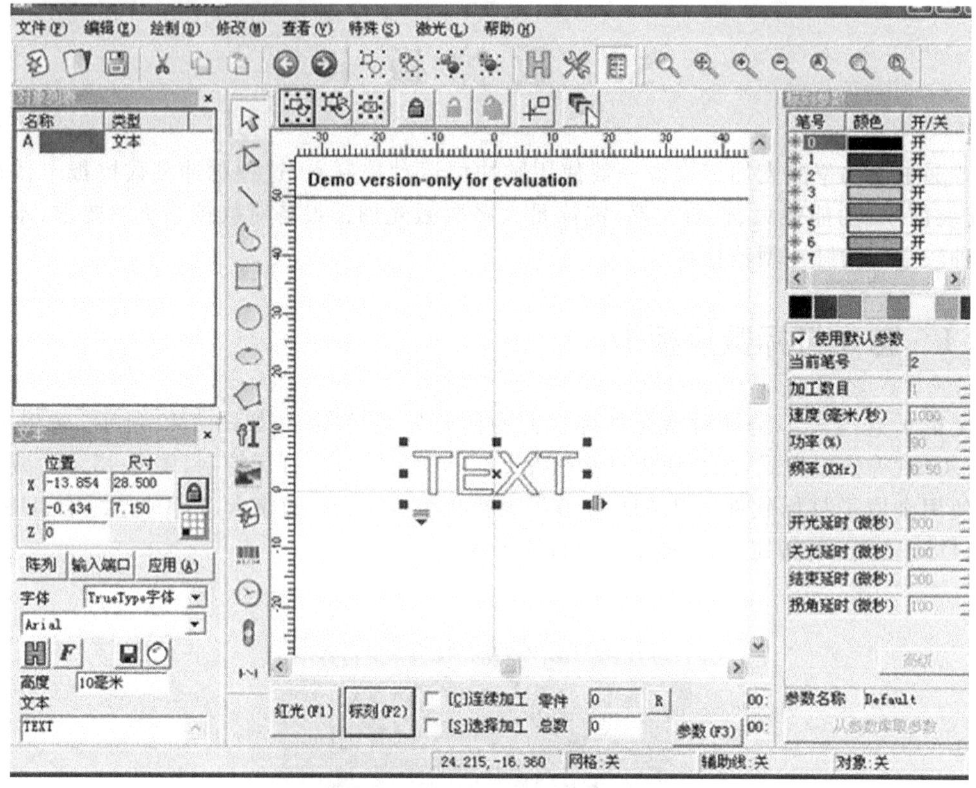


图 5-50 金橙子打标软件 EZCAD

(2) 支持 TrueType 字体、单线字体(JSF)、点阵字体(DMF)、一维条形码和二维条形码。

(3) 灵活的变量文本处理，加工过程中实时改变文字，可以直接动态读写文本文件和 Excel 文件。

(4) 强大的节点编辑功能和图形编辑功能，可进行曲线焊接、裁剪和求交运算。

(5) 支持多达 256 支笔(图层)，可以为不同对象设置不同的加工参数。

(6) 兼容常用图像格式(bmp、jpg、gif、tga、png、tif 等)。

(7) 兼容常用的矢量图形格式(ai、dxf、dst、plt 等)。

(8) 常用的图像处理功能(灰度转换、黑白图转换、网点处理等)，可以进行 256 级灰度图片加工。

(9) 强大的填充功能，支持环形填充。

## 5.3.2 激光焊接数控板卡

CNC2000 数控系统集套料和数控于一体，主要用于中小功率固体激光切割与焊接的控制，激光焊接机应用最多。

**1. CNC2000 系统功能**

CNC2000 数控系统软件基于 Windows XP，采用 DSP 技术开发，硬件采用 PCI 接口，系统主要功能如下。

（1）联动轴数：4 轴 4 联动，最多 6 轴 6 联动。

（2）程序校验功能。

（3）最大空载步进频率：1 MHz。

（4）AutoCAD 图形文件转换功能（DXF 文件）。

（5）断电保护。

**2. 软件说明**

CNC2000 数控软件主界面如图 5-51 所示。

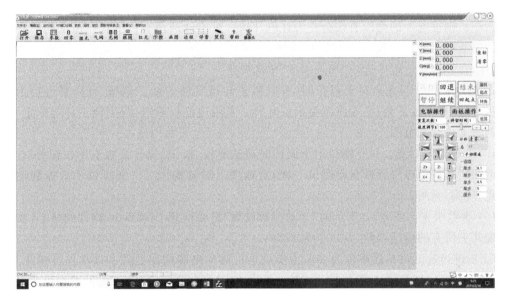

**图 5-51** CNC2000 **数控软件主界面**

1）CNC2000 数控系统主菜单功能

CNC2000 数控系统主菜单功能包括文件管理、文件编辑、程序运行、I/O 端口诊断、定位、参数、延时、图形文件转化、查看、帮助等。

（1）文件管理。

（2）文件编辑。

（3）加工定位。

① 计算机键盘手动操作方式。单击“电脑操作”按钮或按键盘上的←、↑、→、↓箭头，PageUp、PageDown 键，Home、End 键移动工作台 X、Y、Z、C 四个轴的正、反向移动，按下上述按键时，工作台移动，松开时工作台停止移动。

② 计算机操作界面手动操作方式。单击“电脑操作”按钮或按计算机操作界面右下方的各轴方向按钮图标即可移动工作台。

③ 手动移动与定位。单击“定位”菜单下的“手动移动与定位”命令，在弹出的对话框中可进行相关参数的设置，从而精确移动工作台和定位。

④ 外接操作面板手动操作方式。用外接操作面板上的 X+、X－、Y+、Y－、Z+、Z－、

C+、C- 移动工作台运动。

(4) 程序运行。程序运行功能用于运行内存中的数控加工程序，其子功能包括程序校验、试运行、运行整个程序等功能。

① 程序校验。用于校验程序中的语法错误。

② 空运行(试运行)。试运行时只移动工作台，由 M 指令控制的输出端口不输出信号，即气阀等无动作、不出激光等。

③ 运行整个程序。运行时执行所有数控代码。运行时可以显示程序与坐标位置，并实时显示图形($xy$ 平面或 $zx$ 平面)。

④ 从光标所在行往下执行。用鼠标左键双击图形中任意线段起点位置(单击鼠标右键释放命令)，则被选中的两段直线会变为红色，同时，对应这两段直线的程序滚动到程序顶部第一和第二行。然后用鼠标左键选择程序行，单击“运行”菜单下的“从光标所在行往下执行”命令，在弹出对话框中选中“加工起点”单选按钮。

⑤ 边框校验。当在余料上进行时，有时需要知道零件的加工范围，可以采用空走的方法，但如果图形比较复杂，空走将需要很长时间。采用边框校验时，只围绕工件边框走一圈，就能判断工件加工范围。

(5) I/O 端口诊断。I/O 端口用于调试时测试零位、极限、操作面板上的按钮等对 24 V 地的通断状态。程序每秒钟自动测试一次，对地接通时打钩“√”。还可以手动控制输出端口激光、气阀、光闸。

(6) 参数设置。图 5-52 所示的“运动参数设置”对话框是 CNC2000 软件的核心，在此可以设置几乎所有的运动参数，其口令为 2000。

① 步进当量。该参数单位为 μm，由步进电机驱动电源的细分数和滚珠丝杆螺距决定。例如，细分为 10，即步进电机每转为 2000 个脉冲，丝杆螺距为 4 mm，则步进当量为 2(4×1000/2000) μm。

② 加工速度。该参数单位为 mm/min，设置程序自动运动时的默认速度。当编程时程序中没有给定速度时，采用这一速度。如果程序中给定加工速度，则以给定速度为准。

③ 启动速度。该参数单位为 mm/min，设置程序自动运动时的启动初始速度。由工作台的惯性和步进当量决定，一般取 200～1000 mm/min。

④ 加速度。加速度即每步加速度，单位为 mm/min，设置程序自动运动时的加速度。由工作台的惯性和步进当量决定，一般取 2～10 mm/min。

⑤ 极限速度(空走速度)。参数单位为 mm/min，设置程序自动运动时的最大速度，即 G00 速度。由工作台的惯性和步进当量决定，一般取 4000～10000 mm/min(4～10 m/min)。

⑥ 回零速度。参数单位为 mm/min，设置工作台回零时的运动速度。

⑦ 反向间隙补偿。参数单位为 μm，分别设置 $X$、$Y$、$Z$ 轴的传动齿轮或丝杆间隙。

⑧ 手动速度。参数单位为 mm/min，设置手动连续运动方式时的运动速度。由于手动移动工作台时无自动加减速，所以该参数不能太大，一般取 200～1000 mm/min。

⑨ $X$、$Y$ 轴回零方向。-1 表示负方向回零；1 表示正方向回零；0 表示该轴不回零。

除运动参数设置外，“参数”菜单下还包括电源参数、软限位保护设置和计算加工成本等参数设置。

(7) 延时。CNC2000 程序中可以在任意位置用 G04 语句插入延时，为了简化编程，将延时集中进行设置。

① 出激光前延时。当工作台走到加工起点时，先延时再出激光。因为程序中有些空行程很短，从上次关激光到下次开激光之间的时间非常短，脉冲激光电源的充电时间也不够，因此出激光前需要增加延时。

② 出激光(M07)后延时。出激光后延时，工作台再运动，开始焊接或切割。在激光切割中，出激光后，要先穿孔，工作台再运动，因此出激光后需要延时，延时的长短与板材厚度、激光功率等有关。

③ 关激光(M08)前延时。可设为正值或负值。当设为正值时，切割或焊接完工件后，保持出激光，延时后再关激光。有些交流伺服电机的响应速度比较慢，如果切割完工件后马上关激光，有时工件上还会有一点没有完全切下来，因此需要延时关激光。当设为负值时，在切割或焊接中，最后一段直线还没有加工完，就关闭激光。在大功率激光切割中，由于激光功率很大，切割到最后，工件终点会烧一个洞，为了避免烧伤工件，需要提前关激光，这时应设置为负值。

④ 吹气、开/关光闸采用中间继电器控制时都需要设置延时，“延时设置”对话框如图 5-53 所示。

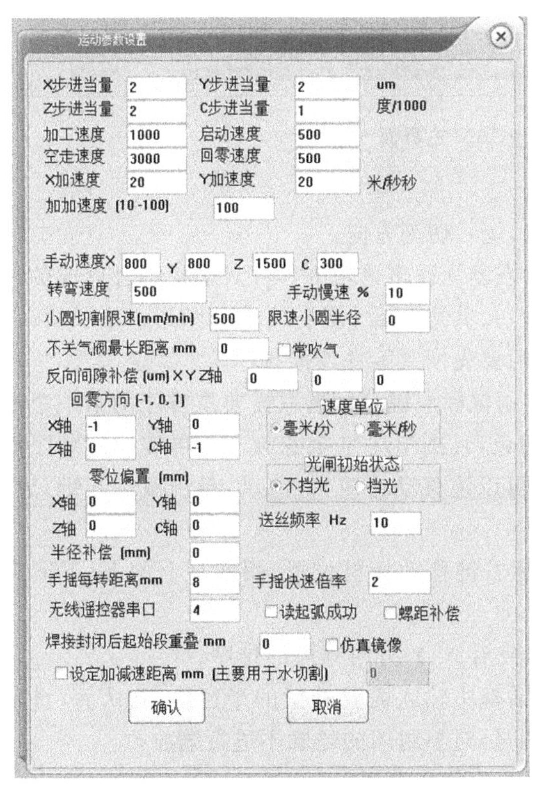


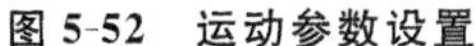
图 5-52 运动参数设置

图 5-53 延时设置

(8) 图形与转换。可将 AutoCAD 生成的 PLT 文件或 DXF 文件自动转化生成数控加工程序。转化 AutoCAD PLT 文件一般用于转换文字和任意曲线，转化 AutoCAD DXF 文件可转换直线、圆、圆弧、矩形，但不能转换文字和任意曲线。

2）StarCAM 钣金套料软件主要菜单功能

StarCAM 钣金套料软件具有绘图、切割工艺设置、AutoCAD 图形文件转换、自动生成数控切割程序等功能，如图 5-54 所示。

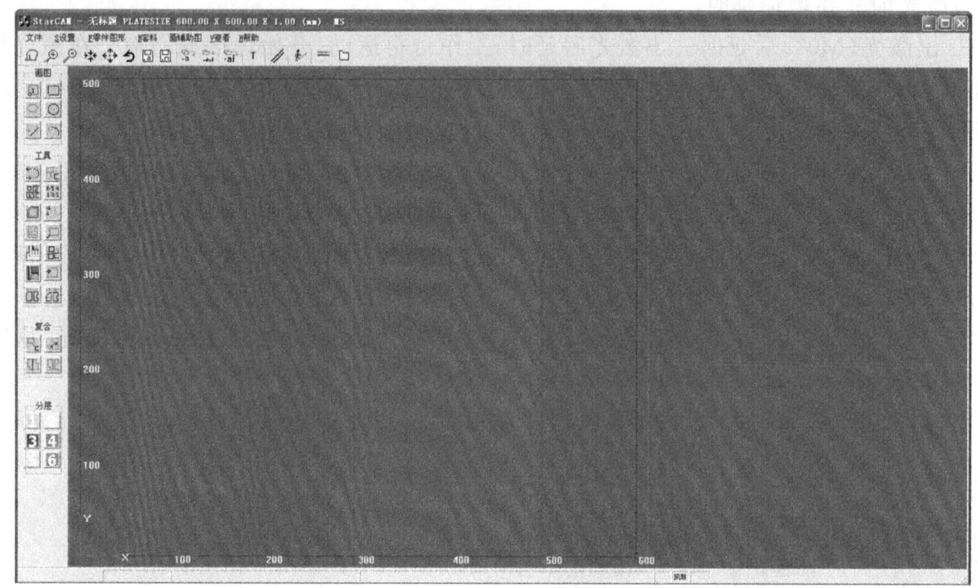

图 5-54　StarCAM 主界面

（1）基本套料功能。

① 优化功能。合并小于某一间距的断点，统一切割方向。

② 恢复图形。将由多个轮廓组合的零件恢复为许多单轮廓零件。如将结合形成的组合图形或桥切、共边切形成的组合图形（删除桥切、共边切后）恢复成单个图形。由 AutoCAD 或 CorelDRAW 导入的 DXF 文件图形，导入后要先恢复零件才能排序。

③ 图形重排序（手工排序和自动排序）。用鼠标左键分别选取需要重排序的第一个零件和最后一个零件，需要排序的图形全部变成白色，且图形序号全变为 *。再按切割顺序依次用鼠标左键选取图形进行重排序。重排序时可以边移动边放大（移动：单击鼠标右键；放大：鼠标滚轮）。

当需要重排序的图形较多时，可以用鼠标右键移动板材位置，用键盘上的上、下箭头选择图形，按 Enter 键确认。

④ 自动排序。可沿 $X$、$Y$ 方向蛇形排序，或沿 $X$、$Y$ 方向锯齿形排序。

⑤ 半径补偿。选择命令后，在弹出的对话框中输入需要补偿的半径值，确认后，自动将内轮廓缩小，将外轮廓进行放大。应该注意的是，对不封闭的轮廓不进行缩放。

⑥ 设置导入参数。用来设置所加引导线的参数与类型。

⑦ 加导入。用鼠标左键可以选工件线段上的任意点作为导入终点，然后用鼠标左键选取导入起点。加导入时可以边移动边放大。

⑧ 自动引入。自动将所有图形加引线。内轮廓从孔内引入，外轮廓从零件外引入。

⑨ 切割轨迹仿真。用鼠标左键选仿真切割起点；按鼠标右键可加快仿真速度；按 Esc 键退出命令。

⑩ 结合图形。用鼠标左键选取起始图形序号，再用鼠标左键选取终止图形序号，可将从起始序号到终止序号的若干图形合并为一个图形。图形被结合后，只能整体移动图形。

(2) 复合功能。

① 桥切。通过对话框输入桥宽、限制离角最近距离值、是否用最短桥连接等参数。用鼠标左键分别点取桥连接的两条边。

② 共边切。用鼠标左键选第一条边，然后再选第二条边，通过对话框输入切缝宽(外轮廓共边切割时要求轮廓全为顺时针方向)。

③ 删除共边切。删除公共边后，可先分离图形或恢复成单个图形，再将距离移大一些。

④ 连切。当切割薄板或切字时，因为薄板很容易变形，通常需要将零件留一点点连在母板上不切下来，每条线段终点都可保留一段连在母板上，线段长度和导入角可通过对话框进行设置。可以选择单个零件，也可以选择全部加连切。

(3) 分层功能。

① 切割层选择。分别选择第 1,2,3,4,5,6 层。先选择零件，待选中切割层后，该零件的颜色自动改变为所选层的颜色。运行程序时，只切割当前所选择的层。切割层设置时按“分层”按钮。

② 分层。单击“分层”按钮后，在弹出的对话框中可以设置各层按不同的速度切割，也可以不输出(不切割)某些层。选中某层后，按鼠标左键，可上下拖动其位置，从而对零件进行排序(零件号表示切割顺序号)。

**3. CNC2000 数控编程**

采用数控方法加工零件，首先必须将被加工零件的工艺顺序、运动轨迹工艺参数等按其动作的顺序，用数控机床规定的代码程序格式编好加工程序，这个过程称为程序编制。通常一个加工程序由若干程序段构成，而程序段又由一条或几条数控代码指令组成。CNC2000 数控系统编程方法有视教编程、自动编程、手动编程。

1) 视教编程

点击图形与转换菜单下的视教编程，则弹出图 5-55 所示的对话框。有电脑移动和面板移动两种模式。在电脑移动模式下，按 X+、X-、Y+、Y-、Z+、Z-、C+、C-、A+、A-、B+、B-，先将工作台移动到零件起点，按“起点，直线终点”按钮定义这点为起点，然后移动工作台到直线转折点，单击“起点，直线终点”按钮确认。如果是圆弧，还需要在圆弧中间位置选圆弧通过点。

空走(不出激光)：移动到一个轮廓的起点，或者需要焊接一个焊斑的位置，单击“起点”按钮。

点焊：移动到需要焊接一个焊斑的位置，单击“起点”按钮。

加工(出激光)：移动工作台到下一个转折点(短距离时选择单步移动，长距离时选择连续移动)，并单击“终点”按钮。

圆弧：选圆弧，圆弧以当前位置为起点，移动工作台到圆弧中间某个位置(注意：圆弧必须经过此点，误差不能太大)，单击“圆弧经过点”按钮，移动工作台到圆弧终点，单击“终点”

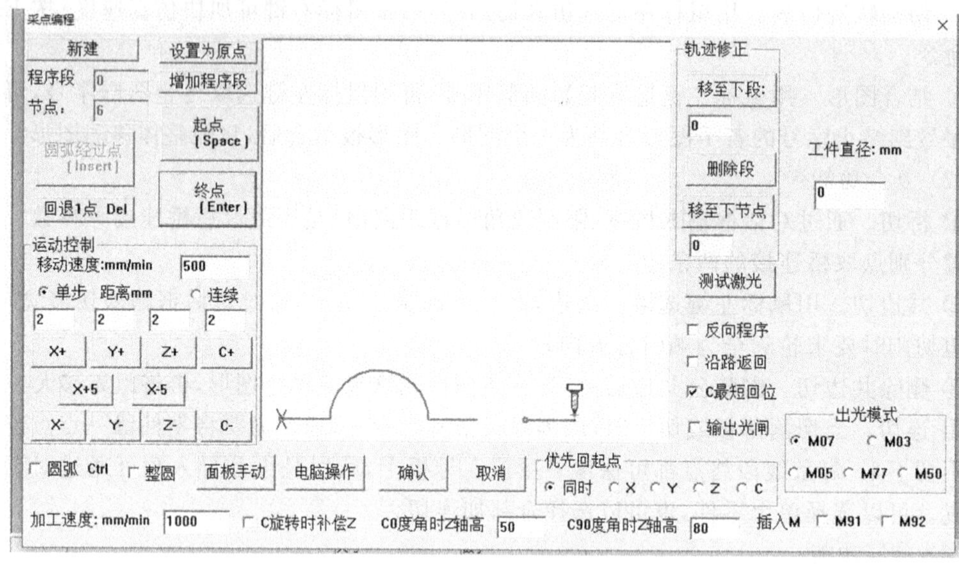


图 5-55 示教编程

按钮。

最后单击“确认”按钮，则完成视教编程(见图 5-55)，同时，工作台会自动移动到工件起点。

2) 自动编程

由于 CNC2000 不是专业的绘图软件，所以自动编程应用比较广泛。启动 CNC2000 软件，单击图形与转换菜单下的自动编程或画图工具栏，则进入自动编程功能。在此模式下，用户可以在其空间内绘制简单的图形，也可以直接将已保存的 CAD 文件导入后进行套料处理，则图形能自动转换为数控程序，并回到软件的主界面。

3) 手动编程

(1) G 代码。

① G00(或 G0、g00、g0)。

功能：快速移动到终点。

格式：G00 Xa Yb Zc Cd Ae Bf

说明：由直线的起点向终点作一向量，向量在 X 方向的分量为 a，在 Y 方向的分量为 b，在 Z 方向的分量为 c，所以 a、b、c 是带符号的(单位：毫米)。

编程时可以省去 Xa、Yb、Zc 中为零的项。

例如：G00　X100

工作台以运动参数设置中所设置的上限速度从(0,0,0)点运动到(100,0,0)点。

G00　X100　Y100

工作台以运动参数设置中所设置的上限速度从(0,0,0)点运动到(100,100,0)点。

G00　X100　Y100　Z100

工作台以运动参数设置中所设置的上限速度从(0,0,0)点运动到(100,100,100)点。

② G01(或 G1、g01、g1)。

格式:G01 Xa Yb Zc Cd Ae Bf [Ff]

说明:由直线的起点向终点作一向量,向量在 X 方向的分量为 a,在 Y 方向的分量为 b,在 Z 方向的分量为 c,所以 a、b、c 是带符号的(单位:毫米)。

Ff 是可选项,f 为工作台的运行速度(单位:毫米/分)。如果在这一条代码指令前执行的代码指令规定了速度值,而此时不改动的话,本项可省略。

编程时可以省去 Xa、Yb、Zc 中为零的项。

例如:G01 X100 F1000

工作台以 1000 mm/min 的速度从(0,0,0)点运动到(100,0,0)点。

G01 X100 Y100 F2000

工作台以 2000 mm/min 的速度从(0,0,0)点运动到(100,100,0)点。

G01 X100 Y100 Z100 F1500

工作台以 1500 mm/min 的速度从(0,0,0)点运动到(100,100,100)点。

**【例 5-7】** 编写图 5-56 所示轨迹的数控加工程序(起点在左下角,运动方向如箭头所示)。

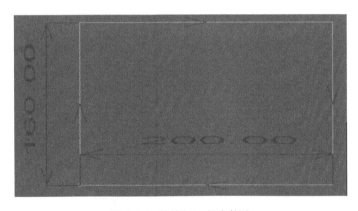

**图 5-56 数控加工程序轨迹**

M07　　出激光

G04 T100　　停 100 ms

G01 Y160 F5000　　Y 正向走 160 mm,运动速度为 5000 mm/min

G01 X200　　X 正向走 200 mm

G01 Y－160　　Y 负向走 160 mm

G01 X－200　　X 负向走 200 mm

M08　　关激光

M02　　程序结束

③ G02(或 G2、g02、g2)。

功能:顺时针圆弧插补。

格式:G02 Xa Yb Id Je [Ff]

说明:X、Y、F 三项同 G01。

由圆弧起点向圆心作一向量,向量在 X 方向的分量为 d,Y 方向的分量为 e。

例如：G91

G02　X0　Y0　I2　J0　F1000

工作台以 1000 mm/min 的速度顺时针走半径为 2 mm 的整圆。起点坐标为(0,0)，终点与起点重合，所以，x、y 坐标差为(0,0)，圆心坐标为(2,0)，从起点到圆心的向量在 x、y 方向的分量 I、J 分别为(2,0)。

G91

G02　X100　Y100　I100　J0　F2000

工作台以 2000 mm/min 的速度从(0,0)点运动到(100,100)点顺时针走半径为 100 mm 的 1/4 圆。终点与起点 x、y 坐标差为(100,100)；圆心坐标为(100,0)，从起点到圆心的向量在 x、y 方向的分量 I、J 分别为(100,0)。

④ G03(或 G3、g03、g3)。

功能：逆时针圆弧插补。

格式：同 G02。

说明：同 G02。

**【例 5-8】** 编写图 5-57 所示轨迹的数控加工程序。

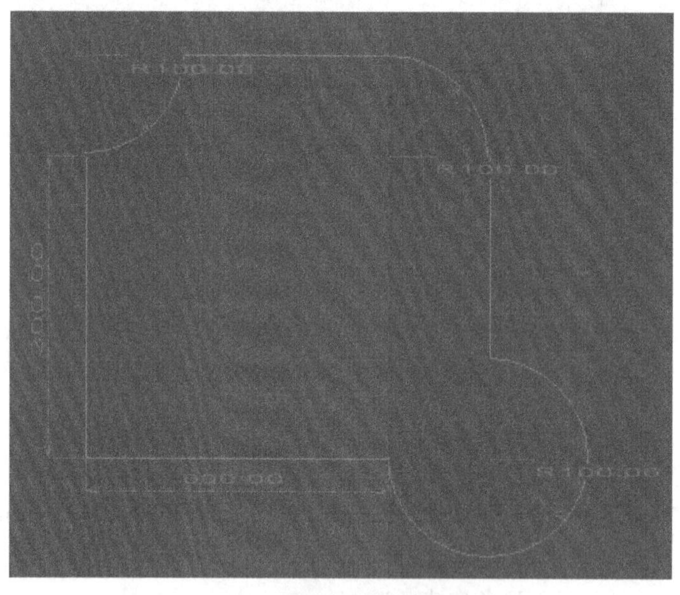

图 5-57　数控加工程序轨迹

| | |
|---|---|
| M07 | 出激光 |
| G04 T200 | 停 200 ms |
| G01 X0 Y300 F2000 | Y 正向走 300 mm |
| G03 X100 Y100 I0 J100 | 逆时针走 1/4 圆弧 |
| G01 X200 Y0 | X 正向走 200 mm |
| G02 X100 Y－100 I0 J－100 | 顺时针走 1/4 圆弧 |
| G01 X0 Y－200 | Y 负向走 200 mm |

G02 X－100 Y－100 I0 J－100　　顺时针走 3/4 圆弧
G01 X－300.000 Y0.000　　X 负向走 300 mm
M08　　关激光
M02　　程序结束

⑤ G04(或 G4、g04、g4)。

功能:插入一段延时。

格式:G04 Tt

说明:t 为延时时间,单位为 ms。

例如:G04　T1000

停留 1 s。

⑥ 绝对坐标、相对坐标编程 G90、G91(或 g90、g91)。

功能:G90——绝对坐标编程。
　　G91——增量坐标编程。

格式:G90
　　G91

当程序中没有出现 G90、G91 代码时,默认编程方式为增量坐标编程方式。

**【例 5-9】** 将实例 5-10 的加工程序改为绝对坐标编程。

G90　　绝对坐标编程
M07　　出激光
G04 T200　　停 200 ms
G01 X0 Y300 F2000　　走到位置(0,300)
G03 X100 Y400 I0 J100　　逆时针走 1/4 圆弧
G01 X300 Y400　　走到位置(300,400)
G02 X400 Y300 I0 J－100　　顺时针走 1/4 圆弧
G01 X400 Y100　　走到位置(400,100)
G02 X300 Y0 I0 J－100　　顺时针走 3/4 圆弧
G01 X0 Y0　　走到起点位置(0,0)
M08　　关激光
M02　　程序结束

注意:无论是绝对坐标编程,还是相对坐标编程,I、J 的值始终为从圆弧起点到圆心的相对坐标。

⑦ 设置/返回电器原点 G29、G30。

功能:G29——设置当前位置为电器原点。
　　G30——返回电器原点。

格式:G29
　　G30

例如:设置加工起点位置为电器原点,加工完毕后返回起点。

G29　　设置当前点为电器原点

G01 X10 F5000

Y20

…

G30　　返回电器原点

M02　　程序结束

（2）CNC2000 数控系统 M 指令。

M00　　程序停止

M01　　工件计数，一般用于子程序，一个子程序为 1 个工件

M02　　程序结束

M17　　子程序返回

M07、M08　　控制出光/关光

M09、M10　　气阀通/断

M92、M91　　光闸开/关

## 5.3.3 激光切割数控板卡

国内中小功率激光切割机应用最多的数控板卡是柏楚数控板卡和维宏数控板卡。

柏楚数控板卡产品包括小功率板卡、中功率板卡、全闭环板卡、管材切割板卡。中功率激光切割系统是专门针对钣金加工行业推出的一款全功能的开环控制系统。该系统安装方便，调试简易，性能优异，方案齐全，是目前市场占有率较高的一款光纤激光切割控制系统，适用于 1000～2000 W 中功率光纤激光切割机，广泛应用于钣金件/厨具/灯具/箱柜等行业，如图 5-58 所示。

图 5-58　柏楚中功率板卡

### 1. 柏楚数控板卡性能特点

1）工艺

支持三级穿孔，分段或渐进任意组合。

支持市场上绝大多数主流激光器的通信控制。

支持飞行切割、蛙跳、补偿、引刀线、微连、预穿孔、带膜切割等基本工艺。

支持电容寻边、光电、电动调焦、双交换工作台、自动排样、圆管材切割、断电记忆等高级功能模块。

支持冷却点、尖角环切、释放角等高级工艺。

2）控制

开环控制系统。

轨迹精度 0.03 mm，定位精度 0.001 mm，重复定位精度 0.003 mm。

最大切割速度 50 m/min，最大空移速度 150 m/min。

最大加速度 1.5$g$。

支持双驱误差检测功能。

**2. CypCut 激光切割控制软件**

柏楚 CypCut 激光切割控制软件，是一套用于平面激光切割的软件，包含激光切割工艺处理、常用排样功能和激光加工控制。主要功能包括图形处理、参数设置、自定义切割过程编辑、排样、路径规划、模拟，以及切割加工控制，如图 5-59 所示。

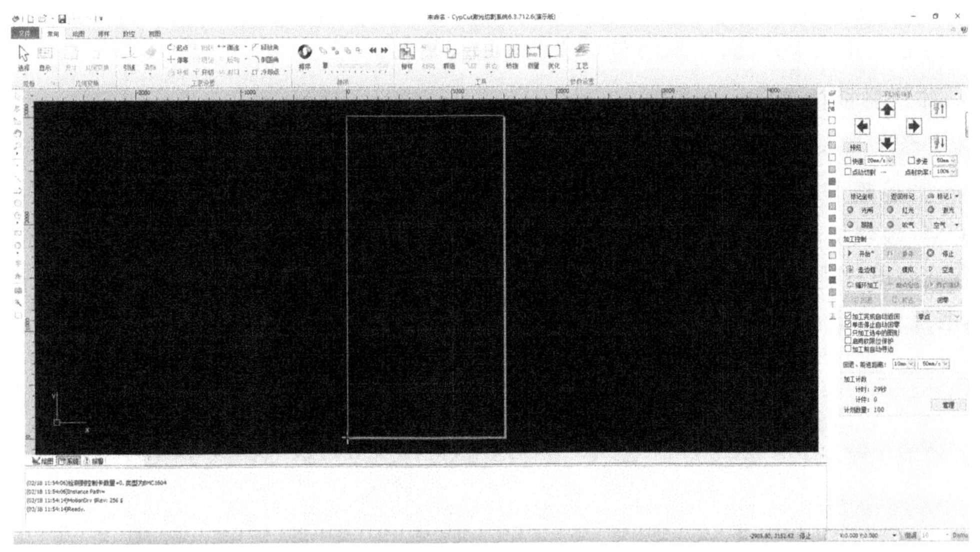

**图 5-59 柏楚 CypCut 激光切割控制软件**

支持 AI、DXF、PLT、Gerber、LXD 等图形数据格式，接受 Master Cam、Type3、文泰等软件生成的国际标准 G 代码。

打开/导入 DXF 等外部文件时，自动进行优化，包括去除重复线、合并相连线、去除极小图形、自动区分内外模和排序等。

支持常用编辑排版功能，包括缩放、平移、镜像、旋转、对齐、复制、组合等。

以所见即所得的方式设置引入/引出线、割缝补偿、微连、桥接、阴阳切、封口等。

自动区分内外模，并根据内外模确定割缝补偿方向，进行引线检查等。

支持曲线分割、合并，曲线平滑，文字转曲线，零件合并、打散等。

省时省力的自动排样功能，可自动共边、生成余料。

通过多种阵列方式可轻松将板材布满。

灵活多样的自动排序和手工排序功能，支持通过群组锁定群组内部图形加工次序。

独有的加工次序浏览功能，与模拟操作相比，更能加交互式地查看加工次序。

一键设置飞行切割路径，让加工事半功倍。

支持分段穿孔、渐进穿孔、预穿孔、分组预穿孔，支持对穿孔过程和切割过程设置单独的激光功率、频率、激光形式、气体类型、气压、峰值电流、延时、跟随高度等。

实时频率与功率曲线编辑，并可设置慢速起步相关参数。

强大的材料库功能，允许将全部工艺参数保存以供相同材料再次使用。

加工断点记忆，断点前进后退追溯；允许对部分图形加工。

支持停止和暂停过程中定位到任意点，从任意位置开始加工。

同一套软件支持圆管切割和平面切割，编程方式完全相同；支持相贯线切割。

支持定高切割和板外跟随。

支持多种寻边方式，定位精准。

强大的扩展能力，多达 30 余个 PLC 过程编辑，50 多项可编程过程。

可编程输入/输出口，可编程报警输入。

支持通过无线手持盒、以太网对系统进行远程控制。

**3. 维宏数控板卡**

维宏数控板卡（见图 5-60）也是中小功率激光切割机应用较多的数控板卡，功能和柏楚 CypCut 数控板卡相似，设计主要面向二维切割，编辑二维图形，生成二维的加工对象数据，支持 CNC 玻璃切割机、激光切割机、火焰切割机、等离子切割机及水切割机等。可外接 2 路步进或伺服电机进行高速、高精度运动控制。控制信号采用差分信号输入/输出，抗干扰性更好，系统更稳定，具有防雷击、抗强电磁干扰、稳定可靠的特点，并有断电保护功能。配合

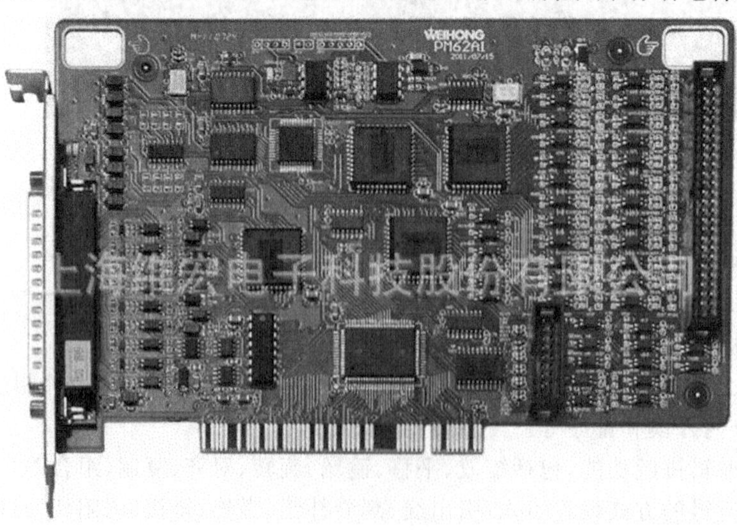


图 5-60 维宏数控板卡

相应软件可实现直线插补、圆弧插补、智能前瞻、反向切割、间隙补偿、断点记忆、跳段执行等功能。

支持多种格式文件，包括G代码格式、NC格式、DXF格式、PLT格式、ENG格式等。

导入图形时可进行自动优化，包括删除重复边、合并、删除小图形（点、小圆、小曲线）等。

提供多种脉冲调制信号，可搭配不同激光器并根据切割速度动态调整占空比。

支持图层功能，提供带膜切割、回旋过切、定高切割等多种工艺设置。

支持直接穿孔、渐进穿孔、分段穿孔、三级穿孔、预穿孔等多种穿孔方式，支持对穿孔过程和切割过程设置单独的激光功率、激光频率、气体类型、气压等。

支持材料库功能，允许将全部工艺参数保存以供相同材料再次使用。

支持自动及手动设置加工顺序功能。

支持蛙跳功能，摒弃传统矩形而采用抛物线形来控制切割轮廓之间的运动。

支持速度功率调节功能，采用图形编辑方式，设置不同速度下的功率。

自主研发随动控制功能，无缝整合于NcEditor V12激光切割系统。

支持金属与非金属标定功能。

支持无线手柄的远程控制，直视无障碍传输距离为60 m。

扫描切割功能，支持对矩形和圆形的矩形阵列进行扫描切割。

支持单Y、双Y、双Y+X转台和双Y黑屏四种配置。

**4. 激光切割实用功能**

近年来，激光切割机对钣金行业发展的作用日益凸显。在切割过程中，有六个实用功能，配合这些实用功能，能极大地提高激光切割机加工效率和切割性能。

1）蛙跳

蛙跳是激光切割机的空程方式。如图5-61所示，切割完孔1，接着要切割孔2。切割头要从点A移动到点B。当然，移动过程中要关闭激光。从点A到点B之间的运动过程中，机器“空”跑，称为空程。

图5-61 蛙跳动作

早期的激光切割机的空程如图5-62所示，切割头要次第完成三个动作：上升（到足够安全的高度）、平动（到达点B的上方）、下降。

压缩空程时间，可提高机器的效率。如果将次第完成的三个动作变为“同时”完成，可缩短空程时间：切割头从点A开始向点B移动时，即同时上升；接近点B时，同时下降，如图5-63所示。切割头空程运动的轨迹，犹如青蛙跳跃所画出的一条弧线。

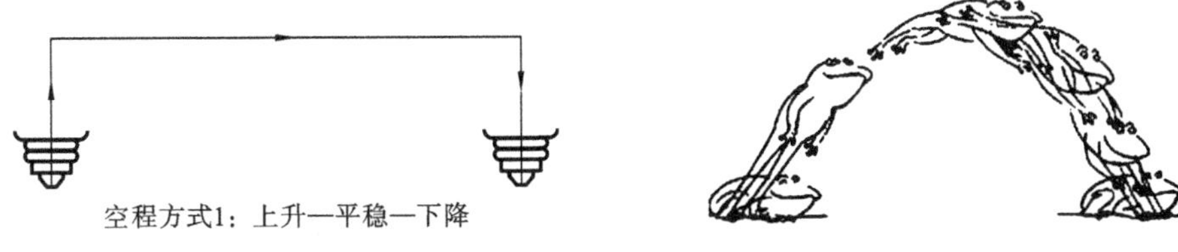


图5-62 传统蛙跳

图5-63 蛙跳

在激光切割机的发展过程中，蛙跳算得上一个突出的技术进步。蛙跳动作，只占用了从点 A 到点 B 平动的时间，省却了上升、下降的时间。青蛙一跳，捕捉到的是食物，而激光切割机的蛙跳，“捕捉”到的是高效率。

2）自动调焦

切割不同材料时，要求激光束的焦点落在工件截面的不同位置，这就需要调整焦点的位置（调焦）。早期的激光切割机，一般采用手动调焦方式；当下，许多厂商的机器都实现了自动调焦。

可能有人会说，改变切割头的高度就好了，切割头升高，焦点位置就高，切割头降低，焦点位置就低。实际中并没有这么简单。在切割过程中，喷嘴与工件之间的距离（喷嘴高度）为 0.5～1.5 mm，不妨看作是一个固定值，即喷嘴高度不变，所以不能通过升降切割头来调焦（否则无法完成切割加工）。

聚焦镜的焦距是不可改变的，所以也不能指望通过改变焦距来调焦。如果改变聚焦镜的位置，则可改变焦点位置：聚焦镜下降，则焦点下降；聚焦镜上升，则焦点上升。这确是调焦的一种方式。采用一个电机驱动聚焦镜作上下运动，可以实现自动调焦。

另一种自动调焦的方法是：在激光束进入聚焦镜之前，置一变曲率反射镜（或称可调镜），通过改变反射镜的曲率，改变反射光束的发散角度，从而改变焦点位置，如图 5-64 所示。

有了自动调焦功能，可显著提高激光切割机的加工效率：厚板穿孔时间大幅缩减；加工不同材质、不同厚度的工件，机器可自动将焦点快速调整到最合适的位置。

3）自动寻边

如图 5-65 所示，当板料放到工作台上时，如果歪斜，切割时可能造成浪费。如果能够感知板料的倾斜角度和原点，则可调整切割加工程序，以适合板料的角度和位置，从而避免浪费。自动寻边功能应运而生。

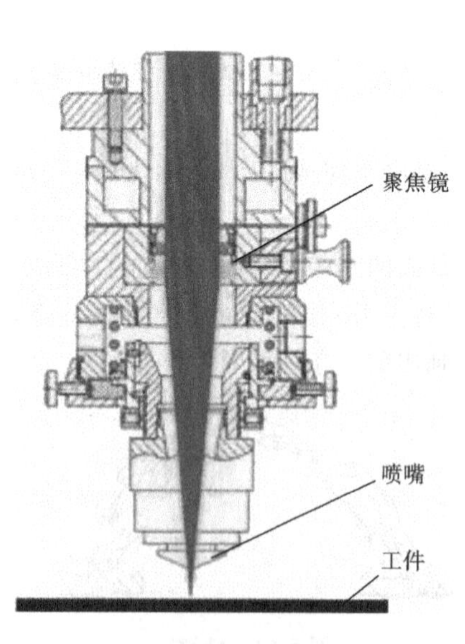


图 5-64 自动调焦

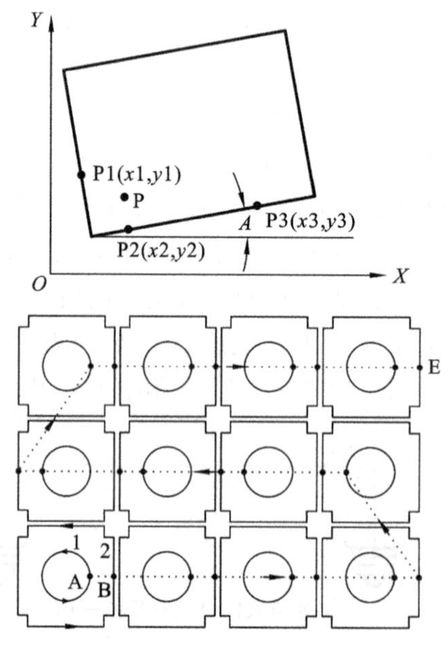


图 5-65 自动寻边和集中穿孔

启动自动寻边功能后，切割头从 P 点出发，自动测得板料两垂直边上的 3 点：P1、P2、P3，并据此自动计算出板料的倾斜角度 $A$，以及板料的原点。

借助自动寻边功能，省却了早先调整工件的时间——在切割工作台上调整（移动）重达数百千克的工件不是件易事，提升了机器的效率。

一台技术先进、功能强大的高功率激光切割机，是光、机、电一体化的复杂系统。细微之处，往往隐藏奥妙。让我们一起来窥探其奥妙。

4）集中穿孔

集中穿孔，也称预穿孔，是一种加工的工艺，并非机器本身的功能。激光切割较厚板材时，每一轮廓的切割加工都要经历两个阶段，即穿孔和切割。

如图 5-66 所示，常规加工工艺（A 点穿孔→切割轮廓 1→B 点穿孔→切割轮廓 2→……），所谓集中穿孔，就是将整张板上的所有穿孔过程提前集中执行，然后回头再执行切割过程。

集中穿孔加工工艺（完成所有轮廓的穿孔→回到起点→切割所有轮廓），与常规加工工艺相比，集中穿孔时，机器的运行轨迹总长是增加了的。那为什么还要采用集中穿孔呢？

集中穿孔可避免过烧。厚板穿孔过程中，在穿孔点周围形成热量聚集，如紧接着切割，就会出现过烧现象，如图 5-66 所示。采用集中穿孔工艺方式，完成所有穿孔、返回起点再切割时，由于有充分的时间散热，就避免了过烧现象。

集中穿孔可提高加工效率。集中穿孔也有风险。如果在切割过程中发生碰撞，致使板材位置变动，则尚未切割的部分可能报废。集中穿孔工艺需要自动编程系统的帮助。

5）桥位（微连接）

进行激光切割加工时，板料被锯齿状的支撑条托住。被切割下来的零件，如果不够小，不能从支撑条的缝隙中落下，如果又不够大，不能被支撑条托住，则可能失去平衡、翘起。高速运动的切割头可能与之发生碰撞，轻则停机，重则损坏切割头。

利用桥位（微连接）切割工艺，可避免发生此种现象。在对图形进行激光切割编程时，有意将封闭的轮廓断开若干处，使得切割完成后零件与周围的材料粘连在一起，不致掉落，这些断开处，就是桥位，也称为断点，或微连接（这种叫法源自对 MicroJoint 的生硬翻译）。断开的距离为 0.2～1 mm，与板料的厚度成反比。基于不同的角度，就有不同的叫法：基于轮廓，断开了，叫断点；基于零件，与母材相粘连，叫桥位或微连接，如图 5-67 所示。

**图 5-66　过烧**

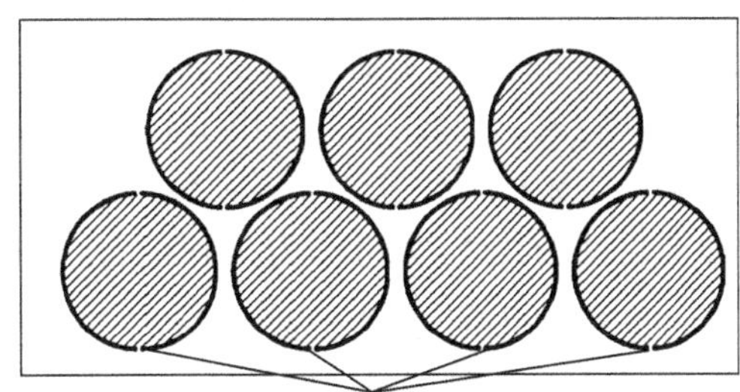

轮廓断开处，犹如架了一座桥，将零件与周围材料相连

**图 5-67　桥位**

桥位将零件与周围材料连在一起，成熟的编程软件可根据轮廓的长度，自动加上合适数量的桥位。还能区分内外轮廓，决定是否加桥位，使不留桥位的内轮廓（废料）掉落，而留桥

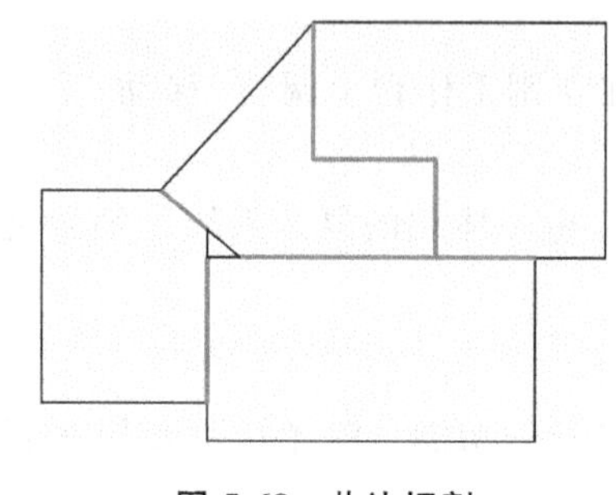
图 5-68 共边切割

位的外轮廓(零件)与母材粘连在一起,不掉落,从而免去分拣的工作。

6) 共边切割

如果相邻的零件轮廓是直线,且角度相同,则可以合为一条直线,只切割一次,即共边切割。显而易见,共边切割减少了切割长度,可显著提高加工效率。

共边切割并不要求零件的外形是矩形,如图 5-68 所示。

粗线条为公共边,共边切割,不仅节省切割的时间,而且减少穿孔的次数,因此,效益非常明显。假如每天因共边切割节省 1.5 小时,每年约节省 500 小时,每小时综合成本按 100 元计,则相当于一年额外创造了 5 万元效益。共边切割需要仰赖于智能化的自动编程软件。

# 5.4 总线技术

总线技术

## 5.4.1 计算机总线技术

任何一个微处理器都要与一定数量的部件和外围设备连接,但如果将各部件和每一种外围设备都分别用一组线路与 CPU 直接连接,那么连线将会错综复杂,甚至难以实现。为了简化电路设计、简化系统结构,常用一组线路配置以适当的接口电路,与各部件和外围设备连接,这组公用的连接线路称为总线。采用总线结构便于部件和设备的扩展,尤其制定了统一的总线标准则容易使不同设备间实现互连。

微机中总线一般有内部总线、系统总线和外部总线。

(1) 内部总线有 $I^2C$ 总线、SPI 总线、SCI 总线等,是微机内部各外围芯片与处理器之间的总线,用于芯片一级的互连。

(2) 系统总线有 ISA 总线、EISA 总线、VESA 总线、PCI 总线等,是微机中各插件板与系统板之间的总线,用于插件板一级的互连。PCI(Peripheral Componet Interconnect)总线是当前最流行的总线之一,它是由 Intel 公司推出的一种局部总线。

(3) 外部总线有 RS-232C 总线、RS-485 总线、IEEE-488 总线、USB 总线等,是微机和外部设备之间的总线,微机作为一种设备,通过该总线和其他设备进行信息与数据交换,它用于设备一级的互连。RS-232C 总线是美国电子工业协会 EIA( Electronic Industry Association)制定的一种串行物理接口标准。通用串行总线 USB(Universal Serial Bus)是由 Intel 、Compaq、Digital、IBM、Microsoft、NEC 、Northerm 、Telecom 等 7 家世界著名的计算机和通信公司共同推出的一种新型接口标准。快速是 USB 技术的突出特点之一,USB 的最高传输速率可达 12 Mb/s,比串口快 100 倍,比并口快近 10 倍,而且 USB 还能支持多媒体。

## 5.4.2 工控机总线

### 1. 工业控制计算机

在计算机系统总线中，还有另一大类为适应工业现场环境而设计的系统总线，如STD总线、STD32总线、AT96总线、VME总线、PXI总线、Advanced TCA总线标准、PC/104和PC/104-Plus总线等，即工控机总线。工控机是工业控制计算机的简称，是一种采用总线结构，对生产过程及其机电设备、工艺装备进行检测与控制的工具总称。它具有重要的计算机属性和特征，如具有计算机CPU、硬盘、内存、外设及接口，并有实时的操作系统、控制网络协议、计算能力、友好的人机界面等。

工控机是根据工业生产的特点和要求而设计的电子计算机，它应用于工业生产中，实现各种控制目的、生产过程和调度管理自动化，以达到优质、实时、高效、低耗、安全、可靠，减轻劳动强度、改善工作环境的目的。它主要用于工业过程测量、控制、数据采集等工作。而工业现场一般具有强烈的震动，灰尘特别多，另有很高的电磁场力干扰等特点，且一般工厂均是连续作业，即一年中一般没有休息。因此，工控机与普通计算机相比具有可靠性高、实时性好、环境适应性强等特点。

### 2. 工控机总线

(1) PC总线工控机　采用ISA总线、VESA局部总线(VL-BUS)、PCI总线、PCI04总线等几种类型工控机，主机CPU类型有80386、80486、Pentium等。

(2) STD总线工控机　采用STD总线，主机CPU类型有80386、80486等，另外与STD总线相类似的还有STE总线工控机。

(3) VME总线工控机　采用VME总线，主机CPU类型以Motorola M68020和M68030为主。

(4) 多总线工控机　采用MultiBus总线，主机CPU类型有80386、80486和Pentium等。

## 5.4.3 以太网总线

20世纪90年代后期，集计算机技术、网络技术与控制技术为一体的全分散、全数字、全开放的工业控制系统——现场总线控制系统(FCS)应运而生，具有更高的可靠性、更强的功能、更灵活的结构、对控制现场更强的适应性以及更加开放的标准。这其中尤其以"以太网总线"方式的自动化控制技术，作为数字化制造的有效载体，得到广泛的应用。

以太网现场总线类型有如下四种。

### 1. CAN总线

CAN总线是一种有效支持分布式控制系统的串行通信网络，是由德国博世公司在20世纪80年代专门为汽车行业开发的一种串行通信总线。由于其高性能、高可靠性以及独特的设计而越来越受到人们的重视，被广泛应用于诸多领域。当信号传输距离达到10 km时，CAN仍可提供高达50 Kb/s的数据传输速率。由于CAN总线具有很高的实时性能和应用范围，从位速率最高可达1 Mb/s的高速网络到低成本多线路的50 Kb/s网络都可以任意搭配。因此，CAN 已经在汽车业、航空业、工业控制、安全防护等领域中得到了广泛应用。

**2. PROFIBUS 总线**

PROFIBUS 总线是一个复杂的通信协议，为要求严苛的通信任务所设计，适用在车间级通用性通信任务。

**3. EtherCAT 总线**

EtherCAT(以太网控制自动化技术)是一个开放架构，以以太网为基础的现场总线系统，其名称的 CAT 为控制自动化技术(control automation technology)英文单词首字的缩写。EtherCAT 是确定性的工业以太网，最早由德国的 Beckhoff 公司研发。

自动化对通信一般会要求较短的资料更新时间(或称为周期时间)、资料同步时的通信抖动量低，而且硬件的成本要低，EtherCAT 开发的目的就是让以太网可以运用在自动化应用中。它基于标准的以太网技术，具备灵活的网络拓扑结构，系统配置简单，具有高速、高有效数据率等特点，其有效数据率可达 90%以上。

由于 EtherCAT 总线具有足够的开放性，目前已得到全球大多数工业自动化设备、元器件、集成商的支持，成为一种广泛应用于各个工业控制领域的总线控制方式。

一个 EtherCAT 主站通过 EtherCAT 协议可以连接若干从站运动控制器单元，如图5-69所示。

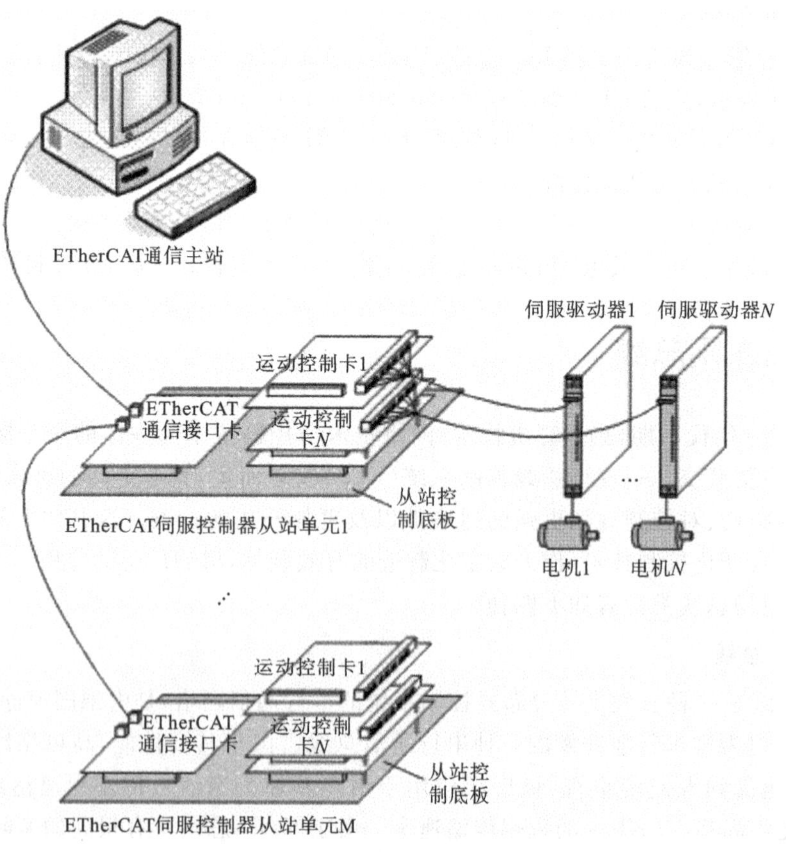


**图 5-69　EtherCAT 系统组成图**

一个运动控制器单元由从站控制底板、通信卡和 1～8 块运动控制卡组成。每个运动控制卡控制一个伺服轴。每个运动控制器单元可以最多控制 8 个伺服轴，每个伺服轴可以进行位置、速度、回参考点等控制。通过这种多轴运动控制器可以在数控设备和工业机器人控制系统中利用 EtherCAT 技术，提高控制性能。

**4. RTEX 总线**

RTEX 是 Real Time Express 的简写，是松下为实现运动控制高速实时性要求独自开发的高端总线技术。松下公司早于 2004 年便已经提出了此技术标准，早先多为松下公司内部设备应用，近年随着我国自动化产品的更新换代，产业升级需求，RTEX 技术在国内的多家用户实现了高速、高精应用，更于 2017 年 6 月在上海松下金桥实验室成立 RTEXCLUB，并以此为基地向全国推广 RTEX 总线技术的应用。RTEX 在半导体、液晶制造、电子元器件贴装设备上获得广泛应用。这些设备的统一特点是要求高速、高精，同时厌恶修理维护。RTEX 完全满足了高端运动控制高速指令传输、稳定可靠、抗干扰、高同步性的性能要求，这也正是未来设备对总线的核心诉求：高速、高精、高抗噪性能。

高速、高精是一对矛盾体，在脉冲控制方式下是无法同时实现的。脉冲方式下，脉冲数量对应电机旋转角度，脉冲频率对应电机旋转速度。

以通用脉冲方式下 MAX 输出频率 500 kpps 为例，当电机转速稳定在 6000 r/m 时，电机旋转 1 圈所需的脉冲最大仅为 5000 pulses，对应通用松下 A6 系列电机编码器 8388608 pulse/圈，仅相当于 1/1677，指令是相当粗糙的。

RTEX 方式下，指令是以原点为基准的绝对数据，脉冲指令可以直接采用电机编码器的分辨率，同样以 A6 电机编码器 8388608 pulse/圈为例，在电机转速稳定在 6000 r/m 时，电机相对应的脉冲输出指令达到 838860800 pulse/圈，分辨率达到上述脉冲方式时 MAX 值的 1677 倍。

如此高的脉冲分辨率，通过脉冲方式是不可实现的！

而 RTEX 通过数据进行指令传输，指令可以达到 4 Gpulse/s，即使以 8388608 pulse/圈的分辨率运行在 6000 r/m 下都绰绰有余。

激光加工机可通过进行高速微小的圆弧插补用途提升精度，通过图 5-70 可以很容易理解脉冲指令方式和总线方式指令的区别。

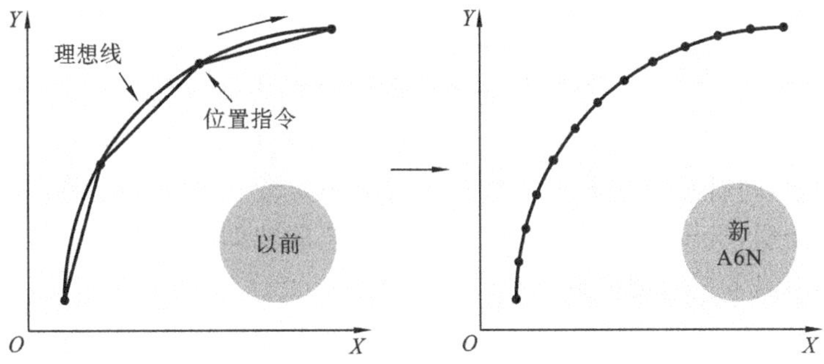


图 5-70 脉冲指令方式和总线方式指令

# 5.5 数控系统

数字控制(numerical control,NC)简称数控,是指利用数字化的代码构成的程序对控制对象的工作过程实现自动控制的一种方法。

数控系统(numerical control system,NCS)是指利用数字控制技术实现的自动控制系统。数控系统中的控制信息是数字量 0 和 1,它与模拟控制相比具有许多优点,如可用不同的字长表示不同精度的信息,可对数字化信息进行逻辑运算、数学运算等复杂的信息处理工作,特别是可用软件来改变信息处理的方式或过程,具有很强的“柔性”。数控设备则是采用数控系统实现控制的机械设备,其操作命令是用数字或数字代码的形式来描述,工作过程是按照指定的程序自动进行,装备了数控系统的机床称为数控机床。数控系统的硬件基础是数字逻辑电路。

最初的数控系统是由数字逻辑电路构成的,因而称为硬件数控系统。随着微型计算机的发展,硬件数控系统已逐渐被淘汰,取而代之的是当前广泛使用的计算机数控系统(computer numerical control,CNC)。CNC 系统是由计算机承担数控中的命令发生器和控制器的数控系统,它采用存储程序的方式实现部分或全部基本数控功能,从而具有真正的“柔性”,并可以处理硬件逻辑电路难以处理的复杂信息,使数控系统性能大大提高。

数控系统一般由输入/输出装置、数控装置、伺服驱动装置和辅助装置四个部分组成,有些数控系统还配有位置检测装置。计算机数控系统的组成如图 5-71 所示。

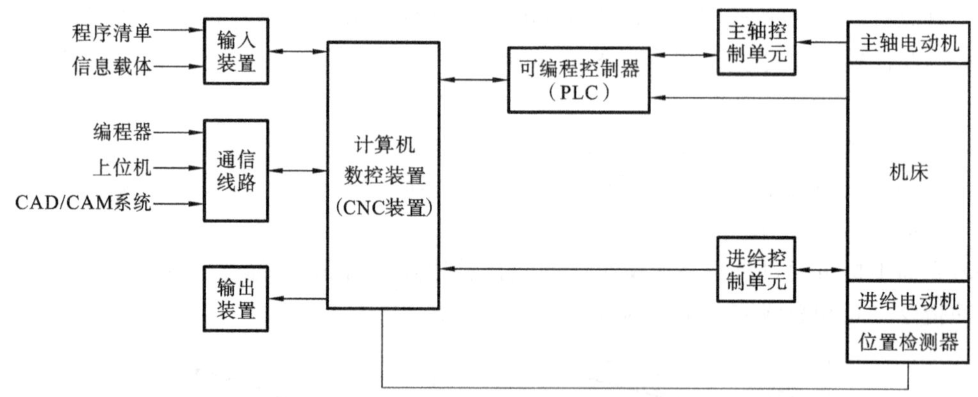


图 5-71 计算机数控系统的组成

在数控激光切割机中,数控系统要完成包括工作流程控制、加工轨迹控制、Z 浮调节控制和整机的协调控制,同时系统还必须完成加工过程中对激光的功率大小、脉冲模式、爬升时间、占空比、气体类型、气压大小以及焦点位置等工艺的辅助功能控制。国内高功率数控激光切割机主要使用以下三种数控系统。

## 5.5.1 HAN'S PA8000 数控系统

HAN'S PA 数控系统

HAN'S PA 系列数控系统是深圳大族彼岸数字控制软件技术有限公

司和德国 PA 公司合作开发的高性能开放式数控系统。该系统被广泛应用于各种领域，适用于数控铣床、数控车床、加工中心、车铣中心、磨床、龙门式机床、激光切割机、激光焊接机、数控冲床、高压水射流切割机、木工机械等加工设备。

HAN'S PA 数控系统是最典型的纯软件数控系统，由于先进的架构、稳定的性能、高度的开放性，因此始终代表着开放式数控系统最高水平。系统为用户提供了灵活的机床参数设置机制、PLC 编程、逻辑分析仪（用来反映系统运行时实时位置、速度、加速度曲线等）等强大功能，以及开放程度极高的二次开发接口，使用户可以方便地将自己的专有技术植入系统内部。

**1. 硬件配置**

PA8000 数控系统通常包含主机、拓展模块（可选）、人机界面（可选）以及其他辅助模块（可选）等，如图 5-72 所示。

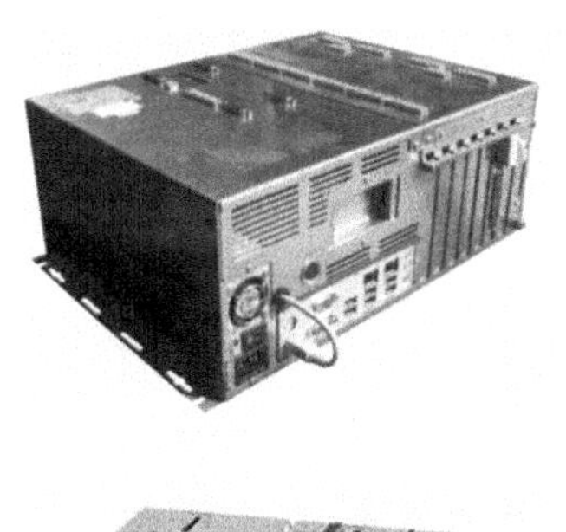
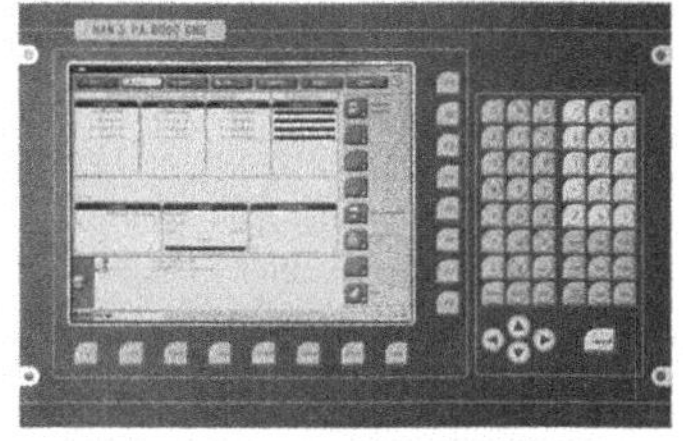

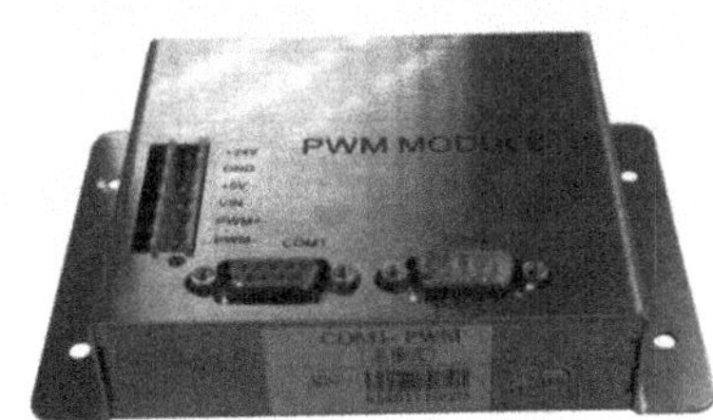

**图 5-72　PA8000 数控系统主机、人机界面、拓展模块、PWM 模块**

系统主机是整个数控系统的中枢，人机界面为用户提供显示和操作界面，拓展模块可以为用户拓展额外的 I/O 以及轴控制接口，PWM 模块可以辅助系统更好地控制激光器。

**2. 软件配置**

（1）Windows XPE 操作系统。

（2）PA CNC 内核。

（3）PA HMI 操作界面。

HMI 界面分为六个基本的显示和操作主题：手动、自动、数据、信息、系统和设置。主界面通过操作主题，以及主题按键进入每个操作主题界面。在每个主题界面下，都可以通过右侧的功能键进行相应的操作。除了操作和显示界面，机床参数的设置（机床物理轴的运行、间隙的补偿、特殊功能的开启等）、PLC 程序的修改都在 HMI 界面下进行，如图 5-73 所示。

（4）IEC 1131-3 PLC 编译软件。

PA8000 的 PLC 程序采用 IEC 1131-3 的标准进行编写，其基本的结构形式有结构文本、

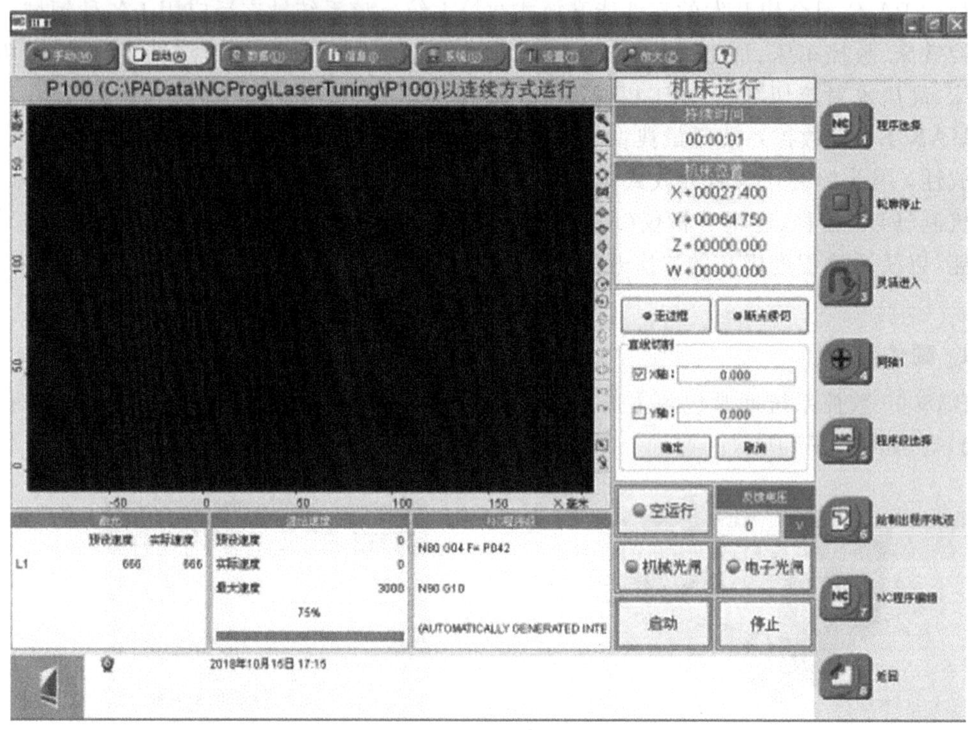


图 5-73 PA8000 数控系统 HMI 界面

梯形图、功能程序段、指令表、流程图等。其基本的编程语言为类 BASIC 语言，主要完成对 I/O口进行定义、输入和输出处理、报警文本编制、面板命令、时钟信号等的处理。

**3. PA8000 设置**

在使用 PA8000 数控系统前，需要进行 PLC 输入/输出配置、驱动配置、轴的配置、机床回零、主轴设置以及 PLC 程序设置等，数控系统的配置要和硬件接线相对应，过程比较复杂，PA8000 数控系统提供通用配置文件，用户根据实际情况进行修订。

1) PLC 输入/输出配置

使用 PLC 程序或者 CNC 功能的 I/O 模块之前，必须根据自己的应用进行相应的配置。使用人机界面(HMI)可以修改 I/O 配置文件，在 HMI 中依次单击 Setup(设置)→PLC→IO configuration(I/O 配置)就可以打开 I/O 配置的文本编辑器，在修改完成后使用原始文件名——PAIOCfg.ini 存盘，重新打开 CNC 控制系统后，修改将被激活。此 I/O 配置文件列出了所有应用中使用的 I/O 模块和定义的逻辑地址(位号)，可以通过软件(PLC 程序和 CNC 软件功能)访问硬件。配置文件中的逻辑地址(位号)允许应用程序(CNC 和 PLC)知道 PA8000 系统支持的模块的硬件地址。所有出厂的系统都带有标准的配置文件，需要按实际的要求来修改文件(增减 I/O 模块，设置需要的逻辑地址，一般系统会自动识别 I/O 和分配硬件地址)。

注：I/O 配置文件遵照以下结构：

| 板号 | 输入字节数 | 输出字节数 | 第一个输入位的地址 | 第一个输出位的地址 | 单元(可选) |
|---|---|---|---|---|---|

字符“,”为分隔符；

字符“;”后面的内容均为为注释,无实际作用；

PA8000 手动配置实例：

```
; PA8000
; I/O Bus Configuration
PA-MODULAR-IO Configuration
BUSLENGTH 10
;
8, 0, 1, 0 ; 4AXLX *
3, 2, 1, 101 ; 2416 LX *
3, 2, 4, 103 ; 2416 LX *
3, 2, 7, 105 ; PAMIO 2416
3, 2, 10, 107 ; PAMIO 2416
3, 2, 13, 109 ; PAMIO 2416
8, 8, 16, 111 ; PAMIO 4AD4DA
8, 8, 24, 119 ; PAMIO 4AD4DA ;
;
END of I/O-Bus configuration
```

上述配置文件为 PA8000 系统的 I/O 配置文件的节选,在这个配置文件中,主要定义有输入和输出模块的顺序、输入和输出的起始地址等。

2) 驱动配置

CNC 轴的硬件输出通道和主轴的配置都在驱动配置文件里。硬件输出通道从 1 到 8 分配给所有使用的输出通道,并且与硬件轴的 1 到 8 号对应,主轴以及激光功率控制器可以连接到输出通道,它们被放在 Drivecfg. ini 文件里。所有出厂的控制系统都带有标准驱动器配置文件,但是客户需要根据自己的需求来修改配置。

可以通过人机界面(HMI)修改驱动配置。在 HMI 中依次选择设置→打开机床参数→驱动配置,即可打开驱动配置文件。在修改完成后使用原始文件名“DriveCfg. ini”存盘,在重新打开 CNC 控制系统后,修改将被激活。

注:驱动器配置文件遵照以下结构：

| 硬件输出序号 | CNC 通道编号 | 轴字符 |
|---|---|---|

轴字符表明了轴的基本用途(进给轴、主轴、激光控制等)。

范例：

```
; drive configuration file
; analog axes
ANALOG
; output # channel # axis character
ADDR=1, 1, X
```

ADDR=2，1，Y

ADDR=3，1，Z

ADDR=4，1，C

ADDR=5，1，A

ADDR=6，1，W

ADDR=7，1，S

ADDR=8，1，L

其中：字符“S”表示主轴；字符“L”表示激光功率控制器。

上述配置文件为 PA8000 系统的轴配置文件的节选，在这个配置文件中，主要定义了机床的物理轴（进给轴和主轴），在 PA8000 系统中，将激光也作为一个轴进行单独的配置。

3）轴的设置（具体设置参考使用手册）

轴最大速度：AxisSpeedMaxAppl；

手动模式下的轴速度：SAxisFeedAppl；

轴加速时间：AxisSlopeTime；

脉冲当量：MachToInternalIncr；

位置环增益：GainSpeedFactor；

设置倍率功能；

特殊机床参数。

4）机床回零

机床回零过程分析如图 5-74 所示。

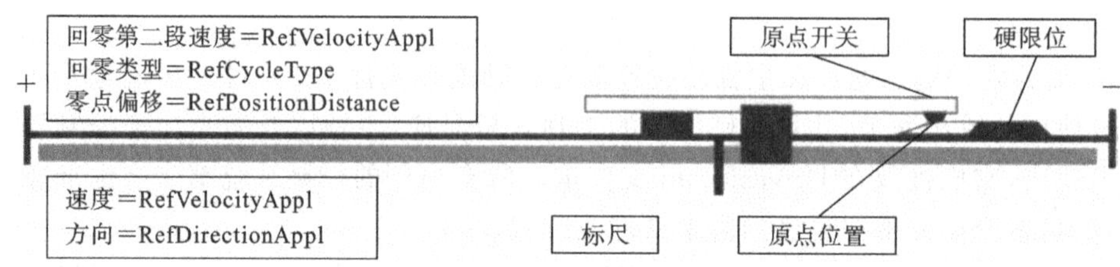


**图 5-74　机床回零**

当回零使能参数 RefAxesAppl=1 时：

（1）在操作面板中选中回原点，并且按下启动键后，PLC 通知 CNC 开始回零。

（2）数控系统首先读取参数 AxisSequence（回零顺序）。然后移动由此参数设置的第一批回零的轴，移动方向由参数 RefDirectionAppl（回零方向）决定，移动速度由第一回零速度 RefVelocityAppl 决定。

（3）碰到原点开关的同时，根据参数 RefCycleType 设置的回零类型决定是捕捉电机 Z 脉冲还是机床的零点开关信号作为回零完成标志。如果以机床零点开关信号作为回零完成标志，那么碰到机床零点开关的同时，就捕捉到了回零信号。接着检测回零偏移参数 RefPositionDistance，如果此参数为 0，则机床停在当前位置；如果此参数不等于 0（允许有负值），那么机床会移动到设置值对应的位置。回零过程完毕。如果以电机的 Z 脉冲作为回零完成标志，那么当碰到机床零点开关后，系统开始捕捉电机 Z 脉冲，回零轴会持续移动，移动速度由参数 RefVelocityAppl(第二回零速度)的数值决定,移动的方向由此参数的正负号决定。而寻找 Z 脉冲时的位置宽度由参数 MarkerDistance 设定。当系统捕捉到电机的 Z 脉冲后,接着开始检测回零偏移参数 RefPositionDistance,如果此参数为 0,则机床停在当前位置;如果此参数不等于 0(允许有负值),那么机床会移动到设置值对应的位置。回零过程完毕。

注:具体机床回零参数设置参考使用手册。

5) 主轴设置(略)

6) PLC 程序

在一台数控机床中,PLC 通常是“控制者”的角色,负责整台机床的逻辑控制。其工作模式如图 5-75 所示。

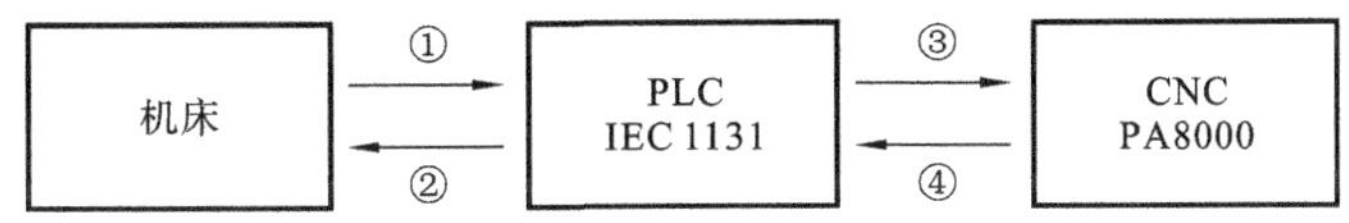


**图 5-75** PLC **工作模式**

(1) PLC 通过其与机床之间的输入接口不断读取机床的实时状态信息,然后做出分析判断;

(2) 一方面通过与机床之间的输出接口发出命令让机床做出响应;

(3) 另一方面通过与 CNC 之间的输出接口将机床的状态反馈给 CNC;

(4) 再通过与 CNC 之间的输入接口接受 CNC 发来的命令,最后在经由步骤(2)使机床做出响应。

对于 PA8000 数控系统,PLC 已经集成到控制器中,它以内部接口(信号接口)的模式与 CNC 之间进行通信。PLC 程序可以通过寻址这些固定的信号接口从 CNC 中读出需要的信息或者写入 CNC 要求的信息;以相同的方式,PLC 程序也可以通过寻址 I/O 接口板上特定的输入/输出口读出机床的实时状态或写入需要机床执行的任务命令。

**4. PA8000 CNC 编程**

1) 程序结构

一个 NC 程序(工件程序)是一系列加工步骤,由若干个程序段组成。它包含了机床进行加工所需要的信息。

(1) 程序号:PA8000 系列数控系统默认的程序号最多为 6 位数字,即 P1~P999999。主程序号和子程序号格式相同。通过修改相应的机床参数和系统设置,程序号数字位数最多可达到 16 位。

(2) 程序段:NC 程序的每一行是一个程序段。程序段可以理解为加工一个工件时可以执行的最小工作步骤。它至少由程序段号和段结束符组成。PA8000 系列数控系统中一般将换行符视为一个程序段结束符。

程序段号放在 NC 程序段的起始处,由地址字 N 和最多 6 个数字组成,无效零将被忽略。程序按照程序段排列顺序执行,与程序段号大小无关。为了方便查找和编辑程序,建议使用顺序增加的程序段号,段号间隔为 10。没有段号的 NC 程序段不能被识别。

系统识别的程序段号有以下三种类型:

N……：普通程序段；

/N. …..：被忽略的程序段(程序段跳步功能启用)；

* N. …..：循环程序段(Cycle block)。

(3) 程序字：程序段中每个单独的信息称为一个程序字。一个程序字由地址字和数字序列组成。程序段中除程序段号必须位于段起始处之外，程序字的排列顺序是任意的。

程序字的数字序列可以是带符号的整数或小数，也可以是 0。正号"＋"可省略；地址字后跟着的无效"0"以及小数点后无效"0"可省略。例如，G1 替代 G01；M1 替代 M01；X1234.5 替代 X＋1234.500；Y12 替代 Y＋12.00；Z－25.4 替代 Z－0025.4。

(4) 程序格式。

PA8000 数控系统 NC 程序格式如表 5-13 所示，其中带" * "的程序段必须编写。

**表 5-13　PA8000 数控系统 NC 程序格式**

| 行号 | NC 程序段 | 说　明 |
|---|---|---|
| * * 1 | % | 程序起始标志("%"后不能有多余的空格) |
| * 2 | P1000 程序号 | "P1000"后不能有多余的空格 |
| 3 | N10 G90 | 绝对方式编程 |
| 4 | N20 M3 S1000 | 主轴正转 |
| 5 | N30 G1 X50 Y20 F3000 | 直线插补 |
| 6 | N40 X15 | *X* 轴进给 |
| 7 | N50 Y－20 M3 | *Y* 轴进给 |
| 8 | N60 G4 F1000 | 延时指令 |
| * 9 | N60 M30 | 程序结束 |

说明：表格第一行 * * 1 项目在采用 PA8000 数控系统自带的 NC 程序编辑器时，平时隐藏不显示，新建程序时也不必额外填写，但采用其他第三方编辑器时必须填写。

(5) 程序中的注释：PA 数控中的 NC 程序段可以有相关的一些注释，它们可以被写在一个程序段的任何位置，但对程序段的行没有任何影响，当然，注释的内容需要使用括号。

例如，…

N20 G1 X0 Y0 Z0　　　　(回到零点)

…

2) 坐标系

坐标轴可以分为线性轴(进给轴)和旋转轴两种。三个基本的线性轴定义为 *X*、*Y*、*Z* 轴，它们在坐标系中的相对位置由右手法则决定，坐标轴的方向是指刀具相对于工件的运动方向。通常把和 *X*、*Y*、*Z* 轴平行的线性轴定义为 *U*、*V*、*W*；绕 *X*、*Y*、*Z* 轴旋转的旋转轴定义为 *A*、*B*、*C*。坐标系定义如图 5-76 所示。

3) 位置指令

(1) G90、G91 绝对/增量坐标编程。

① G90 绝对坐标编程。

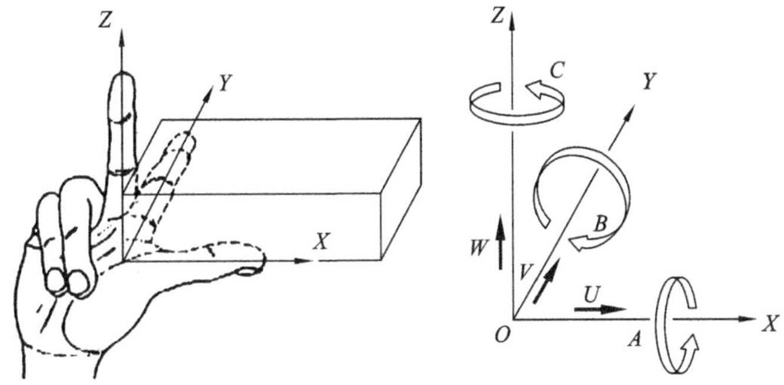


图 5-76 坐标系定义

绝对坐标是指坐标轴相对于坐标系原点的坐标值，坐标值可以带符号。

**【例 5-10】** 对图 5-77 所示零件使用绝对坐标编程。

N10 G90

N20 G0 X0 Y0 N30 G1 X20 F500

N40 Y20

N50 X70

N60 Y0

N70 X100

N80 Y40

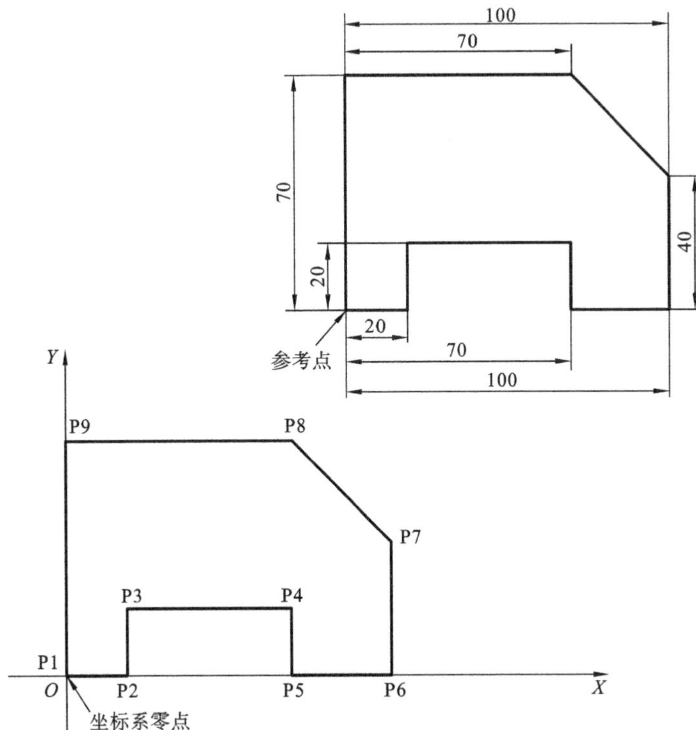


图 5-77 绝对坐标编程

N90 X70 Y70

N100 X0

N110 Y0

N120 M30

② G91 相对坐标编程。

增量坐标是指当前点相对于前一点的坐标变化量。坐标值符号代表轴运动方向。

**【例 5-11】** 对图 5-78 所示零件使用相对坐标编程。

N10 G0 X0 Y0

N20 G91

N30 G1 X20 F500

N40 Y20

N50 X50

N60 Y－20

N70 X30

N80 Y40

N90 X－30 Y30

N100 X－70

N110 Y－70

N120 M30

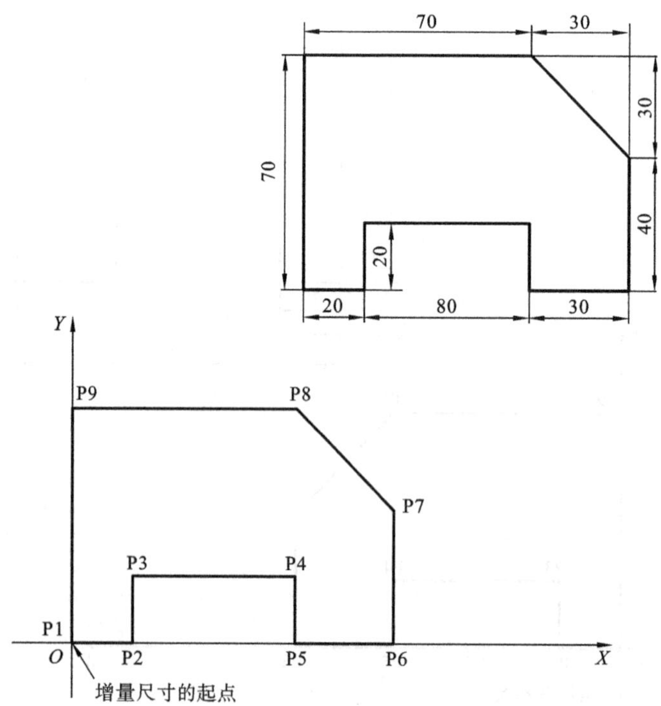


图 5-78 相对坐标编程

(2) G00 快速定位。

指令形式： G0 X… Y…

X,Y:终点坐标。

G00 指令使用系统默认速度(由机床参数决定)使刀具快速定位到终点坐标,刀具运动轨迹为直线。

**【例 5-12】** 对图 5-79 所示零件使用 G00 指令绝对编程。

(起点坐标:X=250, Y=200, Z=250)

N10 G90

N20 G0 X50 Y80 Z100 快速移动到 X50 Y80 Z100

N30 Z20 快速移动到 Z20

N40 …

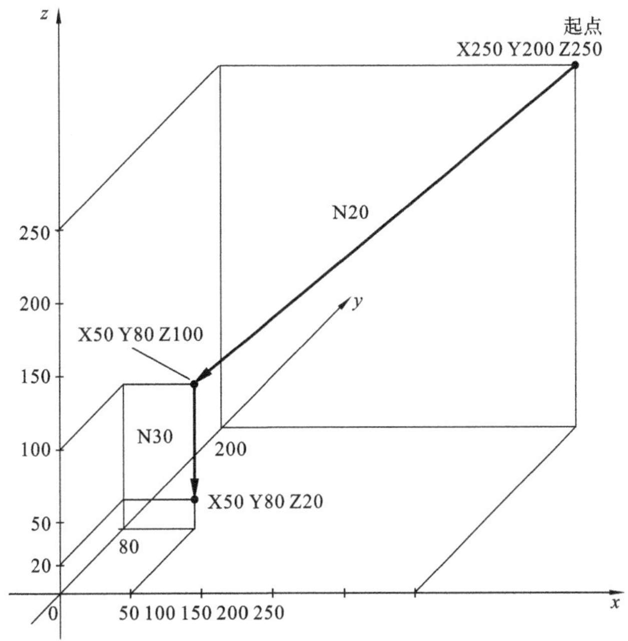


**图 5-79** G00 **指令绝对编程**

(3) G01 直线插补。

指令形式:G1 X… Y… F…

X,Y:终点坐标。

F:进给速度(单位:mm/min 或 mm/转)。

G1 指令使刀具以速度 F 按直线轨迹进给到终点坐标。

(4) G02、G03、G12、G13 圆弧插补。

① G02、G03 指定圆心圆弧插补。

指令格式： G2/G3 X… Y… I… J… F… (X-Y 平面内圆弧,G17 激活)

G2/G3 Z… X… K… I… F… (Z-X 平面内圆弧,G18 激活)

G2/G3 Y… Z… J… K… F… (Y-Z 平面内圆弧,G19 激活)

I、J、K：在 X，Y，Z 方向上，圆弧圆心相对圆弧起点的增量坐标；

X、Y、Z：圆弧终点坐标；

G2 是指定圆心的顺时针圆弧插补指令；

G3 是指定圆心的逆时针圆弧插补指令。

**【例 5-13】** 使用指定圆心圆弧插补，如图 5-80 所示(起点 X=0，Y=50)。

N30 G2　　X60　Y30 I30　J10 F200

圆弧方向　终点坐标　指定圆心　进给速度

② G12、G13 指定半径圆弧插补。

指令格式：G12/G13　X…　Y…　K…　F…

K：圆弧半径(有符号)；

G12 是指定半径的顺时针圆弧插补指令；

G13 是指定半径的逆时针圆弧插补指令。

圆弧方向定义与 G2/G3 的一致。整圆插补不能用 G12/G13 指令编程。

小于 180°的圆弧称为劣弧，编程时半径 $K>0$；大于 180°的圆弧称为优弧，编程时半径 $K<0$，如图 5-81 所示。

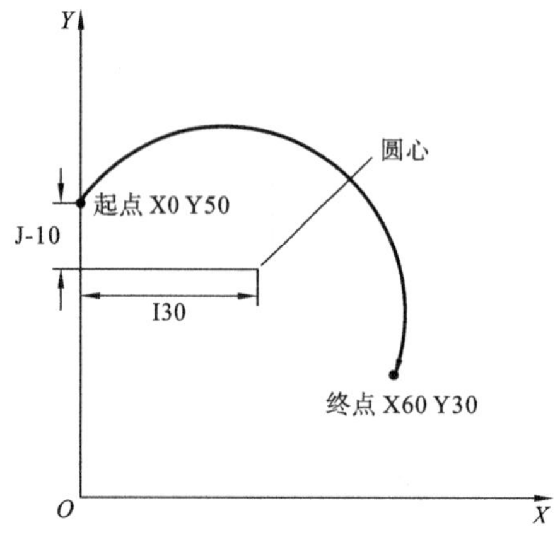


**图 5-80　指定圆心圆弧插补**

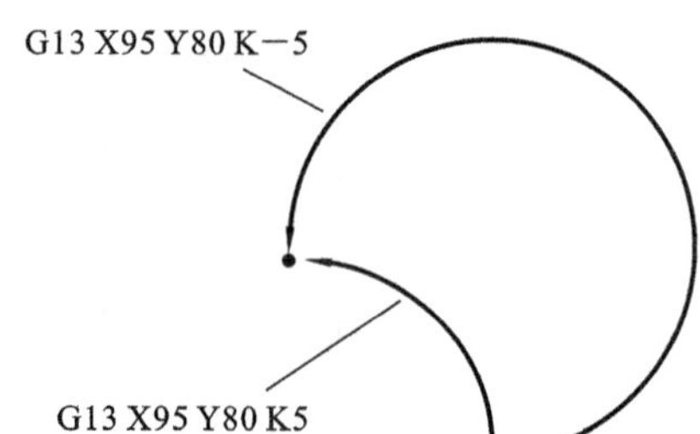


**图 5-81　优弧/劣弧**

**【例 5-14】** 使用指定半径圆弧编程，如图 5-82 所示。

N40 G1 X15 Y5

N50 X10 Y15

N60 Y45

N70 G2 X30 Y65 I20

N80 G1 X85

N90 G12　X90　Y60　K5 圆弧<180°　(K 为正)

N100 G1 X95

N110 Y15

N120　G13　X75　Y5　K−14 圆弧>180°　(K 为负)

4) 影响程序执行的指令

(1) M00 程序停止(无条件停止)。

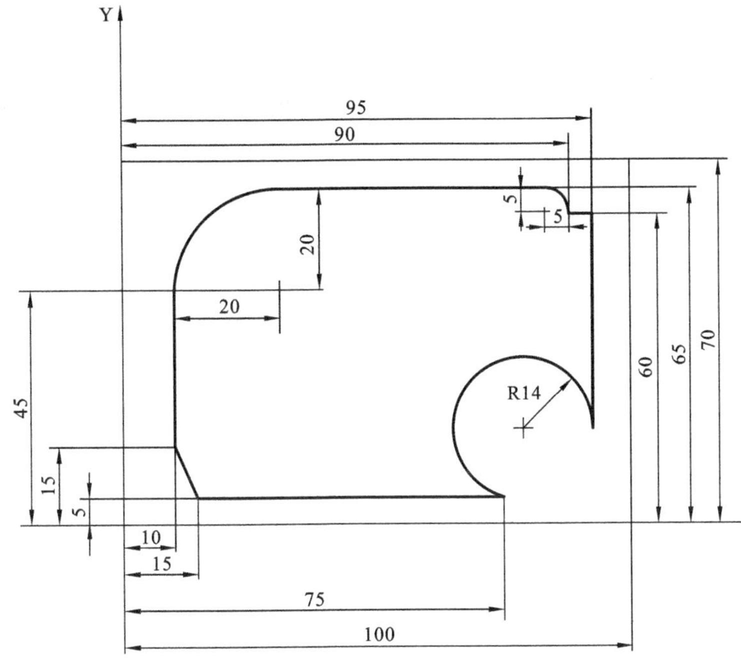


图 5-82 指定半径圆弧编程

指令格式：M00

M01 程序停止（有条件停止）

指令格式：M01

指令 M01 和 M00 功能相同，只是预先要选中"自动—F3（程序执行 2）—F2（M01 暂停）"。

（2）M02、M30 程序结束。

指令格式：M02/M30

在程序的结尾处用 M02 或 M30 指令编程，这两条指令作用相同，可以使用任意一个。与 M00 指令相比，M02 及 M30 指令取消所有状态数据并且系统被复位。

注意：所有程序都必须包含 M02 或 M30，作为程序结束的标志，否则将出现 32 号错误。

除上述指令外，还有循环编程、工艺指令、几何指令、刀具功能等，详见用户使用手册。

**5. PA8000 PLC 编程**

PLC-1131-3 DS 是一个完整的用于可编程逻辑控制器的开发系统（development system，DS），如图 5-83 所示。PLC-1131-3 DS 提出利用强大的 IEC 语言通过简单的方法来对 PLC 程序进行处理。编辑和调试功能的使用基于高级编程语言（如 Visual C++）。

PLC-1131-3 DS 功能概述如下。

1）工程结构

一个工程被放入一个以工程命名的文件中。第一个程序组织单元（program oranniza-tion unit，POU）在创建新工程时将自动被命名为 PLC_PRG。执行程序就是从这里开始的（如 C 语言编程中的主函数），其他 POUs 可以被这个主函数（可以是程序、功能块和函数）进

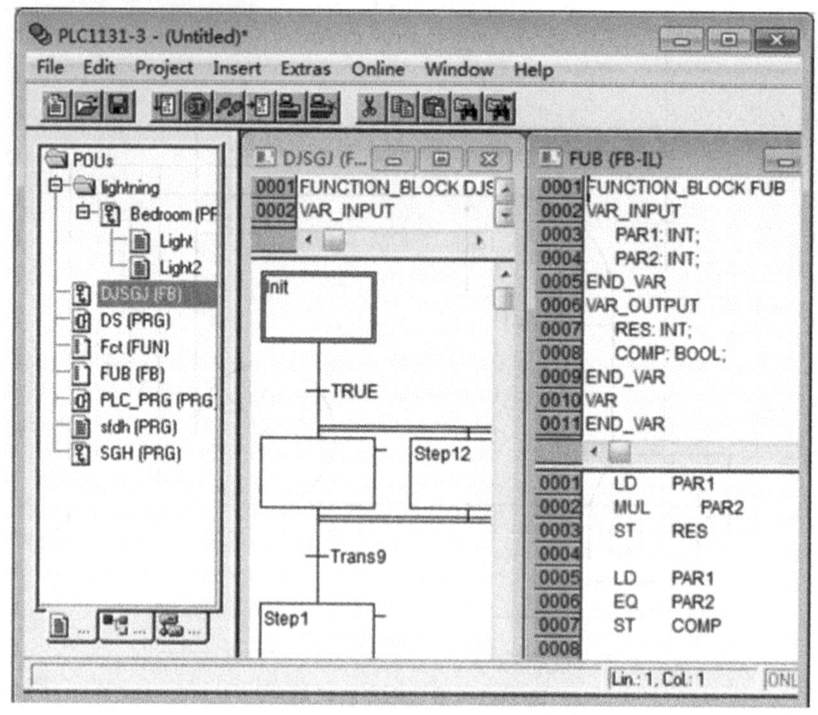


图 5-83 PLC-1131-3 DS 主窗口

行调用访问。一旦定义了任务配置，就不再需要创建名为 PLC_PRG 的程序。可以在任务配置章节中找到更多相关的内容。PLC-1131-3 DS 在一个工程中区分出不同的对象（object）：POUs、数据类型和资源。在工程中，对象管理器包含了所有的对象列表。

2）建立工程

为了检验工程中使用的地址的准确性，首先要配置 PLC。然后，创建所需的解决相关问题的 POUs。可以使用需要的编程语言来编写 POUs。一旦编程完成，就可以编译工程并且排除存在的错误。

3）测试工程

一旦所有的编程错误被更正，就可以激活模拟，登录（Login）到模拟 PLC，然后"加载"工程到 PLC 中，PLC-1131-3 DS 就处于在线模式。现在以正确的顺序测试工程。手动输入变量，观察输出是否如预期那样。还可以观察 POUs 中的局部变量的值。在表和数据管理器中，可以设置希望观测的数据记录。

4）PLC-1131-3 DS 调试

在功能性编程错误（即编程预期没有达到）的情况下，可以设置断点。如果进程停在断点上，那么可以及时地检查工程所有变量的值。通过顺序运行（单步执行），可以检查程序的逻辑正确性。

PLC-1131-3 DS 最重要的概念，主要包括 PLC-1131-3 DS 的工程组成介绍、编程语言介绍、编程后的调试及 PLC-1131-3 DS 标准。具体的工程组成、编程语言、调试、编辑器、系统使用等详见用户使用手册。

## 5.5.2 意大利 Z32 数控系统

Z32 数控系统

### 1. 意大利 Z32 数控系统概述

意大利 Z32 数控系统是 32 位分散架构的数字控制器，适合于控制多加工进程或者多加工机床。Z32 是一个多任务控制器，例如，它适合于控制多达 6 个相互独立的，同时进行的加工进程。每一个加工进程都像是一个独立存在的控制器，与其他进程同时进行但又相互独立。Z32 数控系统组成如图 5-84 所示。

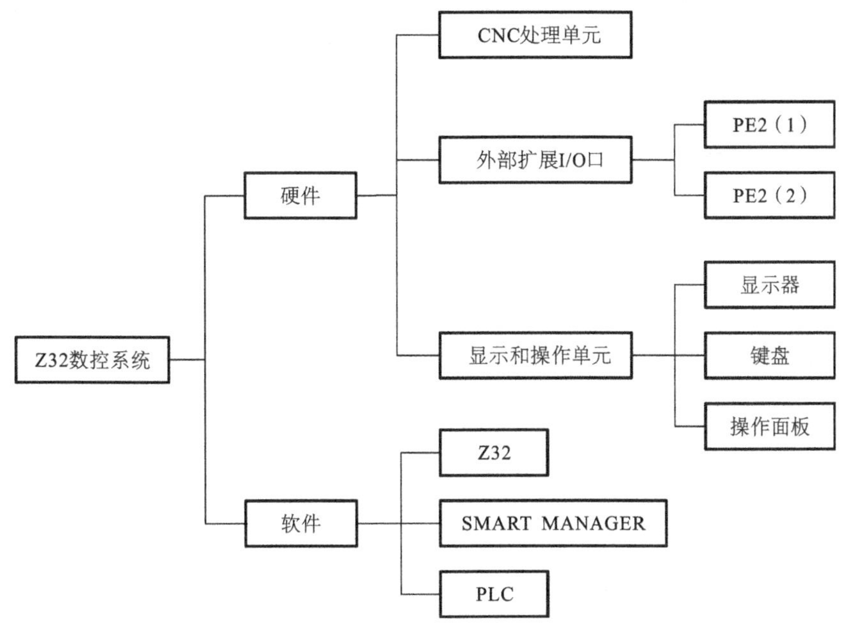


**图 5-84 Z32 数控系统系统组成简图**

CNC 处理单元上所有运算处理的执行单元，实际上就是工业控制用计算机，其组成部分包括 CPU、硬盘、主板、内存条等。显示器主要用于操作界面和图形的显示和提示。键盘用于操作者指令和数据的输入，以及对程序的在线修改。操作面板主要是用于操作者对机床的操作。

Z32、SMART MANAGER、PLC 和操作系统共同组成 Z32 数控系统的软件部分，如图 5-85 所示。

Z32 既是数控系统的名称，也是数控系统内基层软件的名称，具有很多功能，如图形的实时显示、机床的动态诊断等。SMART MANAGER 是人机对话软件，提供给操作者一个操作环境、完成对切割参数的修改、实现对机床故障的诊断等。Z32 的 PLC 程序和其他操作系统有些不同，它不仅仅实现对 $Z$ 轴的控制，CNC 对其他控制单元的状态监测、机床的逻辑关系都是通过 PLC 来实现的。但是对于数控系统来讲，无论是操作界面、PLC 程序以及底层数控系统软件，都是数控系统的软件组成部分，而且相互之间存在数据的传递。尤其对于 Z32 数控系统来讲，这种联系更加紧密。举例说明：一般来说，操作界面仅仅对机

图 5-85 SMART MANAGER 软件

床进行操作（如控制方式的选择、运动方式的选择以及对机床位置状态的显示等），但是对 Z32 数控系统来讲，由于其底层数控软件是开放的和内部全局变量的定义，使得 SMART MANAGER 能够在界面上将各种工艺条件和数控底层的某些机床参数进行修改，对于激光切割机专用的数控系统来说，Z32 数控系统除了完成基本数控机床的功能（如插补、刀具补偿等），还要实现激光功率控制、*Z* 轴位置浮动调节、气体的选择和气压控制等激光切割数控基本功能。

奔腾楚天激光高功率激光切割机采用 Z32 数控系统，控制机床各种数字信号、模拟信号，同时也需要对各种安全信号、传感器信号以及限位信号进行检测，如图 5-86 所示。

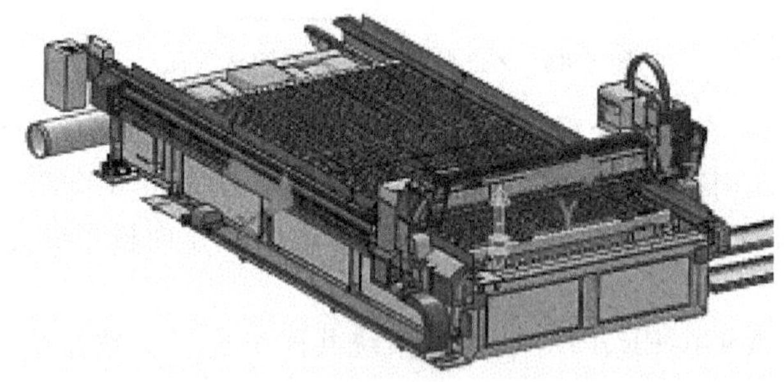

图 5-86 奔腾楚天激光激光切割机数控机床

(1) 激光功率控制。如前所述，激光功率控制一般是指激光功率和速度的匹配关系。在 Z32 数控系统里一般用最小功率（OFFSET）、最大功率（Current）和比例因子来定义这个函数关系。

(2) *Z* 轴位置浮动调节。Z32 对 *Z* 轴的控制是通过 PLC 来实现的，通过 PLC 程序读取切割头位置反馈值，在 CNC 内部对这个反馈值和设定值进行比较，从而 CNC 驱动伺服电机进行上下运动保持距离的恒定。在实现 *Z* 浮控制时，通过两个方面来实现 *Z* 浮功能的精度和稳定性，如图 5-87 所示。

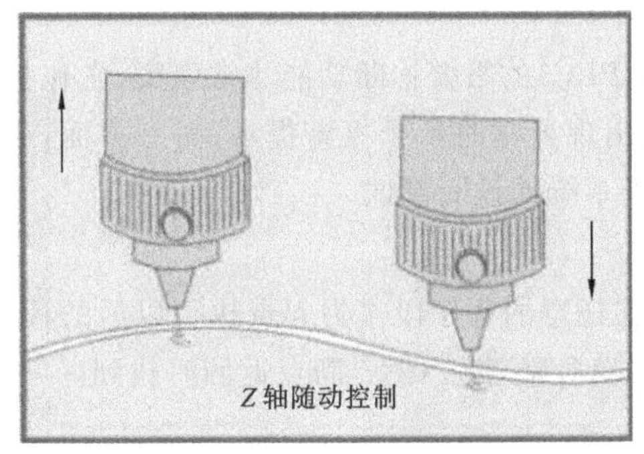


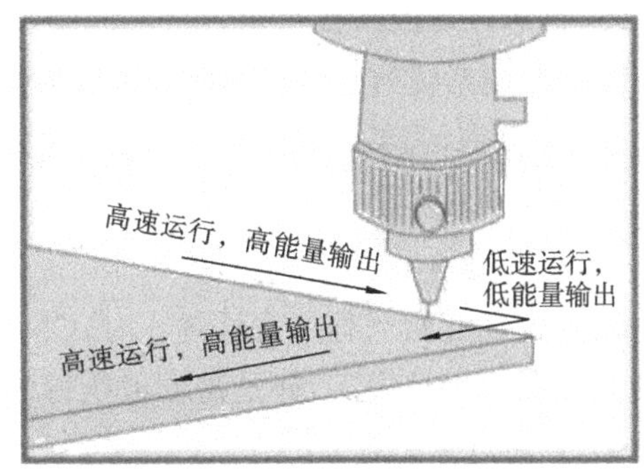


图 5-87　Z 轴位置浮动和激光功率控制

**2. 其他特殊功能**

1）实时轨迹的显示

Z32 能够进行图形显示，在实际使用上，这个功能体现在以下两个方面。

（1）切割程序轮廓显示和实际加工轮廓的动态显示：在加工过程中，显示界面上实时显示当前的切割点以及已切割的轮廓。

（2）实际切割轮廓和程序文件轮廓的放大分析：在 Z32 数控系统上，还可以利用特定的软件进行重现，在 CAD 中将图形的程序轮廓和实际加工轮廓进行图形的重现和分析。这样可以判断出最大的加工误差，对于分析进给轴的响应和拐角的加工情况分析非常有用。

2）自动巡边（在金属模式下）

自动巡边是指当材料在工作台面的摆放与机床的坐标系成一个角度，为了节省材料和提高工作效率，机床自动地寻找板材的边缘，并自动计算出旋转的角度，从而实现对加工程序轨迹的旋转功能，如图 5-88 所示。要实现这个功能，CNC 进行如下步骤的分析和转化：

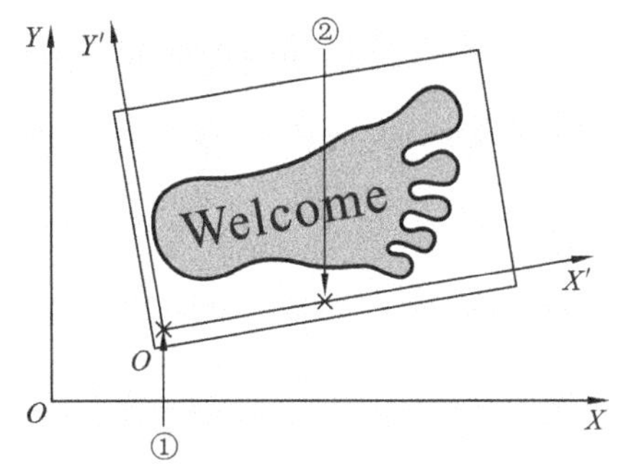


图 5-88　自动巡边

（1）CNC 预读所有的程序进入程序暂态存储器中。

（2）利用电容式传感器对金属板材的感应，计算出旋转的角度和旋转轴的位置。在机床进行边缘扫描时，CNC 根据电容式传感器反馈回的电压值，当电压突变值高于某个阈值时，此时 CNC 即认为是板材的边缘。这样 CNC 就可以判断出此时板材的旋转角度（一般情况下，要求板材为矩形）。

（3）CNC 根据计算出的角度，将原始的程序轮廓进行相应的旋转，同时生成新的旋转加工程序，并存入程序内存中。

（4）程序执行时，CNC 根据旋转后的加工程序进行加工。

3）机床动态性能分析

机床的动态性能分析是指当机床出现震荡，或者在加工过程中出现抖动现象时，需要对轴的动态性能进行分析时，利用 Z32 中示波器功能对机床进给轴进行的分析。同时，还可以对机床加速度和干扰进行分析。

4）机床诊断和报警功能

Z32 数控系统（含 Z32、SMART MANAGER、PLC）的报警诊断功能非常强大，它包括两个方面：一方面，当系统检测到内部或者机床外部出现异常时给予报警提示；另一方面，通过系统服务界面对 I/O 口的状态进行实时显示，用于系统的诊断调试。

5）断点返回

断点返回是指当程序意外终止时，CNC 可以在任意的程序段作为起点执行以后的程序。即使是在断电的情况下，但是需要被执行的程序的路径能够在 CNC 断点返回时找到。

6）*Z* 轴控制方式

*Z* 轴的控制方式是指在切割工件图素之间空移时，*Z* 轴的运动方式。在 Z32 数控系统中，*Z* 轴的控制是由 PLC 控制的，是 Z32 数控系统强大的直接体现。

空移时切割头的运动方式有以下五种。

（1）Standard：保持当前高度空移至指定位置。

（2）标准模式：上移至指定高度后，平行于 *X*-*Y* 平面空移至指定位置，然后下移至设定高度。

（3）蛙跳：上移指定给定高度，同时在 *X*-*Y* 平面空移至指定位置，然后下移至设定高度；如果 *X*-*Y* 平面移动时间未达到设定时间，切割头会尽量上移来保证最终的正确定位。

（4）Diode：切割头在空移时，电容传感器控制喷嘴与板材之间的距离。当距离小于初始值，切割头上移，空移至指定位置后切割头下移至设定高度。注：仅用于金属切割。

（5）Head up：切割头移至上软件限位后，平行于 *X*-*Y* 平面空移至指定位置，然后下移至设定高度。

# 习　题

5-1　数控机床对伺服系统有哪些要求？

5-2　简述反应式步进电机的工作原理。

5-3　某五相步进电机转子有 48 个齿，试计算单拍制和双拍制的步距角。

5-4　如何控制步进电机的转速及输出转角？

5-5　反应式步进电机的启动矩频特性和运行矩频特性有哪些？

5-6　步进电机的控制电源由哪几部分组成？各有什么作用？

5-7　试比较高低压、恒流斩波驱动电源的特点。

5-8　交流伺服电机的调速方法有哪几种？哪种应用最为广泛？

5-9　要求工作台走一个矩形（长为 20 mm，宽为 10 mm）的图形，如图 5-89 所示（起点 a 为中心，b 点离 a 点 3 mm，ab 重叠 3 mm，顺时针运动，最后回到起点），用定位指令编程。

5-10　要求工作台走一段圆弧，圆弧半径为 1 mm，圆弧起点 a 的坐标为当前坐标，终点为 b，如图 5-90 所示。

5-11　要求工作台走一个半径为 2 mm 的整圆，起点为 a，顺时针旋转，如图 5-91 所示。

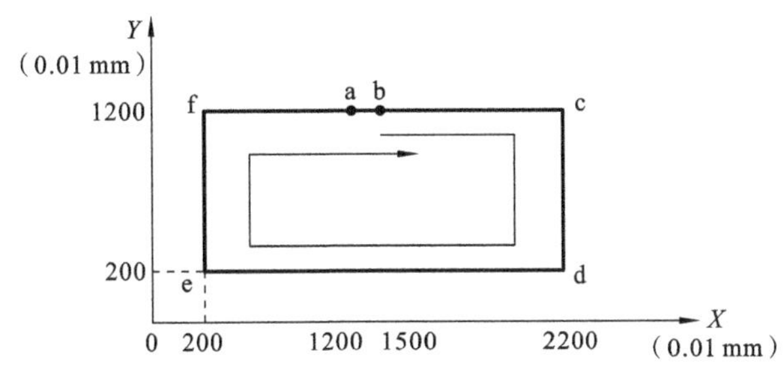


图 5-89 题 5-9 图

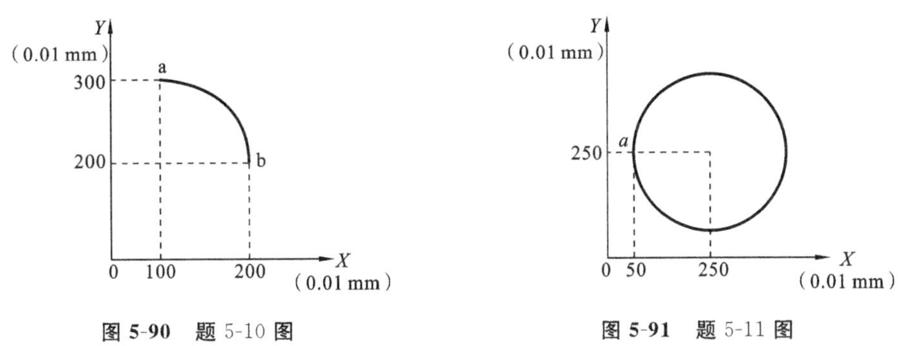


图 5-90 题 5-10 图　　图 5-91 题 5-11 图

5-12 用 $FX_{2N}$-20GM 定位单元设计三台三相异步电机顺序启动、逆序停止的程序，间隔时间为 5 s，试画出流程图。

5-13 分析如图 5-92 所示程序对应的动作过程。

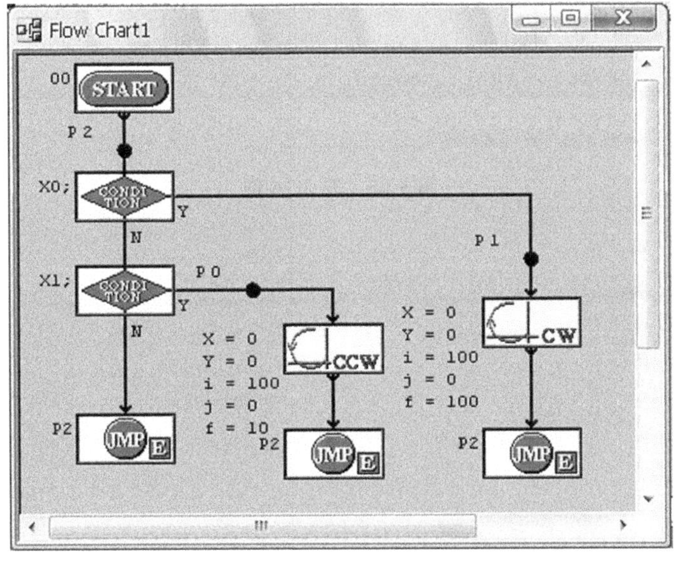


图 5-92 题 5-13 图

5-14 编写如图 5-93 所示轨迹的激光数控加工程序，要求使用相对坐标。

5-15 使用 G 代码和 M 代码，编写如图 5-94 所示轨迹的数控加工程序。

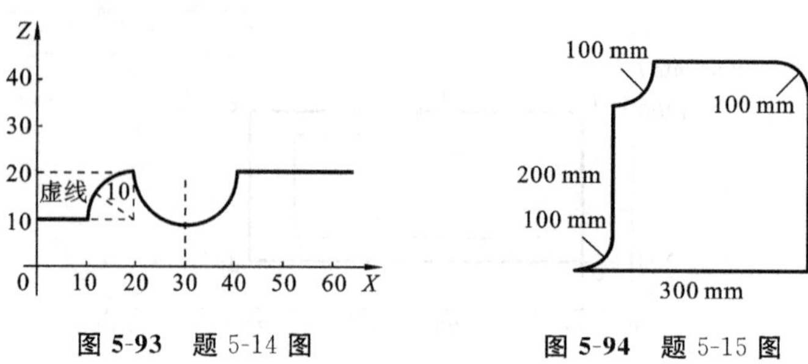


图 5-93　题 5-14 图　　　　图 5-94　题 5-15 图

5-16　应用 CorelDRAW 和 CAD 等软件编辑图 5-95 中文字，使用 CNC2000 软件切割模拟仿真。

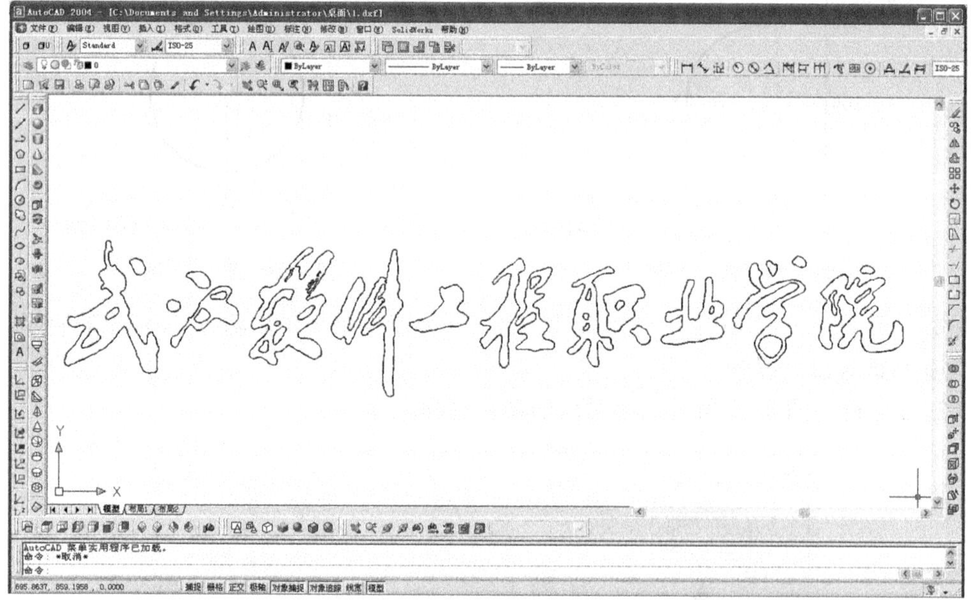


图 5-95　题 5-16 图

# 6 机器人

**学习目标：**

1. 了解工业机器人的应用领域。
2. 掌握工业机器人的手动操作方式及示教器的使用。
3. 掌握工具坐标、工件坐标的设定。
4. 掌握工业机器人基本的编程指令。
5. 能够编出简单的工业机器人程序。

## 6.1 ABB 机器人概述

工业机器人概述

ABB 集团是全球 500 强企业之一，集团总部位于瑞士苏黎世。ABB 由两个历史悠久的国际性企业瑞典的阿西亚公司(ASEA)和瑞士的布朗·勃法瑞公司(BBC Brown Boveri)在 1988 年合并而成，两公司分别成立于 1883 年和 1891 年。ABB 是电力和自动化技术领域的制造厂商，下辖电网事业部、电气产品事业部、工业自动化事业部、机器人及运动控制事业部。

ABB 是工业机器人的先行者以及世界领先的机器人制造厂商，在瑞典、挪威和中国等地设有机器人研发、制造和销售基地。ABB 于 1969 年售出全球第一台喷涂机器人，于 1974 年发明了世界上第一台工业电动机器人，并拥有当今最多种类、最全面的机器人产品、技术和服务。

ABB 机器人早在 1994 年就进入了中国市场。经过多年的发展，ABB 机器人自动化解决方案为中国各行各业提供全面完善的服务。

IRB120 型机器人(见图 6-1)作为 ABB 目前最小的机器人，在紧凑空间内凝聚了 ABB 产品系列的全部功能与技术，其质量仅 25 kg，结构设计紧凑，几乎可以安装在任何地方；广泛适用于电子、食品、饮料、制药、医疗、研究等领域，在有限空间其优势尤为明显。

IRB1410(见图 6-2)以其坚固可靠的结构而著称，而由此带来的其他优势是噪声低，例行维护时隔长，使用寿命长，精度达 0.05 mm，确保了出色的工作质量；到达距离长、结构紧凑、手腕极为纤细，即使在条件苛刻、限制颇多的场所，仍能实现高性能操作；机器人本体坚固，配备快速精确的 IRC5 控制器，可有效缩短工作周期，提高生产率。

图 6-1 IRB120 型机器人

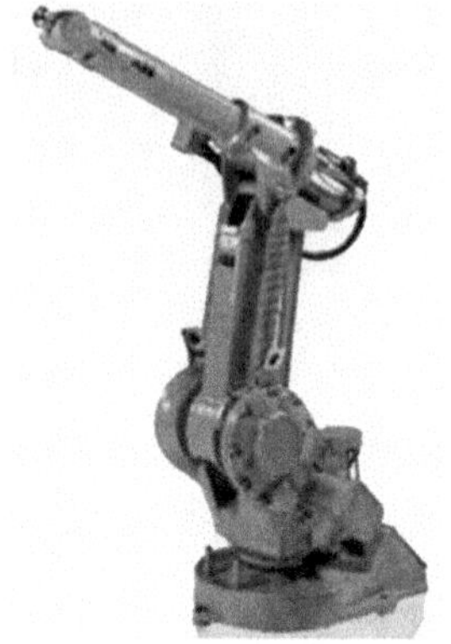

图 6-2 IRB1410 型机器人

图 6-3 IRB360 FlexPicker 并联机器人

IRB360 FlexPicker（见图 6-3）是一款并联型机器人，主要用于拾料和包装技术。与传统刚性自动化技术相比，IRB360 FlexPicker 具有灵活性高、占地面积小、精度高和负载大等优势，可最大限度地节省生产空间，并能轻松集成到机械设备及生产线中。

## 6.2 ABB 机器人基础操作知识

工业机器人编程基础知识

### 6.2.1 ABB 机器人的硬件、硬件连接及急停复位

ABB 工业机器人由机器人本体、控制柜等组成，工业应用中常常配有导轨及变位机。机器人本体与控制柜之间的连接主要是机器人驱动电缆与机器人编码电缆以及用户电缆的连接，连接线缆的头部插座有防差错装置，装反就装不上去。

ABB IRC5 型机器人控制柜左上角集成有总电源旋钮开关、电动机启动按钮、机器人运行模式选择钥匙。图 6-4 所示的是 ABB IRC5 型机器人控制柜的控制按钮布局及功能。

机器人系统通常有两个以及两个以上的紧急停止按钮，系统标配的紧急停止按钮分别位于机器人控制柜和示教器上，工程技术人员可以根据实际使用需求，将更多的保护功能按钮（如安全光栅、极限位置开关）接入机器人系统，从而触发机器人系统安全停止或者紧急停止。

当机器人本体伤害到工作人员或者机器设备时，应在第一时间按下最近的紧急停止按钮，使机器人系统进入急停状态，系统将自动断开驱动电源与本体电机的连接，停止所有部件的运行，机器人系统进入紧急停止后，示教器的状态将以红色字体显示“紧急停止”（见图 6-5）。当危险被排除，机器人系统重新恢复运行时，首先要将急停按钮复位，示教器状态显示为“紧急停止后等待电机开启”（见图 6-6），然后再按控制柜上的“电机启动按钮”即可（见图 6-4）。

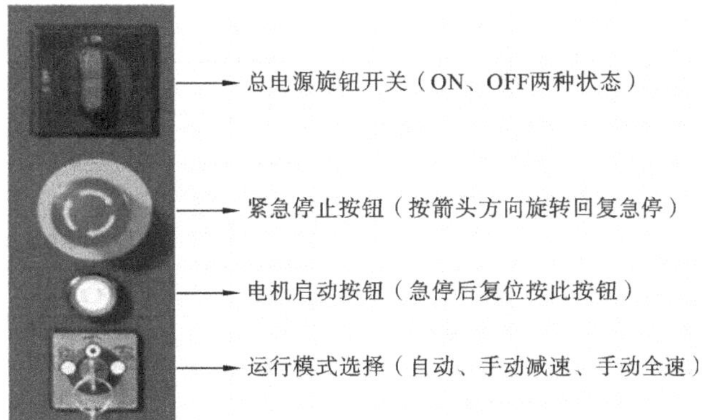


图 6-4 机器人控制柜操作按钮

图 6-5 按下急停按钮后示教器的显示

图 6-6 恢复急停按钮后示教器的显示

## 6.2.2 示教器基本功能

示教器的基本结构及各部分名称如图 6-7 所示，A 处为连接线缆，另一头连接到控制柜上；B 为触摸屏，程序的编制、功能的设定以及各种选择均可在触摸屏上完成。其 C 处急停按钮与图 6-4 中的急停按钮具有相同作用；D 为手动操作摇杆，具有上、下、左、右、顺时针旋转、逆时针旋转六个方向控制，可以操控机器人各轴运动或者线性运动、重定位运动等；E 为数据备份用的 USB 接口，可以将 RobotStudio 软件中编制好的程序、设定的 IO 信号导入机器人示教器，或者将机器人现有的程序或者 IO 信号导出；F 为使能按钮，有三个挡位，在初始挡和最终挡位下，机器人电动机都处于断电状态，只有将使能键置于中间挡(按下一半)，机器人电动机才能处于通电状态，示教器状态栏将同时提示“电动机开启”，使能键最终挡位实际上是防差错挡位，预防当操作不当时，操作者过于紧张，手用力偏大，而使电机断电；G 为触摸屏用笔，该笔容易丢失，可以用绳子系于示教器上；H 为示教器复位按钮，当示教器卡死不动时，可以戳此复位按钮。示教器上硬件按钮说明如图 6-8 所示。

**1. 机器人的动作模式**

机器人手动操作时，有三种运动模式:单轴运动、线性运动、重定位运动。机器人手动操

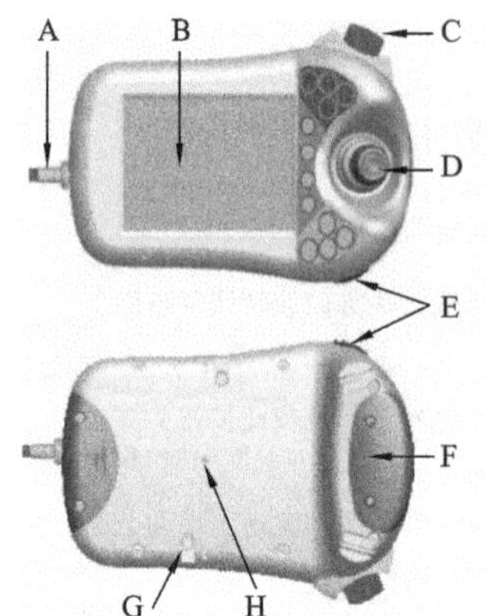


| A | 连接电缆 |
|---|---|
| B | 触摸屏 |
| C | 急停按钮 |
| D | 手动操作摇杆 |
| E | 数据备份用USB接口 |
| F | 使能按钮 |
| G | 触摸屏用笔 |
| H | 示教器复位按钮 |

**图 6-7　示教器的基本结构及各部分名称**

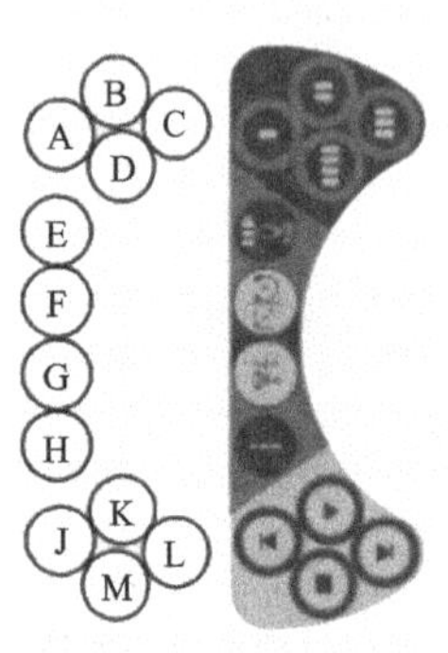


| A~D | 预设按键 |
|---|---|
| E | 选择机械单元 |
| F | 切换运动模式，重定向或线性运动 |
| G | 切换运动模式，轴1—3或轴4—6 |
| H | 切换增量 |
| J | Step BACKWARD（步退）按钮。按下此按钮，可使程序后退至上一条指令 |
| K | START（启动）按钮。开始执行程序 |
| L | Step FORWARD（步进）按钮。按下此按钮，可使程序前进至下一条指令 |
| M | STOP（停止）按钮。停止程序执行 |

**图 6-8　示教器上硬件按钮说明**

作之前需要将 IRC5 机器人控制柜上钥匙调至“手动减速”状态(见图 6-9)，按下示教器的使能键，示教器上显示“电机开启”，电机处于上电状态，在示教器上单击 ABB 主菜单，选择“手动操作”，继续选择“动作模式轴 1—3”，出现了“轴 1—3”“轴 4—6”“线性”“重定位”，其中轴 1—3、轴 4—6 均属于单轴运动，选中相应的手动模式，单击“确定”按钮，机器人的轴 1—6 位置以及旋转方向如图 6-10 所示。

在示教器上，当动作模式调为“轴 1—3”时，“操纵杆方向”会出现“2 1 3”几个数字，分别代表轴 2、轴 1、轴 3，箭头方向分别代表摇动操纵杆时，轴 2、轴 1、轴 3 的正方向，“位置”处显示了当前姿态下轴 1—6 各轴的角度(见图 6-11)。示教器上“”按钮也是切换轴 1—3 或者轴 4—6 的切换按钮，切换至轴 4—6 的状态如图 6-12 所示。

线性运动是指机器人多个关节电动机的联动，使得机器人末端操作器的工具中心点(tool center point，TCP)沿着坐标轴的方向直线运动，选定的坐标系将决定机器人的运动方向。操作时，选择 ABB 主菜单中的“手动操作”，点选“动作模式”，更改当前动作模式为“线性”，单击“确定”按钮(见图 6-13)。示教器上“”按钮是切换线性运动与重定位运动的

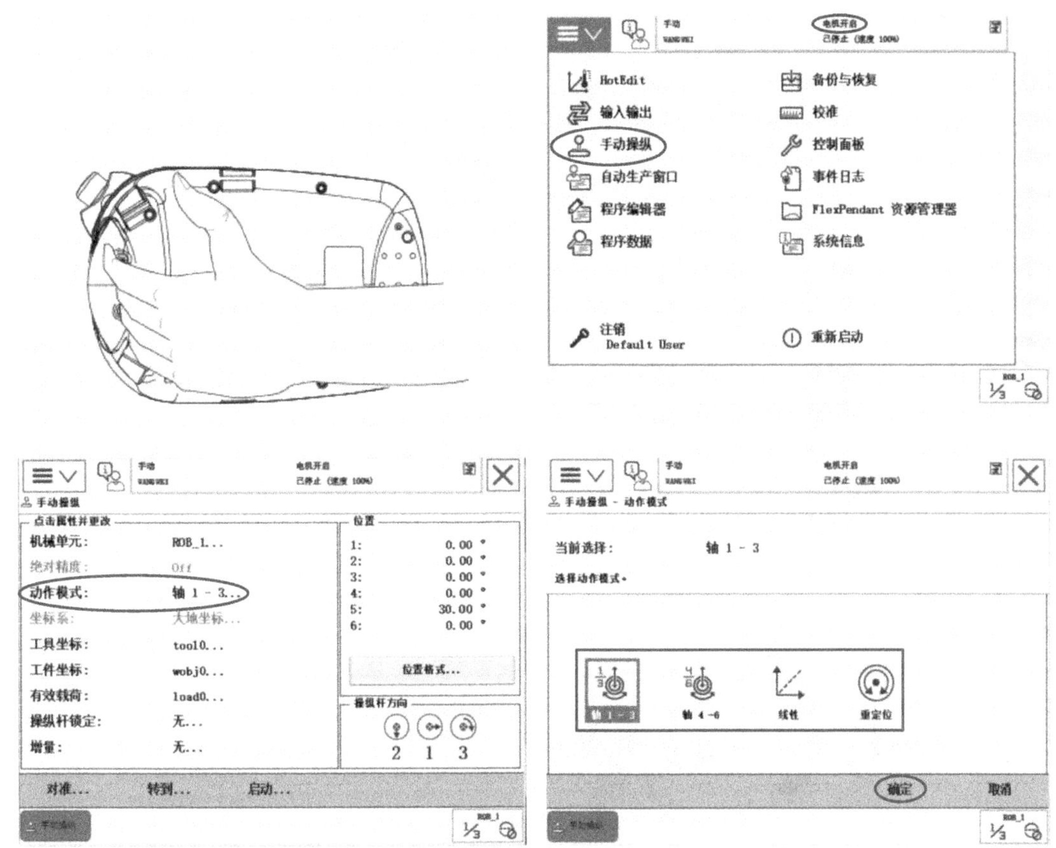


图 6-9　手动操作模式的切换

按钮。

重定位运动是指机器人的 TCP 点在空间中绕着工具坐标系的各坐标轴旋转，此时工具中心点的空间位置并不移动，重定位运动常用于调整机器人姿态以及工具定向（见图 6-16、图 6-17、图 6-18）。

**2. 机器人的关机**

机器人关机与计算机关机类似，如图 6-19 所示，都是先关闭软件系统，单击 ABB 主菜单，选择“重新启动”，选择“高级…”，选择“关闭主计算机”，单击“下一个”按钮，系统提示“主计算机将被关闭”，单击“关闭主计算机”按钮，最后将控制柜上电源开关由“ON”转至“OFF”即可，在机器人关机前，应将机器人本体各轴调至机械原点（见图 6-20），并将示教器放置在示教器支座上。

**3. ABB 机器人的坐标系**

机器人系统中可以使用多种坐标系，每一种坐标系都有适用的控制模式或者编程方式，分别为大地坐标、基坐标、工具坐标、工件坐标，各坐标系位置关系如图 6-21 所示。大地坐标可以定义机器人单元，所有其他坐标系均与大地坐标系直接或间接相关，它用于微动控制、一般移动，以及处理具有若干机器人或外部轴移动机器人的工作站；基坐标在机器人基座中

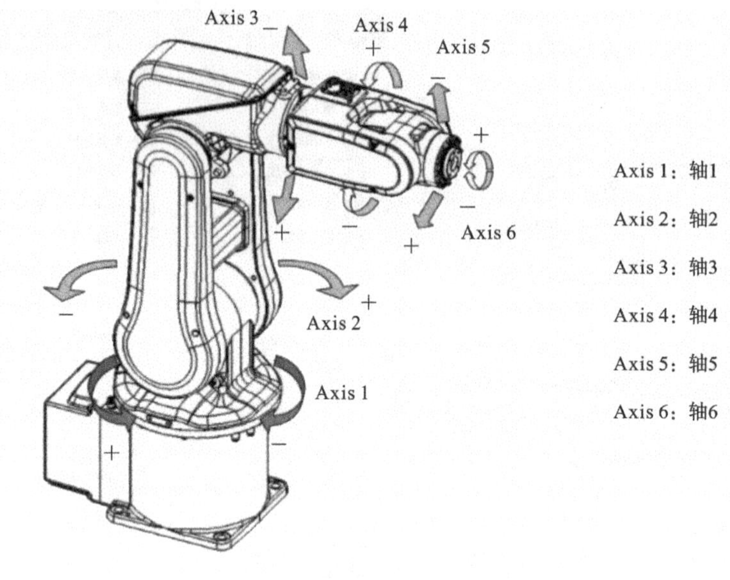


IRB120型机器人

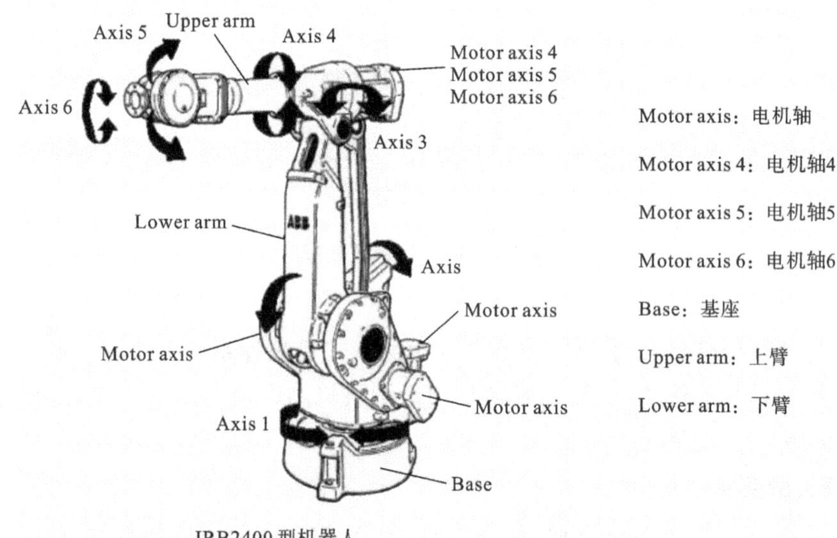


IRB2400型机器人

**图 6-10　机器人的轴 1—6 位置及旋转方向**

有相应的零点，这使得固定安装的机器人（打了地脚螺栓的）的移动具有可预见性，一般单台机器人的大地坐标系与基坐标重合，多台机器人协同工作时，其基坐标与大地坐标的关系如图 6-22 所示。

工具坐标是用户自己定义的坐标系，其坐标原点和坐标方向根据机器人末端操作器（工具）的实际情况来确定，图 6-23 所示的为不同工具的工具坐标系状态，工具坐标建立后，将跟随末端操作器一起在空间中运动。

工件坐标也是由用户自己定义的坐标系，其坐标原点和坐标轴根据加工工件的实际情况来确定，主要在机器人调试和编程过程中使用，根据工件的实际情况定义工件坐标系，为

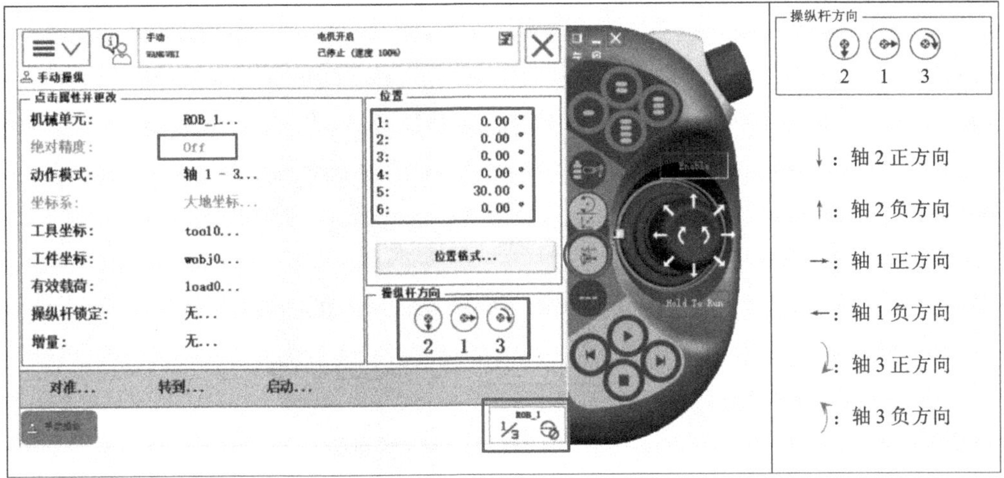


图 6-11　机器人的轴 1—3 位置时示教器状态

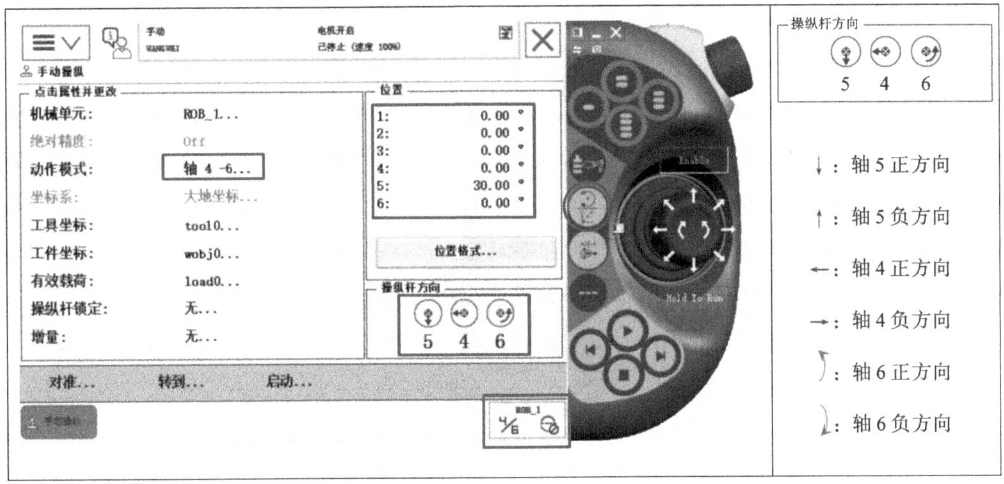


图 6-12　机器人的轴 4—6 位置时示教器状态

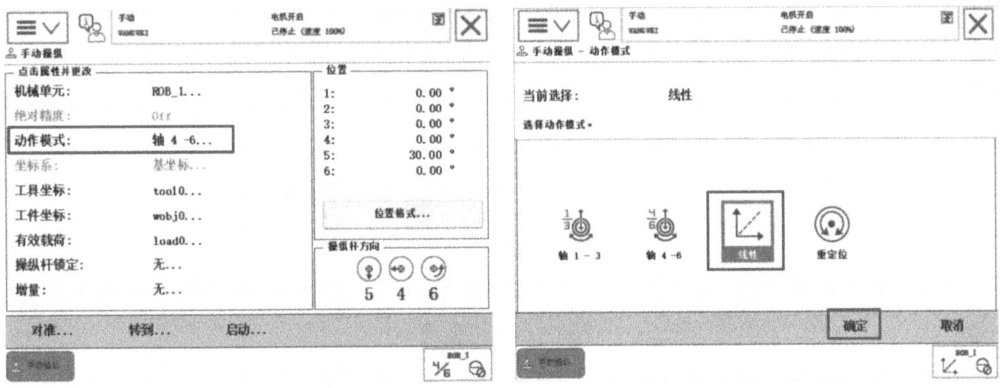


图 6-13　将机器人设为线性运动状态

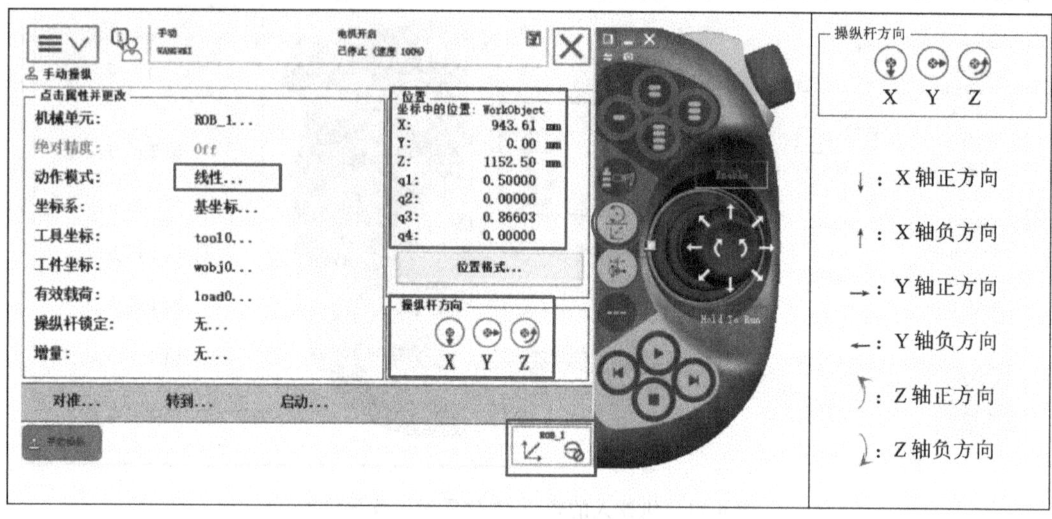


图 6-14 线性运动状态操纵杆的方向

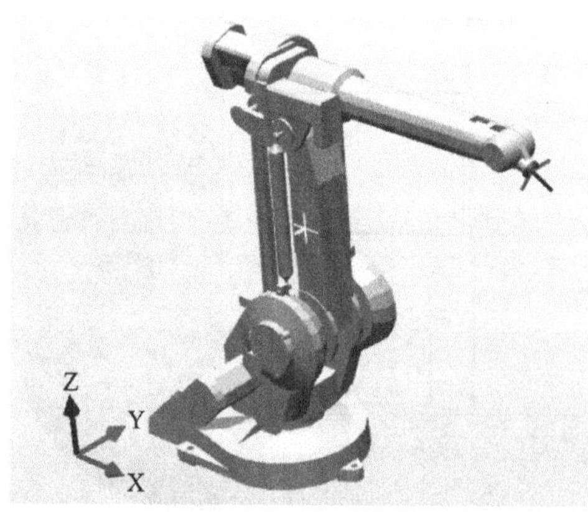


图 6-15 线性运动 $X$ 轴、$Y$ 轴、$Z$ 轴的方向(箭头方向为正方向)

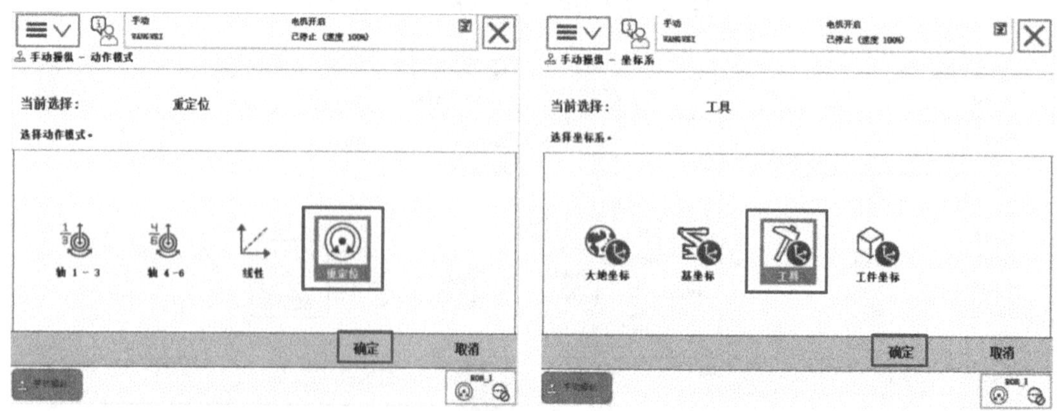


图 6-16 重定位运动的设定

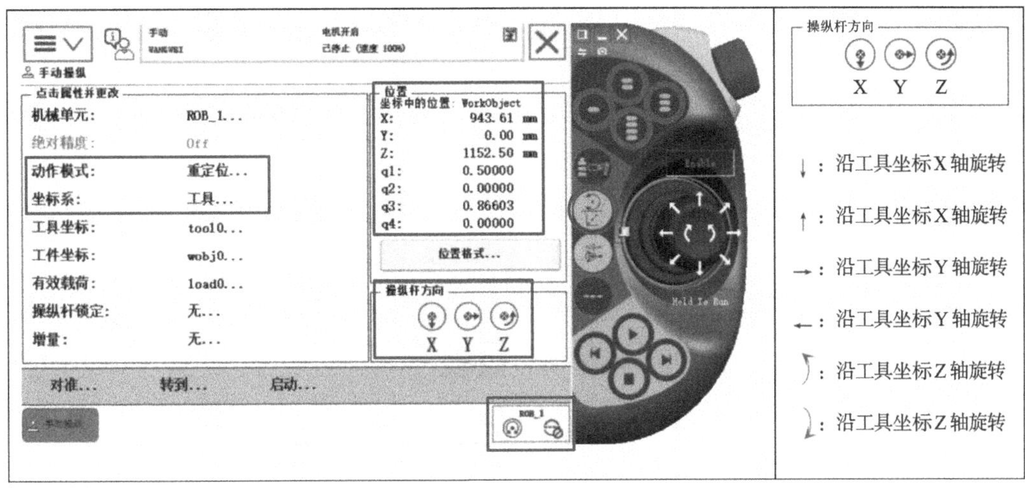


图 6-17　示教器上重定位运动的旋转方向的操控

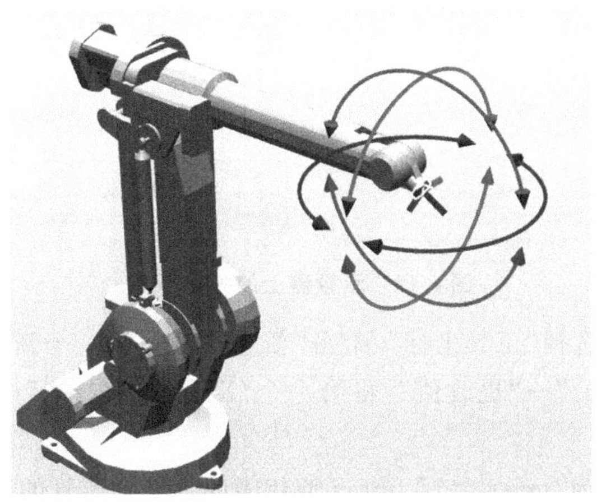

图 6-18　机器人本体上重定位运动的旋转方向

机器人运动指令编程提供一个良好的参考原点。

**4. 设定工具坐标**

机器人轴 6 法兰盘中心处的坐标为“Tool0”，在机器人轴 6 端面处安装工具后，其 TCP 点应当由轴 6 端面移至所安装工具的工作点位，对于规则的工具，可以按照坐标轴的方向直接偏移尺寸来确定新的 TCP 点，对于不规则的工具，则需要用六点法来设定，如图 6-24 所示。

对于规则的物体，即横平竖直的物体，转弯部分角度成 90°（见图 6-25），在设定工具坐标时较为简单，分三步来设定：① 将 Tool0 坐标设定为与大地坐标一致；② 将工具的偏移量写入 Tool1 中；③ 用重定位检验是否设定正确。

第 1 步：用轴运动，调整轴 5 至－90°，将 Tool0 坐标设定为与大地坐标一致，如图 6-26 所示。

第 2 步：将工具的偏移量写入 Tool1 中，操作如下：

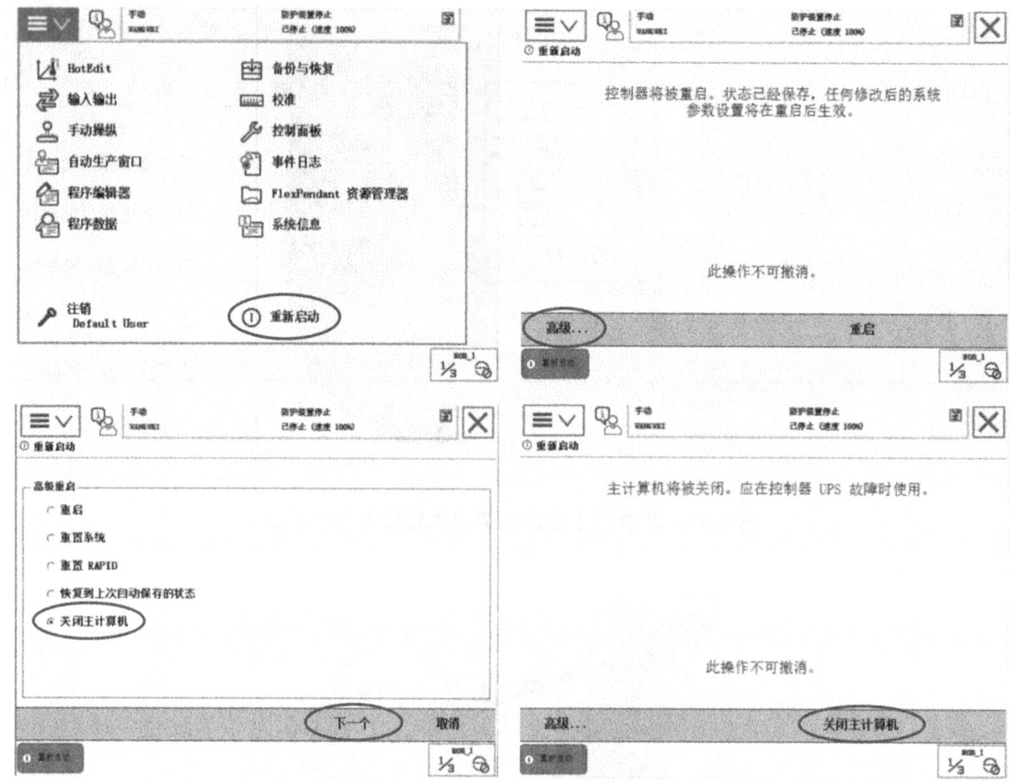


图 6-19　示教器上的关机步骤

单击 ABB 主菜单，选择“工具坐标”，单击“新建”按钮，建一个新的工具坐标“Tool1”，单击“确定”按钮，选择“编辑”→“更改值”，将第一个“X:=0”“Z:=0”改为“X:=71”“Z:=55”（见图 6-27）。

将“mass:=－1”改为“mass:=1”，mass 值代表的含义是工具的质量，单位为 kg，此值始终为正值，“mass”下面还有一个“X:=0”“Y:=0”“Z:=0”，代表的是重心坐标，单位为 mm，在工具的重量不太重的情况下，若不知道工具重心坐标的具体值，可以将“X”方向的值改为“1”，单击“确定”按钮，如图 6-28 所示。

第 3 步：用重定位检验是否设定正确。

若用重定位检测时，TCP 点始终绕一个固定点旋转，则前面的设定即为正确的，如图 6-29(a)所示；若吸盘中心轨迹为一条曲线，则表示前面的设定中有可能数据出错，例如，$X$ 方向与 $Z$ 方向值输反了，如图 6-29(b)所示。

对于不规则的工具，如激光切割器或者焊枪（见图 6-30），在设定工具坐标时应采用“TCP 和 Z,X”方式，俗称六点法。

“TCP 和 Z,X”方式的具体设置步骤为：① 将机器人工具的头部调整为竖直向下；② 将工具的头部与顶尖对齐；③ 存储原点位置，设定 $X$ 方向、$Z$ 方向，调整 3 种机器人姿态；④ 查看误差。

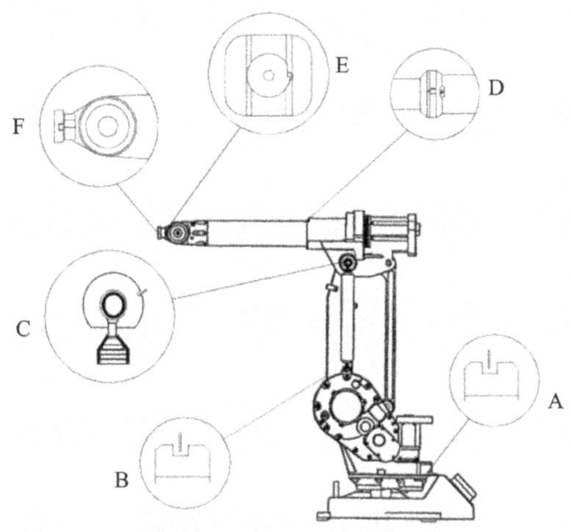

A：轴1机械原点位置标记

B：轴2机械原点位置标记

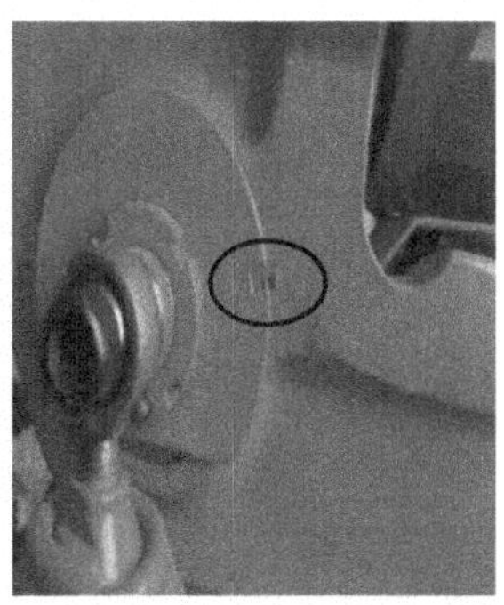

C：轴3机械原点位置标记

D：轴4机械原点位置标记

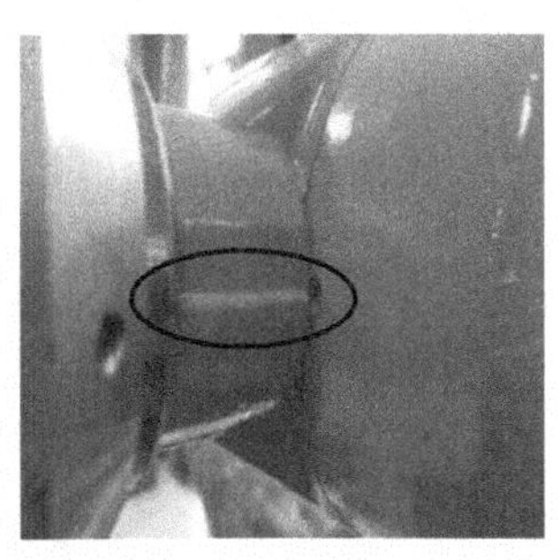

E：轴5机械原点位置标记

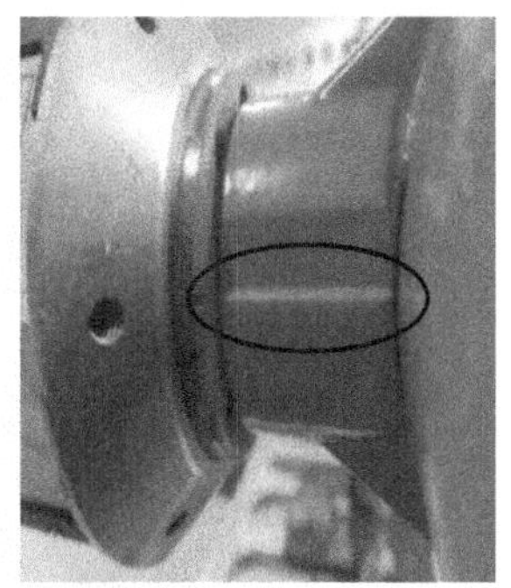

F：轴6机械原点位置标记

**图 6-20** IRB1410 **型机器人机械原点**

**5. 用重定位检验**

第 1 步：将机器人轴 6 法兰盘端面处工具（焊枪）的头部调整为垂直向下，使 $Z$ 轴垂直于曲线板，这个调整过程需要线性运动与轴运动配合使用，如图 6-31 所示。

第 2 步：使用线性运动，将工具的头部与顶尖对齐，如图 6-32 所示。

第 3 步：存储该位置为原点位置，新建一个“Tool1”（见图 6-27 的前 5 幅图），在“编辑”→

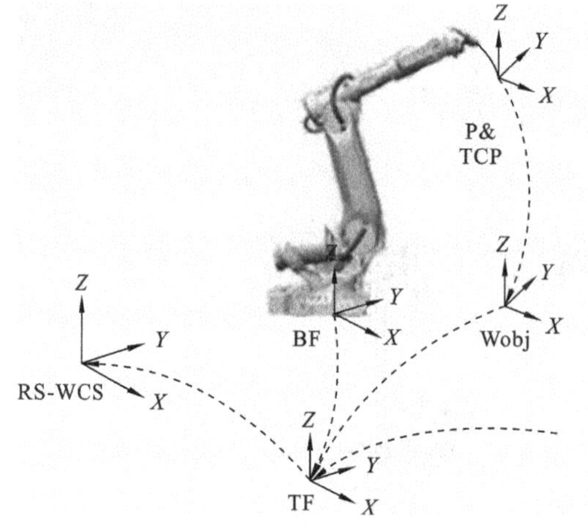


图 6-21　各坐标系位置关系

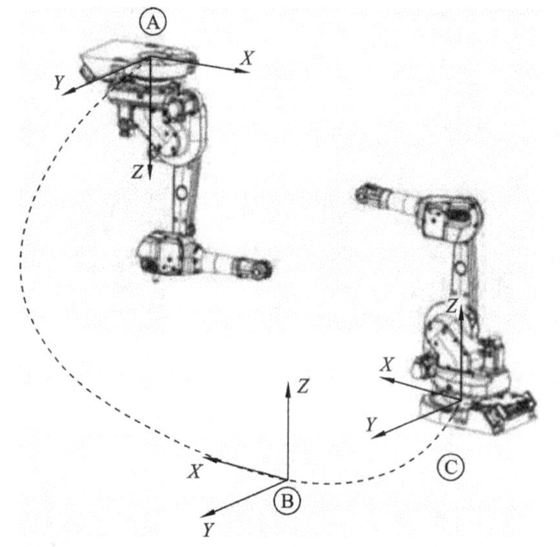


图 6-22　多机器人协同工作基坐标与大地坐标的关系

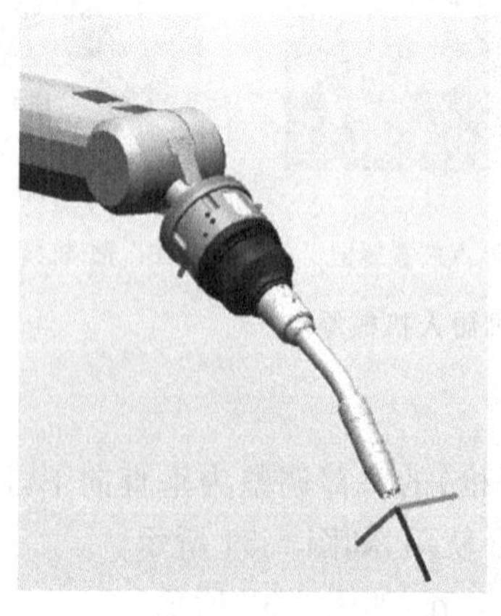
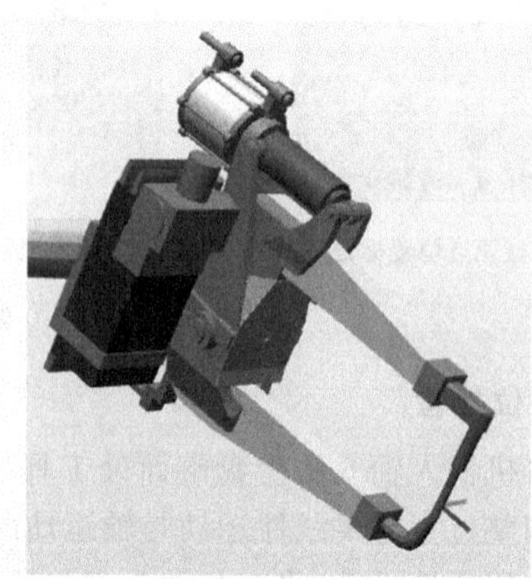

图 6-23　不同工具的工具坐标系状态

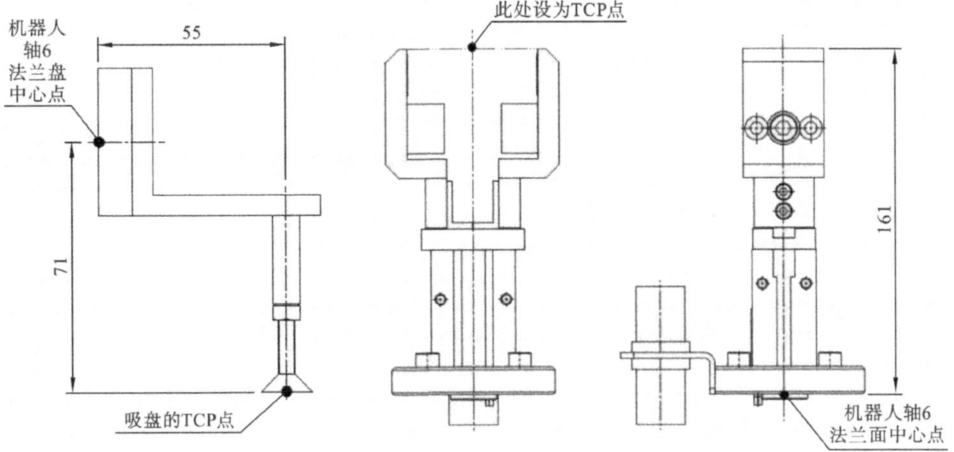


图 6-24 用较为规则的工具设定工具坐标的 TCP 点(吸盘、夹爪)

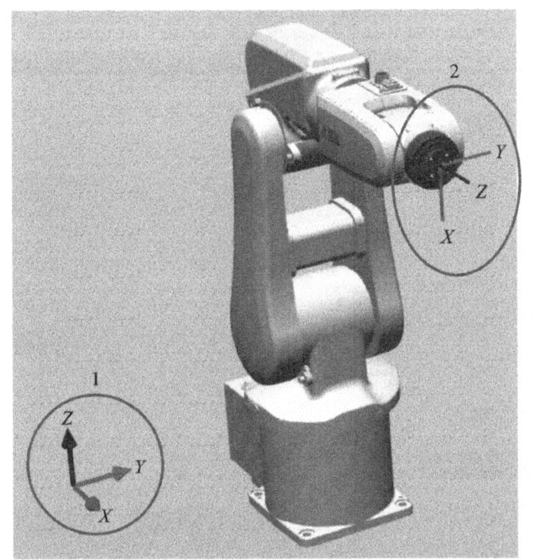


图 6-25 Tool0 及大地坐标的 X、Y、Z 方向

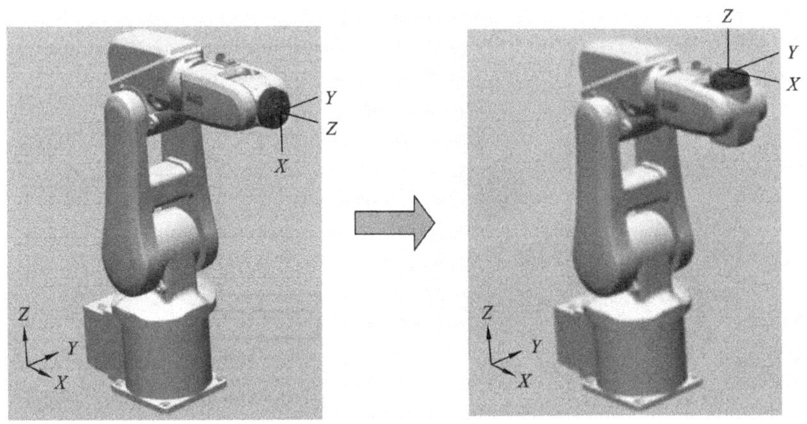


图 6-26 将 Tool0 坐标设定与大地坐标一致

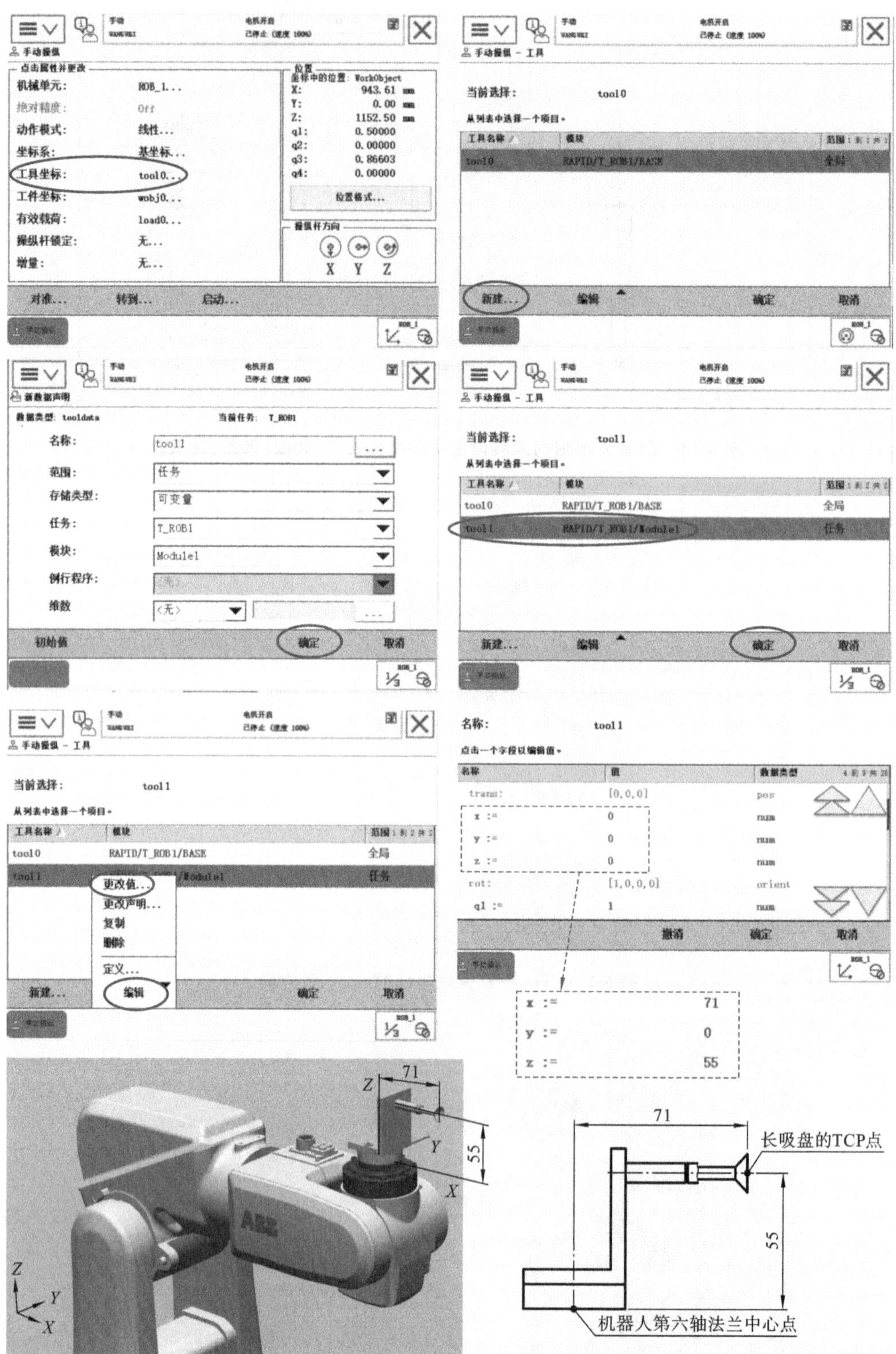


图 6-27　将工具的偏移量写入 Tool1

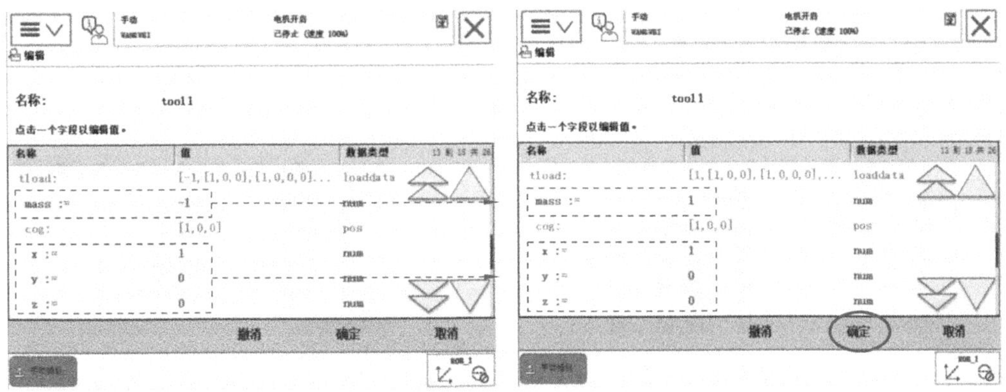


图 6-28　更改重量及重心坐标值

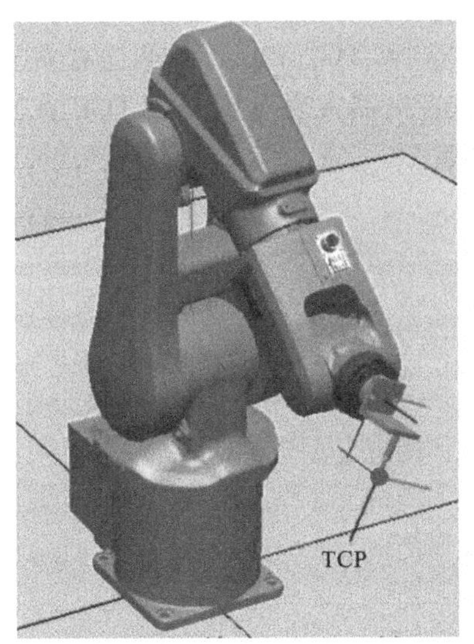


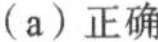
（a）正确

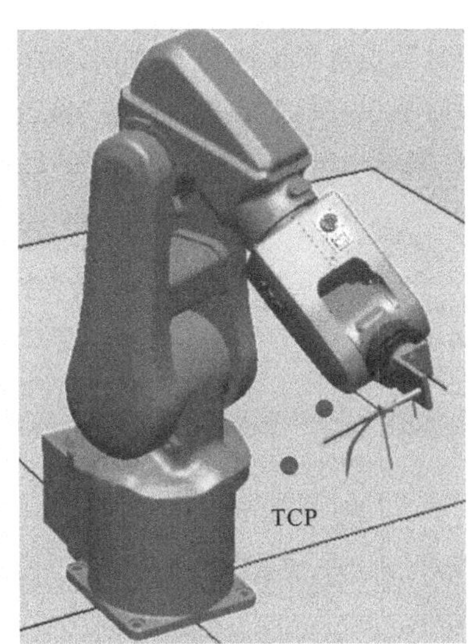


（b）错误

图 6-29　用重定位检验是否设定正确

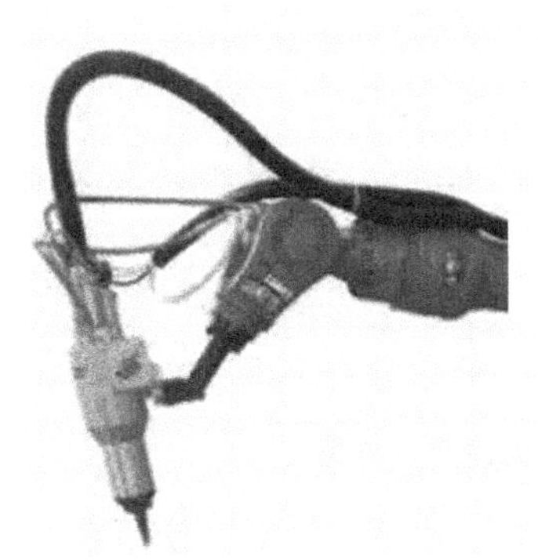

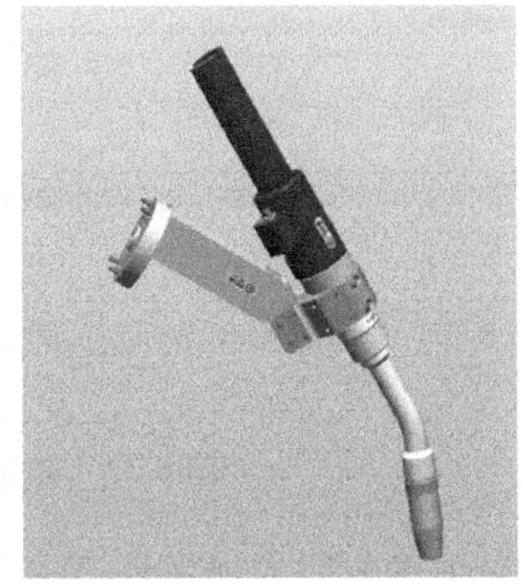

图 6-30　不规则的工具示例

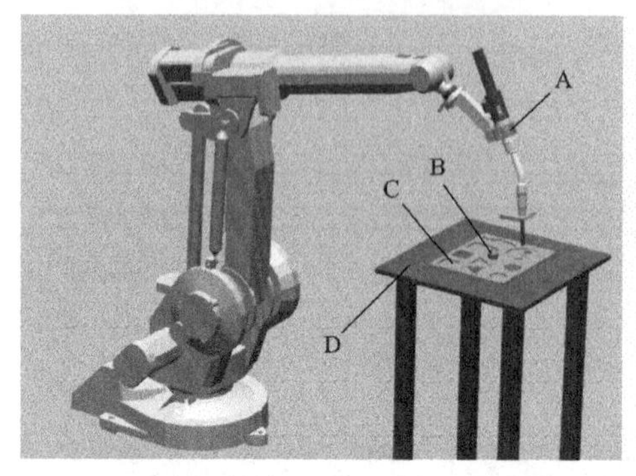


图 6-31　调整焊枪枪头垂直向下

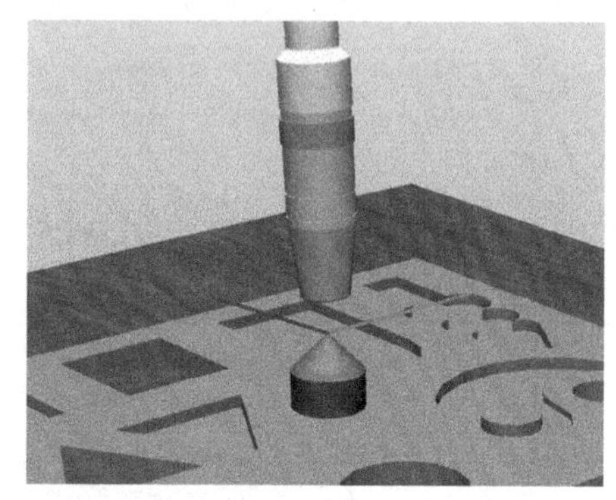

图 6-32　调整焊枪枪头与顶尖对齐

“更改值”中将质量“mass”的值由“－1”改为“1”，将重心坐标处的“X：＝0”改为“X：＝1”（见图 6-28），此处的设定与前面一致，接下来就是“TCP 和 Z，X”（六点法）独特的地方。选择“编辑”→“定义”，点选“TCP（默认方向）”的下拉三角形，选择“TCP 和 Z，X”，再选择右下角的黄色三角形向下拉，找到“点 4”，单击“修改位置”按钮，将机器人现有姿态的 TCP 点位置存储起来，即存储原点位置，“点 4”显示为“已修改”（见图 6-33）。

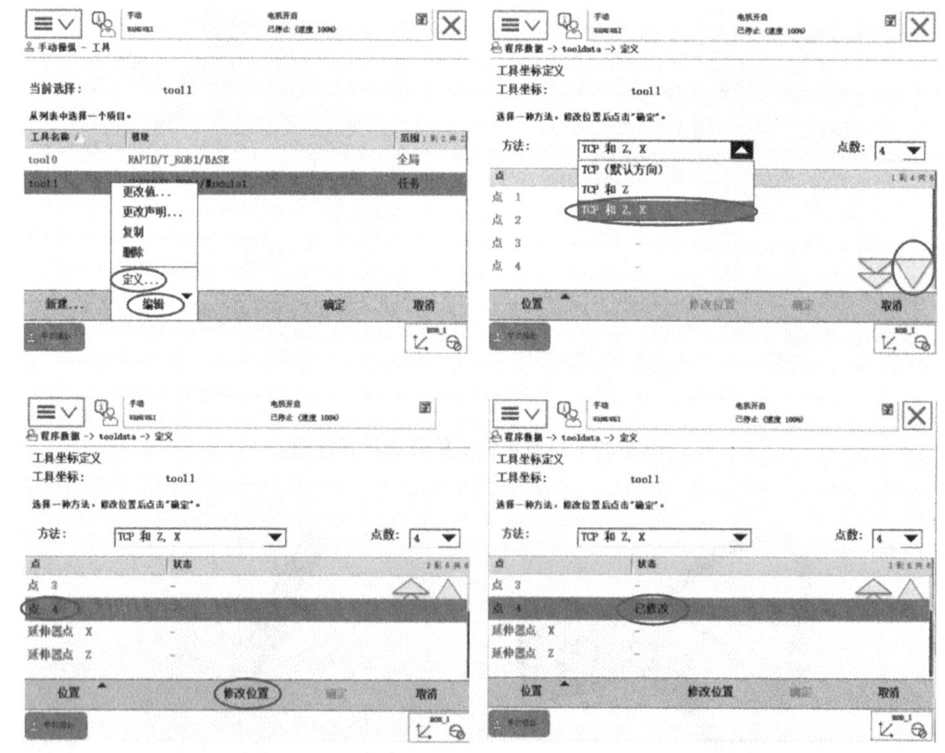


图 6-33　存储工具坐标原点位置

用线性运动焊枪枪头向大地坐标 $X$ 轴移动一个距离，从 A 点移动到 B 点，存储 B 点为“延伸器 X”（见图 6-34、图 6-35），A 点与 B 点的连线即为设定的 $X$ 方向，设定完成后，用线性运动将焊枪拉回到 A 点。

图 6-34 设定延伸器 *X* 方向

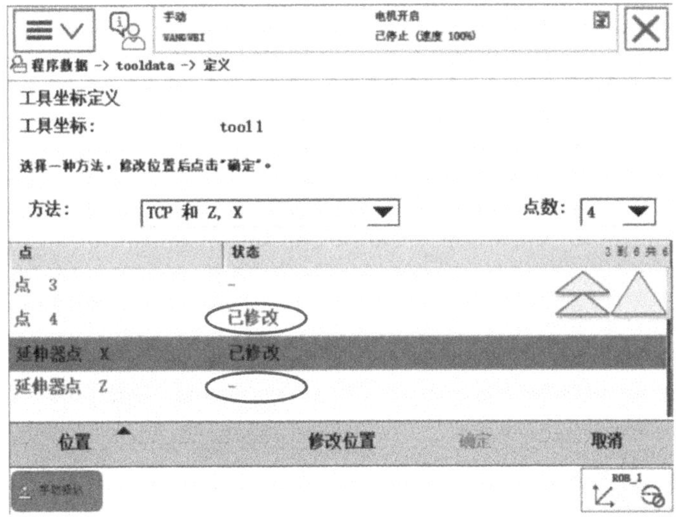


图 6-35 存储延伸器 *X* 方向

用线性运动焊枪枪头向大地坐标 *Z* 轴移动一个距离，从 A 点移动到 C 点，存储 C 点为“延伸器 Z”(见图 6-36、图 6-37)，A 点与 C 点的连线即为设定的 Z 方向，设定完成后，用线性运动将焊枪拉回到 A 点。至此，原点位置、*X* 轴方向、*Z* 轴方向已经设定完成，*Y* 轴不用设，*Y* 轴是根据右手法则来确定的，右手拇指指向 *X* 轴的正方向，右手中指指向 *Z* 方向，则右手食指指向即为 *Y* 轴的正方向。

将机器人用轴运动及线性运动调整三种姿态，将 TCP 点调整到与顶尖尖点相接处，分别存储这三种姿态为“点 1”“点 2”“点 3”，如图 6-38、图 6-39、图 6-40 所示。

所有点都存储完毕后，单击“确定”按钮，进入图 6-41 所示的误差确认界面，平均误差结果是指根据计算的 TCP 所得到的接近点的平均距离，最大误差是所有接近点中的最大误差，误差结果是否可以接受，取决于使用的工具、机器人的类型、工件加工质量的图纸要求等。一般来说，平均误差不大于 1 mm，计算近似准确，如果定位合理准确，则计算结果也会准确。在整个设定过程中，先设定“点 4”还是先设定“点 1”，实际上没有任何关系，完全可以按照“点 1”“点 2”“点 3”的顺序来设定，设定完成后，用重定位检验即可。

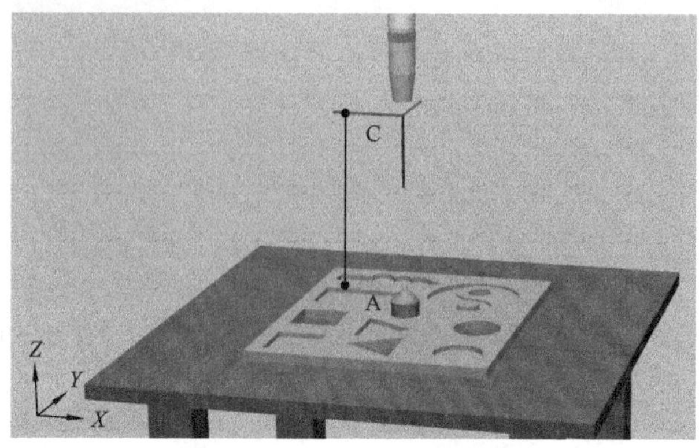


图 6-36 设定延伸器 Z 方向

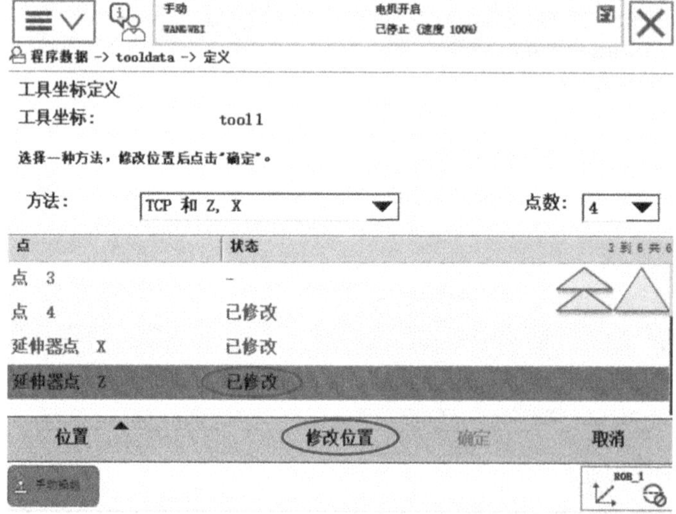


图 6-37 存储延伸器 Z 方向

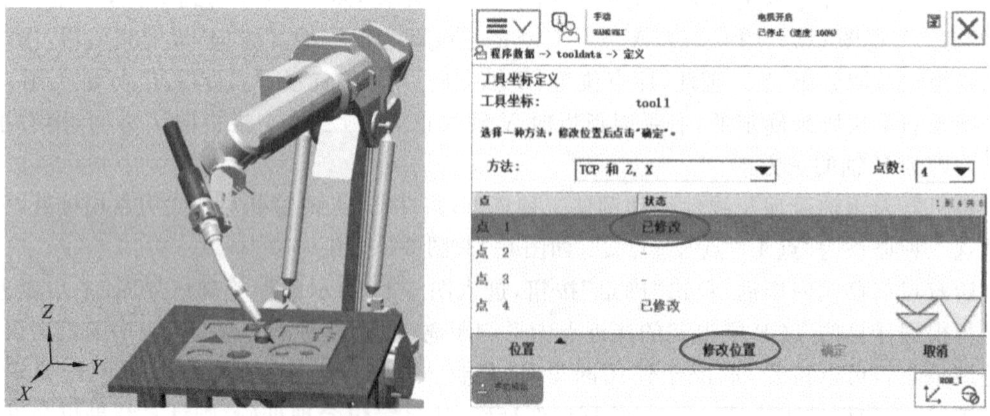


图 6-38 点 1 的姿态存储

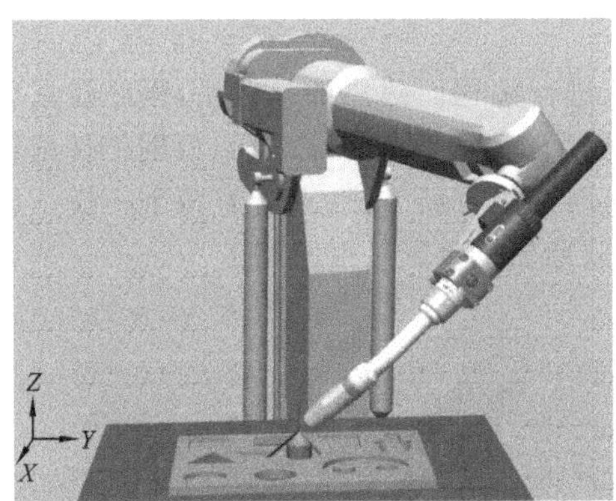


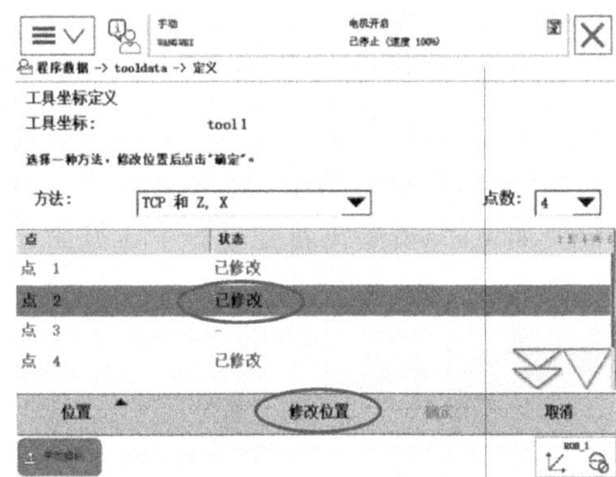


图 6-39 点 2 的姿态存储

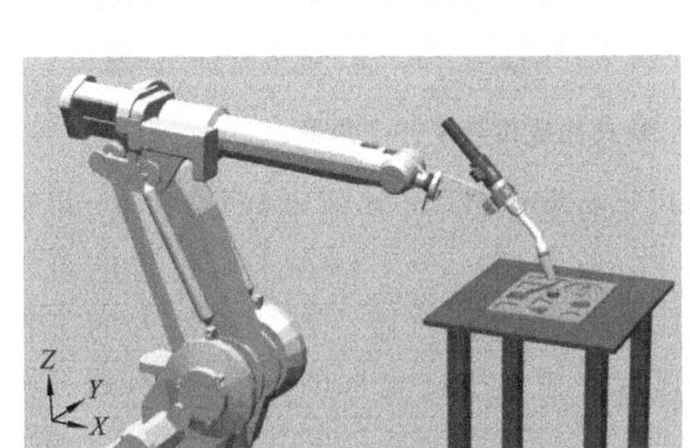


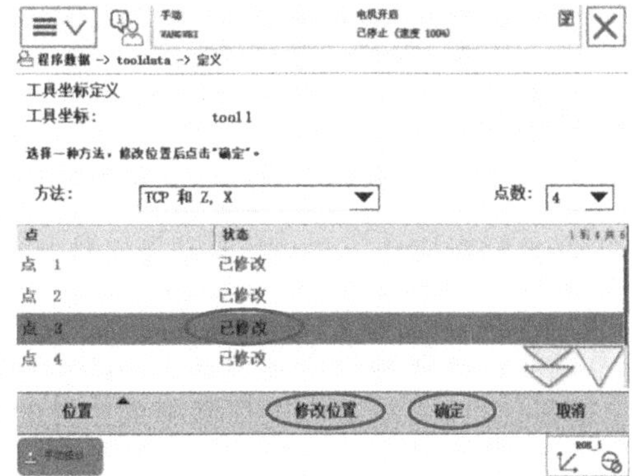


图 6-40 点 3 的姿态存储

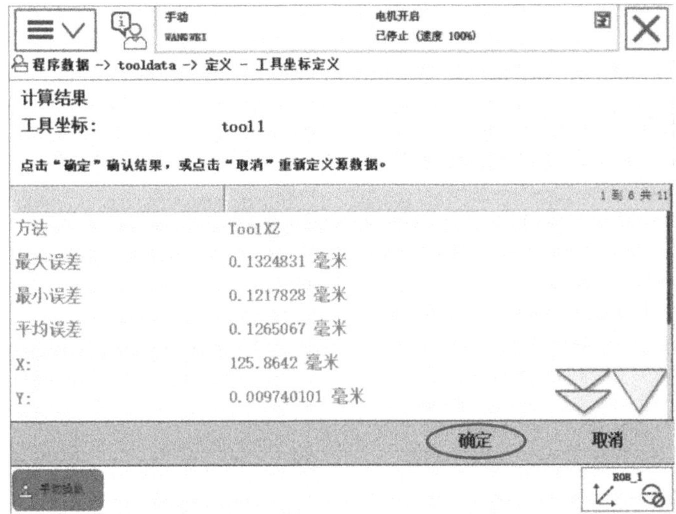


图 6-41 误差确认界面

### 6. 设定工件坐标

工业机器人的工件坐标是为了方便对机器人进行编程而建立的坐标系，程序建立后还需花时间来进行调试，若前期已经将所有轨迹的程序都完全编制完成之后，后期工件旋转了一个角度(见图 6-42)，只需要旋转原工件坐标系，而不用重新生成；或者有两个一模一样的工件需要加工，只需要重新建立一个工件坐标系，将原轨迹复制一份即可。

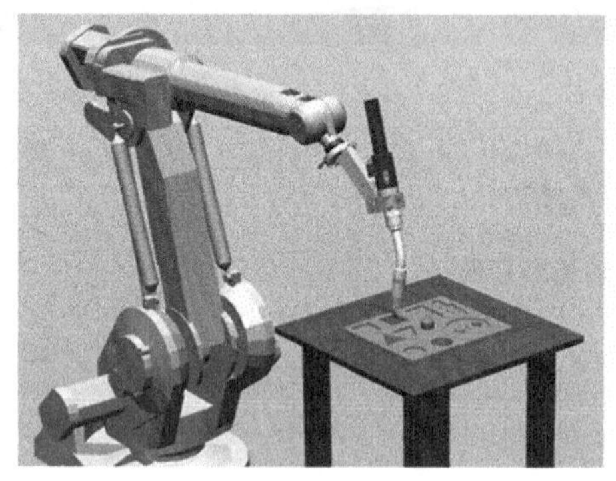

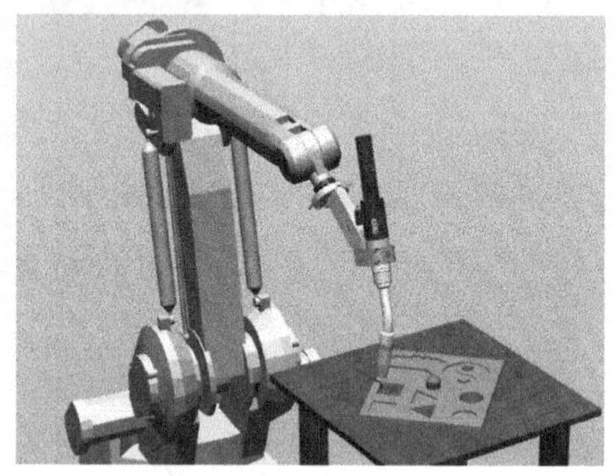

图 6-42 可能用到工件坐标的场合(曲线板旋转了一个角度)

工件坐标对应于工件，用来定义工件相对于大地坐标(或者其他坐标)的位置，机器人可以拥有若干个工件坐标，用来表示不同的工件，或者同一个工件在不同位置的若干副本。对机器人编程就是在工件坐标系中创建目标点和路径轨迹。创建机器人的工件坐标，有很多优点，重新定位工作站中的工件时，只需要更改工件坐标的位置，所有路径轨迹就会更新。

工件坐标设定步骤如下：

在 ABB 菜单栏中选取“工件坐标”，单击“wobj0”，单击“新建”按钮，新建“wobj1”后，单击“确定”按钮，可以看到新建立的“wobj1”出现在系统默认的“wobj0”的下面，选择“编辑”→“定义”，将设定工件坐标的方法由“未定义”改为“3 点”，如图 6-43 所示。

在示教器界面中出现“用户点 X1”“用户点 X2”“用户点 X2”三个参数，“用户点 X1”可以当作原点，它与“用户点 X2”所构成的两点的连线即为工件坐标的 $X$ 轴方向，“用户点 X1”与

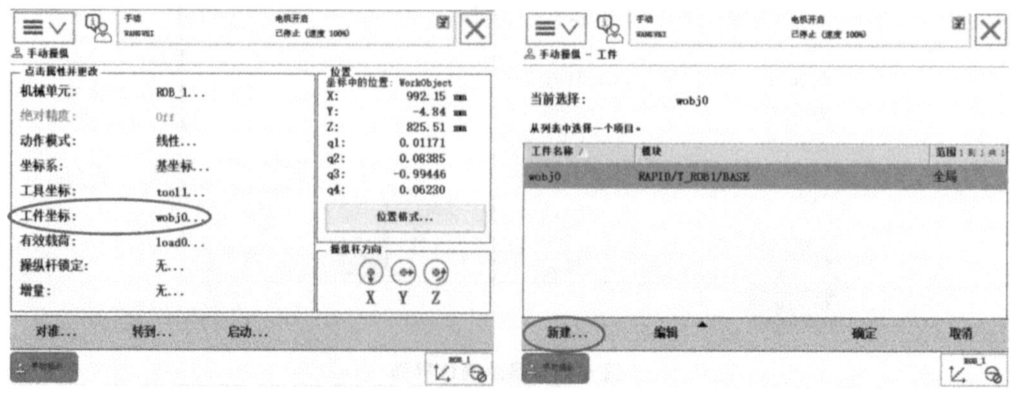


图 6-43 工件坐标的设定步骤

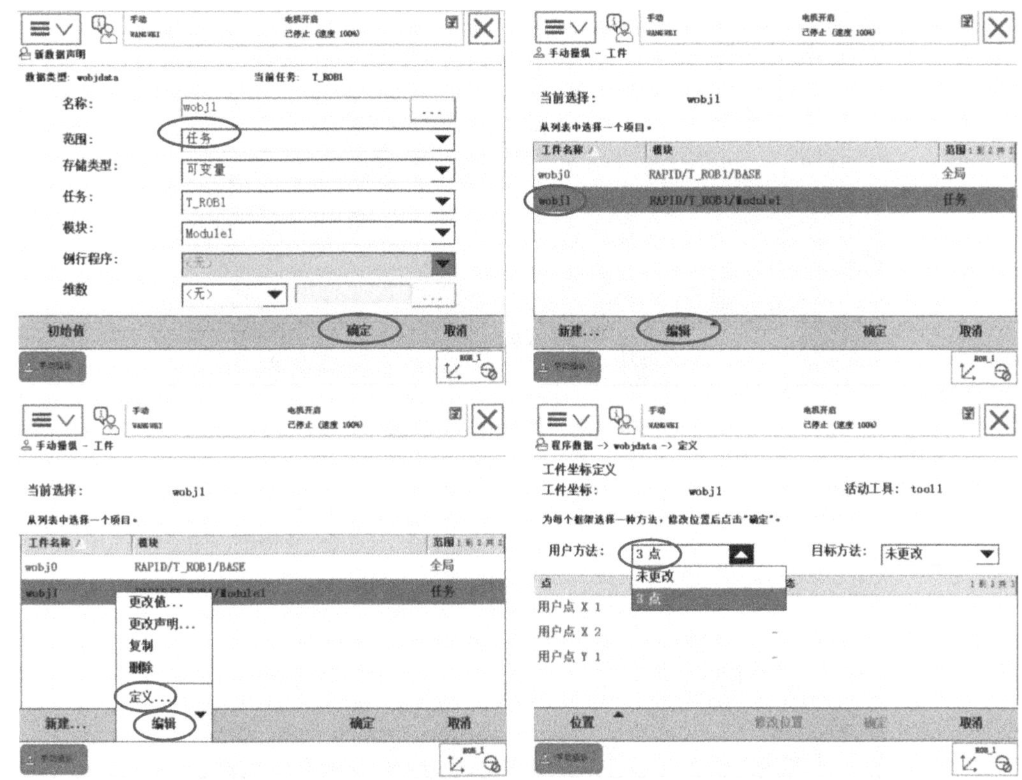

续图 6-43

“用户点 Y1”所构成的两点的连线即为工件坐标的 Y 轴方向，“用户点 X1”“用户点 X2”“用户点 Y1”位置分别如图 6-44、图 6-45、图 6-46 所示。将更改的 X1、X2、Y1 位置存储起来，如图 6-47 所示，最后单击“确定”按钮，工件坐标的计算结果如图 6-48 所示，单击“确定”按钮，工件坐标建立完毕。可以将坐标系调至“工件坐标系”，用线性运动控制机器人焊枪枪头，来观察自己设定的工件坐标。

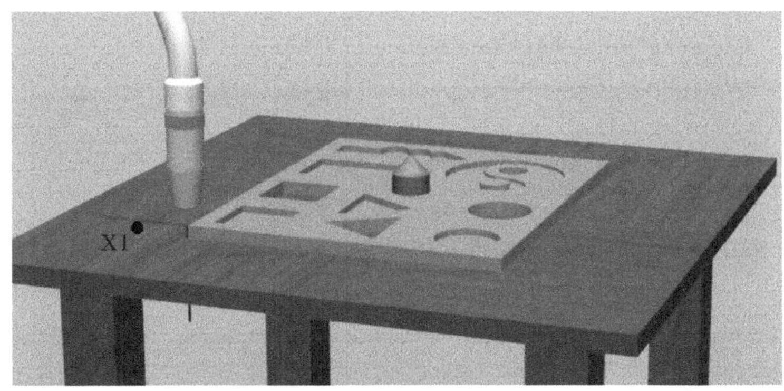


图 6-44 “用户点 X1”位置

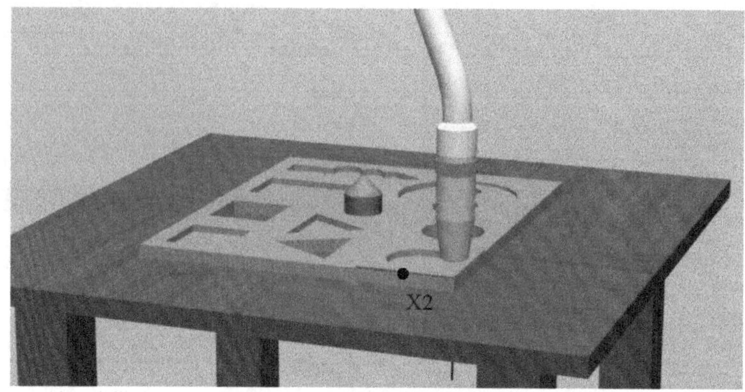


图 6-45 “用户点 X2”位置

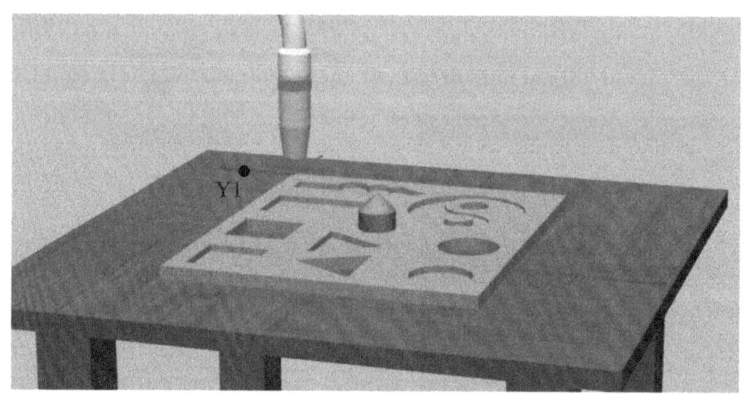


图 6-46 “用户点 Y1”位置

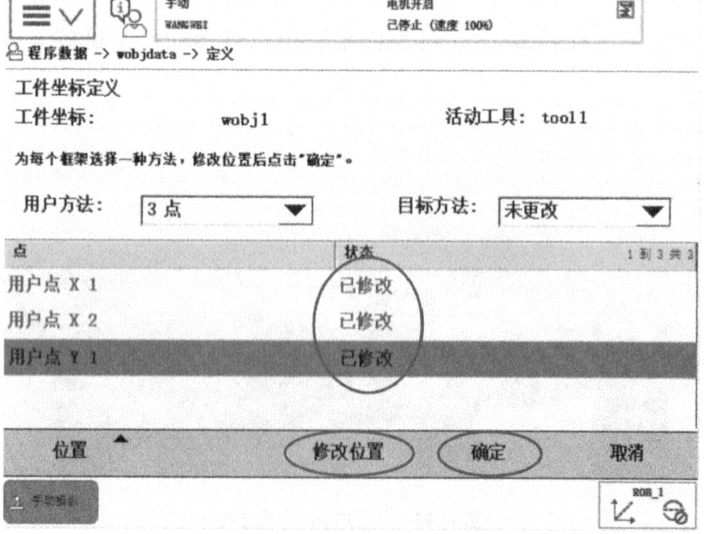


图 6-47 存储“用户点 X1”“用户点 X2”“用户点 Y1”

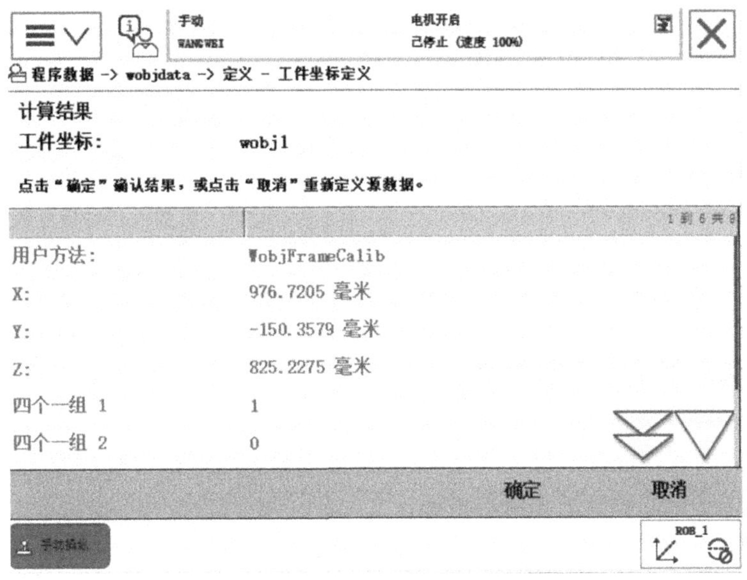


图 6-48　工件坐标的计算结果

# 6.3　ABB 机器人的程序数据

ABB 机器人的 I/O 通信及程序数据

程序数据是在程序模块或系统模块中设定的值和定义的一些环境数据。创建的程序数据由同一个模块或其他模块中的指令进行引用。如图 6-49 所示，虚线框中是一条常用的机器人关节运动指令(MoveJ)，调用了四个程序数据，如表 6-1 所示。

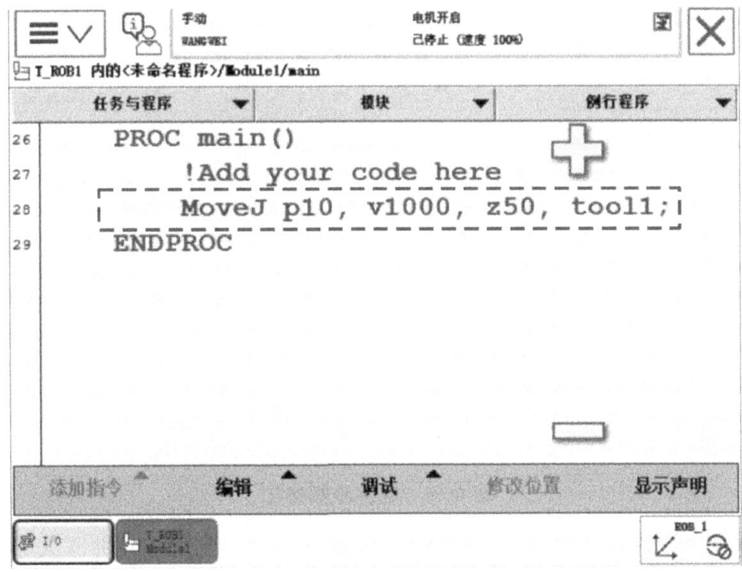


图 6-49　指令中的程序数据

表 6-1　程序数据说明

| 程 序 数 据 | 程 序 类 型 | 说　　明 |
|---|---|---|
| P10 | robtarget | 机器人运动目标位置数据 |
| V1000 | speeddata | 机器人运动速度数据 |
| z50 | zonedata | 机器人运动转弯数据 |
| tool1 | tooldata | 机器人工具数据 TCP |

## 6.3.1　程序数据的类型分类

ABB 机器人的程序数据共有 102 个，并且可以根据实际情况对程序数据进行创建，这为 ABB 机器人的程序设计带来了无限的可能。

在示教器的“程序数据”窗口默认显示已调用的数据类型，可查看和创建所需要的程序数据，如果选择“视图”→“全部数据类型”，则可以显示所有的数据类型，如图 6-50 所示。

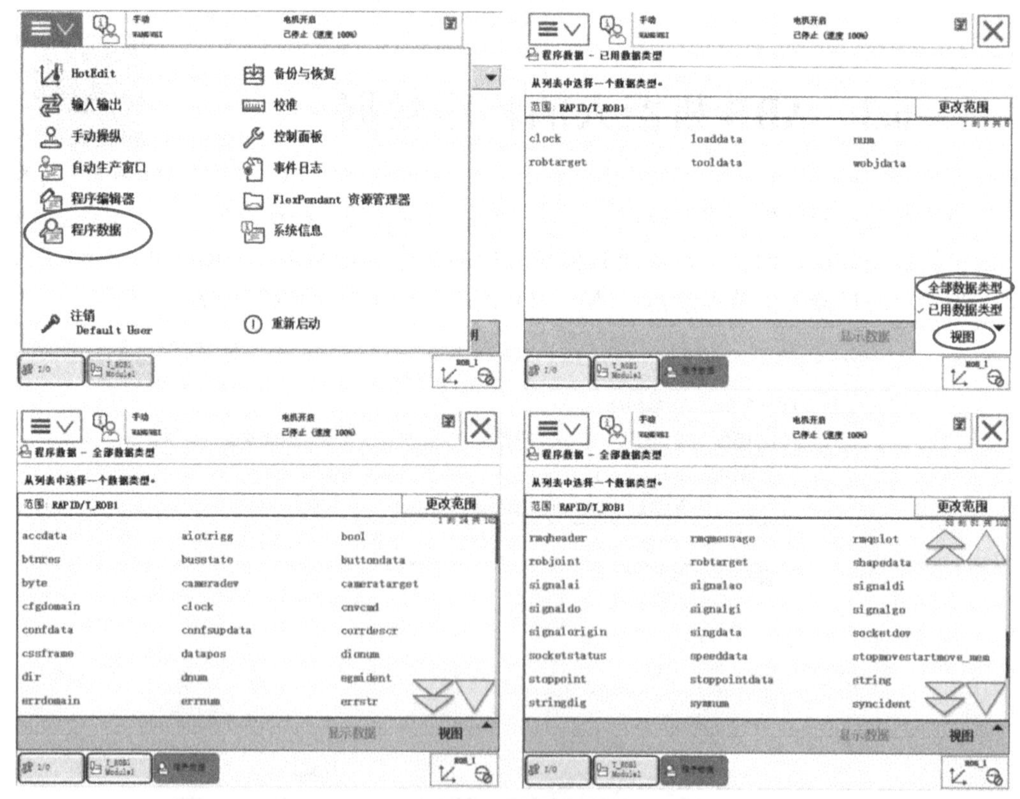


图 6-50　程序数据类型

根据不同的数据用途，定义了不同的程序数据，表 6-2 所示的是机器人系统中常用的程序数据。

表 6-2 常用的程序数据

| 程序数据 | 说明 | 程序数据 | 说明 |
| --- | --- | --- | --- |
| bool | 布尔量 | byte | 整数数据 0～255 |
| clock | 计时数据 | dionum | 数字输入/输出信号 |
| intnum | 中断标志符 | jointtarget | 关节位置数据 |
| loaddata | 负荷数据 | mecunit | 机械装置数据 |
| num | 数值数据 | orient | 姿态数据 |
| pos | 位置数据(只有 X、Y 和 Z) | pose | 坐标转换 |
| robjoint | 机器人轴角度数据 | robtarget | 机器人与外轴的位置数据 |
| speeddata | 机器人与外轴的速度数据 | string | 字符串 |
| tooldata | 工具数据 | trapdata | 中断数据 |
| wobjdata | 工件数据 | zonedata | TCP 转弯半径数据 |

### 6.3.2 程序数据的存储类型

程序数据的存储类型主要有三种，即变量、可变量、常量。

**1. 变量** VAR

变量型数据在程序执行的过程中和停止时，会保持当前的值。但如果程序指针被移到主程序后，数值会丢失。VAR 表示存储类型为变量，num、string、bool 等表示程序数据类型。

举例说明：

VAR num length：=0；名称为 length 的数据；

VAR string name：="Jack"；名称为 name 的字符数据；

VAR bool finished：=FALSE；名称为 finished 的布尔量数据；

建立方法如下：

如图 6-51 所示，在 ABB 菜单栏中选取"程序数据"，依次选择"num"型数据，单击"新建"，更改名称为"length"，更改存储类型为"变量"，单击"初始值"按钮，更改"初始值"为"0"，单击"确定"按钮，可以看到在"num"型数据内多了一个刚刚建立的"length"。单击 ABB 菜单栏中"程序编辑器"按钮，单击"显示声明"按钮，单击向上的黄色箭头，翻到最上面，可以看到刚建立的"VAR num length：=0"显示在声明中，用相同的方法建立 VAR string name：="Jack"以及"VAR bool finished：=FALSE"，如图 6-52 所示。

在 ABB 菜单栏中选取"程序编辑器"，单击"SMT"型数据，单击"添加指令"按钮，单击赋值指令"：="，更改指令为"length：=length+1"，单击"确定"按钮，如图 6-53 所示。

在"程序编辑器"中选中刚刚建立的"length：=length+1"，单击赋值指令"：="按钮，更改指令为"length：=length+1"，单击"更改数据类型…"按钮，将现有的"num"型数据变更为字符串型数据"string"，单击"确定"按钮，表达式写为"name：="Wendy""(里面的双引号要打上去)，如图 6-54 所示。

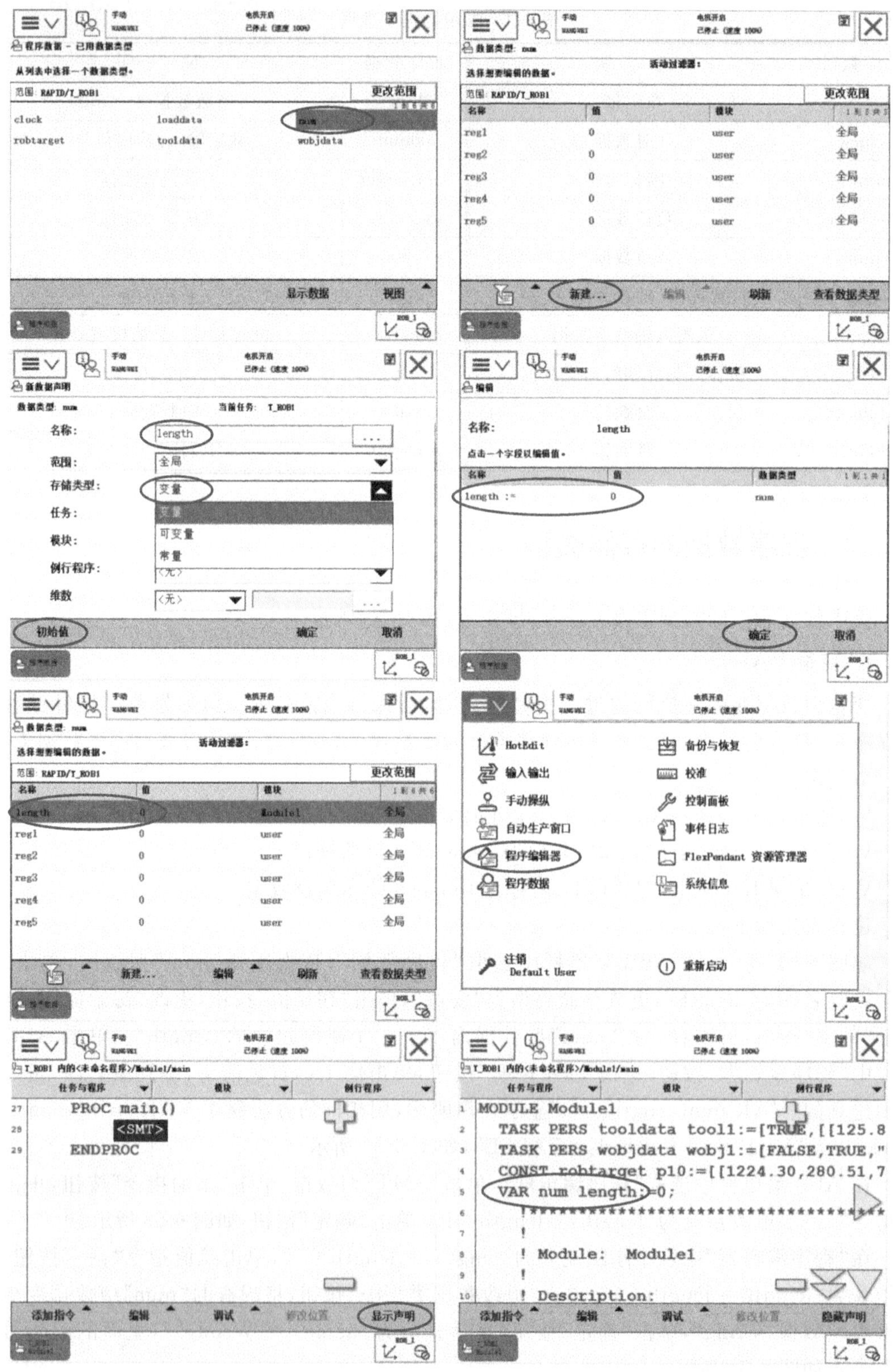

图 6-51 建立名称为 length 的 num 型变量

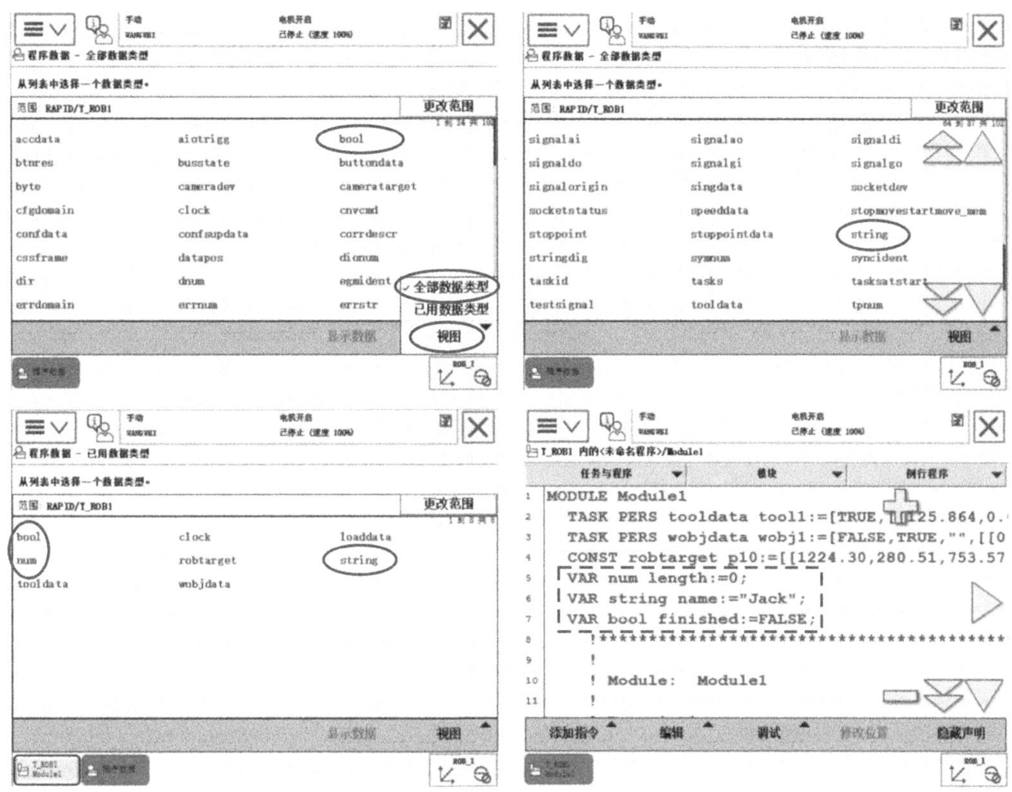


图 6-52 建立 string 及 bool 型变量

运行刚刚编辑的这段程序，单击“调试”按钮，单击“PP 移至 main”按钮，将程序指针移至程序段初始位置，如图 6-55 所示。单击程序运行按钮“”，然后单击暂停按钮“”，返回程序数据去观察“length”“name”“finished”的值，发现“length”的值由初值“0”变为“1457”；“name”的值由初值“Jack”变为“Wendy”；“finished”的初值由“False”变为“Ture”，如图 6-56 所示。这里“length”的值与程序预期不一致，程序希望“length”只“+1”，但是程序实际上加了很多次，原因在于程序的扫描周期速度远远快于我们手按下程序暂停的速度，所以若要实现“length”只“+1”，则将程序改为单周运行，或者在程序段中进行程序设计，从而达到我们的预期。

重新将程序的指针移至主函数 main，再来观察“length”“name”“finished”的值，发现“length”的值又变回了初值“0”；“name”的值也变回了初值“Jack”；“finished”的初值也变回了初值“False”。这就是变量，当程序指针被移到主程序 main 后，数值会丢失，大家自己编程序体会一下，如图 6-57 所示。

**2. 可变量 PERS**

可变量最大的特点是，无论程序的指针如何，都会保持最后赋予的值。

举例说明：

PERS num nbr:=1;名称为 nbr 的数字数据

PERS string text:=“Hello”;名称为 text 的字符数据

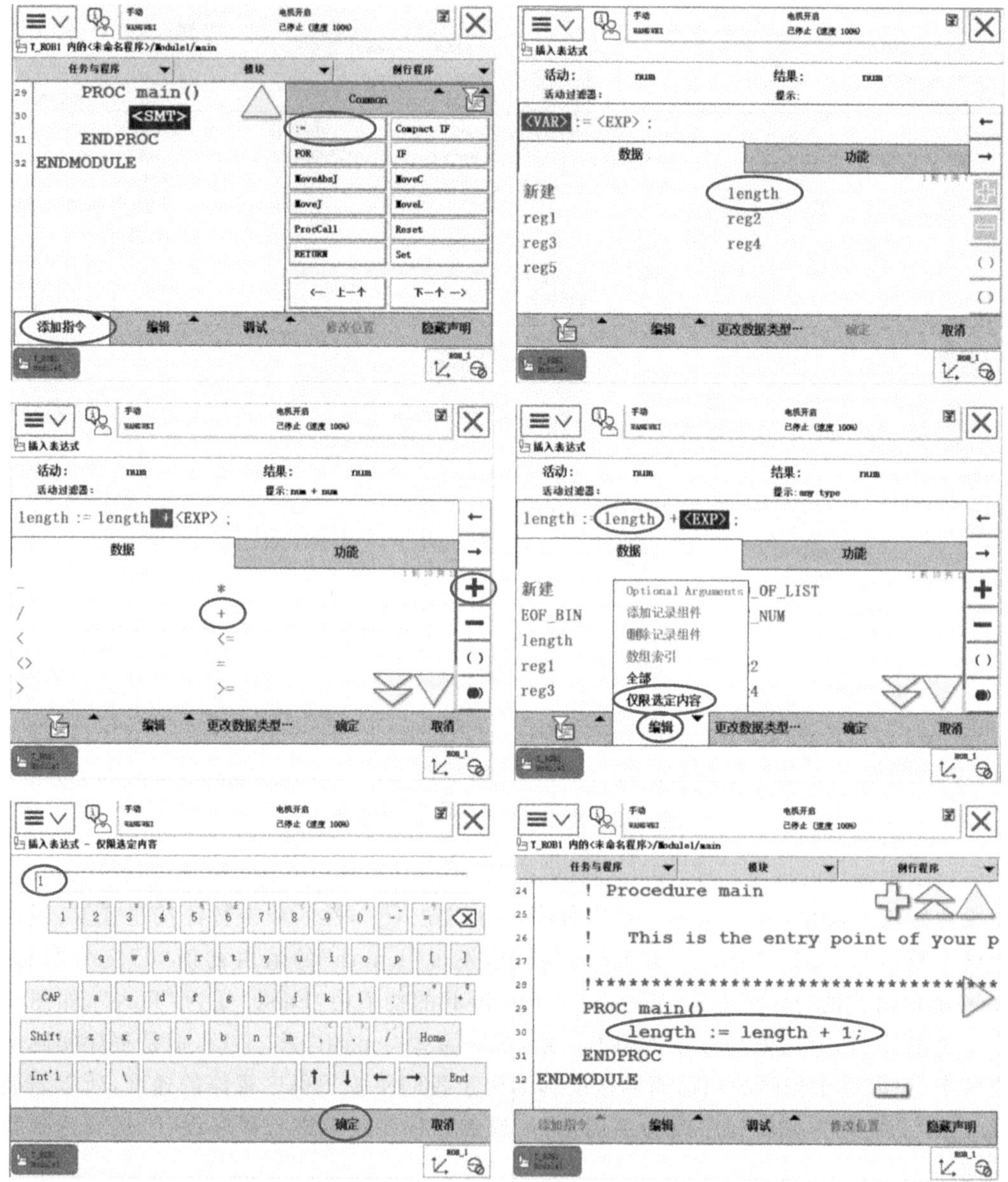


图 6-53　建立程序“length:=length+1”

建立可变量“nbr”及“text”，如图 6-58 所示。

在主程序 main 中，继续编写程序，重新给可变量“nbr”及“text”赋值（见图 6-59），赋值后运行程序，再观察各值的结果，“nbr”的值由初值“1”变为“8”，“text”的值由初值“Hello”变为“Hi”（见图 6-60）；依次单击“调试”“PP 移至 main”按钮，将程序指针重新调整至主程序，再来观察这几个程序数据，发现可变量“nbr”的值依旧保持程序运行结果“8”，“text”的值也保持运行结果“Hi”，但是变量“length”的值已恢复为初值“0”，“name”的值也恢复为初值“Jack”（见图 6-61）。

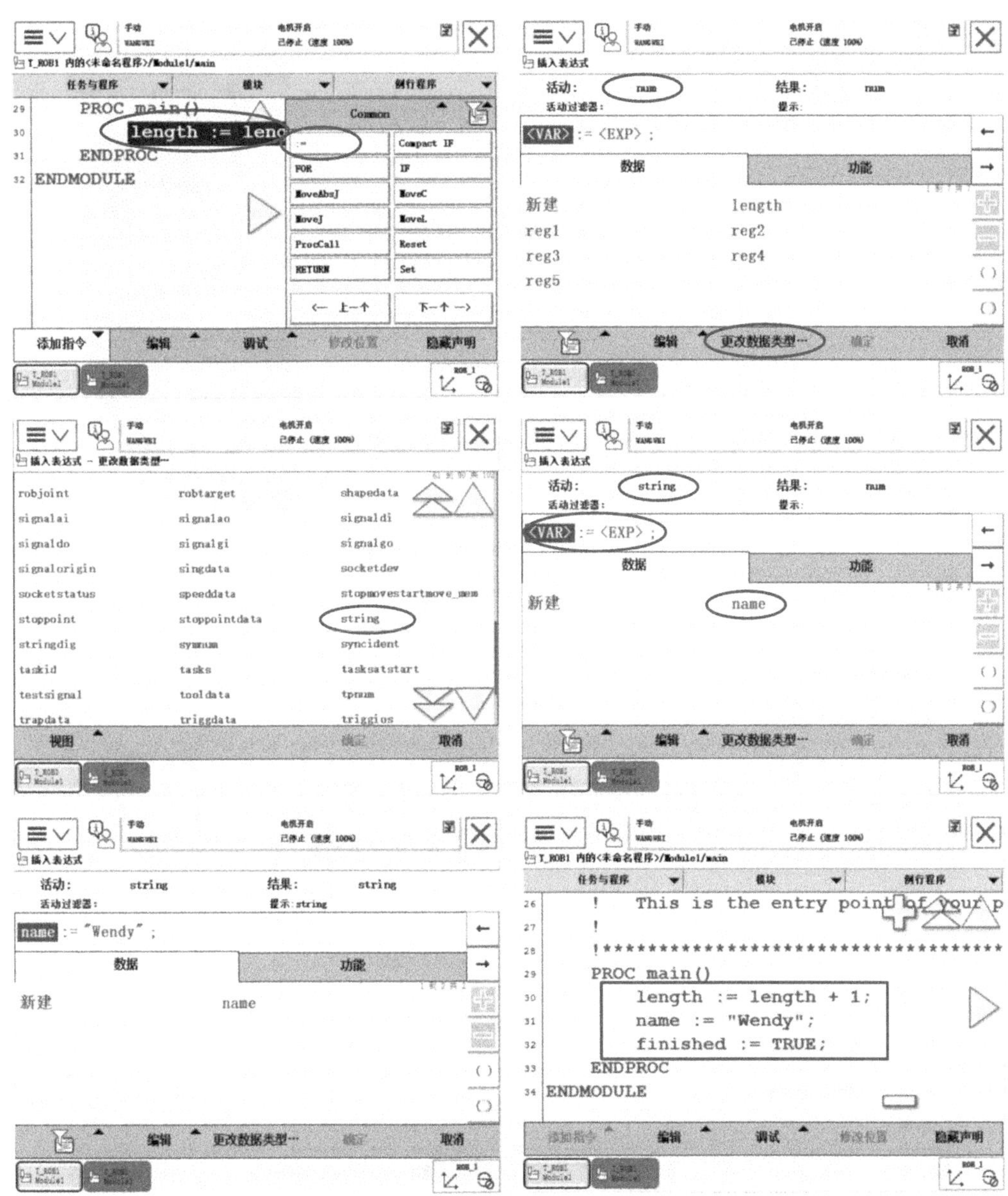

图 6-54 建立不同数据类型的程序段

### 3. 常量 CONST

常量的特点是在定义时已赋予了数值，不能在程序中进行修改，除非手动修改。

举例说明：

CONST num gravity:=9.81;名称为 gravity 的数字数据

CONST string greeting:="Nice to meet you";名称为 greeting 的字符数据

常量一般用于设定如重力加速度、"π""e"等常数或某些恒定不变的系数。常量 gravity 的建立如图 6-62 所示。图 6-63 所示的为重力的计算公式"G:=m * gravity"。

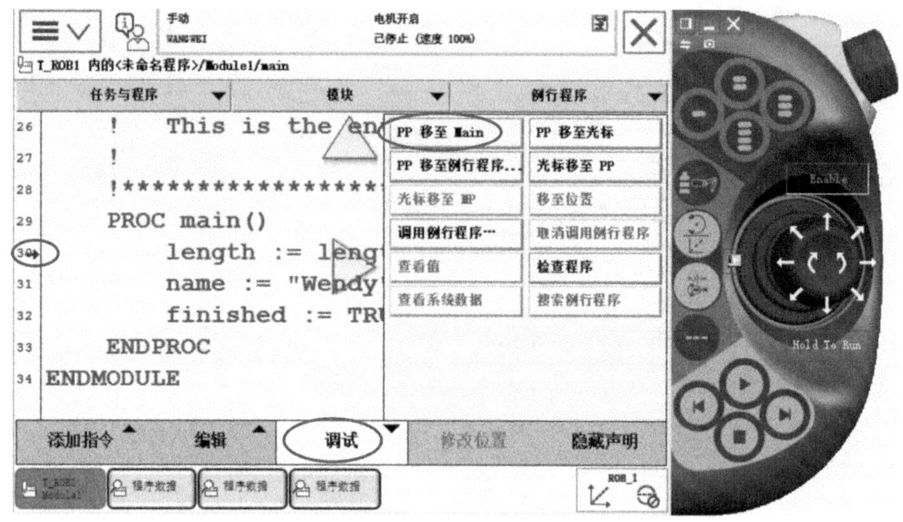


图 6-55 程序运行的操作步骤

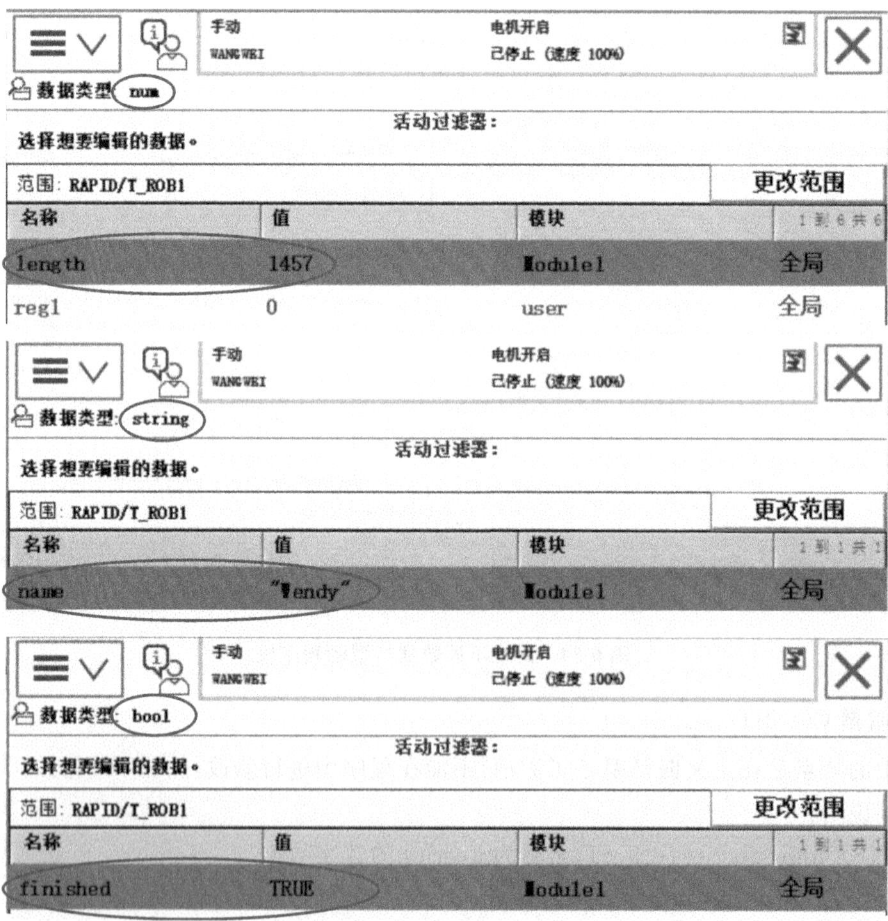


图 6-56 程序运行的结果

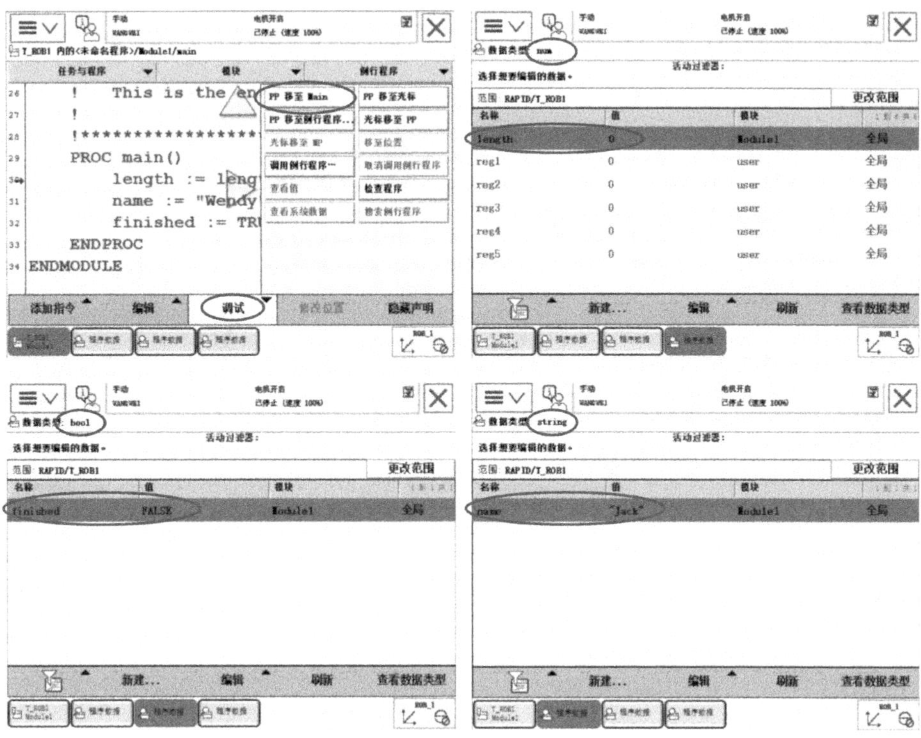


图 6-57　程序指针移至主程序，数据恢复为初值

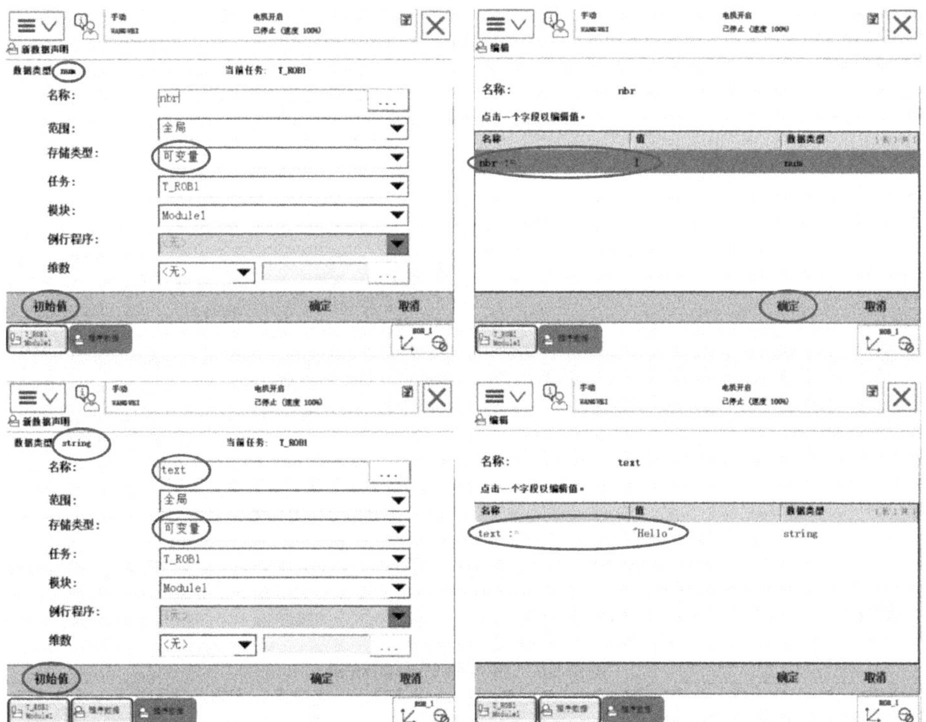


图 6-58　建立可变量“nbr”及“text”

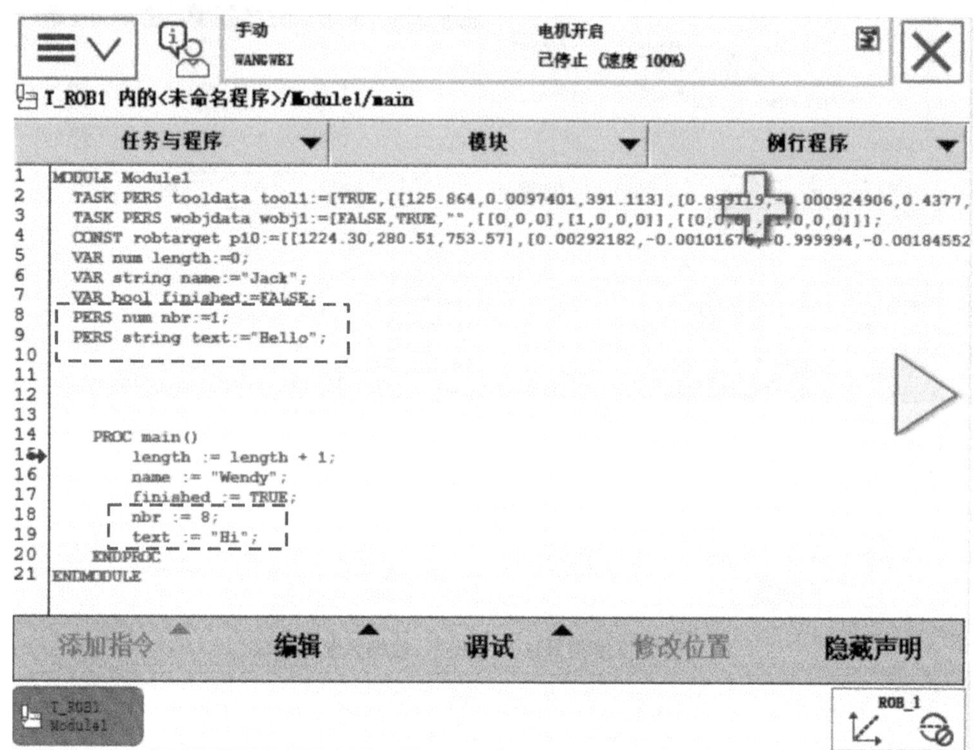


图 6-59　重新给可变量“nbr”及“text”赋值

数据类型：num　　范围：RAPID/T_ROB1

| 名称 | 值 | 模块 | |
|---|---|---|---|
| length | 1 | Module1 | 全局 |
| nbr | 8 | Module1 | 全局 |
| reg1 | 0 | user | 全局 |
| reg2 | 0 | user | 全局 |
| reg3 | 0 | user | 全局 |
| reg4 | 0 | user | 全局 |
| reg5 | 0 | user | 全局 |

数据类型：string　　范围：RAPID/T_ROB1

| 名称 | 值 | 模块 | |
|---|---|---|---|
| name | "Wendy" | Module1 | 全局 |
| text | "Hi" | Module1 | 全局 |

图 6-60　程序运行后的结果

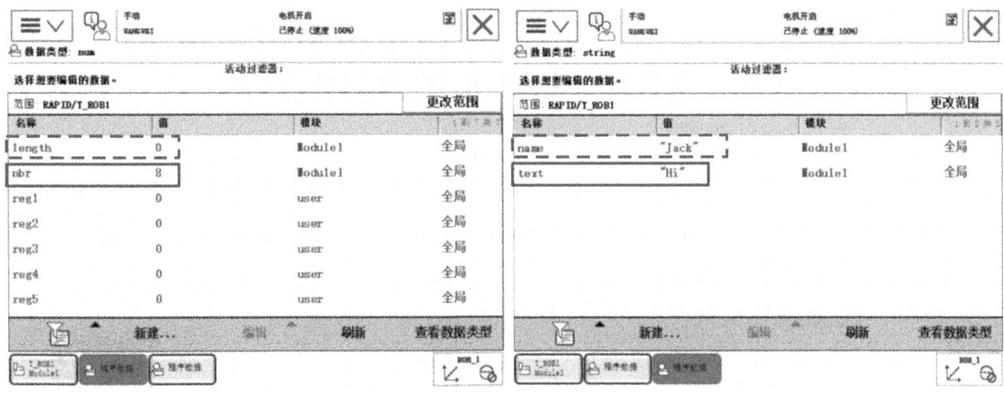


图 6-61　程序指针移至主程序 main 后的结果

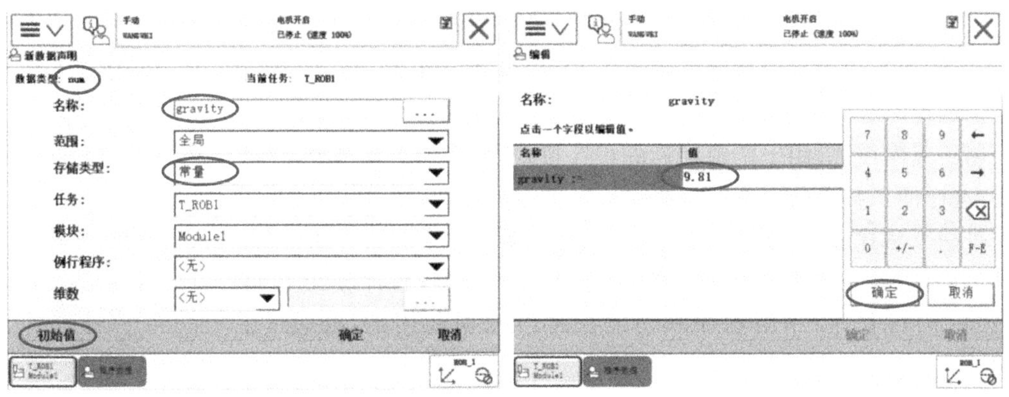


图 6-62　常量 gravity 的建立

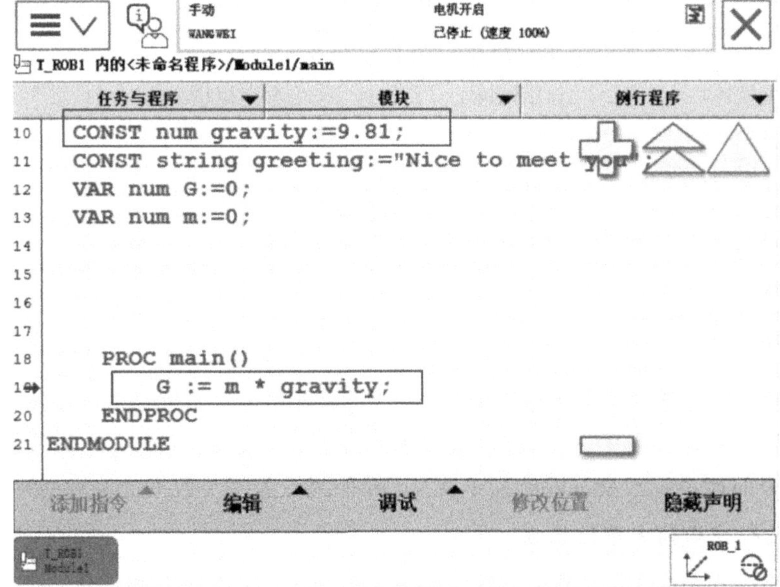


图 6-63　常量的程序示例

# 6.4 ABB 机器人的程序编程

ABB 机器人应用程序就是使用 RAPID 语言的特定词汇和语法编写而成的。RAPID 是一种英文编程语言，程序中包含了一连串控制机器人的指令，执行这些指令可以实现对机器人的控制操作，如移动机器人、设置输出信息、读取输入信息等，还能实现决策、重复其他指令、构造程序、与系统操作员的交流等。

## 6.4.1 RAPID 程序的组成及基本架构

RobotStudio 软件介绍

建立基本的 RAPID 程序

RAPID 程序基础知识

在 ABB 机器人编程中，RAPID 程序是由程序模块和系统模块组成，程序模块是用于构建机器人的程序，系统模块是用于系统方面的控制。编程时可以根据不同的用途创建多个程序模块，如专门用于主控制的程序模块，用于位置计算的程序模块，用于存放数据的程序模块，这样便于归类管理不同用途的例行程序与数据。

每一个程序模块包含了程序数据、例行程序、中断程序和功能四种对象，但在一个模块中不一定都有这四种对象，程序模块之间的数据、例行程序、中断程序和功能是可以互相调用的，如表 6-3 所示。

表 6-3 RAPID 程序的基本架构

| RAPID 程序 | | | |
|---|---|---|---|
| 程序模块 | | | 系统模块 |
| 程序模块(主模块) | 程序模块 1 | 程序模块 2 | |
| 程序数据 | 程序数据 | … | 程序数据 |
| 主程序 main | 例行程序 | … | 例行程序 |
| 例行程序 | 中断程序 | … | 中断程序 |
| 中断程序 | 功能 | … | 功能 |
| 功能 | — | … | — |

值得注意的是，机器人程序只允许存在一个主函数 main。主程序 main 是一个特别的例行程序，是机器人程序运行的起点，控制机器人程序的流程。所有的例行程序与数据无论存在哪个模块，全部被系统共享。除特殊定义外，所有例行程序与数据的名称必须是唯一的。

### 1. 查看及新建机器人模块信息

机器人的例行程序都隶属于某个程序模块，为了便于解读及方便使用，通常将机器人系统内编程时针对不同应用及功能的例行程序存放在一个模块内。使用机器人示教器可以进行机器人程序内部信息的查看。

在示教器的 ABB 菜单栏中选择“程序编辑器”按钮，进入查看机器人的模块与例行程序界面，如图 6-64 所示。单击“模块”按钮，可以显示出当前系统已经存在的模块信息，值得注意的是，除了用户自己编写的程序模块以外，所有 ABB 机器人都自带两个系统模块，即 user 模块和 BASE 模块（见图 6-65），根据机器人应用不同，有些机器人会配置相应的系统模块。建议不要对任何自动生成的系统模块进行修改。

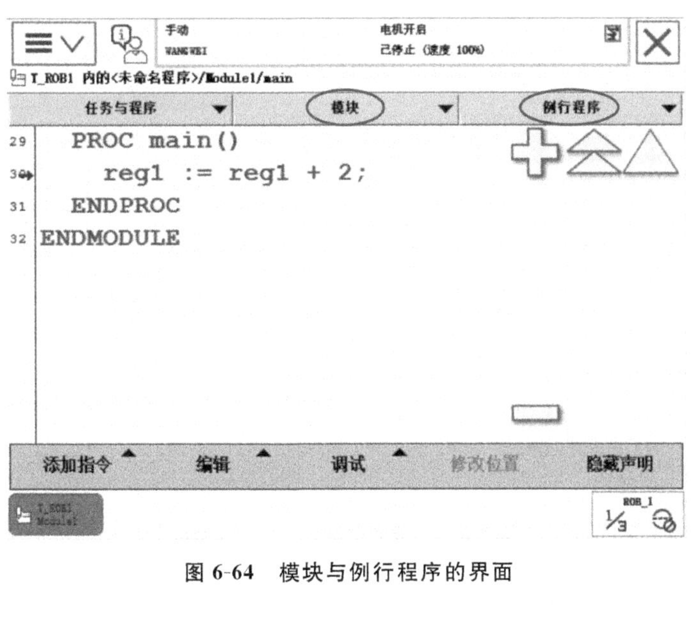


图 6-64　模块与例行程序的界面

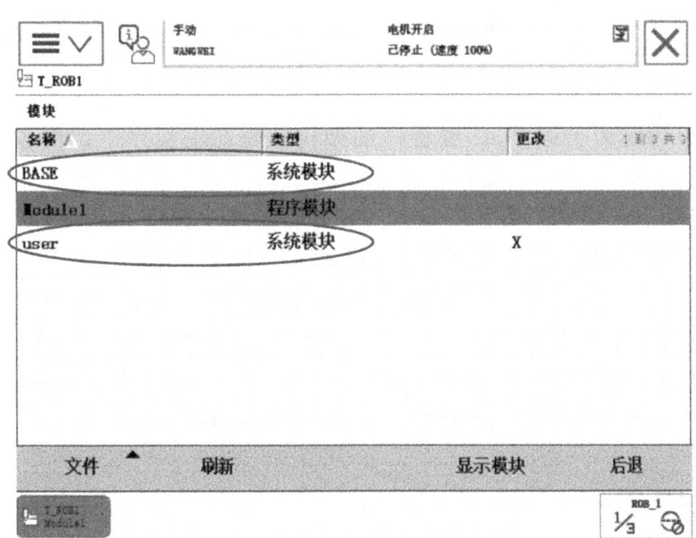


图 6-65　机器人自带的系统模块

可以建立自己需要的用户模块，选择“文件”→“新建模块”，系统会提示“添加新的模块后，您将丢失程序指针，是否继续？”，单击“是”按钮，继续创建模块，将模块名称由“Module2”更改为“MyModule”，类型选择“Program”，单击“确定”按钮，可以看到刚刚建立的“MyModule”出现在了模块列表中，如图 6-66 所示。

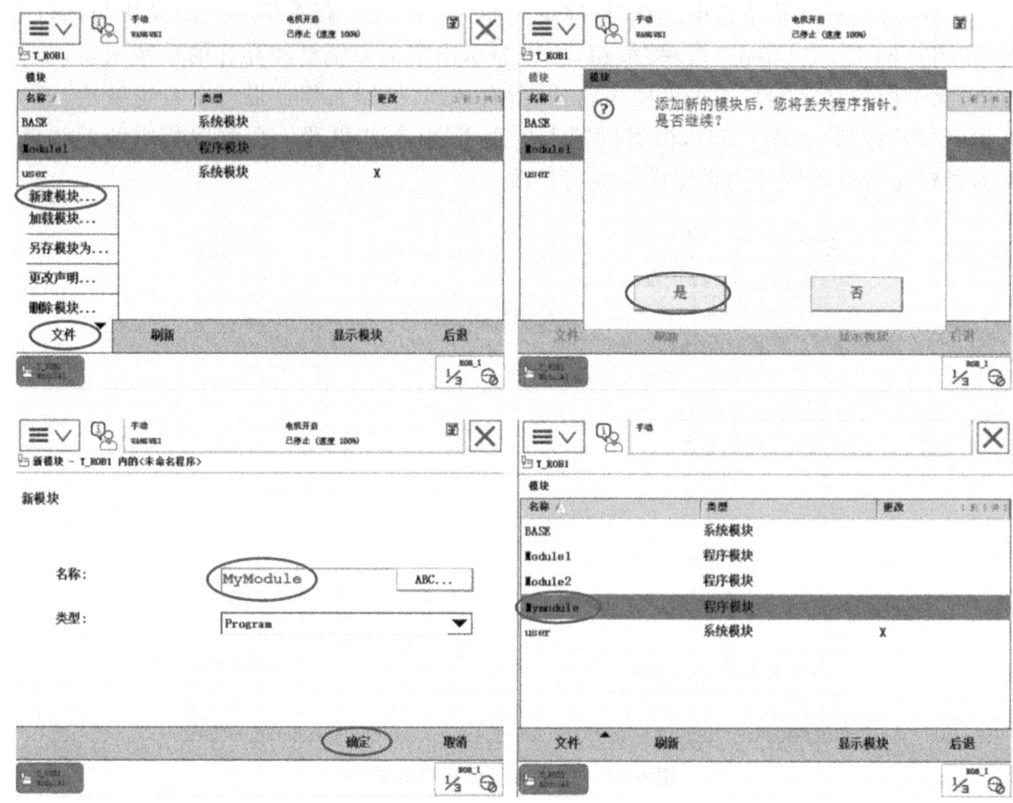


图 6-66　新建模块 MyModule

**2. 查看及新建例行程序**

例行程序可以理解为子程序，一般程序的架构就是在主程序中调用各个子程序来完成编程者需要完成的功能。在一个工作任务中可以有多个模块，每个模块中又可以有很多个例行程序，但是必须有一个例行程序是这个工作任务中的主程序 main。

添加例行程序的步骤为：在示教器的 ABB 菜单栏中选择“程序编辑器”，进入查看机器人的模块、例行程序信息界面。单击“例行程序”按钮，可以显示当前系统已经存在的例行程序信息，以及目前例行程序中仅有的主程序 main。单击“新建例行程序”按钮，设置初始化程序“initial”，单击“确定”按钮，例行程序建立完毕，如图 6-67 所示。在建立例行程序时，应按照程序功能分为多个例行程序，然后主程序 main 调用这些例行程序。

## 6.4.2　基本指令

机器人也已使用其特有的程序指令来进行编程，实现自动化生产线工位的工艺要求的运动路径轨迹。机器人在空间中的运动路径轨迹主要有关节运动、线性运动、圆弧运动、绝对位置运动等形式。

**1. 关节运动指令** MoveJ

关节运动指令是在对路径精度要求不高，运动空间范围相对较大，不易发生碰撞的情况

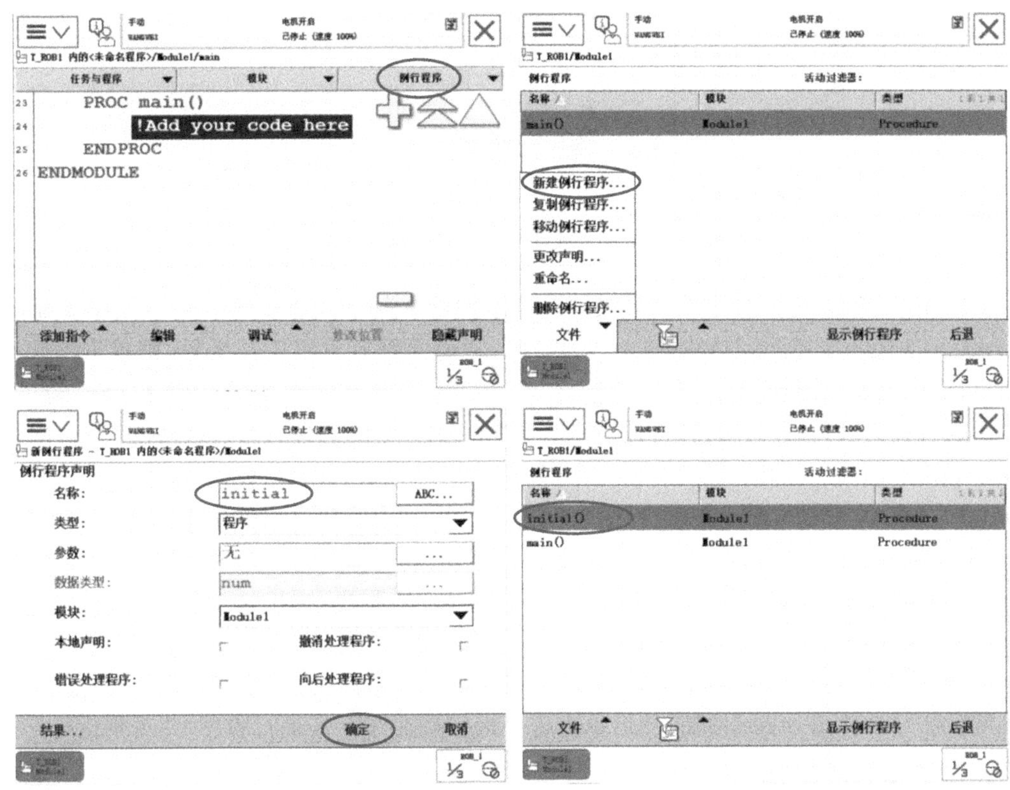

图 6-67 新建例行程序

下，机器人的工具中心点 TCP 从一个位置移动到另一个位置，两个位置之间的路径不一定是直线，但是可以避免机器人在运动过程中出现关节轴进入机械死点的问题。运动过程是以机器人觉得最“舒服”的路径运动，即以优化的轴姿态进行运动，如图 6-68 所示。

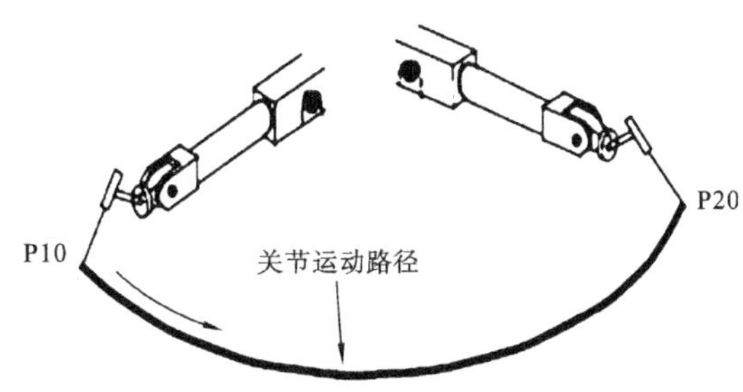


图 6-68 关节运动示意图

关节运动指令 MoveJ 指令格式如下：

MoveJ p10, v1000, z50, tool1 \ Wobj: = wobj1;

各参数含义如表 6-4 所示。

表 6-4 关节运动指令参数含义

| 指令参数 | 含义 | 说明 |
| --- | --- | --- |
| MoveJ | 关节运动指令 | 定义机器人的运动轨迹 |
| p10 | 目标点位置数据 | 定义机器人的 TCP 运动目标，可以在示教器中选择“修改位置”进行修改 |
| v1000 | 运动速度数据 | 定义速度，单位是 mm/s，一般最高限速为 5000 mm/s |

续表

| 指令参数 | 含　义 | 说　明 |
|---|---|---|
| z50 | 转弯区数据 | 定义转弯区的大小，单位是 mm，转弯区数值越大，机器人的运动路径就越圆滑与流畅 |
| tool1 | 工具坐标数据 | 定义当前指令使用的工具 |
| Wobj：＝wobj1 | 工件坐标数据 | 定义当前使用的工件坐标 |

如图 6-69 所示，进入程序编辑页面，单击“添加指令”按钮，选择“MoveJ”，程序界面出现“MoveJ ＊，v1000，z50，tool1\Wobj：＝wobj1；”，若前面没有设定工具坐标，则单击“MoveJ”按钮后，程序界面仅出现“MoveJ ＊，v1000，z50，tool1；”，选中程序中的“＊”并单击，选择“新建”，更改名称为“Phome”，单击“确定”按钮，将“Phome”点设定为机器人运动的起点，可以看到程序中原来的“＊”被替换为“Phome”点，显示为：“MoveJ Phome，v1000，z50，tool1\Wobj：＝wobj1；”，单击“修改位置”按钮将该位置存储下来，系统提示“此操作不可撤销，点击‘修改’以更改位置”，单击“修改”按钮，确认修改此位置。调至线性运动，将机器人姿态调整到曲线板一个角点上，在程序界面中，选中上一段 MoveJ 的程序，再次添加指令“MoveJ”，系统会提示新添加的这一段“MoveJ”是加在上一段“MoveJ”的上方还是下方，这里选择“下方”，并单击“确认”按钮，将新点的名称设置为“P10”点，单击“修改位置”按钮。设置完成后，依次单击“调试”“PP 移至 main”按钮，然后单击程序运行按钮“▶”来运行程序，并观察运行路径。

**2. 线性运动指令** MoveL

在切割、涂胶等典型应用中，机器人的运动轨迹是相对固定的直线轨迹，工作范围内的运动空间有限，运动路径精确度较高，运动轨迹要求精准。线性运动可以使机器人的工具中心点 TCP 从起点到终点之间的路线始终保持为直线，此指令使用在对路径要求较高的场合。图 6-70 为线性运动示意图。

线性运动的指令格式如下：

```
MoveL  P20,  v1000,  z50,  tool1\Wobj:=wobj1;
```

各参数含义如表 6-5 所示。

**表 6-5　直线运动指令参数含义**

| 指令参数 | 含　义 | 说　明 |
|---|---|---|
| MoveL | 直线运动指令 | 定义机器人的运动轨迹 |
| P20 | 目标点位置数据 | 定义机器人的 TCP 运动目标，可以在示教器中选择“修改位置”进行修改 |
| v1000 | 运动速度数据 | 定义速度，单位是 mm/s，一般最高限速为 5000 mm/s |
| z50 | 转弯区数据 | 定义转弯区的大小，单位是 mm，转弯区数值越大，机器人的运动路径就越圆滑与流畅 |
| tool1 | 工具坐标数据 | 定义当前指令使用的工具 |
| Wobj：＝wobj1 | 工件坐标数据 | 定义当前使用的工件坐标 |

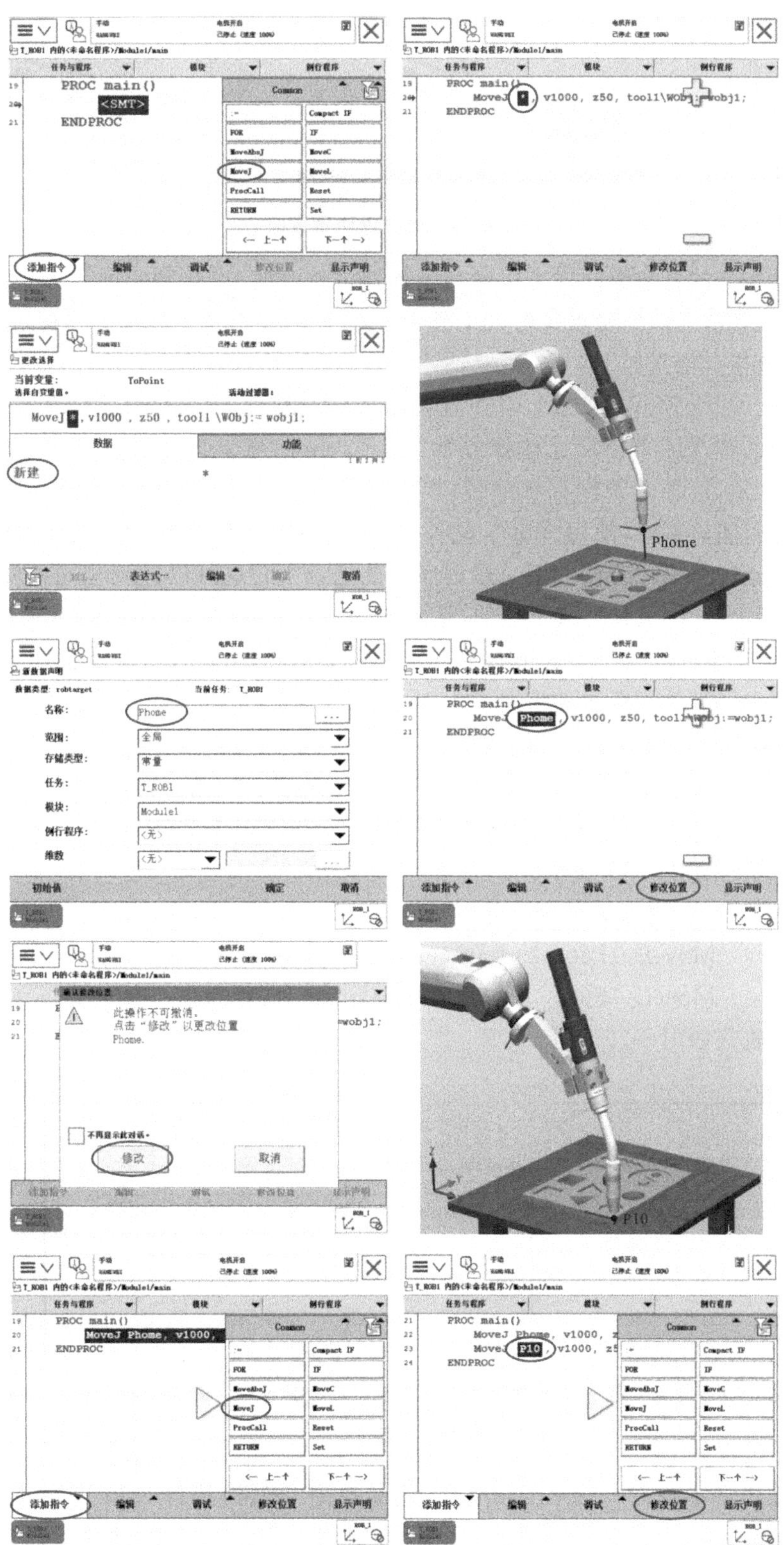

图 6-69　设定“MoveJ”指令过程

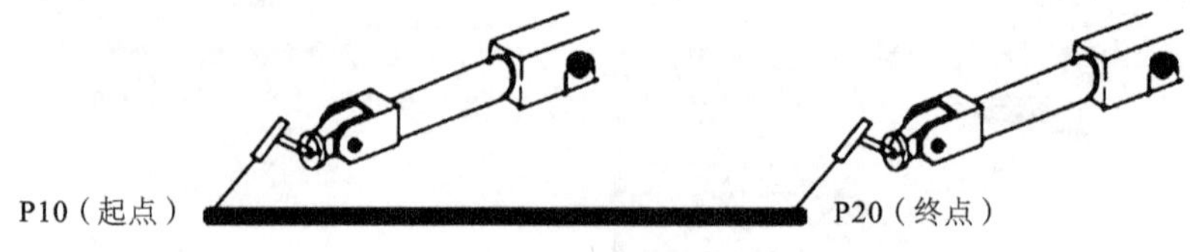


图 6-70　线性运动示意图

线性运动指令的各参数同样可以通过示教器进行修改，以达到实际生产中的工艺要求。在实际生产中，经常会遇到要求机器人工具中心点 TCP 完全达到指定的目标点，而不产生转弯半径尺寸，该指令格式如下：

MoveL P20, v1000, fine, tool1\Wobj:=wobj1;

此指令中的转弯区半径尺寸选择参数“fine”，“fine”指工具中心点 TCP 在达到目标点时，其速度将为零，机器人动作有所停顿，然后再向下一目标点运动。如果一段路径的最后一个点或者是封闭轨迹时，使用“fine”，此外“fine”还有阻止程序预读的功能，即程序只有把本段程序全部运行完毕才会读取下一段程序。此处用“z0”也可以达到相同的转弯半径近似为零功能（实际上 z0 也是有转弯半径的，系统预定义 z0 的转弯半径为 0.3 mm），但是程序会预读下面几行，若下面几行的程序有涉及信号控制，如“Set do_01”，可能会产生机器人还没有运动到位，“do_01”就被置 1 的情况发生。

若起点为 P10 点，编写如下两段程序：

```
MoveL  P20,  v1000,  z50,  tool1\Wobj:=wobj1;
MoveL  P30,  v1000,  z50,  tool1\Wobj:=wobj1;
```

实际走的轨迹如图 6-71 所示。

若起点为 P10 点，编写如下两段程序：

```
MoveL  P20,  v1000,  fine,  tool1\Wobj:=wobj1;
MoveL  P30,  v1000,  fine,  tool1\Wobj:=wobj1;
```

实际走的轨迹如图 6-72 所示。

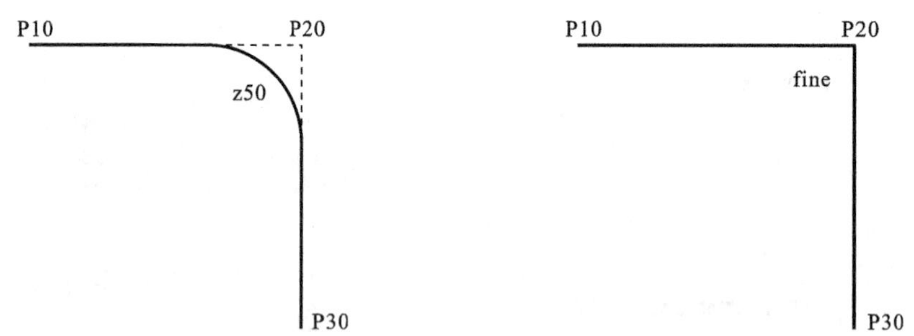


图 6-71　转弯半径 z50 示意图　　图 6-72　转弯半径 fine 示意图

具体设定过程如下：

在程序段中选中最后一条程序，单击“添加指令”按钮，选择“MoveL”，系统自动出现“MoveL P20,v1000,z50,tool1\Wobj:=wobj1;”选中“z50”并单击，选择“fine”，并单击“确定”按钮，用线性运动将 P20 点移动到目标点，选中“P20”，单击“修改位置”按钮即可，如图

6-73 所示。

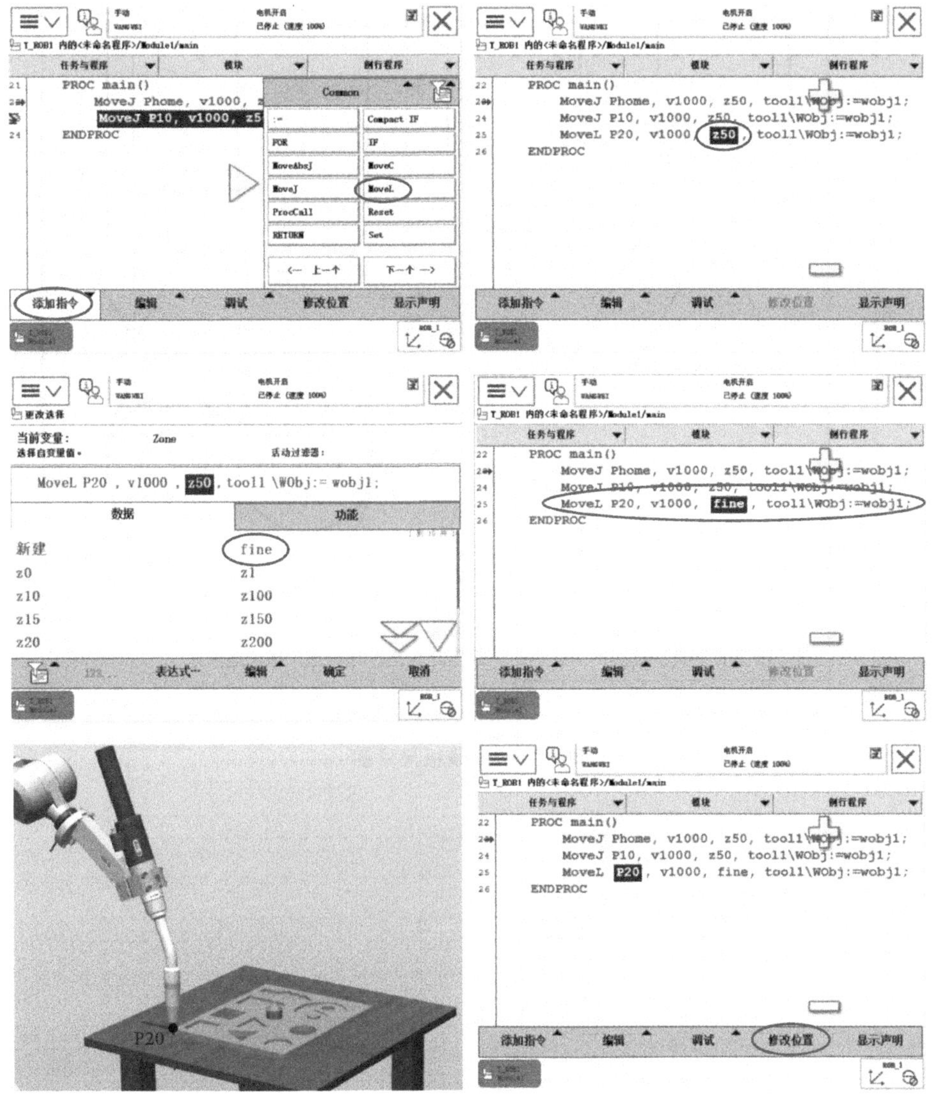


图 6-73 线性运动指令 MoveL 的设定

P20 点也可以由 P10 点偏移产生，偏移的指令为“offs(〈EXP〉,〈EXP〉,〈EXP〉,〈EXP〉)”，第一个“EXP”为偏移对象，表示在谁的基础上偏移；第二个“EXP”为沿 *X* 方向的偏移值，单位为 mm；第三个“EXP”为沿 *Y* 方向的偏移值；第四个“EXP”为沿 *Z* 方向的偏移值；曲线板的尺寸如图 6-74 所示，可知 P10 点至 P20 点的距离为 250 mm，所以以 P10 点为基础，P20 点 *X* 方向偏移量为 −250 mm，*Y* 方向的偏移量为 0 mm，*Z* 方向的偏移量也为 0 mm，所以偏移指令为：offs(P10, −250, 0,0)，如图 6-75 所示。

具体设定过程如下：

在程序段“MoveL P20,v1000,fine,z50,tool1\Wobj:=wobj1;”选中“P20”并单击，选择“功能”→“offs”，选择第一个“EXP”，单击 P10，即在 P10 点的基础上进行偏移，选中第二个

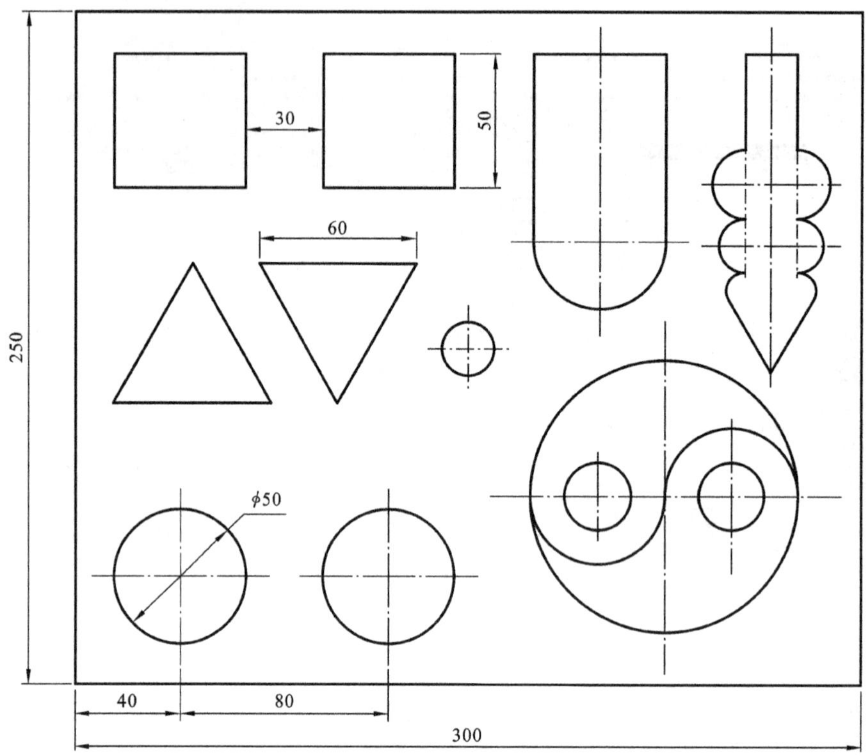


图 6-74　曲线板尺寸图

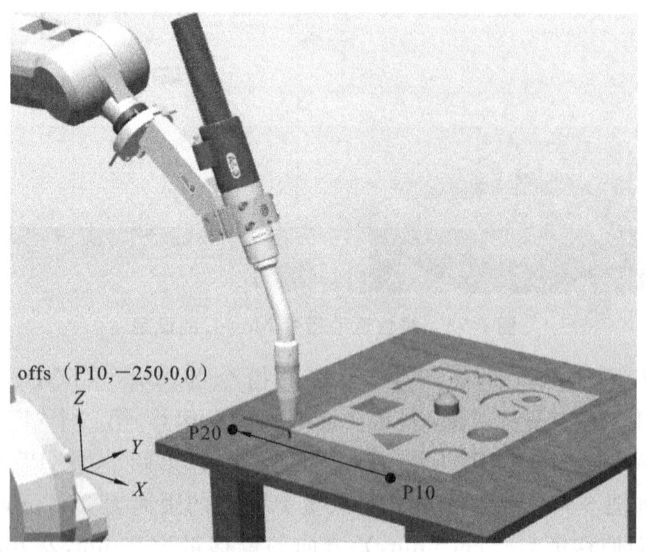


图 6-75　指令偏移 offs

"EXP",选择"编辑"→"仅限选定内容",将沿 $X$ 方向的偏移量改为"−250",按相同的方式,将 $Y$ 方向、$Z$ 方向的值均改为"0",程序段中,原程序就变为:"MoveL offs(P10, −250, 0, 0),v1000,fine,tool1\Wobj:=wobj1;"(见图 6-76)。

图 6-76 用偏移方式设定 MoveL

**3. 圆弧指令** MoveC

圆弧路径是在机器人可达到的空间范围内定义三个位置点，第一个点是圆弧的起点，第二个点用于圆弧的曲率，第三个点是圆弧的终点，如图 6-77 所示。

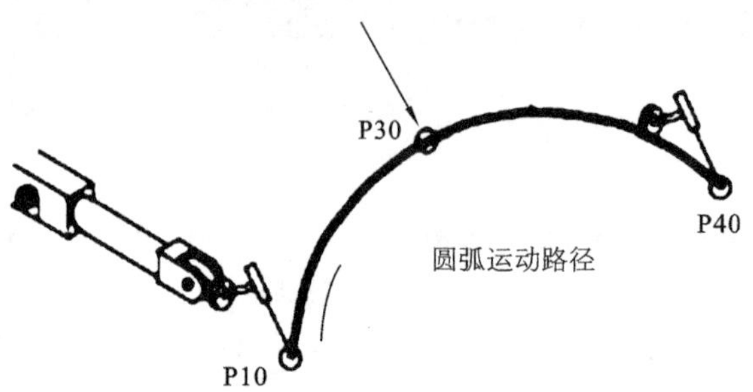


图 6-77 圆弧运动示意图

圆弧运动指令用于将机器人的工具中心点 TCP 沿圆弧运动至目标点，运动路径为圆弧线的轨迹，圆弧运动指令的格式如下：

MoveL P10, v1000, z0, tool1\Wobj:=wobj1

MoveC P30, p40, v1000, z0, tool1\Wobj:=wobj1

各参数含义如表 6-6 所示。

表 6-6 圆弧运动指令参数含义

| 指令参数 | 含义 | 说明 |
| --- | --- | --- |
| MoveC | 圆弧运动指令 | 定义机器人的运动轨迹 |
| P10 | 目标点位置数据 | 定义机器人的 TCP 运动目标，可以在示教器中选择“修改位置”进行修改 |
| P30 | 目标点位置数据 | P30 为圆弧上的一点，可以在示教器中选择“修改位置”进行修改 |
| P40 | 目标点位置数据 | P40 为圆弧上的终点，可以在示教器中选择“修改位置”进行修改 |
| v1000 | 运动速度数据 | 定义速度，单位是 mm/s，一般最高限速为 5000 mm/s |
| z0 | 转弯区数据 | 定义转弯区的大小，单位是 mm，转弯区数值越大，机器人的运动路径就越圆滑与流畅 |
| tool1 | 工具坐标数据 | 定义当前指令使用的工具 |
| Wobj:=wobj1 | 工件坐标数据 | 定义当前使用的工件坐标 |

圆弧运动指令的各参数同样可以通过示教器进行修改，以达到实际生产中的工艺要求。由于圆弧运动轨迹点起点不在圆弧指令当中，经常会遇到圆弧的运动轨迹不是单独的一段，而是由多段圆弧组成，需要进行连续的圆弧运动，那么第二段圆弧的起点和上一段圆弧的终点就是同一个点，如图 6-78 所示。

可以用两种编程方式实现：① 用示教目标点的方式（见图 6-79）；② 偏移的方式（见图6-80）。

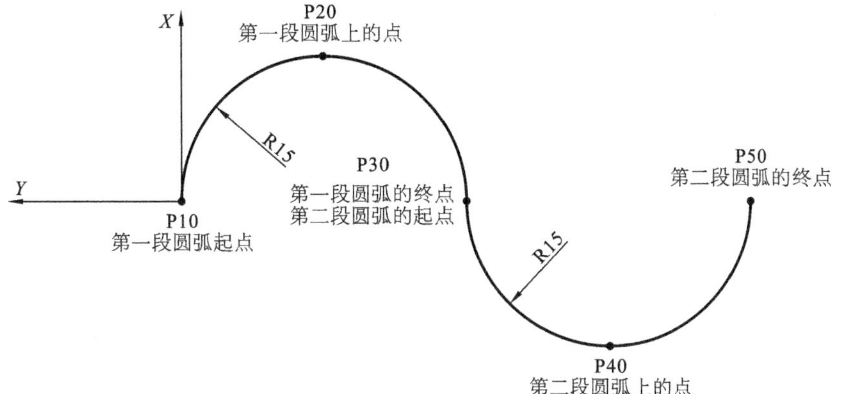


图 6-78 两节圆弧连接

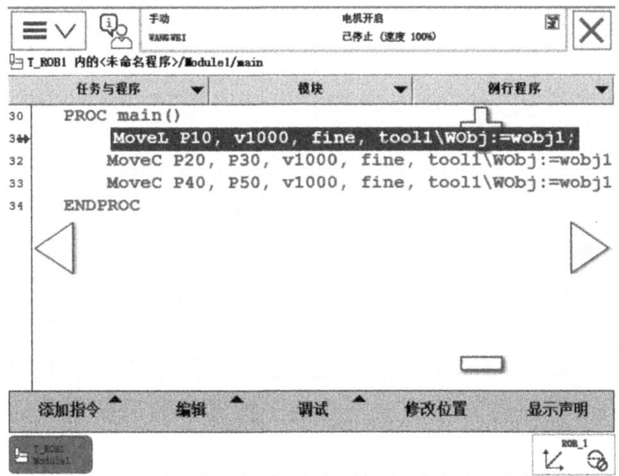


图 6-79 示教目标点方式对两节圆弧连接编程

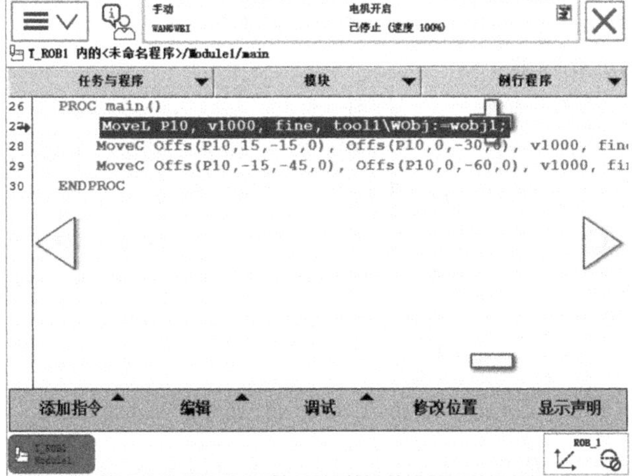


图 6-80 用偏移的方式对两节圆弧连接编程

#### 4. 绝对运动指令 MoveAbsj

绝对运动指令是机器人的运动使用六个轴和外轴的角度值来定义目标位置数据。使用此指令时要求注意机器人各轴的可能运动轨迹，避免发生碰撞。常使用绝对运动指令使机器人的六个轴从当前位置回到机械零点(0°)的位置。

绝对运动的指令格式为：

```
MoveAbsj    *\NoEoffs,v1000,z50,tool1\Wobj:=wobj1
```

各参数含义如表 6-7 所示。

**表 6-7　绝对运动指令参数含义**

| 指令参数 | 含　义 | 说　明 |
| --- | --- | --- |
| MoveAbsj | 绝对运动指令 | 定义机器人的运动轨迹 |
| * | 目标点位置数据 | 定义机器人的 TCP 运动目标，可以在示教器中选择“修改位置”进行修改 |
| \NoEoffs | 外轴不带偏移数据 | |
| v1000 | 运动速度数据 | 定义速度，单位是 mm/s，一般最高限速为 5000 mm/s |
| z50 | 转弯区数据 | 定义转弯区的大小，单位是 mm，转弯区数值越大，机器人的运动路径就越圆滑与流畅 |
| tool1 | 工具坐标数据 | 定义当前指令使用的工具 |
| Wobj:=wobj1 | 工件坐标数据 | 定义当前使用的工件坐标 |

绝对运动指令的各参数也可以通过示教器进行修改，以达到实际生产中的要求。在实际生产中，经常会遇到要求机器人各轴从当前某一位置回到机械零点(0°)的位置，其格式指令如下：

```
PERS jointtarget jpos10:=[[0,0,0,0,0,0],[9E+9, 9E+9, 9E+9, 9E+9, 9E+9, 9E+9]];
MoveAbsJ  jpos10,v1000,z50,tool1\Wobj:=wobj1;
```

绝对运动指令设定过程如下：

在程序编辑模块，单击“添加指令”按钮，选择“MoveAbsJ”，选中“ * ”号单击，选择“新建”，建立一个“jpos10”的 jointtarget 型数据，单击“确定”按钮。在程序模块选择“调试”→“查看值”，“rax_1”到“rax_6”的值分别为机器人的轴 1 到轴 6 当前角度，单击各角度值，将“rax_1”到“rax_6”的值全部改为 0°，单击“确定”按钮，单击示教器上程序运行按钮“”，如图 6-81 所示。这样就实现了各轴快速调零，快速用程序回原点，而不用对刻线回原点，该方法也可以实现各轴期望的角度及姿态调整，如“rax_1”到“rax_4”及“rax_6”均设定为 0°，“rax_5”设定为 30°等。

#### 5. 赋值指令“:=”

赋值指令“:=”用于对程序数据进行赋值，赋值可以是一个常量或数学表达式，其使用方法在本节“关节运动指令 MoveJ”中已经涉及，此处不再赘述。

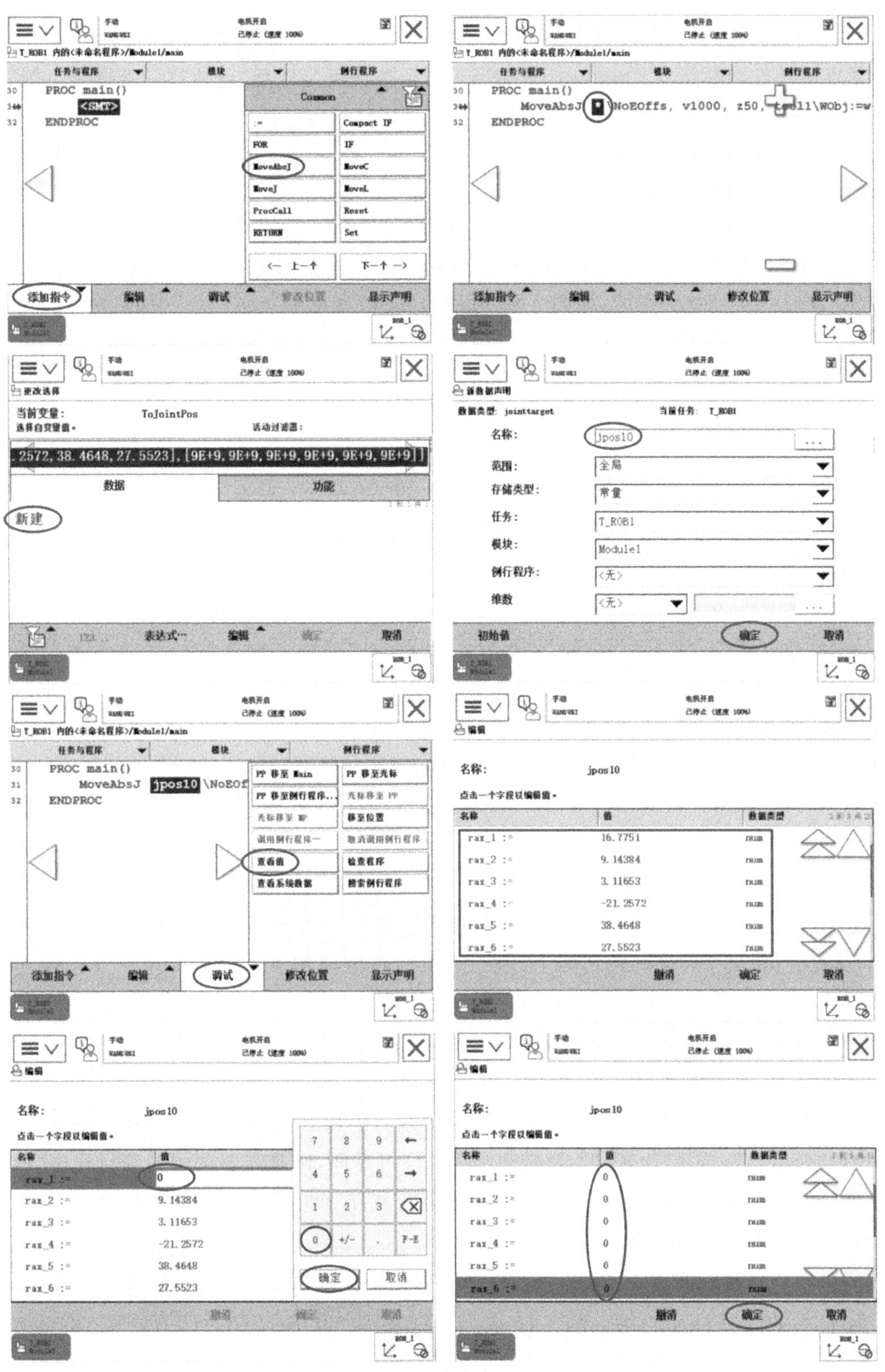


图 6-81 绝对运动指令的设定方法

**6. Compact IF 紧凑型条件判断指令**

紧凑型条件判断指令 Compact IF 相当于一个条件满足以后，就执行一条指令。例如，如果 reg1 的值为 5 时，则计数 count 被置 1。

打开程序编辑器，依次单击“添加指令”按钮、“Common”上方的三角形“▲”，选择“Prog. Flow”，选择添加指令“Compact IF”，进入“Compact IF”指令参数编辑页面。依次单击“Compact IF”语句行中的参数进行设置，单击“〈EXP〉”，输入“reg1＝5”；单击“〈SMT〉”，选择赋值指令“:＝”；选中“〈VAR〉”，单击“新建”，新建一个名为“Count”的 num 型数据，设置为“IF reg1＝5 Count:＝1”，如图 6-82 所示。注意：这里的“reg1＝5”中的“＝”与“Count:＝1”中的“:＝”表示的含义不同，“＝”表示判断是否相等，“:＝”表示赋值，不管“Count”以前是多少，如果条件满足的话，“Count”的值就为 1。

**7. IF 条件判断指令**

IF 条件判断指令，就是根据不同的条件去执行不同的指令。条件判断的数量可以根据实际情况进行增加或减少。

例如，数字型变量 num1 为 1，则执行 flag1 赋值为 TRUE，num1 为 2，则执行 flag1 赋值为 FALSE。

打开程序编辑器，单击“添加指令”按钮，选择“Common”下的“IF”指令，单击“EXP”，选择“num1”（如果没有，则单击“新建”，建立一个“num1”的数字型变量）。点击“✚”，选择等号“＝”，单击“〈EXP〉”，选择“编辑”→“仅限选定内容”，将“〈EXP〉”改为 1，单击“确定”按钮；单击〈SMT〉，选择“:＝”，单击“更改数据类型…”按钮，将数据类型由“num”换成“bool”型，编辑程序“flag1:＝TRUE;”，将前面整段“IF num1＝1 THEN flag1:＝TRUE”语句选中，双击，单击“添加 ELSEIF”按钮，单击“确定”按钮，则添加程序“ELSEIF num1＝2 THEN flag1:＝FALSE;”，如图 6-83 所示。

**8. WHILE 条件判断指令**

WHILE 条件判断指令，适用于在给定条件满足的情况下，一直重复执行对应的指令。例如，当满足 num1＞ num2 的情况下，就一直执行赋值语句 num1:＝num1－1 的操作。选择“common”，单击“下一个”按钮，翻到“common”的第二页，单击“while”，单击“〈EXP〉”，单击“更改数据类型…”按钮，将“bool”型数据改为“num”型数据，如图 6-84 所示。

**9. ProCall 调用例行程序**

在主程序中，常常会调用各个例行程序，这时就会用到 ProCall 来进行调用。单击 main 主程序中的“〈SMT〉”，选择“ProCall”，跳转到子程序调用界面，选择需要调用的例行程序“Fang”，单击“确定”按钮，可以看到例行程序“Fang”就插入主程序“main”中了，如图 6-85 所示。

**10. FOR 重复执行指令**

FOR 重复执行判断指令，是用于一个或多个指令需要重复执行数次的情况。例如，当满足某条件时，执行“Fang”的例行程序 10 次，编写程序为“FOR i FROM 1 TO 10 DO Fang;”，编写程序时“Fang”指令用“ProCall”指令调用，“Fang”内的子程序大家可以自己编写，如图 6-86所示。

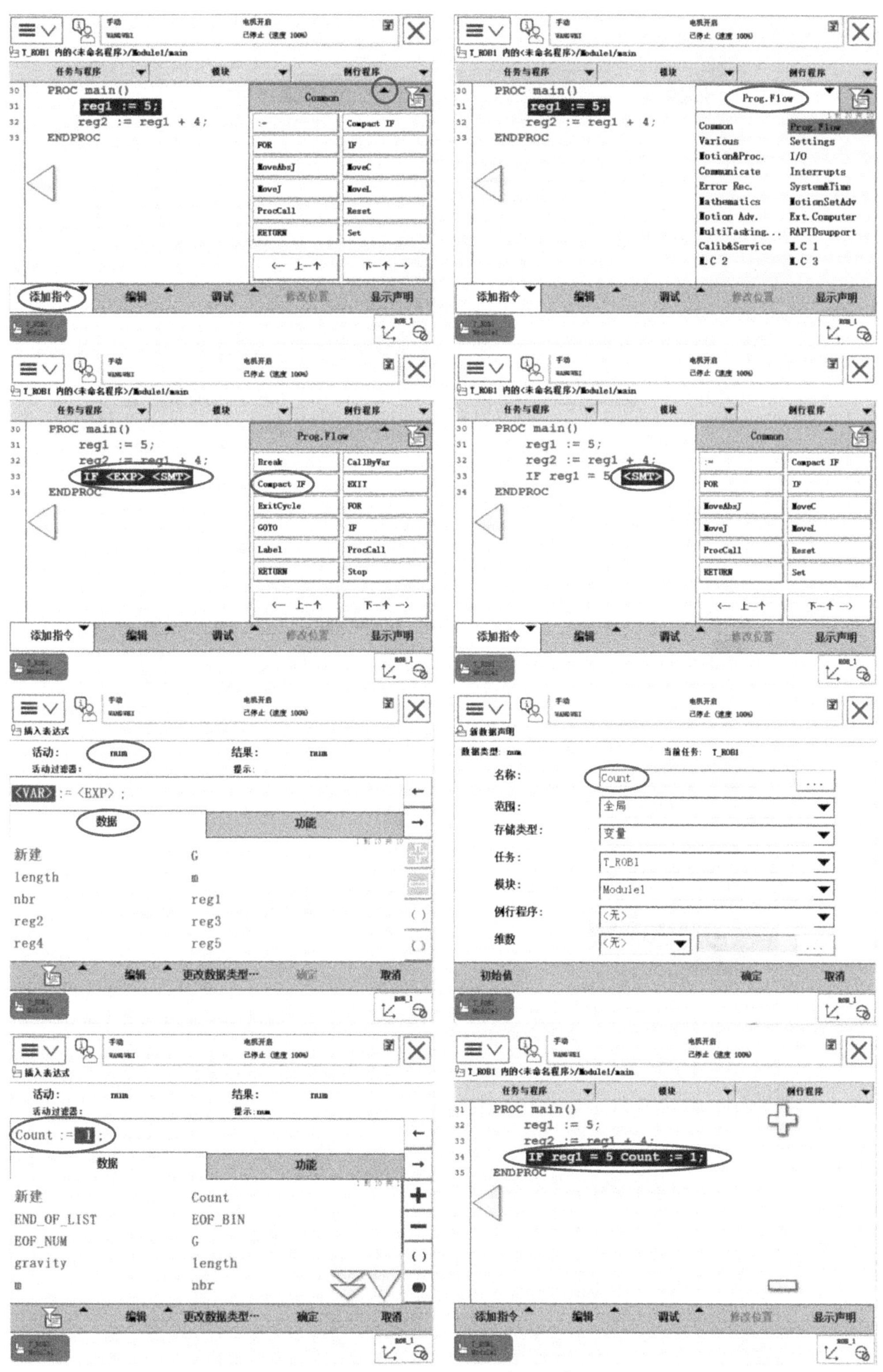


图 6-82　Compact IF 应用示例

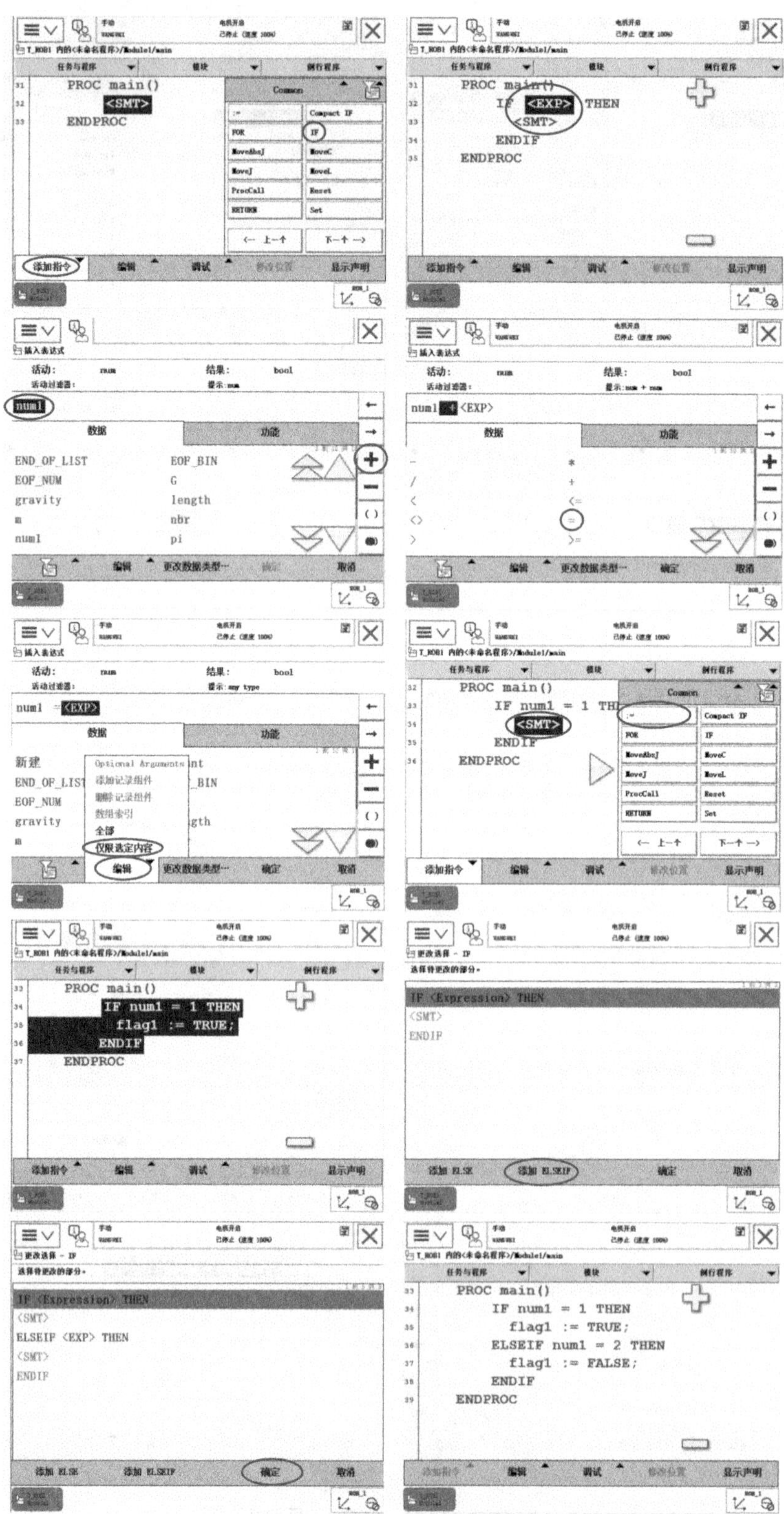


图 6-83 IF 条件判断应用示例

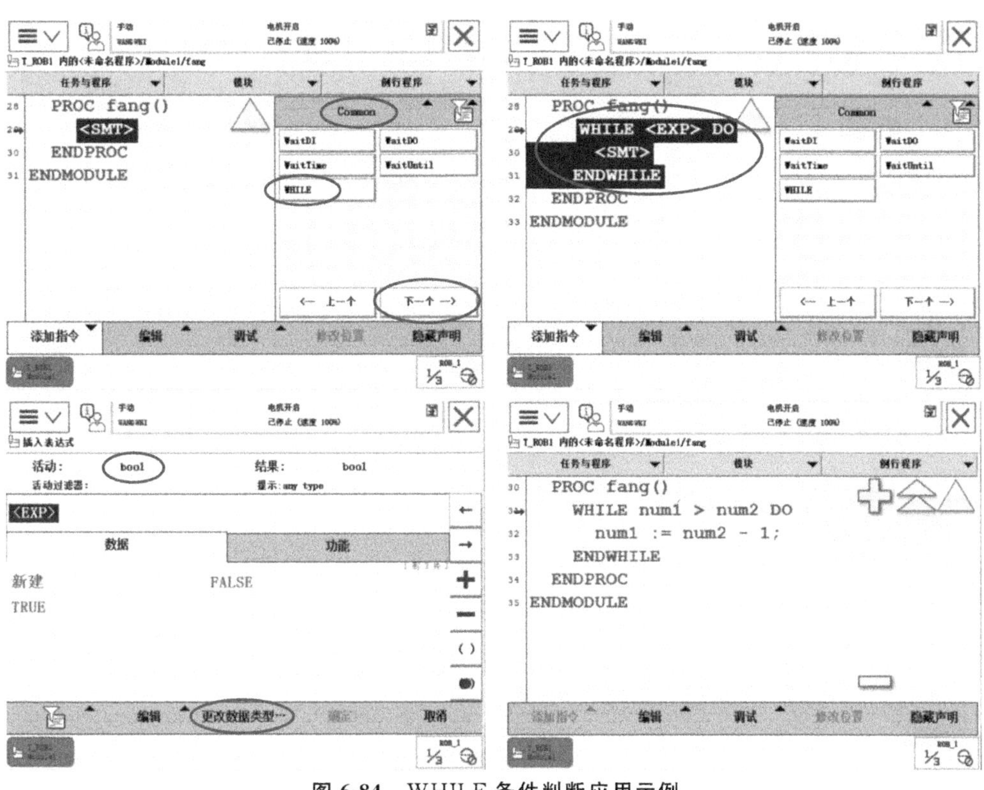


图 6-84　WHILE 条件判断应用示例

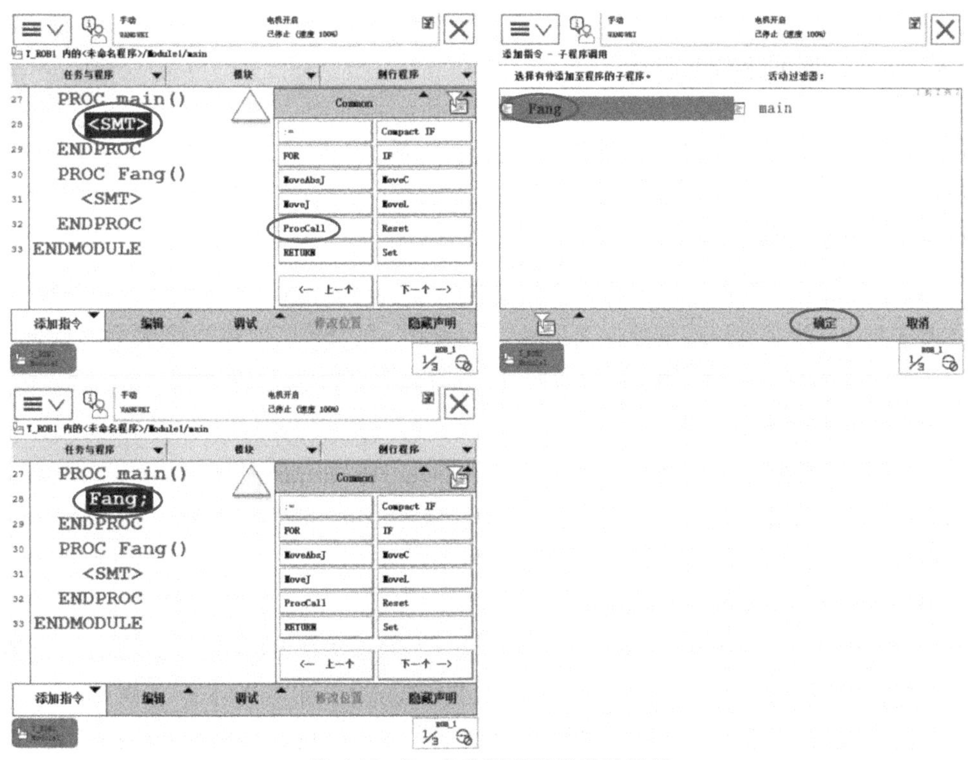


图 6-85　ProCall 程序调用应用示例

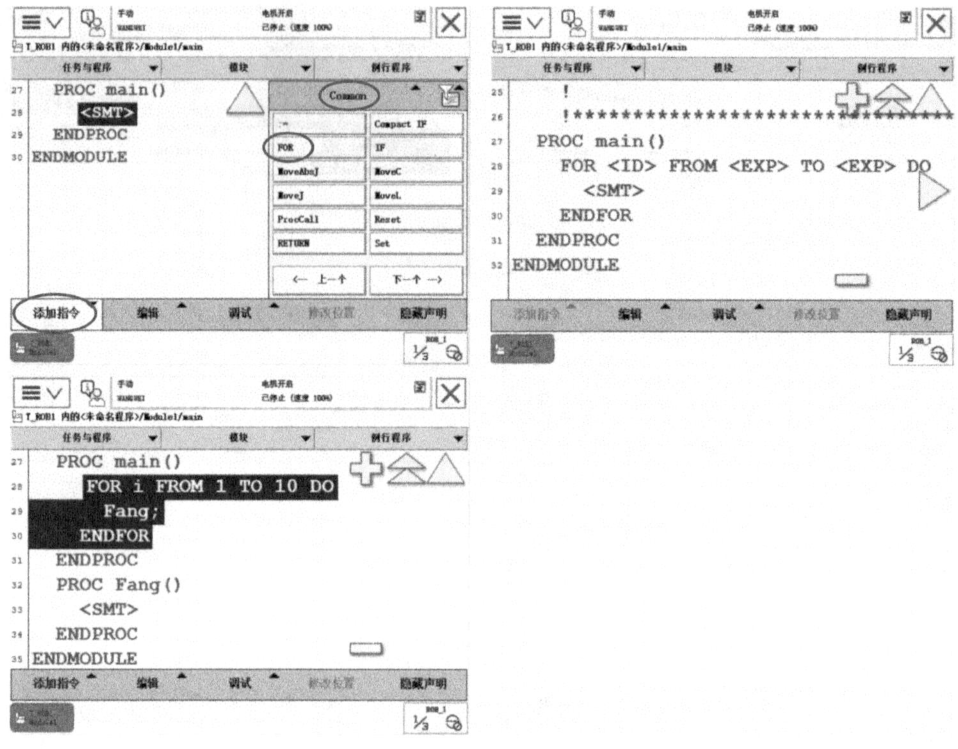


图 6-86 For 重复执行应用示例

## 6.4.3 I/O 信号控制指令

ABB 工业机器人工件坐标的设定

I/O 信号控制指令用于控制 I/O 信号，以达到与机器人周边设备进行通信的目的。

**1. Set 数字信号置位指令**

Set 数字量信号置位指令用于将数字量输出(Digital Output)置位为“1”，对于数字量输入信号无法置 1。数字量信号的数据类型为“signaldi”，在“SET”时需找该类型的数据，选定被置 1 的数字量输出后，单击“确定”按钮即可，如图 6-87 所示。

**2. Reset 数字信号复位指令**

Reset 数字信号复位指令用于将数字量输出(Digital Output)复位为“0”。如果在 Set、Reset 指令前有运动指令 MoveJ、MoveL、MoveC、MoveAbsj 的转弯区数据，必须使用 fine 才可以准确地输出 I/O 信号状态的变化，如图 6-88 所示。

**3. WaitDI 数字输入信号判断指令**

WaitDI 数字输入信号判断指令用于判断数字输入信号的值是否与目标一致，如图 6-89 所示。

在上面例子中，程序执行此指令时，等待 di01 的值为 1。如果 di01 为 1，则程序继续往下执行；如果到达最大等待时间 300 s(此时间可根据实际进行设定)以后，di01 的值还不为 1，则机器人报警或进入出错处理程序。

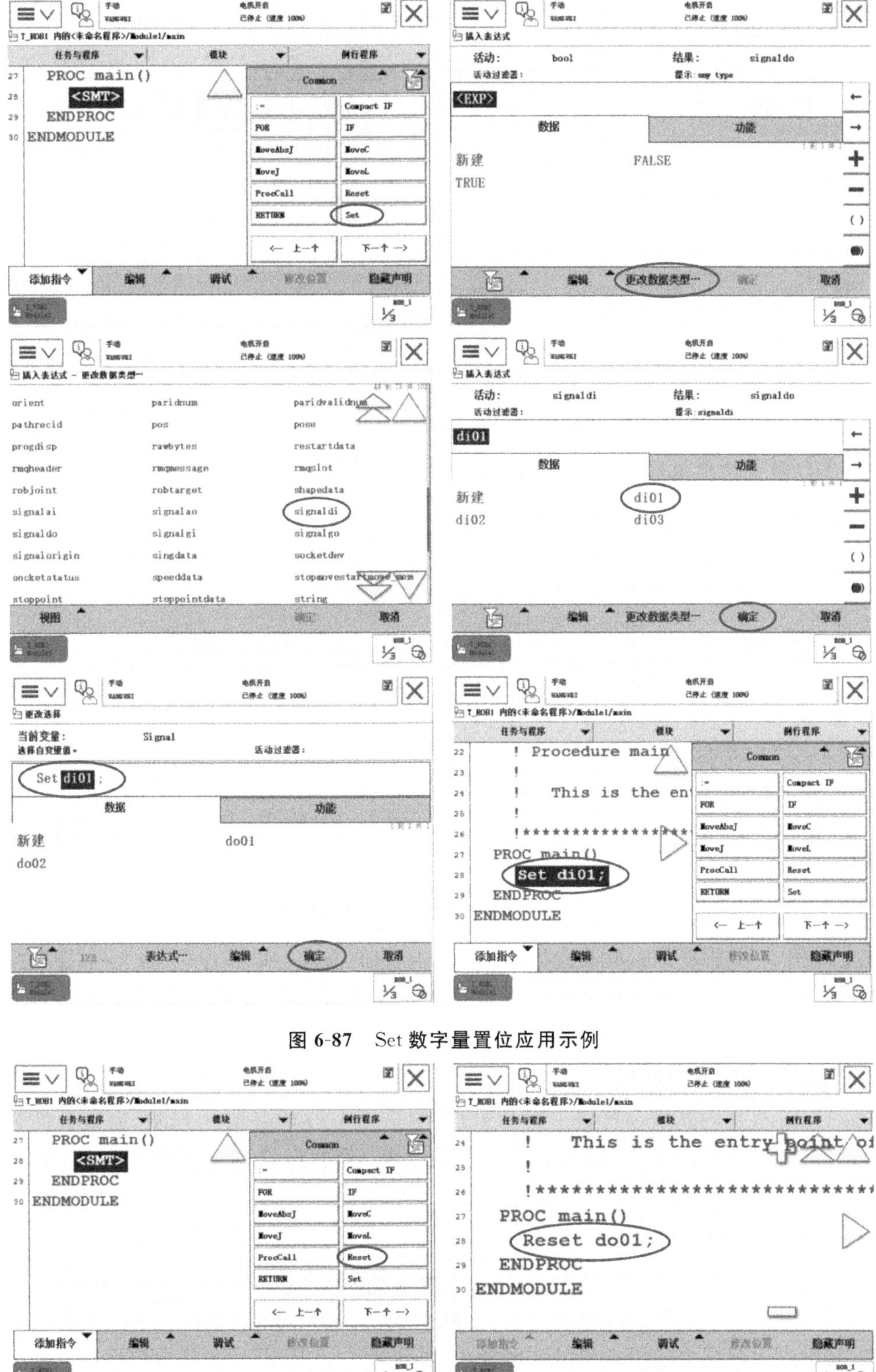


图 6-87 Set 数字量置位应用示例

图 6-88 Reset 数字量复位应用示例

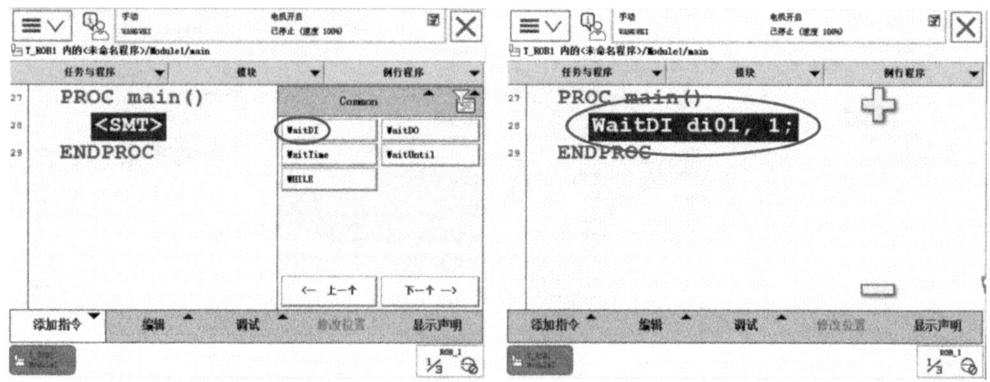


图 6-89　WaitDI 数字输入信号判断指令应用示例

**4. WaitDO 数字输出信号判断指令**

WaitDO 数字输出信号判断指令用于判断数字输出信号的值是否与目标一致，如图 6-90 所示。

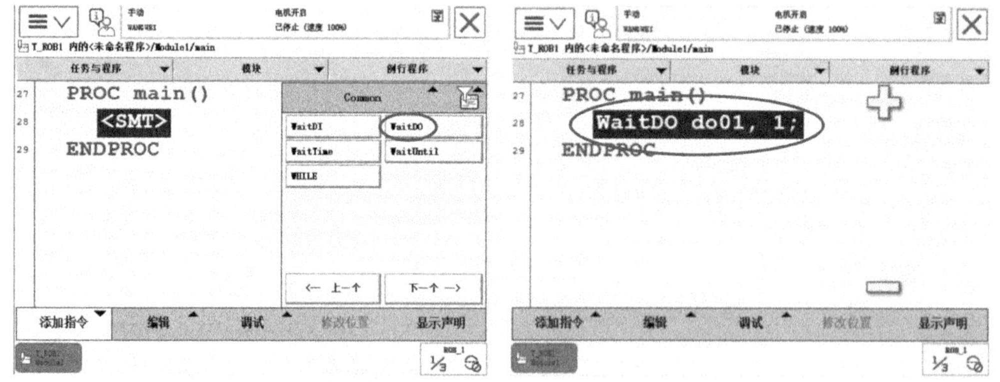


图 6-90　WaitDO 数字输出信号判断指令应用示例

在上面例子中，程序执行此指令时，等待 do01 的值为 1。如果 do01 为 1，则程序继续往下执行；如果到达最大等待时间 300 s（此时间可根据实际进行设定）以后，do01 的值还不为 1，则机器人报警或进入出错处理程序。

**5. WaitUntil 信号判断指令**

WaitUntil 信号判断指令可用于布尔量、数字量和 I/O 信号值的判断，如果条件到达指令中的设定值，程序继续往下执行，否则就一直等待，除非设定了最大等待时间，如图 6-91 所示。

**6. WaitTime 等待时间指令**

WaitTime 指令用于设定等待时间，后面的数字常量表示等待时长，单位为秒，如示例程序中，“WaitTime 5;”表示等待时长 5 s，示例中“Set do01; WaitTime 5; Reset do01; WaitTime 5;”，可以实现某个输出信号的间断输出，如灯亮 5 s，灭 5 s。若将该程序写入一个子程序，在主程序中重复调用，即可实现灯泡闪烁指令。等待时长也可以用变量，如示例中“WaitTime reg2;”，等待时长即为“reg2”中存储的变量值，如图 6-92 所示。

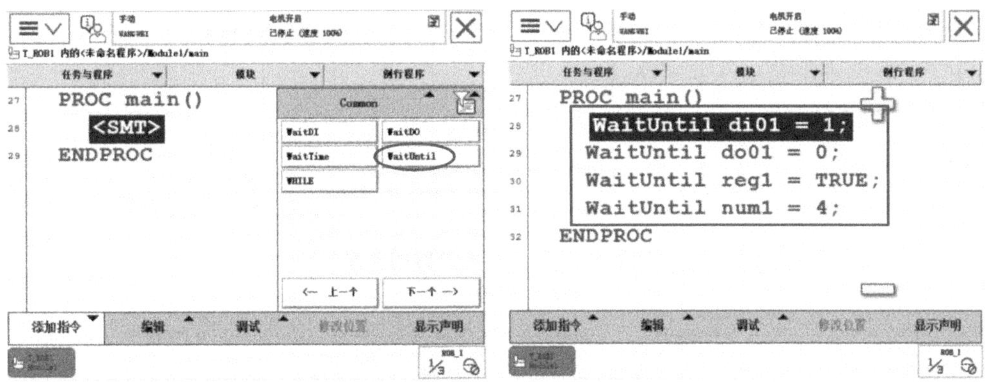


图 6-91 WaitUntil 信号判断指令应用示例

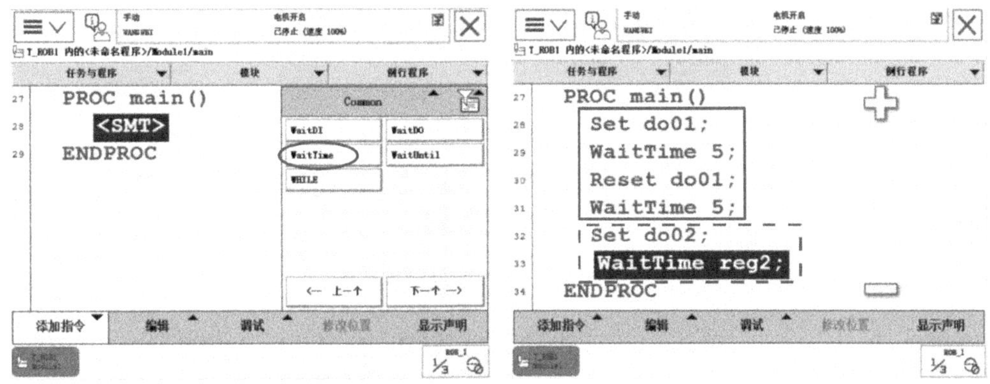


图 6-92 WaitTime 等待时长应用示例

## 6.4.4 运动设定

ABB 机器人常用运动指令

### 1. AccSet 加速度设定

加速度设定格式如下：

AccSet Acc,Ramp

其中，“Acc”的数据类型为 num，表达的含义为：加速度和减速度占正常值的百分比。100%相当于最大加速度，最大值为 100%。输入值小于 20 时，按最大加速度的 20%进行计算。“Ramp”的数据类型为 num，表达的含义为：加速度和减速度增加的速率占正常值的百分比，通过降低该值，可限制顿挫，100%相当于最大速率，最大值为 100%，输入值小于 10 时，按最大速率的 10%进行计算，如图 6-93 所示。AccSet 指令在“Settings”中，如图 6-94 所示。

### 2. VelSet 速度设定

VelSet 用于增加或减少所有后续定位指令的编程速率。该执行同时用于使速率最大化。该指令仅可用于主任务 T_ROB1。如果在 MultiMove 系统中，则可用于运动任务中，如图 6-95 所示。

速度设定格式如下：

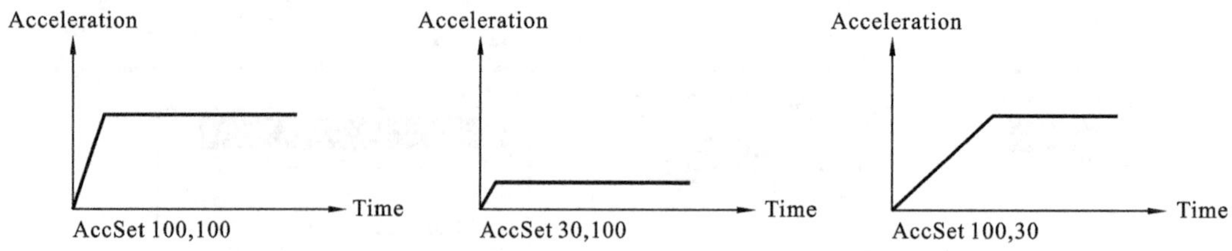


图 6-93　AccSet 各参数的含义

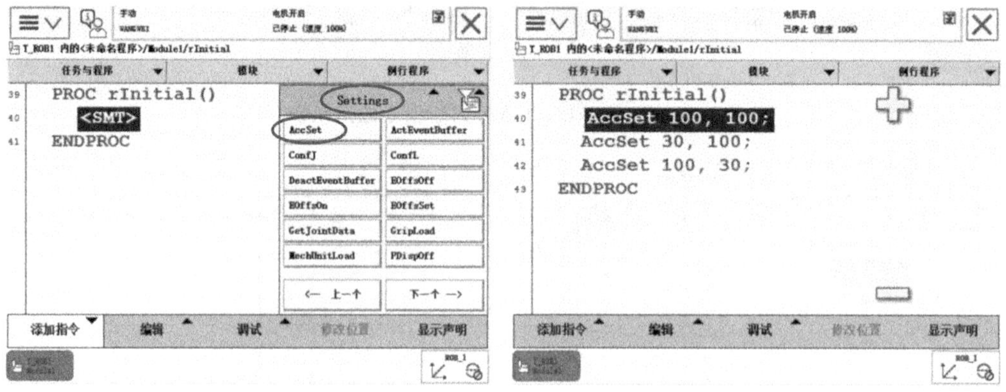


图 6-94　AccSet 加速度设定示例

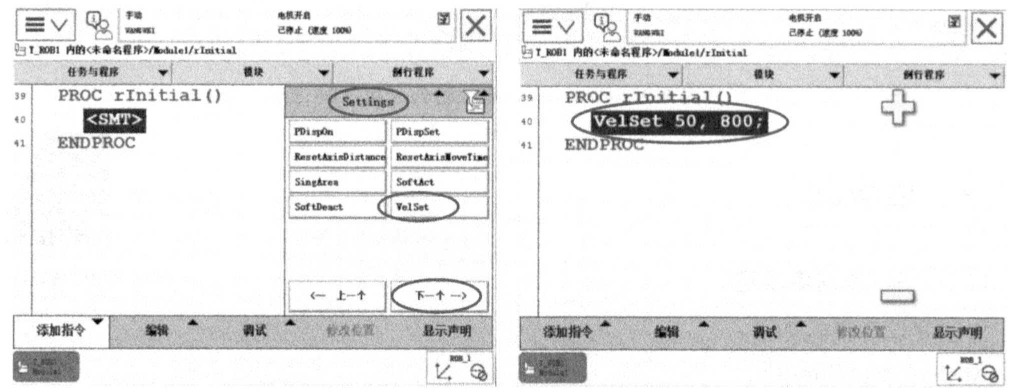


图 6-95　VelSet 速度设定示例

VelSet Override，Max

其中，“Override”的数据类型为 num，表达的含义为：所需速率占编程速率的百分比，100％相当于编程速率，最大值为 100％。“Max”的数据类型为 num，表示的含义为：最大 TCP 速率，单位为 mm/s。

程序执行 VelSet 的过程中，所有后续定位指令的编程速率受到影响，直至执行新的 VelSet 指令出现。

Override 和 Max 的默认值分别为 100％和 vmax. v_tcp mm/s。当使用重启模式重置 RAPID 或载入一段新程序或从起点开始执行程序时，此类值会自动设置。

VelSet 50，800；

表示将所有的编程速率降至指令中值的 50%，不允许 TCP 速率超过 800 mm/s。

有如下程序段：

```
VelSet 50, 800;
MoveL P1, v1000, z10, tool1;
MoveL P2, v2000, z10, tool1;
MoveL P3, v1000\T:=5, z10, tool1;
```

点 P1 的速度为 500 mm/s，即按 v1000 的 50%走轨迹，该轨迹速度并未超过最高限速 800 mm/s；点 P2 的速度为 800 mm/s，即按 v2000 的 50%(1000 mm/s)走轨迹，该轨迹速度已经超过最高限速 800 mm/s，最终只能按 800 mm/s 走轨迹；从 P2 移动至 P3 需耗时 10 s，即若按 v1000 的速度走轨迹，需要 5 s，现在实际速度仅为 1000 mm/s 的 50%(500 mm/s)，所以用时为原来的 2 倍，即需要 10 s 时间才能走完 P2 到 P3 的轨迹。

## 6.4.5 建立一个可以运行的基本 RAPID 程序

在前面的章节中，已大概了解 RAPID 程序编程的相关操作及基本的指令，现在通过一个实例来体验一下 ABB 机器人便捷的程序编辑。

编制一个程序的基本流程如下(见图 6-96、图 6-97)：

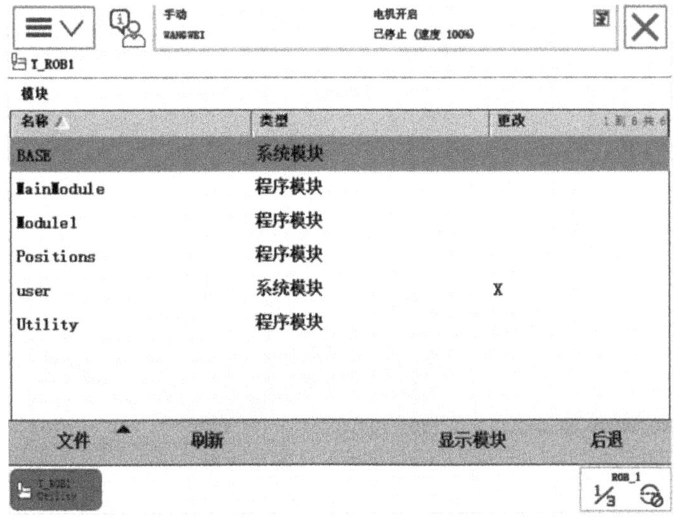


图 6-96 建立所需的程序模块

(1) 确定需要多少个程序模块。多少个程序模块是由应用的复杂性所决定的，比如可以将位置计算、程序数据、逻辑控制等分配到不同的程序模块，方便管理。

(2) 确定各个程序模块中要建立的例行程序，不同的功能就放到不同的程序模块中去，如夹具打开、夹具关闭这样的功能就可以分别建立为例行程序，方便调用与管理。

**1. 建立 RAPID 程序实例(见图 6-98)**

确定工作要求：

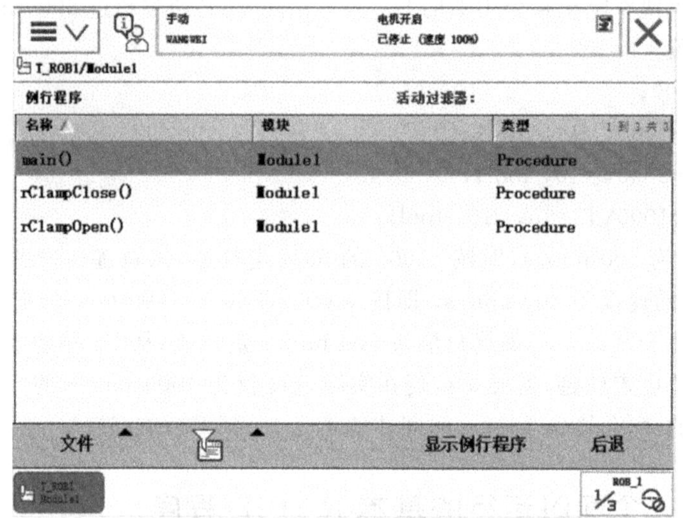


图 6-97 建立所需的例行程序

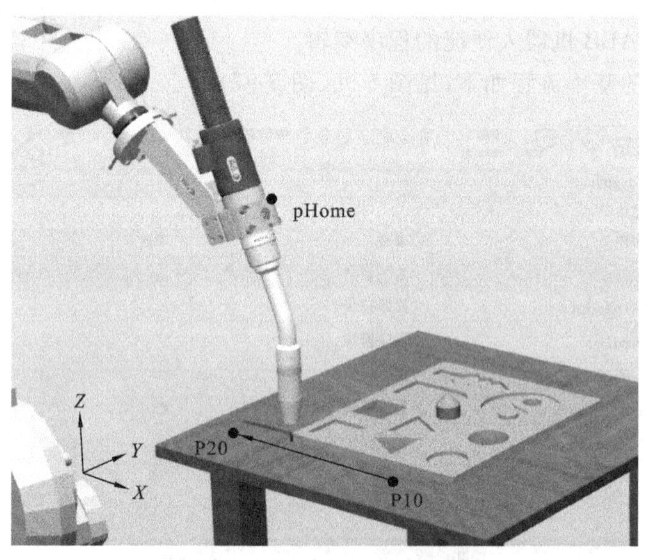


图 6-98 机器人任务示例图

(1) 机器人空闲时，在位置点 pHome 等待。

(2) 如果外部信号 di_01 输入为 1 时，机器人沿着曲线板的一条边从 P10 到 P20 走一条直线，结束以后回到 pHome 点。

建立 RAPID 程序过程如下：

在"Module1"程序中建立例行程序，分别为主程序"main"、机器人回原点等待位程序"rHome"、初始化程序段"rInitial"、存放直线运动轨迹路径程序"rMoveRoutine"(见图6-99)。

在 rHome 例行程序中，编写程序"MoveL pHome, v300, fine, tool1\Wobj:=wobj1;"(见图 6-100)，选择合适的动作模式，使用示教器摇杆将机器人运动到图 6-98 中 pHome 点的位置，作为机器人的空闲等待点，单击"修改位置"按钮，将该点位置存储在"pHome"点处。

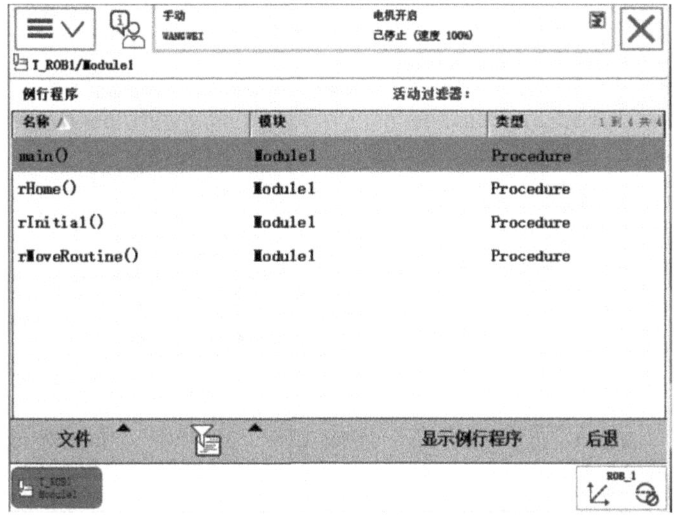


图 6-99　建立的例行程序

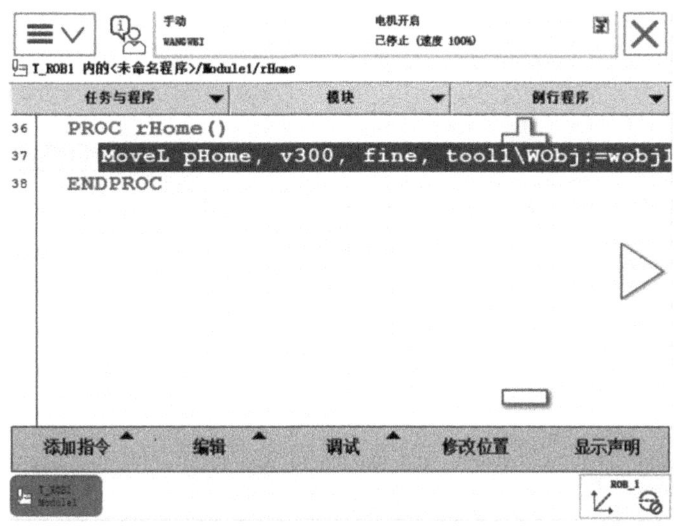


图 6-100　建立回原点程序

在 rInitial 初始化例行程序中，编写程序“AccSet 80,500;VelSet 100,50;rHome;”，在初始化的例行程序中，在加入程序正式运行前，需要做初始化工作，如速度限定、夹具复位等，具体根据需要添加。在例行程序 rInitial 中只增加了加速度及速度控制的指令和调用了回原点等待位的例行程序 rHome，如图 6-101 所示。

在 rMoveRoutine 运动轨迹例行程序中，编写程序“MoveJ P10, v1000, fine, tool1\Wobj:=wobj1; MoveL P20, v1000, fine, tool1\Wobj:=wobj1;”，分别将 P10 点及 P20 点按照图 6-98 所示位置设置，单击“修改位置”按钮存储下来，如图 6-102 所示。

在 main 主程序中，编写程序如下：

```
rInitial;
```

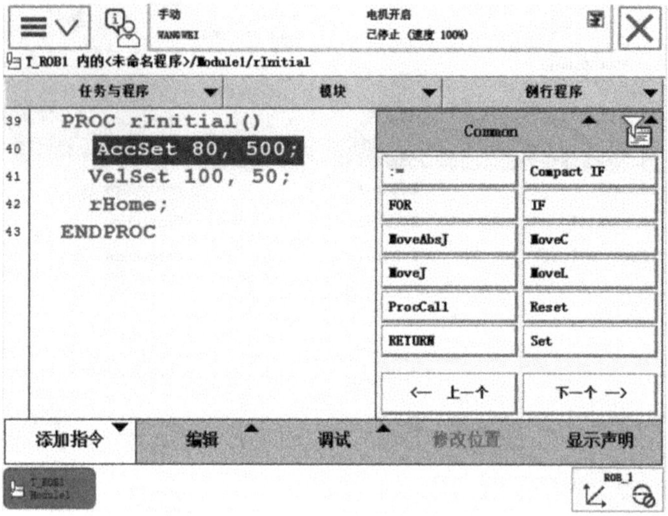

图 6-101　建立初始化程序

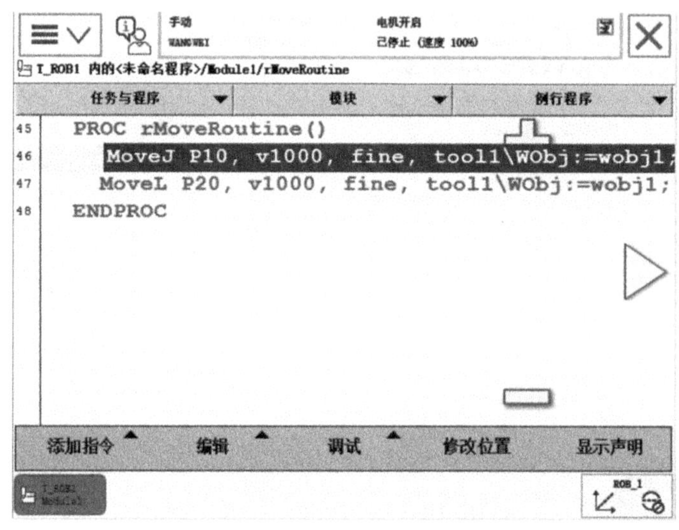


图 6-102　建立运动轨迹程序

```
WHILE TRUE DO
  IF di_01= 1 THEN
    rMoveRoutine;
    rHome;
  ENDIF
  WaitTime 0.3;
ENDWHILE
```

使用 WHILE 指令构建一个死循环的目的在于将初始化程序与正常运行的路径程序隔离开，初始化程序只在一开始时执行一次，然后根据条件循环执行路径运动。程序中不能直接判断数字量输出信号的状态，若使用 do_01＝1，就是错误的，若要使用也只能使用 DOutput()。在 IF 指令的循环中，调用两个例行程序 rMoveRourine 和 rHome，在选中 IF 指令的下方，添加 WaitTime 指令，参数是 0.3 s，如图 6-103 所示。

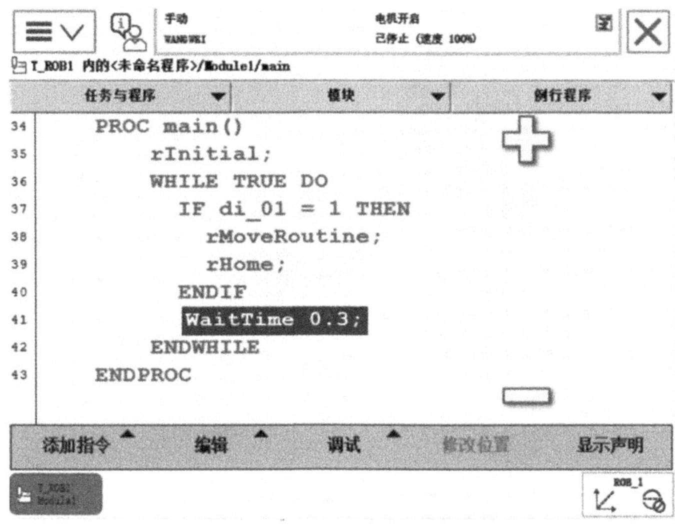


图 6-103 main 主程序内容

主程序解读如下：

(1) 首先进入初始化程序进行相关初始化的设置。

(2) 进行 WHILE 的死循环，目的是将初始化程序隔离开。

(3) 如果 di_01=1，则机器人执行对应的路径程序。

(4) 指令 WaitTime 0.3 是为防止系统 CPU 过负荷而设定的。

# 6.5 ABB 机器人的典型应用

机器人的典型应用主要包括机器人的搬运、涂胶、喷漆、焊接等常见的典型应用，下面以搬运为例介绍工业机器人的运动轨迹及编程调试过程。通过本项目的学习，掌握机器人典型应用的运动轨迹设计、复杂程序的结构分析、相关指令的编程及程序调用过程等。

## 6.5.1 机器人搬运的运动轨迹设计

机器人搬运工作站适应现代制造企业的快节奏生产需求，将员工从繁重而枯燥的重复性劳动中解放出来。机器人搬运工作站与数控机床组成柔性制造系统，通过末端操作器的更换以及程序的灵活调整，能够迅速地更改整套系统的制造对象，既能满足目前企业小批量、高速生产，又能满足快速更新换代的生产需求。正是因为这些优点，机器人搬运系统目前已经广泛地应用于机械、电子、3C、化工等产品的制造。

### 1. 搬运任务描述

搬运模型如图 6-104 所示，有两个正方形的物料底板，底板的每个物料间距离是 50 mm，要求安装好机器人夹具，然后编写程序，调试机器人，将物料底盘 A 上的物品搬运到物料底盘 B 上，物料底板的尺寸及间距如图 6-105 所示。

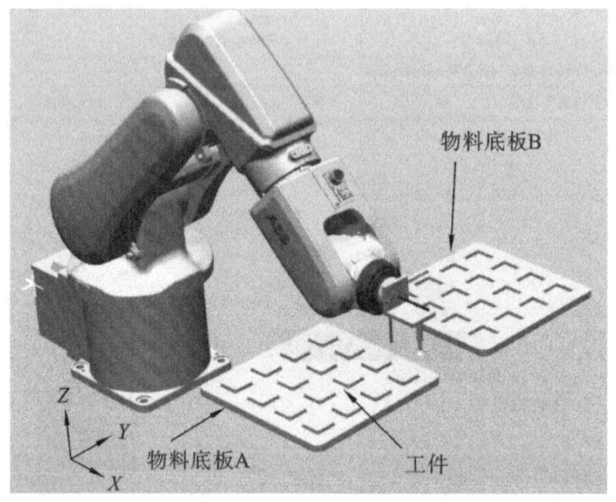


**图 6-104　搬运模型**

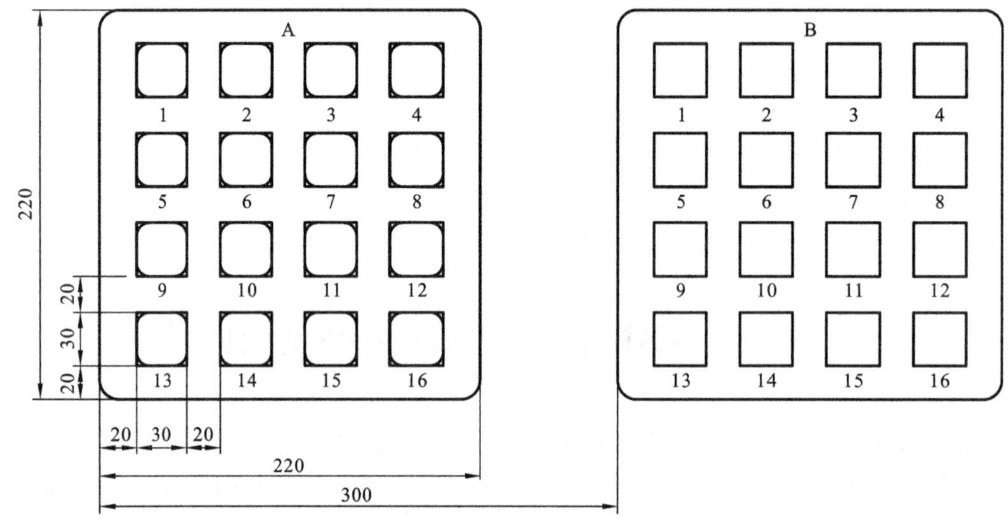


**图 6-105　搬运底板尺寸**

### 2. 搬运任务实施

在实施该搬运任务前，应安装好机器人的搬运工具吸盘、连接机器人的 I/O 信号板，并接线，制定工艺流程图。

工艺流程制定时，应首先将所有信号复位，各数据清零，搬运时将物料底板 A 上的工件搬运到物料底板 B 上的对应区域，搬运时，按下启动按钮，可以先搬 $X$ 轴，再搬 $Y$ 轴，或者先搬 $Y$ 轴，再搬 $X$ 轴，起点为 pHome 点，吸盘临近取件位置工件上方时，打开真空发生器电磁阀，到达放置位置上方时，关闭真空发生器电磁阀，工件自然下落，搬运完毕后也应该停在 pHome 点，如图 6-106 所示。

在搬运过程中，假设物料底板 A(取件位)1 号位置为点位"P10"点，物料底板 B(放置位)

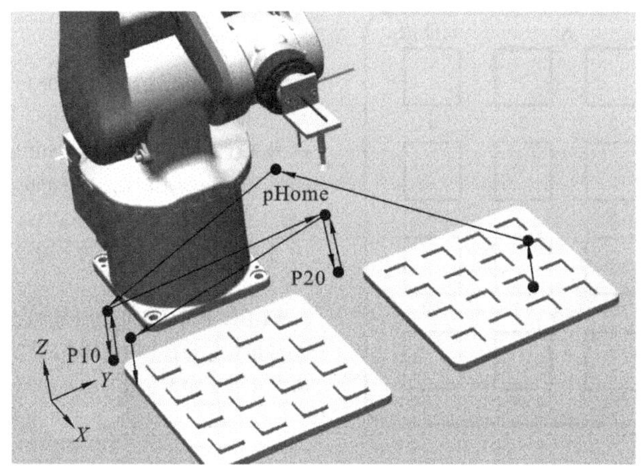


图 6-106 搬运轨迹设定

1 号位置为点位“P20”点，其余所有点位（2～16 号位）均为“P10”点及“P20”点的位置偏移。设行参数为“j”（0≤j≤3），列参数为“k”（0≤k≤3），则 2～16 号工位上的工件均可以写为：offs(P10,0＋50 * j,0＋50 * k,0)，或者 offs(P20,0＋50 * j,0＋50 * k,0)的形式。将物料底板 A 处设为取件处，取件位设为变量“p_Pick”点，则“p_Pick:＝offs(P10,0＋50 * j,0＋50 * k,0);”；将物料底板 B 处设为放置位，放置位设为变量“p_Put”点，则“p_Put:＝offs(P20,0＋50 * j,0＋50 * k,0);”如图 6-107 所示。

搬运开始需要按“开始”按钮，还应设定 DEVICENET，并设定一个 di_start 信号，吸盘吸合与否的电磁阀线圈控制设为 do_01。

具体程序如下：

```
MODULE Module1
    CONST jointtarget jpos10:=[[0,45,0,0,-45,0],[9E+09,9E+09,9E+09,9E+09,9E+
09,9E+09]];
    TASK PERS tooldata tool1:=[TRUE,[[71,0,55],[1,0,0,0]],[1,[1,0,0],[1,0,0,0],
0,0,0]];
    CONST robtarget
pHome:=[[455.56,0.00,423.25],[0.707107,-2.49793E-9,0.707107,8.15089E-9],[-1,-1,
0,1],[9E+9,9E+9,9E+9,9E+9,9E+9,9E+9]];
    VAR robtarget
P10:=[[476.06,-226.26,264.71],[0.707106,5.91671E-8,0.707107,1.68451E-7],[-1,-1,
0,1],[9E+9,9E+9,9E+9,9E+9,9E+9,9E+9]];
    VAR robtarget
P20:=[[476.06,75.70,264.71],[0.707106,5.47815E-8,0.707107,2.14219E-7],[0,0,-1,
1],[9E+9,9E+9,9E+9,9E+9,9E+9,9E+9]];
    VAR robtarget
p_Pick:=[[455.56,0.00,423.25],[0.707107,-2.49793E-9,0.707107,8.15089E-9],[-1,
-1,0,1],[9E+9,9E+9,9E+9,9E+9,9E+9,9E+9]];
    VAR robtarget
p_Put:=[[455.56,0.00,423.25],[0.707107,-2.49793E-9,0.707107,8.15089E-9],[-1,-1,
```

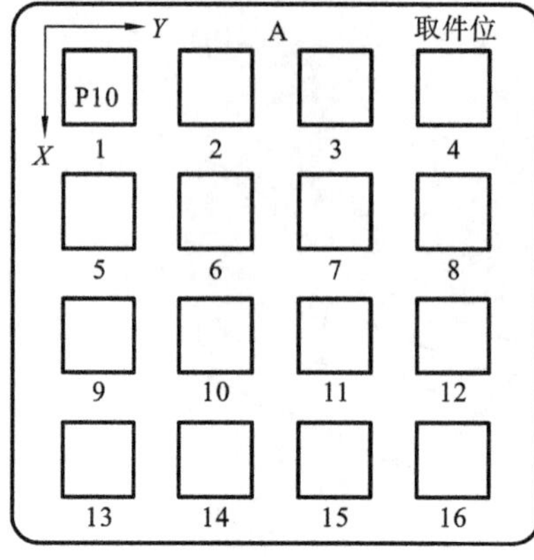


1 号工位：P10点
5 号工位：offs（P10，0+50*1，0，0）
9 号工位：offs（P10，0+50*2，0，0）
13 号工位：offs（P10，0+50*3，0，0）
2 号工位：offs（P10，0+50*0，0+50*1，0）
6 号工位：offs（P10，0+50*1，0+50*1，0）
10 号工位：offs（P10，0+50*2，0+50*1，0）
……
8 号工位：offs（P10，0+50*1，0+50*3，0）
12 号工位：offs（P10，0+50*2，0+50*3，0）
16 号工位：offs（P10，0+50*3，0+50*3，0）

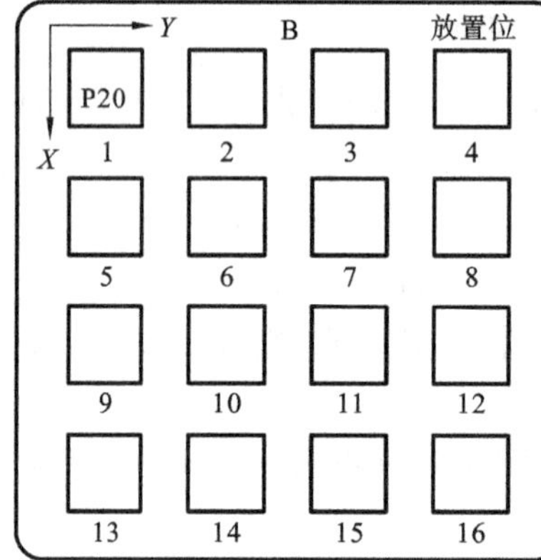


1 号工位：P20点
5 号工位：offs（P20，0+50*1，0，0）
9 号工位：offs（P20，0+50*2，0，0）
13 号工位：offs（P20，0+50*3，0，0）
2 号工位：offs（P20，0+50*0，0+50*1，0）
6 号工位：offs（P20，0+50*1，0+50*1，0）
10 号工位：offs（P20，0+50*2，0+50*1，0）
……
8 号工位：offs（P20，0+50*1，0+50*3，0）
12 号工位：offs（P20，0+50*2，0+50*3，0）
16 号工位：offs（P20，0+50*3，0+50*3，0）

图 6-107　取件位及放置位点位控制设定

```
0,1],[9E+9,9E+9,9E+9,9E+9,9E+9,9E+9]];
    VAR num j:=0;
    VAR num k:=0;
    VAR robtarget
P30:=[[476.06,-226.26,264.71],[0.707106,5.91671E-8,0.707107,1.68451E-7],[-1,-1,
0,1],[9E+9,9E+9,9E+9,9E+9,9E+9,9E+9]];
    !***********************************************************
    !
    ! Module:  Module1
    !
    ! Description:
    !   < Insert description here>
    !
    ! Author:Wangwei
    !
    ! Version: 1.0
    !
    !***********************************************************
```

```
! ***********************************************************
!
! Procedure main
!
!   This is the entry point of your program
!
! ***********************************************************
PROC main()                                   ! 主程序 main
    rInitial;                                 ! 调用初始化例行程序
    WaitDI di_start , 1;                      ! 按下“启动”按钮时，执行下面程序
    WHILE TRUE DO                             ! 做死循环
        IF k<=3 THEN                          ! 当 k≤3 时，运行下列程序
            FOR i FROM 0 TO 3 DO              ! FOR 循环，i 从 0 到 3，循环 4 次
                rPick;                        ! 调用 rPick 例行程序
                rPut;                         ! 调用 rPut 例行程序
                j:=j+1;                       ! 行参数 j 加 1
            ENDFOR                            ! FOR 循环结束
            IF j>=4 j:=0;                     ! 行参数 j≥4 时，给 j 重新赋值为 0
            k:=k+1;                           ! 列参数 k 加 1
        ENDIF                                 ! IF 条件判断结束
        IF k=4 THEN                           ! 当 k=4 时，运行下面例行程序
        rHome                                 ! 搬运完毕后回原点
    ENDWHILE                                  ! 死循环结束
    WaitTime 0.3;                             ! 等待时长 0.3 s，防过载
ENDPROC                                       ! 主程序结束
PROC rInitial()                               ! 初始化例行程序
    AccSet 100, 100;                          ! 加速度设定
    VelSet 50, 800;                           ! 速度设定
    Reset do_01;                              ! 复位吸盘的电磁阀信号
    rHome;                                    ! 调用回原点的例行程序
ENDPROC                                       ! 初始化例行程序结束
PROC rPick()                                  ! 物料底板 A 取件点位例行程序
    p_Pick:=Offs(p10,0+50*j,0+50*k,0);        ! 设定取件点位坐标，用变量设定
    MoveL Offs(p_Pick,0,0,50),v1000,fine,tool1;  ! 将吸盘移至取件点位上方 50
                                                 mm 处
    Set do_01;                                ! 打开的真空发生器电磁阀，产生吸力
    MoveL p_Pick, v1000, fine, tool1;         ! 移到工件正上方
    WaitTime 0.5;                             ! 等待 0.5 s，使吸盘吸牢
    MoveL Offs(p_Pick,0,0,50), v1000, fine, tool1;
              ! 吸盘吸到工件后，吸盘带着工件一起移至取件点位上方 50 mm 处
ENDPROC                                       ! 取件例行程序结束
PROC rPut()                                   ! 物料底板 B 放置位置例行程序
    p_Put:=Offs(p20,0+50*j,0+50*k,0);         ! 设定放置点位坐标，用变量设定
```

```
        MoveL Offs(p_Put,0,0,50), v1000, fine, tool1;
                                                   ! 将吸盘移至放置点位上方 50 mm 处
        MoveL p_Put, v1000, fine, tool1;           ! 将吸盘移至放置点位
        Reset do_01;                               ! 关闭真空发生器电磁阀,不再吸取工件
        MoveL Offs(p_Put,0,0,50), v1000, fine, tool1;
                                                   ! 吸盘移至取件点位上方 50 mm 处
    ENDPROC                                        ! 放置工件例行程序结束
    PROC rHome()                                   ! 回原点例行程序
        MoveL pHome, v300, fine, tool1;            ! 回原点运动,pHome 点为原点
    ENDPROC                                        ! 回原点例行程序结束
ENDMODULE                                          ! 所有程序结束
```

**3. 示教器上程序**

在示教器上建立例行程序,如图 6-108 所示。

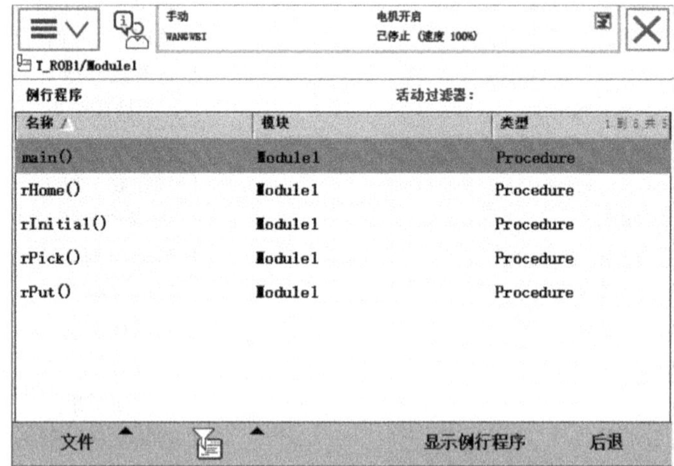


图 6-108　所设定的例行程序

在示教器上建立主程序,如图 6-109 所示。

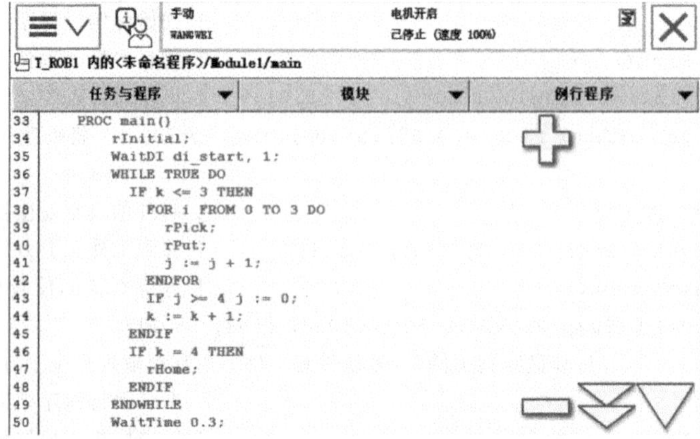


图 6-109　所设定的主程序

在示教器上建立初始化程序,如图 6-110 所示。

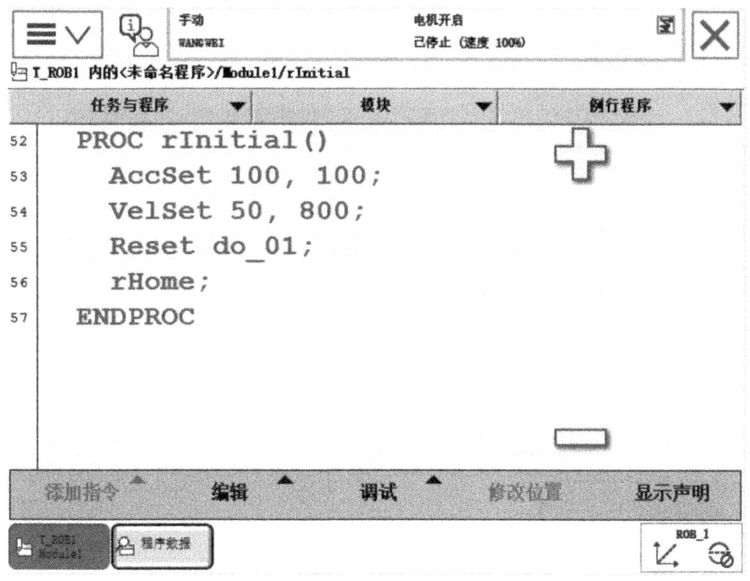


图 6-110 初始化程序

在示教器上建立回原点程序,如图 6-111 所示。

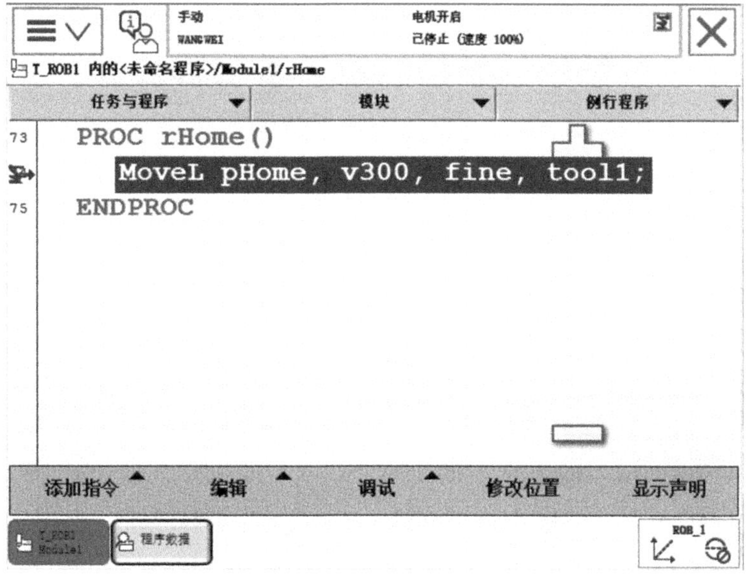


图 6-111 回原点程序

在示教器上建立物料底板 A 取件点位程序,如图 6-112 所示。

在示教器上建立物料底板 B 放置点位程序,如图 6-113 所示。

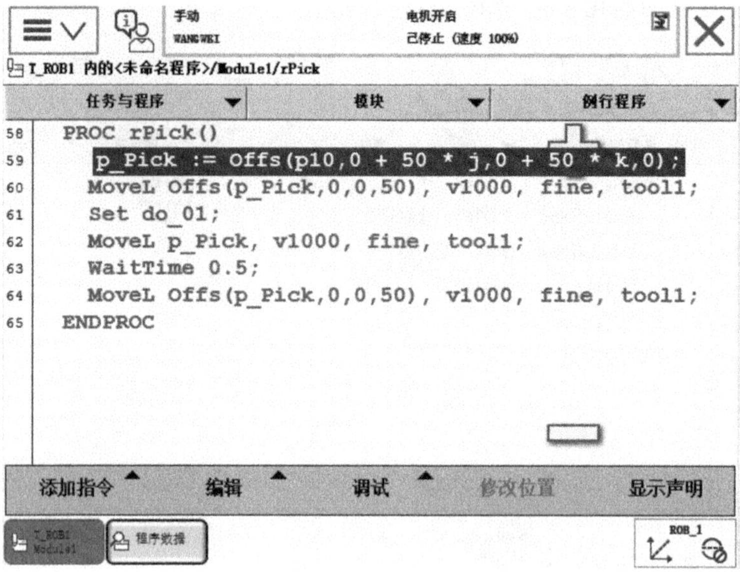


图 6-112　物料底板 A 取件点位程序

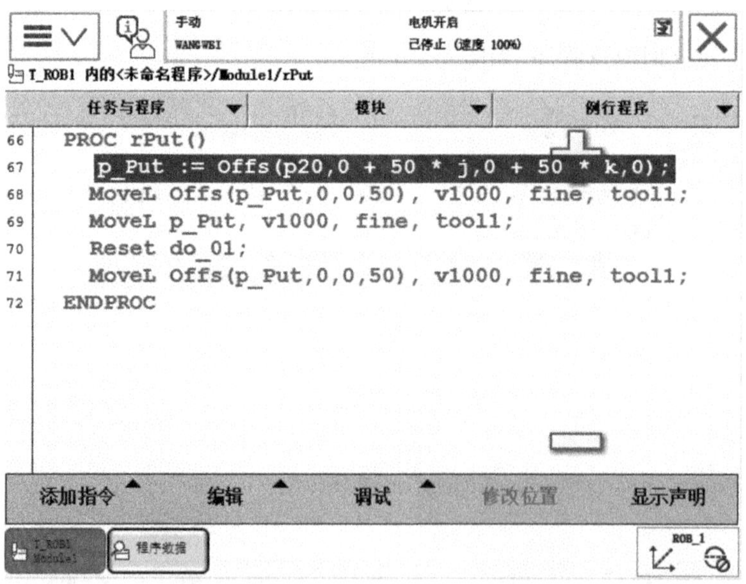


图 6-113　物料底板 B 放置点位程序

# 习　题

6-1　正确区分并连接动力电缆、编码器电缆、用户电缆、示教器电缆、管线包。

6-2　利用单轴运动的手动操作、线性运动的手动操作、重定位运动的手动操作移动机器人。

6-3 I/O 板 DSQC651(或 DSQC652)硬件地址跳线的连接(设计地址为学号的末两位)。

6-4 I/O 板 DSQC651(或 DSQC652)输入/输出信号定义(输入名称为 DI_01,输出名称为 DO_01),利用一个按钮元件,接入 DI_01,利用一个显示灯,接入 DO_01,用按钮控制灯。

6-5 定义工件坐标 wobjdata;定义工具坐标 tooldata。

6-6 利用两种(示教/偏移)编程方式,编写长方形运动轨迹。

6-7 利用两种(示教/偏移)编程方式,编写圆形运动轨迹。

6-8 综合任务 1:

(1) 利用常开触点按钮 1,接入 IO 输入信号“di10_01MoveCstart”;

(2) 利用常开触点按钮 2,接入 IO 输入信号“di10_02MoveLstart”;

(3) 利用 DC24V 灯,接入 IO 输出信号“do10_01Error”;

(4) 建立程序模块“JSX007”及主程序“main”;

(5) 建立例行程序“rMoveC”画圆形;建立例行程序“rMoveL”画长方形;

(6) 按钮 1 按下时,机器人执行画圆动作 4 次,当按钮 2 按下时,机器人执行画长方形动作 3 次;

(7) 当按钮 1 与按钮 2 都按时,5 s 后,机器人自动输出报错信号“do10_01Error”,灯亮,机器人程序停止。

6-9 综合任务 2:

(1) 利用按钮 1,接入 IO 输入信号“di1_count”(设定次数);

(2) 利用旋钮 1,接入 IO 输入信号“di2_side”(画方形的条件,但不是唯一条件);

(3) 利用旋钮 2,接入 IO 输入信号“di3_round”(画圆的条件,但不是唯一条件);

(4) 利用按钮 2,接入 IO 输入信号“di4_movestart”(工作启动);

(5) 利用三色灯(黄),接入 IO 输出信号“do1_phome”(原点信号输出);

(6) 利用三色灯(绿),接入 IO 输出信号“do2_working”(工作中输出);

(7) 利用三色灯(红),接入 IO 输出信号“do3_err”(工作中输出)。

要求如下:

(1) 初始化后最大速度 500 mm/s,最大加速度 40 $mm/s^2$,机器人在原点位置 do1_phome 输出,黄色灯亮,离开原点位置灯熄灭;

(2) 按钮 1 按一次计数数据“C”加 1,最大计 10 次,大于 10 次 C 值赋零;

(3) 利用以上条件实现,画 10 以内任意个数的圆或方形,并在屏幕上显示设计次数;

(4) 设定好次数后按按钮 2 使机器人执行动作;

(5) 机器人在不执行画圆和画方形动作时,机器人在 pHome 点等待;

(6) 同时选择画方形和画圆条件下,工作启动红灯闪烁输出;

(7) 程序名称、模块名称合理设计。